航空发动机燃烧学

（第 2 版）

张 群　黄希桥　主编
范 玮　主审

国防工业出版社
·北京·

内容简介

本教材系统简明地介绍了燃烧基本现象、燃烧理论及燃烧在航空燃气轮机中的应用。本书内容包括基础部分和应用部分,基础部分涵盖了燃烧热化学、化学动力学、燃烧物理学基础、着火理论、气体燃料燃烧等;应用部分阐述了液体燃料特性、喷嘴及雾化理论、航空燃气轮机主燃烧室与加力燃烧室的结构特点、工作过程、主要性能及技术发展趋势等。为了使读者掌握书中内容,本教材配有典型例题及习题。

本书可作为动力工程及工程热物理、航空宇航推进理论与工程等专业本科生、研究生燃烧学课程教材,也可作为从事与燃气轮机燃烧相关的工程技术人员的参考书。

图书在版编目(CIP)数据

航空发动机燃烧学 / 张群,黄希桥主编. —2 版.
—北京:国防工业出版社,2024.7(重印)
ISBN 978-7-118-11819-3

Ⅰ.①航… Ⅱ.①张… ②黄… Ⅲ.①航空发动机燃烧 Ⅳ.①V231.2

中国版本图书馆 CIP 数据核字(2019)第 117655 号

※

国防工业出版社出版发行
(北京市海淀区紫竹院南路 23 号 邮政编码 100048)
北京虎彩文化传播有限公司印刷
新华书店经售

*

开本 787×1092 1/16 **印张** 19½ **字数** 442 千字
2024 年 7 月第 2 版第 2 次印刷 **印数** 4001—4500 册 **定价** 39.00 元

国防书店:(010)88540777 发行邮购:(010)88540776
发行传真:(010)88540755 发行业务:(010)88540717

第2版前言

本教材第1版自2015年11月出版以来,作为"航空发动机燃烧学"国家精品在线开放课程(MOOCs)的配套教材获得了广大社会学习者的广泛使用,近4年来该课程全国选修人数已超过20000人;与此同时,国内多所高校相关专业本科生教学中也采用了本课程教材及相关教学资料。此外,本教材在国内航空、航天专业院所空天动力专业研究生教学、专业培训中也大量使用,得到了学生、授课教师、同行专家和广大社会学习者的广泛认可,在本行业及广大社会学习者中产生了较为广泛的影响。

本教材在使用过程中,本校及国内相关高校师生、行业专家及广大社会学习者提出了许多宝贵的意见和建议,根据这些修改建议及最新版飞行器动力工程专业"燃烧学"教学大纲要求,对于第1版教材内容进行了修订。

本版教材保留了第1版教材的基本内容,并根据需要对教材的内容和体系进行了一些必要的调整。全书共有10章,在本次修订中,对所有各章都作了不同程度补充和修改。例如,第1章中,增加了"燃烧三要素、燃烧在航空发动机中的应用"等内容,删除了"燃烧科学的应用及研究方法"。第2章中,对于"理论空气量、油气比"等燃烧基本概念进行了统一定义;并将"阿累尼乌斯定律"单列一节进行阐述;此外,将"链式化学反应"内容进行了更新调整。第3章中,增加了"爆震波波速、结构、形成、极限"等内容的阐述。第5章中,增加了"层流火焰速度的测量方法"内容。第7章中,将"油气比、余气系数、当量比"删除,并入第2章统一阐述。第8章中,对于"燃烧效率、出口温度分布"等内容进行了删减、修改及补充。与此同时,本版教材还检查、修订了以下方面的内容:基本概念及理论的准确性与逻辑性;例题的合理性与实用性;语言表述的条理性与简洁性;图表的正确性、清晰度及与论述的匹配性;物理量名称、符号、单位的使用是否符合国家标准或专业习惯等。

本版教材由西北工业大学范玮教授主审。范玮教授在本版教材修订过程中独自审阅了全部章节,给予了全方位的指导,并提出了宝贵的修改意见和建议。在此向她表示最诚挚的谢意和由衷的敬意。

此外,在本版教材修订过程中,课程组王可副教授、熊姹副教授、雷庆春副教授等同事也提出了许多宝贵的意见和建议,在此也向他们表示感谢。

感谢西北工业大学教务处、国防工业出版社对本书出版的大力支持。

由于编者水平限制,书中可能仍有不足或错误之处,恳请读者批评指正。

编者

2019年10月

第1版前言

燃烧学是一门研究燃烧现象及其基本规律的科学,是动力工程及工程热物理学科最重要的学科分支之一。它涉及热力学、化学动力学、流体力学、传热学等诸多学科,是一门内容丰富、实用性很强的学科。当前,国内外很多优秀的燃烧学教材都系统深入地讲解了燃烧学相关理论及各种燃烧技术与应用,但这些教材更多是针对高校研究生及工程单位专业技术人员的,内容偏多、偏深,因此不适合本科生用;而且,由于篇幅限制,书中针对燃气轮机方面的燃烧学问题较少进行系统讲解。在这种背景下,作者针对航空燃气轮机中的燃烧学问题编写了本教材,本教材系统简明地介绍了燃烧基本现象、燃烧理论及燃烧在航空燃气轮机中的应用,可作为动力工程及工程热物理,航空宇航推进理论与工程等专业本科生、研究生燃烧学课程教材,也可作为从事与航空燃气轮机燃烧相关的工程技术人员的参考书。

本教材力求基础性、专业性和先进性,其主要特点如下:

(1) 教材内容系统全面,覆盖面广

本教材内容涉及了热化学、化学动力学、着火和熄火、火焰传播和稳定、燃烧特性等基础理论和航空发动机燃烧室及加力燃烧室中雾化、流动、燃烧、冷却、污染等工程燃烧现象与原理;此外,还介绍了一般燃烧学教材所没有涉及的新颖燃烧室部件与结构及相关国际规范。篇章布局合理,基础部分和应用部分各约占一半,系统全面,覆盖面广。

(2) 融入当代科技发展最新成果,力求教材内容的先进性

教材内容新颖,参考了大量国内外燃烧教材和资料,介绍了燃烧学研究前沿,并融入了作者多年从事航空发动机燃烧教学和科研方面的心得体会和研究成果,教材内容体现了当前航空发动机燃烧学发展中的新成就、新思想和新发展。

(3) 注重引导、由浅入深,循序渐进

根据本科生及研究生的认知特点,教材在内容组织上注重引导、深入浅出,如对“多组分反应流体守恒方程”采取了“由一维到多维”和“由个别到通用”的处理方法,使难点变成了易点,易学易懂。

(4) 重视理论性和工程性的紧密结合

本书内容连贯,以燃烧机理及燃烧现象为主线,在讲授理论知识的同时,融入许多相关工程实例,保证教学内容的实用性,实现了理论与实践的统一。

(5) 内容生动,易学易懂

书中配有大量照片和曲线图,内容生动;在数学处理上力求简明、易懂,尽量避免烦琐的数学公式推导;在讲授理论的同时,配有典型例题及习题,便于对于理论的学习和深入理解。

本书共10章,大体可分为基础部分和专业部分。基础部分包括第1~5章,其中第1

章为绪论，第 2 章为燃烧化学热力学与化学动力学基础，第 3 章为燃烧的物理学基础，第 4 章为着火理论，第 5 章为气体燃料的燃烧。该部分内容是各类与燃烧相关专业的通用内容，以本课程组《燃烧学》教材为基础并进行了适当简化，主要讲述了燃烧的基本现象和基本理论，并配有典型例题及习题，使之成为连接燃烧理论与实际应用的桥梁。专业部分包括第 6 ~ 10 章，其中第 6 章为液体燃料的雾化、蒸发与燃烧，第 7 章为主燃烧室概述，第 8 章为主燃烧室工作过程与性能，第 9 章为加力燃烧室，第 10 章为先进主燃烧室技术发展。该部分内容是与航空燃气轮机燃烧技术相关的专业内容，主要讲述了航空燃气轮机主燃烧室与加力燃烧室的结构特点、工作过程、主要性能及发展趋势，编写中尽量避免与燃烧室及其部件相关的复杂规律与公式表达，旨在使学生深入理解、掌握与当前航空燃气轮机燃烧技术紧密结合的基本原理、基本规律、技术现状及发展方向，为其毕业后从事与航空燃气轮机燃烧相关的研究工作奠定坚实基础。

本书第 1 ~ 5 章由黄希桥编写，第 6 ~ 10 章及附录由张群编写，全书由张群统稿。

本书由西北工业大学范玮教授主审。范玮教授在本书编写过程中无私提供了大量素材和资料，独自审阅了全部章节，并提出了宝贵的修改意见和建议。对于她所给予的大力支持和无私帮助，在此向她表示诚挚的谢意和由衷的敬意。

课程组严传俊教授和熊姹副教授、王可副教授、雷庆春副教授对于教材内容的选取和编写提供了宝贵的建议，在此也向他们表示感谢！

感谢西北工业大学教务处、国防工业出版社对本书出版的大力支持！

由于编者水平限制，书中可能有不足或错误之处，恳请读者批评指正。

编者

2015 年 10 月

目　录

第1章 绪 论

1.1 燃烧的定义与分类

1.1.1 燃烧的定义与现象

燃烧一般是指可燃物和氧化剂之间发生的强烈的快速化学反应，同时伴随着发光、放热等现象，该现象又称为“火”。这一定义强调了“化学反应”在燃烧中固有的重要性，同时也表明了燃烧将储存在化学键中的能量转化成了热，并以不同的方式体现出来。

但是燃烧并不单纯是一个化学反应，其间还涉及到流动、传热和传质等过程的综合作用，因此燃烧是一个极其复杂的物理化学过程。

1.1.2 燃烧三要素

从燃烧的定义可知，可燃物、氧化剂和点火源是构成燃烧的三要素，缺少其中任何一个，燃烧都不能发生。

1）可燃物

一般情况下，凡是能和空气、氧气或者其他氧化剂发生剧烈氧化反应的物质，都称为可燃物质。可燃物质按其常温状态，可分为气态、液态和固态三类，一般气体较易燃烧，其次是液体，再次是固体；按其组成不同，可分为无机可燃物质和有机可燃物质两大类。可燃物质大多为有机物，少数为无机物。无机可燃物质主要包括某些金属单质，比如铝、镁、钠、钾、钙以及某些非金属单质，比如磷、硫、碳等。此外，还有一氧化碳和氢气等。有机可燃物种类较多，大部分都含有碳、氢、氧元素，有些还含有少量的氮、硫、磷等。其中，碳是有机可燃物的主要成分，它基本决定了可燃物发热量的大小；氢是有机可燃物中含量仅次于碳的成分，它在燃烧时放出大量热量。

2）氧化剂

凡具有较强的氧化性能，能与可燃物发生氧化反应的物质都称为氧化剂（传统说法叫“助燃剂”，严格地说，这种叫法不是很合理，因为它们不是“帮助”燃烧，而是“参与”燃烧）。氧气是最常见的一种氧化剂，它存在于空气中（体积百分数约21%），故一般可燃物在空气中均能燃烧。

其他常见的氧化剂有卤族元素：氟、氯、溴、碘。此外，还有一些化合物，如硝酸盐、氯酸盐、高锰酸盐、过氧化氢、过氯酸盐、金属过氧化物等。

3）点火源

点火源是指具有一定能量，能够引起可燃物燃烧的火源，有时也称为着火源。

“点火源”这一燃烧条件的实质是提供一个初始能量，在该能量激发下，可燃物与氧化剂发生剧烈氧化反应，引起燃烧。

可燃物、氧化剂和点火源是构成燃烧的三个要素，缺一不可。这是指“质”的方面的条件——必要条件，但这还不够，还要有“量”的方面的条件——充分条件。在某些情况下，如可燃物的数量不够，氧化剂不足，或点火源的能量不够大，燃烧也不能发生。实际上，燃烧反应在可燃物和氧化剂的组成、温度、压力以及点火源的能量等方面都存在着极限值。

1.1.3 燃烧的分类

在自然界和工程中，燃烧现象的表现形式是十分丰富多样的。针对不同的燃烧分类方法，存在不同的燃烧形式。

1）按照化学反应传播的特性和方式分类

如果按化学反应传播的特性和方式，可以分为强烈热分解、缓燃和爆震等形式。

热分解的特点是化学反应在整个物质内部展开，反应速度与环境温度有关，温度升高，反应速度加快。当环境温度很高时，就会立刻爆炸。但是这类急剧燃烧的爆炸不同于火药爆炸，火药爆炸是指在外界一定能量的激发下，迅速发生爆炸化学反应，在爆炸过程中无需外界环境提供氧气。

缓燃和爆震与热分解不同，化学反应不是在整个物质内部展开，而是从某个局部开始，并以燃烧波的形式，按一定速度一层一层地自行传播，化学反应波阵面很薄，化学反应就是在很薄的波阵面内进行并完成。

缓燃，亦即通常所说的燃烧，其产生的能量通过热传导、热扩散及热辐射作用传入未燃混合物，逐层加热、逐层燃烧，从而实现缓燃波的传播。通常情况下，缓燃波的传播速度较低，一般为几米/秒到十几米/秒。目前大部分燃烧系统均采用缓燃波。

爆震波的传播是通过冲击波对可燃混合物一层层强烈冲击压缩使其发生高速化学反应来实现的。爆震波的传播速度远远大于缓燃波的传播速度，它是一种超声速燃烧波。由于爆震威力大，有巨大的破坏作用，在内燃机、工业灾害中，力求防止爆震波的产生。爆震燃烧强度大，传播速度快，且能增压，也可以用于能源、动力、化工、加工工业等领域。爆震波可看作由一个以爆震波速度运动的激波和跟在其后的厚度比激波厚得多的化学反应区组成，它是爆炸的一种形式。有些爆炸不一定需要有燃烧波穿过可燃介质，如强烈热分解。

2）按照是否有火焰分类

《韦氏词典》曾经给过燃烧最基本的定义：“产生热或同时产生光和热的快速氧化反应，其中也包括只伴随少量热没有光的慢速氧化反应”。这说明如果按照广义的燃烧定义，有些燃烧也存在不发光的现象，只不过绝大部分燃烧设备均属于快速反应的范畴而已。

所以，燃烧按是否有火焰而分为有火焰和无火焰两种燃烧方式。有火焰和无火焰两种方式的不同可以用发生在火花点火发动机的燃烧过程来解释，如图1－1所示。在图1－1(a)中，火花点火后，燃烧从火花点火开始，向未燃烧的燃料/空气混合物中传播。在传播过程中存在一个很薄的区域，在该区域内发生着剧烈的化学反应。这一很薄的区域就是我们通常所说的火焰。在火焰后面是灼热的燃烧产物。随着火焰在燃烧空间的传播，未燃气体中的温度与压力升高，在一定的条件下，如图1－1(b)所示，未燃可燃混气的许多点同时发生氧化反应,导致燃烧室在整个容积内迅速燃烧,这一在发动机内十分重要的空间释热现象称为自点火,此时并没有火焰面的发光现象,但是确实存在着化学反应并放出了热。

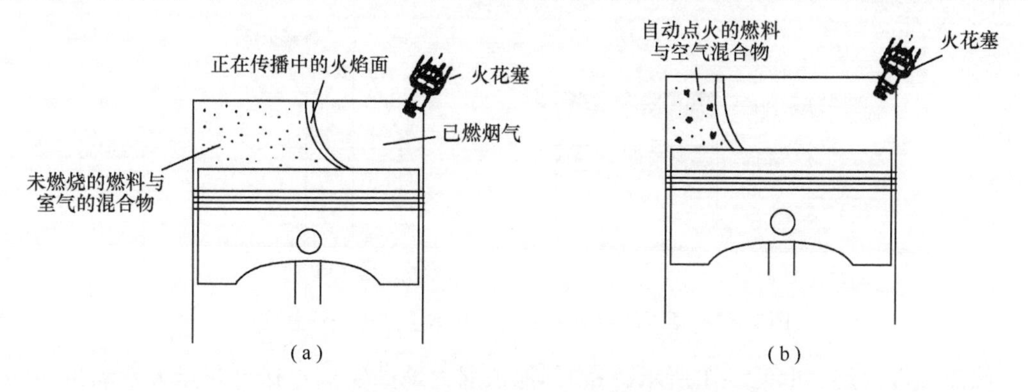

图1-1 火花点火发动中的有火焰和无火焰燃烧模式

(a)有火焰燃烧模式;(b)无火焰燃烧模式。

3)按照燃料的相态分类

人们将能够在空气中燃烧的物质称为可燃物,但不能把所有的可燃物都称为燃料。人们通常所说的燃料,指的是在自然界中大量存在或生产的,能与氧发生剧烈氧化反应,且在经济上值得利用其燃烧热的可燃物,比如煤炭、石油、天然气及其加工产品等。

我们可根据参加燃烧燃料的相态不同将其分为气体燃料的燃烧、液体燃料的燃烧和固体燃料的燃烧。气体燃料包括天然气体和人造气体,天然气就属于天然气体燃料,煤气就属于人造气体燃料。液体燃料也有天然和人造两种,前者主要是石油,后者主要是石油加工产品如汽油、煤油和柴油等。自然界中存在的固体燃料包括煤炭和木材等,以及由此加工获得的焦炭、型煤和木炭等,还有一些金属如钨、钾、钛和钠等。在工业生产中,煤是最常用的固体燃料。固体燃料燃烧,以煤为例,燃烧过程由预热、干燥、挥发分析出和焦炭生成、挥发分燃烧与焦炭燃烧等一系列阶段构成,是复杂的多相燃烧。对于液体燃料燃烧,其中存在燃料雾化、蒸发、混合等燃烧前的物理过程。所以相对来说,气体燃料的燃烧比较简单,同时也是液体燃烧和固体燃烧的基础。如果燃料和氧化剂均为气相,则把这类燃料的燃烧称为均相燃烧或同相燃烧,否则称为异相燃烧。

4)按照燃料和氧化剂是否预先混合以及流场形态分类

燃烧过程中,可以根据燃料和氧化剂(典型的为空气)是否预先混合来分类:如果燃料和氧化剂先混合后燃烧称为预混燃烧;如果燃烧和混合是同时发生的,则称为非预混燃烧或扩散燃烧。以上每一种燃烧类型还可根据流体流动是层流还是湍流来进一步分类。表1-1给出了每一种燃烧类型的一些例子,下面我们将对其进行讨论。

表1-1 火焰基本类型及其应用实例

燃料/氧化剂混合	流体运动	应用实例
预混	湍流	火花点火汽油机,低NO固定燃气轮机
	层流	平面火焰,本生灯火焰
扩散	湍流	煤粉燃烧,航空燃气轮机,柴油机,氢氧火箭发动机
	层流	木材火焰,辐射加热炉,蜡烛

层流预混火焰：层流预混火焰中，燃料与氧化剂在燃烧前预先混合，且流动是层流的。例如，层流平面板火焰和在贫油条件下的本生灯火焰（见图1-2）。

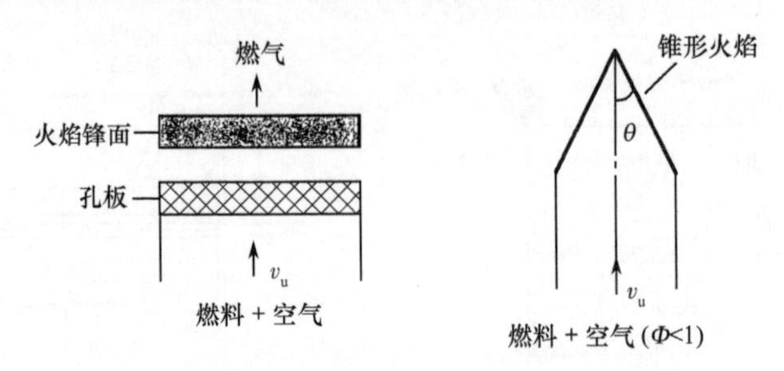

图1-2 预混的层流平面火焰和本生灯火焰示意图

湍流预混火焰：如表1-1所示，一些其他预混火焰的实例包括火花点火发动机（Otto发动机），其中流动很少是层流的。在这种情况下，预混火焰前锋燃烧并向湍流区传播。如果湍流强度不太大，就会形成扭曲的层流预混火焰前锋。

预混燃烧的优点是可以大大地控制燃烧。通过在贫燃料状态下预混，可以避免产生高温，因此燃烧就会产生很少量的空气污染物一氧化氮（NO）。此外，在贫燃料状态下排出的烟粒非常少，因为烟粒大多是富燃料燃烧的产物。

尽管预混燃烧有以上这些优点，但是它的应用不是很广泛，因为大量的预混反应物有可能聚集在一起，产生无法控制的爆炸燃烧。

层流扩散火焰：层流扩散火焰，即，燃料和氧化剂在燃烧过程中混合，而且流动是层流的。表1-1所示的例子有蜡烛的燃烧，油灯的燃烧及营火。为了研究，图1-3给出了两个很重要的火焰模式：逆流扩散层流火焰和顺流扩散层流火焰。

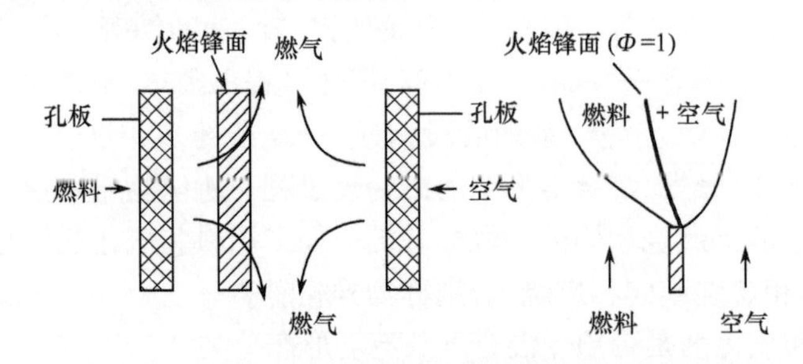

图1-3 逆流扩散层流火焰和顺流扩散层流火焰

扩散火焰比预混火焰的化学性质更复杂，因为燃料与氧化剂之比的变化范围可以从0（空气）变到∞（纯燃料）。在燃料一边是富燃料燃烧，在空气一边是贫燃料燃烧。火焰前锋（通常以强的发光面表征）位于燃料/氧化剂化学恰当比附近。后面将会证明这就是温度最高的地方。与预混火焰不同，扩散火焰不能传播，所以它不能用层流火焰速度来表示。

湍流扩散火焰：在这种情况下，扩散火焰在湍流流场内燃烧，当湍流强度较小时，可以应用所谓的小火焰概念。由于前文提及的安全问题，在工业炉和燃烧器中主要用的都是扩散火焰，扩散火焰会发出黄色的光。这是因为在扩散火焰的富燃料区进行的是富燃料反应，这样会形成许多烟灰颗粒，从而导致黄色火焰。

预混－扩散复合层流火焰:家用煤气灶采用的就是这种类型的火焰。燃料与空气预混稍微偏富一点,这样有利于点火。而这种富燃火焰的产物再与周围的空气进行扩散燃烧。在实际应用中有数百万个这种类型的燃烧器,预混－扩散复合燃烧所用燃料占了天然气消费总量的30%。

对于预混燃烧,当化学反应时间远大于混合时间时,燃烧过程受化学动力学控制,称为动力燃烧;当混合时间远大于化学反应时间时,燃烧过程受扩散控制,称为扩散燃烧。当化学反应时间与混合时间相当时,燃烧过程同时受扩散和动力控制。

由此可见燃烧现象是流动、传热、传质和化学反应同时发生又相互作用的复杂的物理化学现象。

1.2 燃烧学的重要性

燃烧是一门人类最古老的技术,火是人类最早发现和应用的现象之一。燃烧及其控制对于我们在这个星球上的生存与发展是十分重要的。燃烧学的研究对国家科技、经济、军事的发展均具有十分重要的意义。

1）火是人类文明的见证

燃烧(火)与人类文明及社会的发展息息相关,在人类文明前进的每一步,火的作用和影响都扮演着不容忽视的角色。弗里德里希·恩格斯(Friedrich Engels)曾经说过:“是火和燃烧的应用促进了人类和世界走向文明”。

远古时代,火是人类最早征服的自然力,并逐渐成为人类改造自然的强大手段。火的使用使人类从野蛮状态走向文明。考古学的证据表明,周口店北京猿人的用火历史大概在50万年前;在距今一万年前的新石器时代,人类开始用窑炉烧制陶器;早在公元前2200年的青铜器时代,我们的祖先就建立了青铜冶炼工业,在随后的春秋时期又掌握了炼铁技术,从而彻底告别了石器时代。战国中期,铁农具的使用促进了农业的更快发展,铸币的广泛流通,刺激了工商业的发展并促进了城市的繁荣与强大。公元前1000年人类开始利用煤,公元200年开始利用石油,公元808年发明火药;这些都极大地推动了当时生产力的提高和经济的发展。

欧洲的燃烧技术应用后来者居上。自十字军远征以来,其工业有很大发展,在化铁、炼焦、烧石灰、制陶、制玻璃及酒精等工业中都广泛使用了火。尤其是17世纪在英国第一次工业革命中的第一代动力装置——蒸汽机的发明;20世纪40年代航空航天技术的发展;20世纪70年代出现的能源危机,这些均促进了燃烧科学的形成与发展。人类对燃烧长期认识和经验积累,推进了人类文明的不断进步。所以说人类文明程度随着可控燃烧强度的提高而提高。

2）火是人类现代生活的主导

燃烧是日常生活中最常见的一种现象,也是工业生产中一种最基本的能量转换方式。随着现代工业的发展,人类越来越倚重于能源,而对能源的利用多是通过燃烧方式实现的。虽然核能将逐渐成为工业国家的另一种重要能源,太阳能、风能和潮汐能正在被人们积极开发利用,但是,在今后一个相当长的年代里,燃料燃烧仍然是动力生产的主要来源。今天,大约90%的世界能量供应都是由燃烧生成。

在生活方面,我们的衣食住行均离不开火。舒适的生活环境若不是直接来自燃烧(燃气或燃油的炉子或锅炉),就是间接地来自矿物燃料燃烧所产生的电能;各种交通工具(如汽车、电机、船舶)发动机的动力来源也是固体、液体或气体燃料的燃烧;人类的衣食更是依赖于不同燃料的燃烧。

在工业方面,例如钢、铁、有色金属、玻璃、陶瓷和水泥等工程材料的生产过程;石油炼制、化肥生产、炼焦生产等加工过程中都伴有燃烧现象。

在国防军事领域,航空、航天以及航海动力装置的设计和操作与燃料燃烧密切相关,燃烧不但提供了飞机、导弹、舰艇等战争工具行进的动力,而且战争中所产生的火灾,也构成了二次破坏,对敌军产生了严重的威胁。

3) 燃烧的危害性

火在给人类带来文明进步的同时,也会给人类带来危害,失去控制的燃烧甚至会带来灾难。比如在环境保护方面,燃料的不完全燃烧直接引起的大气污染是对人类赖以生存的环境更直接的威胁。燃烧过程的产物 SOx、NOx、CO、残余烃类、重金属、有毒物质和烟尘粒子等有害物质,以及燃烧噪声,严重危害着人类健康。如何精心组织和控制燃烧过程、减少污染,已成为近年来燃烧研究的重要课题。

除此之外,世界上每年都要发生各种各样的火灾,例如森林火灾、建筑火灾、各种工业火灾以及爆炸等,造成了无法估量的生命和财产损失,给人类带来巨大的灾难。如何预防和减少火灾,也给燃烧科学的研究者提出了新的要求。

由此可见燃烧与国民经济和人民生活有着紧密的关系。现代工业技术的高度发展和环境保护、火灾防治的严格要求对燃烧学和燃烧技术提出了新的挑战。

1.3 燃烧学的发展历史

燃烧学的发展史就是一部人类文明的发展史。人类在用火的过程中,一直在探索火的本质,并试图给出燃烧更加科学和合理的解释,从而促进人类文明不断发展。

1) 火的初步认识阶段

人类在利用和征服火的过程中,也开始了对火的认识过程。在古希腊的神话传说中,火是神的贡献,是普罗米修斯为了拯救人类,从天上偷来的火种,所以普罗米修斯被尊为火神。在我国,据古代传说是燧人氏发明了钻木取火,从而使人类摆脱了茹毛饮血和黑暗寒冷。虽然我国的这个关于火的故事较为贴合实际,但这离火的本质相差甚远。

随着社会的进步和文明的发展,古代人也试图把对火的自然表观认识提升到科学学说的高度,并认为火是构成万物的本源物质之一。如我国"五行说"的"金、木、水、火、土",古希腊"四元说"的"水、土、火、气",以及古印度"四大说"的"地、水、火、风"等,这些学说的提出表明人类开始思考并尝试解释火的本质问题。

2) 火的燃素学说

17 世纪以后,随着工业的发展,特别是冶金和化工工业的发展,火的使用范围和规模扩大了,使人们更迫切地想要弄清楚火及燃烧现象的本质。德国的化学家史塔尔(G. E. Stahl)提出了燃素学说,作为燃烧理论,可以说是让燃烧成为一门科学的最早努力。该理论认为:一切物质之所以能够燃烧,都是由于其中含有被称为燃素的物质。燃素逸至空气中时就引起了燃烧现象,逸出的程度愈强,就愈容易产生高热、强光和火焰。物质易燃和不易燃的区别,就在于其中含有燃素量的多寡不同。虽然这一理论在一定程度上对于许多燃烧现象给予了统一的解释,但是史塔尔的这一理论遭到俄罗斯科学家罗蒙诺索夫(M. B. Ломоносов,1711—1765)的坚决反对。罗蒙诺索夫借助实验,证明了金属在密闭容器内加热,质量不会增加,而放在空气中加热,质量就会增加,从而发现了“燃素说”无法解释的矛盾,这也为后来法国科学家拉瓦锡(A. L. Lavoisier,1743—1794)彻底推翻燃素学说,建立氧化学说奠定了良好的基础。

虽然史塔尔的燃素学说后来就被证明是完全错误的,但当时这对科学的发展起到了一定的积极作用,它体现了一代科学家注意观察和理论总结的研究方法,这种精神值得后代科学家借鉴。

3) 燃烧的氧化学说

1772 年 11 月 1 日法国科学家拉瓦锡关于燃烧的第一篇论文发表了,其要点是由燃烧而引起的重量增加。这一结论并不局限于铝、锡、铁等金属,对于硫、磷的燃烧也同样有质量增加的现象。这种“重量的增加”是由于可燃物同空气中的一部分物质化合的结果,说明燃烧是一种化合现象,但是拉瓦锡尚未完全弄清楚这空气的一部分是什么物质。

1773 年和 1774 年瑞典化学家舍勒(C. W. Scheele)与英国化学家普列斯特利(J. Priestley)分别在实验室中发现了氧,并且普列斯特利还与拉瓦锡有了接触,结果拉瓦锡很快在实验中证明,这种物质在空气中的比例为 1/5,并命名这一物质为“氧”(原意为酸之源)。他于 1777 年向巴黎科学院提交了一篇名为“燃烧理论”的研究报告,其要点为:a)燃烧时放出热和光;b)只有存在氧时,物质才能燃烧;c)空气由两种成分组成,物质燃烧吸收了空气中的氧,其增加的重量即为所吸收的氧;d)一般的可燃物燃烧后通常变为酸,氧是酸的基本组成元素,而金属燃烧后形成了金属的氧化物。

氧化学说的建立,是化学发展史上的一个重大突破,它解开了人们长期解释不清的火的秘密,从此近代化学便迅速发展起来,并开始建立现代的化学体系。

4) 现代燃烧学

19 世纪,随着热力学与热化学的发展,人们也把燃烧过程作为热力学平衡体系来研究,考察反应的初态和终态。这是燃烧理论的静态特性研究,阐明了燃烧过程的热力学特性,其中包括燃烧反应热、绝热火焰温度、燃烧产物平衡成分等概念和计算方法,建立了燃烧热力学。

20 世纪初,美国化学家路易斯(B. Lewis)和俄国科学家谢苗诺夫(H. H. Семёнов)等研究了燃烧化学反应动力学机理,发展了燃烧反应动力学的链式机理。20 世纪初到 20 世纪 30 年代,开始建立了研究燃烧动态过程的理论,提出了火焰物理的一些基本概念,例如最小点火能、火焰传播等概念;从 20 世纪 30 年代到 20 世纪 50 年代,逐步从反应动力学和传热、传质相互作用的观点建立了着火、火焰传播和湍流燃烧的规律。人们逐渐认识到,限制和控制燃烧过程的因素往往不只是反应动力学因素,而且还有流体流动、传热、传质等物理因素。

20 世纪 50 年代到 20 世纪 60 年代,美籍德国人宇航学家冯·卡门(von Karman)和我国科学家钱学森提出用连续介质力学来研究燃烧基本现象,逐渐发展成反应流体力学。

随着大型计算机的发展,20 世纪 70 年代初,英国斯帕尔汀等人比较系统地把计算流体力学方法用于燃烧研究,建立了燃烧的物理模型和数值计算方法,用它可以定量地预测燃烧过程和燃烧设备的性能,开辟了燃烧理论及其应用的新途径。

自 20 世纪 70 年代中期以后,随着现代先进激光诊断技术和气体分析技术的出现,人们开始用光学技术直接测量燃烧过程中气体和颗粒的速度、温度、组分浓度等参数,这些技术改进了燃烧试验方法,提高了测试精度,为深入研究燃烧现象及其规律提供了重要手段和精确可靠的试验数据。从此燃烧学的研究实现了从定性到定量、从宏观到微观的转变,形成了一门系统的学科,涉及热力学、化学动力学、流体力学、传热学、物理学等以数学为基础的综合理论学科。其重点在于研究燃料和氧化剂进行激烈化学反应的发热发光的物理化学过程及其高效精细化的组织与控制。

目前,燃烧科学的研究可以分为两个方面,一是理论方面的研究,主要以燃烧过程涉及的基本过程为研究对象,如燃烧反应的燃烧热力学与动力学基础,燃料的着火、熄火,火焰传播与稳定,液体燃料的燃烧理论,燃烧产物的生成与污染物的控制等。二是燃烧技术的研究,主要是应用上述燃烧理论的研究结果来解决工程技术中的各种实际问题,包括燃烧方法的改进,燃烧过程的组织,新的燃烧方法的建立,提高燃烧效率,拓宽燃烧利用范围,改善燃烧产物的组成,实现对燃烧过程污染物的形成与排放的控制等。

1.4 燃烧在航空发动机中的应用

目前,燃烧学仍然是一门正在发展中的科学,其涉及的领域比较广泛,包括能源、航空航天、环境工程和火灾防治等多个领域。本书主要介绍航空发动机内有关燃烧的基本知识。

航空发动机作为飞机的心脏,是整架飞机的动力中枢。航空发动机燃烧是燃料燃烧化学反应、湍流流动、传热传质共同作用的多相、多尺度、多组分复杂物理化学过程,涉及喷雾、流动、混合、着火、燃烧、火焰传播等,涵盖化学动力学、流体力学、热力学、传热传质学等多学科科学问题。对于从事航空航天动力领域的研究者来说,要求燃烧不断强化且处于更高的能量利用水平,这就是所谓的高能或高温、高压(超临界)、高速(超声速)、强湍流,强旋流等条件下的燃烧。

如果说被誉为“工业之花”的航空发动机是飞机的心脏的话,那么燃烧室就是飞机心脏中的心脏,它是燃烧组织的场所,也是航空发动机三大核心部件之一。航空发动机燃烧室工作的优劣直接影响发动机的性能,一个好的燃烧室,应当满足发动机对它提出的要求,在比较恶劣的条件下高效地正常工作,把蕴藏在燃料中的化学能释放出来,加热工质,推动涡轮做功。近年来,一方面除了更进一步继续挖掘现有燃烧室中燃烧热能的潜力之外,另一方面,随着航空航天动力向更高、更快、更远的方向发展,必须开拓一些新型燃烧模式的燃烧室,比如基于超声速燃烧和脉冲爆震燃烧的燃烧室已经成为 21 世纪三大新型动力方案之一。

但是航空发动机燃烧室仍然存在许多有待解决的重大问题,比如污染问题。燃烧中存在的有害物质,在燃烧过程中会散发出来,主要包括氮氧化物、一氧化碳等,同时还伴随着噪声、臭味、未燃尽的碳氢化合物以及微量有害元素等。这些排放物会污染环境,危害着人类和动植物的健康和生长,甚至破坏整个生态环境的平衡。因此,研究清洁燃烧技术以及控制污染排放;研究火焰沿各种材料的传播规律以及爆震燃烧、多孔介质中的燃烧等,成为了目前全世界的前沿课题。

1.5 本书的内容要点

本书包含基础部分和应用部分两个方面内容。基础部分包括:燃烧化学热力学和化学动力学基础、燃烧的物理学基础、预混层流火焰的传播和稳定、着火和熄火、预混湍流火焰、气相扩散火焰等,上述内容是各类与燃烧相关专业的通用内容。应用部分包括:液体燃料特性、喷嘴及雾化理论、航空燃气轮机主燃烧室与加力燃烧室的结构特点、工作过程、主要性能及技术发展趋势等,该部分内容是与航空发动机燃烧技术相关的专业内容。

习题

(1) 什么叫燃烧? 燃烧的现象是什么?

(2) 燃烧的三大要素是什么?

(3) 燃烧有哪几类分类方法,分别是什么?

(4) 学习燃烧学的意义是什么?

(5) 对于燃烧科学来说,一般有哪几种研究方法?

参考文献

[1] 严传俊,范玮. 燃烧学[M]. 西安:西北工业大学出版社,2010.

[2] D B Spalding. Some Fundamentals of Combustion[M]. London:Butterworths Scientific Publication,1955.

[3] S S Penner. Chemistry Problems in Jet Propulsion[M]. Paris:Pergamon Press,1957.

[4] I Glassman. Combustion[M]. Salt Lake City: Academic Press,1957.

[5] B Lewis,G. von Elbe. Combustion,Flame and Explosion of Gases[M]. Salt Lake City: Academic Press,1961.

[6] J M Beer ,N A Chigier. Combustion Aerodynamics[M]. England:Applied Science Publishers Ltd,1972.

[7] A M Kanury. Introduction to Combustion Phenomena[M]. England:Gordon and Breach,1977.

[8] F A Williams. Combustion Theory[M]. Massachusetts :Addison - Wesley Publishing Company,1965.

[9] K K Kuo. Principles of Combustion[M]. New York:John Wiley & Sons,1986.

[10] 周力行. 燃烧理论和化学流体力学[M]. 北京:科学出版社,1986.

[11] 傅维标,卫景彬. 燃烧物理学基础[M]. 北京:机械工业出版社,1984.

[12] 张斌全. 燃烧理论基础[M]. 北京:北京航空航天大学出版社,1990.

[13] 许晋源,徐通模. 燃烧学[M]. 北京:机械工业出版社,1980.

[14] 万俊华,郜冶,夏允庆. 燃烧理论基础学[M]. 哈尔滨:哈尔滨工程大学出版社,1992.

[15] 徐旭常,吕俊复,张海. 燃烧理论与燃烧设备[M]. 北京:机械工业出版社,1980.

[16] 顾恒祥. 燃料与燃烧[M]. 西安:西北工业大学出版社,1993.

[17] 宁晃,高歌. 燃烧室空气动力学[M]. 北京:科学出版社,1980.

[18] 金如山. 航空燃气轮机燃烧室[M]. 北京:中国宇航出版社,1988.

[19] 杜声同,严传俊. 航空燃气轮机燃烧与燃烧室[M]. 西安:西北工业大学出版社,1995.

[20] 侯晓春,等. 高性能航空燃气轮机燃烧技术[M]. 北京:国防工业出版社,2002.

[21] R Turns etal. An Introduction to Combustion Concepts and Applications [M]. 姚强,等译. 北京:清华大学出版社,2009.
[22] 刘联胜,王恩宇,吴晋湘. 燃烧理论与基础[M]. 北京:化学工业出版社,2008.
[23] 陈长坤. 燃烧学[M]. 北京:机械工业出版社,2013.
[24] 岑可法,姚强,骆仲泱,等. 燃烧理论与污染控制[M]. 北京:机械工业出版社,2004.

第 2 章　燃烧化学热力学与化学动力学基础

燃烧热力学是将燃烧作为热力学系统，考察其初始和最终热力学状态，研究燃烧的静态特性。化学热力学的主要研究内容：①根据热力学第一定律，分析有化学反应时燃烧系统中化学能转化为热能的能量变化，这里主要是计算燃烧过程释放的能量；②根据热力学第二定律分析化学平衡条件和平衡时的系统状态，比如燃烧产物的平衡温度和平衡组分。

化学动力学是解释化学反应快慢和反应历程的基本理论，是化学学科的一个重要组成部分。它定量研究化学反应进行的速度及其影响因素，并用反应机理来解释由实验得出的动力学定律，研究燃烧的动态特性。动力学的基本任务：①确定各种化学反应速度及其影响因素，从而提供合适的反应条件，使反应按人们所期望的速度进行；②研究各种反应机理，即反应物过渡到生成物所经历的途径。大量的实验表明，反应速度的快慢主要取决于化学反应的内在机理，其外在因素（压力、温度等）都是通过影响或改变反应机理起作用的。所以，研究反应机理，揭示化学反应速度的本质，能使人们更有效地控制化学反应。

2.1　热力学性质关系式和燃烧学有关的概念及定义

2.1.1　热力学性质关系式

1）状态方程

状态方程用来表示一种物质的压力 P、温度 T 和体积 V（比容 ν）之间的关系。对于理想气体，即忽略分子间的作用力和分子体积的气体，状态方程可以表达成以下集中等效的形式：

$$pV = nR_uT \tag{2-1a}$$

$$pV = mRT \tag{2-1b}$$

$$p\nu = RT \tag{2-1c}$$

或

$$p = \rho RT \tag{2-1d}$$

式中，n 为摩尔数，气体常数 R 可以用通用气体常数 R_u 和气体摩尔质量 M_r 表示，即

$$R = R_u/M_r \tag{2-2}$$

上式中的密度 ρ 是比容 ν 的倒数（$\rho = 1/\nu = m/V$）。本书假设所有的气体组分和气体混合物都具有理想气体的性质。这样的假设对于考虑的所有系统都是适用的，因为燃烧所产生的高温一般来说会形成足够低的密度，所以此时看作理想气体是一个可接受的近似。

2）理想气体混合物

用于表示混合物的组成的两个重要且有用的概念是组分摩尔分数和组分质量分数。

考虑一种多组分的混合物，其中组分 1 含有 $n_1$mol，组分 2 含有 $n_2$mol 等，则组分 i 的摩尔分数 x_i 定义为物质 i 的摩尔数在混合物总摩尔数 n_{tot} 中所占的比例，即

$$x_i = \frac{n_i}{n_1 + n_2 + \cdots + n_i + \cdots} = \frac{n_i}{n_{tot}} \tag{2-3}$$

同样的，组分 i 的质量分数 w_i 指的是物质 i 的质量 m_i 在混合物总质量 m_{tot} 中所占的比例：

$$w_i = \frac{m_i}{m_1 + m_2 + \cdots + m_i + \cdots} = \frac{m_i}{m_{tot}} \tag{2-4}$$

其中，根据定义，所有组分的摩尔（质量）分数的总和是 1，即

$$\sum_i x_i = 1 \tag{2-5a}$$

$$\sum_i w_i = 1 \tag{2-5b}$$

物质 i 的摩尔质量（又称分子量）$M_{r,i}$（单位为 g/mol）是 1mol 该种物质的质量。例如，碳原子、氢分子、氧分子及甲烷分子的摩尔质量分别为：$M_{r,C} = 12$g/mol，$M_{r,H_2} = 2$g/mol，$M_{r,O_2} = 32$g/mol，$M_{r,CH_4} = 16$g/mol。混合物的平均摩尔质量 M_r（单位 g/mol）表示的是以摩尔分数为加权的平均摩尔质量，即

$$M_{r,\mathrm{mix}} = \sum x_i M_{r,i} = \frac{1}{\sum_i (w_i / M_{r,i})} \tag{2-6}$$

那么，通过简单推导，组分 i 的质量分数和摩尔分数之间存在如下的关系式（S 表示的是混合物中各种组分的总数）：

$$w_i = \frac{M_{r,i} n_i}{\sum_{j=1}^{S} M_{r,j} n_j} = \frac{M_{r,i} x_i}{\sum_{j=1}^{S} M_{r,j} x_j} \tag{2-7a}$$

$$x_i = \frac{w_i}{M_{r,i}} M_{r,\mathrm{mix}} = \frac{w_i / M_{r,i}}{\sum_{j=1}^{S} w_j / M_{r,j}} \tag{2-7b}$$

组分摩尔分数也可用来确定出对应组分的分压；组分 i 的分压 P_i 指的是其在相同的温度下从混合物中分离出来并占全部混合物的体积时的压力。对于理想气体，混合物的压力就是所有物质分压的总和，即

$$P = \sum_i P_i \tag{2-8}$$

分压也可用混合物成分的摩尔分数和总压来计算得出，即

$$P_i = x_i P \tag{2-9}$$

对于理想气体混合物，多数基于质量（或物质的量）的混合物强度参数可以简单地用各物质的强度参数的质量分数（或摩尔分数）的加权和来表示。比如，混合物的焓 h_{mix} 为

$$h_{\mathrm{mix}} = \sum_i w_i h_i \tag{2-10a}$$

$$\bar{h}_{\mathrm{mix}} = \sum_i x_i \bar{h}_i \tag{2-10b}$$

式中，h 表示单位质量物质的焓，$\bar{h}$ 的上标“ - ”表示单位摩尔物质的焓。

其他用这种方法来处理的常用参数还有内能 u 和 $\bar{u}$。在理想气体的假设下，无论是

纯物质参数($u,\bar{u},h,\bar{h}$),还是混合物的参数都与压力无关。

对于大部分燃烧系统来说,燃烧的目的是获取热量或利用燃气做功。而参加燃烧的反应物由燃料和氧化剂组成,其中氧化剂就是空气中的氧气 O_2。一般情况下,在燃烧系统中,我们忽略空气中的微量成分,认为空气主要由氧气 O_2 和氮气 N_2 两种气体组成,其中氧气 O_2 的摩尔分数是21%,氮气 N_2 的摩尔分数为79%。即,1摩尔的氧气 O_2 对应的氮气 N_2 摩尔数为3.76。

2.1.2 燃烧学有关的基本概念和定义

1)化学恰当反应

考虑各种元素的质量守恒,一个化学反应可以写成以下的形式:

$$\sum \nu_i A_i \rightarrow \sum \nu_i' A_i \tag{2-11}$$

式中,A_i 为组分 i(反应物或生成物)的化学元素符号;

ν_i、ν_i'为组分 i 作为反应物或生成物时的化学计量系数。

以碳氢燃料 C_xH_y 和空气为例,方程式(2-11)可写成:

$$C_xH_y + a(O_2 + 3.76N_2) \rightarrow xCO_2 + (y/2)H_2O + 3.76aN_2 \tag{2-12}$$

$$\begin{array}{lll} A_1 = C_xH_y & \nu_1 = 1 & \nu_1' = 0 \\ A_2 = O_2 & \nu_2 = a & \nu_2' = 0 \\ A_3 = N_2 & \nu_3 = 3.76a & \nu_3' = 3.76a \\ A_4 = CO_2 & \nu_4 = 0 & \nu_4' = x \\ A_5 = H_2O & \nu_5 = 0 & \nu_5' = y/2 \end{array}$$

式中

$$a = x + y/4 \tag{2-13}$$

其中,a 表示的是单位摩尔燃料完全燃烧时所需要的氧气摩尔数。

化学恰当反应定义:所有参加化学反应的反应物都按化学反应方程规定的比例完全燃烧的反应,即所有的反应物都消耗掉,并发生完全燃烧生成最稳定产物的一种独特的反应,也是最经济的反应。

2)理论空气量 L_0

理论空气量是指单位质量或单位体积燃料进行化学恰当反应(完全燃烧,没有离解)理论上所需要的空气量,一般用符号 L_0 表示,其单位为 kg/kg(对固体和液体燃料)或 m^3/m^3(气体燃料),即以1kg或1m^3 燃料为基准计算。

根据恰当反应的特点,对碳氢燃料 C_xH_y 来说,其对应的理论空气量 L_0 可表示为:

$$L_0 = 4.76a \frac{M_{r,a}}{M_{r,f}}$$

式中,a 为单位摩尔燃料完全燃烧时所需要的空气摩尔数。

例2.1 确定 H_2 的理论空气量(假定反应在1atm下进行)。

解:燃烧反应方程式为

$$H_2 + a(O_2 + 3.76N_2) \rightarrow bH_2O + 3.76aN_2$$

因为 $a = x + y/4 = 0 + 2/4 = 1/2$,所以,化学反应方程式可表示为

$$H_2+1/2(O_2+3.76N_2)\rightarrow H_2O+1.88N_2$$

$$L_0=4.76a\frac{M_{r,a}}{M_{r,f}}=4.76\times\frac{1}{2}\times\frac{28.96}{2}=34.5(\text{kg})$$

点评：完全燃烧 1kg H_2 需要 34.5kg 空气，因此，在燃料—空气混合物中，燃料所占的质量百分比极小。如果采用液氢火箭发动机，则每装载 1kg 燃料，就要另外装载 34.5kg 空气，即使换成纯氧，也需要 8kg。这一结果说明，火箭发动机的氧化剂质量占了载荷的绝大部分，造成火箭的有效载荷难以提高。如果换成航空发动机，则可直接从大气中获取空气，飞行器的运载能力可大大提高。

用同样方法可以获得其他燃料的理论空气量，比如，航空煤油（化学方程式可表示为 $C_{10.1}H_{20.4}$）的理论空气量 $L_0=14.78$kg。

如果燃料燃烧进行的不一定是恰当反应，则其空气量为实际空气量，用“L”表示，有

$$L=\frac{\dot{m}_a}{\dot{m}_f}$$

上式中，$\dot{m}_f$ 表示燃油的流量，$\dot{m}_a$ 表示空气的流量。

3）油气比 f

油气比指可燃混合物中燃油和空气的质量（流量）之比，用符号“f”表示

$$f=\frac{\dot{m}_f}{\dot{m}_a} \tag{2-14}$$

用这个参数十分直观地表明燃料和空气的比例，可判明可燃混气中燃料含量的多寡，其单位是 kg/kg。

用“f_0”表示化学恰当油气比，它可根据燃料中 C、H、O 的含量计算得出，对航空煤油来说，它的值 $f_0=0.068$。

显然，化学恰当油气比为燃料理论空气量的倒数，根据此值，可确定燃料和氧化剂混合物的贫富油状态。

其中：

若 $f>f_0$，表示燃烧后氧被用完，而油有富余，故称为富油。f 大于 f_0 越多，表示越富油。

若 $f<f_0$，则表明燃烧后油被烧完，但氧有富余，故称为贫油。f 小于 f_0 越多，则表示越贫油。

4）余气系数 α

指实际空气质量与燃油按化学恰当比完全燃烧所需理论空气质量之比，也可按单位质量燃料换算，即实际按每单位质量燃料供应的空气量与该燃料的理论空气量之比，按定义有：

$$\alpha=\frac{\dot{m}_a}{\dot{m}_f L_0} \tag{2-15a}$$

根据 α 值也可确定可燃混合物的贫富油状态：

当 $\alpha=1$ 时，说明燃烧 $\dot{m}_f$kg 燃油理论上所需要的 $\dot{m}_f L_0$kg 空气恰好与所供给的 $\dot{m}_a$kg 空气相等，即燃烧后燃气中既无燃油剩余，也无 O_2 剩余，刚好匹配。这里用 $\alpha=1$ 作“分水岭”，说明混气不贫也不富。

当 $\alpha>1$ 时,说明空气($\dot{m}_a$kg)多于燃烧$\dot{m}_f$kg 燃油所需的$\dot{m}_f L_0$kg 空气,因此为贫油混气。α 大于 1 越多,则混气越贫。

当 $\alpha<1$ 时,说明空气($\dot{m}_a$kg)少于燃烧$\dot{m}_f$kg 燃油所需的$\dot{m}_f L_0$kg 空气,因此为富油混气。α 小于 1 越多,则混气越富。

α 与 f 的关系为

$$f=\frac{\dot{m}_f}{\dot{m}_a}=\frac{1}{\alpha L_0} \tag{2-15b}$$

$$\alpha=\frac{1}{fL_0} \tag{2-15c}$$

当 $\alpha=1$ 时,$f=f_0=\dfrac{1}{L_0}$,可见化学恰当油气比与理论空气量互为倒数。

5) 当量比 ϕ

指实际油气比与化学恰当油气比之比,

$$\phi=\frac{f}{f_0}=\frac{\dot{m}_f}{\dot{m}_a f_0}=\frac{\dot{m}_f L_0}{\dot{m}_a}=\frac{1}{\alpha} \tag{2-16}$$

可见,ϕ 与 α 互为倒数,当 $\alpha=1$、$\phi=1$ 是表示燃油和空气是按化学恰当比混合的。当 $\phi>1$ 时表示富油混气;当 $\phi<1$ 时表示贫油混气。所以,根据当量比也可确定混合物的贫富油状态。

例 2.2 一个小型低辐射、固定的燃气涡轮发动机,当它在全负荷(功率为 3950kW)条件下工作时,空气的流量$\dot{m}_a$ 为 15.9kg/s,混气的当量比 ϕ 为 0.286。假设燃料(天然气)的等效组成可表示为 $C_{1.16}H_{4.32}$,试确定燃料的流量和发动机的实际空气量 L。

解:已知:$\phi=0.286$,$M_{r,a}=28.96$,$\dot{m}_a=15.9$kg/s,

$$M_{r,f}=1.16\times 12.01+4.32\times 1.008=18.286$$

求:$\dot{m}_f$,L。

下面我们将先求油气比 f,然后再求$\dot{m}_f$。本例仅用到油气比和当量比 ϕ 的定义。

由理论空气量的定义得:

$$L_0=4.76a\frac{M_{r,a}}{M_{r,f}}$$

其中 $a=x+y/4=1.16+4.32/4=2.24$,因此

$$L_0=4.76\times 2.24\frac{28.96}{18.286}=16.89(\text{kg})$$

由当量比 ϕ 的定义得:

$$\phi=\frac{f}{f_0}=\frac{1}{\alpha}=\frac{L_0}{L}$$

$$\Rightarrow L=\frac{L_0}{\phi}=\frac{16.89}{0.286}=59.06(\text{kg})$$

根据 L 定义也可写成:

$$L=\frac{\dot{m}_a}{\dot{m}_f}$$

$$\Rightarrow \quad \dot{m}_f = \frac{\dot{m}_a}{L} = \frac{15.9\text{kg/s}}{59.06} = 0.269\text{kg/s}$$

$$\alpha = \frac{1}{\phi} = \frac{1}{0.286} = 3.497$$

从本例可看出,即使是在全负荷下工作,供给发动机的空气也是过量的。实际上,在大多数燃烧系统,我们发现氧化剂都要比恰当反应时所需的氧化剂多许多。

例 2.3 有一以天然气为燃料的工业锅炉,该锅炉工作时烟气中氧气的摩尔分数为 3% 。假设天然气成分为甲烷,试确定该锅炉工作时的实际空气量 L 和当量比 ϕ。

解:已知:$x_{O_2} = 0.03$,$M_{r,f} = 16.04$,$M_{r,a} = 28.96$。

求:L 和 ϕ。

假定天然气在锅炉中"完全燃烧",即反应产物没有发生离解,燃烧产物仅由 H_2O,CO_2,O_2 和 N_2 组成,那么我们可以写出总体燃烧反应方程式,然后根据产物中 O_2 的摩尔分数求出实际空气量 L。

$$CH_4 + a'(O_2 + 3.76N_2) \rightarrow CO_2 + 2H_2O + bO_2 + 3.76a'N_2$$

其中 a' 和 b 通过氧原子守恒而相互关联:

$$2a' = 2 + 2 + 2b$$

$$\Rightarrow b = a' - 2$$

从摩尔分数的定义可知:

$$x_{O_2} = \frac{n_{O_2}}{n_{\text{mix}}} = \frac{b}{1 + 2 + b + 3.76a'} = \frac{a' - 2}{1 + 4.76a'} = 0.03$$

$$\Rightarrow a' = 2.368$$

实际空气量 L 可表示为

$$L = \frac{n_a}{n_f} \cdot \frac{M_{r,a}}{M_{r,f}}$$

因为

$$\frac{n_a}{n_f} = \frac{4.76a'}{1}$$

所以

$$L = \frac{4.76a'}{1} \cdot \frac{M_{r,a}}{M_{r,f}}$$

$$L = 4.76 \times 2.368 \times \frac{28.96}{16.04} = 20.35(\text{kg})$$

注意,这里的 a' 指的是 1mol 甲烷燃烧时实际参与的空气摩尔数。

为了求出 ϕ,首先得求出 L_0,

$$L_0 = 4.76a\frac{M_{r,a}}{M_{r,f}} = \frac{4.76 \times 2 \times 28.96}{16.04} = 17.19(\text{kg})$$

上式中的 a 指的是单位摩尔燃料进行恰当反应时所需要的空气摩尔数,注意和 a' 的区别。

由 ϕ 的定义可得

$$\phi = \frac{f}{f_0} = \frac{1}{\alpha} = \frac{L_0}{L} = \frac{17.19}{20.35} = 0.84$$

在此例中,我们假设含有 O_2 的混合物是"湿的"(即混合物中有水蒸气)。通常在分析排放的成分时将水蒸气除去,以免水蒸气在分析仪中发生凝结现象;因此,我们也可以假设混合物是“干燥的”来求解本例。

6）绝对焓(标准焓)和生成焓

在进行燃烧热力学计算时,需要使用每一组分的绝对焓 $\bar{h}_i(T)$。对任何物质,绝对焓定义为生成焓和显焓之和。所谓生成焓 h_f,是指考虑了与化学键(或无化学键)相关的能量的焓,一般是指在参考温度下该组分的生成焓 $\bar{h}_{f,i}^0(T_{\mathrm{ref}})$。显焓 Δh_s,是一个只与温度有关的焓,即从某一参考温度开始到当前温度下显焓 $\Delta\bar{h}_{s,i}(T_{\mathrm{ref}})$ 的变化。那么,某一温度 T 下物质的绝对焓可表示为

$$\bar{h}_i(T)=\bar{h}_{f,i}^0(T_{\mathrm{ref}})+\Delta\bar{h}_{s,i}(T_{\mathrm{ref}}) \tag{2-17}$$

式中 $\Delta\bar{h}_{s,i}=\bar{h}_i(T)-\bar{h}_{f,i}^0(T_{\mathrm{ref}})$,带有上标“—”的符号表示摩尔比焓。

参考状态一般选 $T_{\mathrm{ref}}=298.15\mathrm{K}$,$P_{\mathrm{ref}}=P^0=1\mathrm{atm}(101325\mathrm{Pa})$。认为定义:在参考状态下,自然界存在的单质的生成焓等于零。化合物的生成焓等于由单质化合生成该化合物时的热效应的负数。各种物质的标准生成焓可以从化学热力学或物理化学的手册中查到。附录 A 列出了一些化合物的组分在参考温度下的生成焓。

例 2.4 由 CO、CO_2 和 N_2 组成的混合气体中,CO 的摩尔分数为 0.10,CO_2 的摩尔分数为 0.20,该混合气体的温度为 1200K,压力为 1atm。试确定:(1)混合物质量比焓和摩尔比焓;(2)三种组分的质量分数。

解:已知:$x_{\mathrm{CO}}=0.10$,$T=1200\mathrm{K}$,$x_{\mathrm{CO_2}}=0.20$,$P=1\mathrm{atm}$;
需要求的是:(1)$\bar{h}_{\mathrm{mix}}$ 和 h_{mix}(2)w_{CO}、$w_{\mathrm{CO_2}}$ 和 $w_{\mathrm{N_2}}$。

(1) 由 $\sum x_i=1$ 得

$$x_{\mathrm{N_2}}=1-x_{\mathrm{CO_2}}-x_{\mathrm{CO}}=1-0.20-0.10=0.70$$

由理想气体混合物焓的公式得

$$\begin{aligned}\bar{h}_{\mathrm{mix}}=\sum x_i\bar{h}_i=&\,x_{\mathrm{CO}}[\bar{h}_{f,\mathrm{CO}}^o+(\bar{h}(T)-\bar{h}_{f,298}^o)_{\mathrm{CO}}]\\&+x_{\mathrm{CO_2}}[\bar{h}_{f,\mathrm{CO_2}}^o+(\bar{h}(T)-\bar{h}_{f,298}^o)_{\mathrm{CO_2}}]\\&+x_{\mathrm{N_2}}[\bar{h}_{f,\mathrm{N_2}}^o+(\bar{h}(T)-\bar{h}_{f,298}^o)_{\mathrm{N_2}}]\end{aligned}$$

通过查附表 A,将所得值代入上式得混合物摩尔比焓:

$$\begin{aligned}\bar{h}_{\mathrm{mix}}=&\,0.10\times[-110,541+28,440]\\&+0.20\times[-393,546+44,488]\\&+0.70\times[0+28,118]\\\bar{h}_{\mathrm{mix}}=&\,-58,339.1\mathrm{kJ/kmol_{mix}}\end{aligned}$$

为了求混合物质量比焓 h_{mix},需要确定混合物的平均分子量:

$$\begin{aligned}M_{r,\mathrm{mix}}=&\sum x_iM_{r,i}\\=&\,0.10\times28.01+0.20\times44.01+0.70\times28.013\\=&\,31.212\end{aligned}$$

因此,混合物质量比焓为

$$h_{\mathrm{mix}}=\frac{\bar{h}_{\mathrm{mix}}}{M_{r,\mathrm{mix}}}=\frac{-58,339.1}{31.212}=-1869.12\mathrm{kJ/kg_{mix}}$$

（2）各组分的质量分数可依其定义计算

$$w_{CO}=0.10\times\frac{28.01}{31.212}=0.0897$$

$$w_{CO_2}=0.20\times\frac{44.01}{31.212}=0.2820$$

$$w_{N_2}=0.70\times\frac{28.013}{31.212}=0.6282$$

由 $0.0897+0.2820+0.6282=1.000$ 可验证 $\sum w_i=1$。

质量单位和摩尔单位在燃烧学中使用频繁，因此我们必须熟练掌握两种单位之间的相互转换。

2.2 热力学第一定律在反应系统中的应用

2.2.1 燃烧焓和热值

1）燃烧焓

所有的化学反应都伴随着能量的吸收和释放，而能量通常是以热量的形式出现的。

如果忽略有化学反应的流动系统中动能和势能的变化，同时除流动功以外没有其他形式功的交换，则加入系统的热量 Q 应等于该系统焓的增加量 ΔH。

当反应系统在等温条件下进行某一化学反应过程时，除膨胀功外，不做其他功，此时系统吸收或释放的热量称为该反应的热效应。对已知某化学反应来说，通常所谓热效应如不特别注明，都是指等压条件下的热效应。

对于某一燃烧反应，假定化学反应的生成物是已知的，那么用热力学第一定律就可以计算其释放（或吸收）的热量。当单位摩尔（或单位质量）的燃料与化学恰当的空气混合物以一定的标准参考状态（比如一个大气压，25℃）进入稳定流动的反应器，且生成物（假定为 CO_2, H_2O, N_2）也以同样的标准参考状态离开该反应器，那么此反应释放出来的热量为标准反应焓，将其定义为燃烧焓 Δh_R（$\Delta\overline{h}_R$ 为单位摩尔燃烧焓，Δh_R 为单位质量燃烧焓）。当反应为等压过程时，有

$$\Delta h_R=q_{cv}=h_{out}-h_{in}=h_{\mathrm{prod}}-h_{\mathrm{reac}}$$

式中，q_{cv} 表示控制体中单位质量反应物反应释放出来的热量；h_{out}, h_{in} 分别表示离开和进入反应器单位质量物质的焓。

对于 CH_4

$$CH_4+2(O_2+3.76N_2)\rightarrow CO_2+2H_2O(g)+7.52N_2 \tag{2-18}$$

$$\Delta\overline{h}_{R,298K}=\Delta\overline{h}_{f,CO_2,298K}+2\Delta\overline{h}_{f,H_2O,298K}-\Delta\overline{h}_{f,CH_4,298K}$$

N_2 和 O_2 对这个等式没有贡献，因为它们是单质。从附录 A 查得 CO_2, H_2O 和 CH_4 的生成焓值代入上式，

$$\Delta\overline{h}_{R,298K}=[(-393546)+2(-241845)-(-74831)]\mathrm{kJ}$$

$$\Delta\overline{h}_{R,298K}=-802405\mathrm{kJ}(\mathrm{kmotCH_4})$$

每 kg 燃料为基础的焓为

$$\Delta h_R = \frac{\Delta \bar{h}_R}{M_{r,f}}\left(\frac{kJ}{kg_f}\right) \tag{2-19a}$$

则每 kg 甲烷的燃烧焓为

$$\Delta h_R = (-802405/16.043) = -50,016\left(\frac{\text{kJ}}{\text{kg}_f}\right)$$

以混合物为基础的焓为

$$\Delta h_R = \Delta h_R\left(\frac{\text{kJ}}{\text{kg}_f}\right)\frac{\dot{m}_f}{\dot{m}_{\text{mix}}}\left(\frac{\text{kJ}}{\text{kg}_{\text{mix}}}\right) \tag{2-19b}$$

式中

$$\frac{\dot{m}_f}{\dot{m}_{\text{mix}}} = \frac{\dot{m}_f}{\dot{m}_a + \dot{m}_f} = \frac{1}{L_0 + 1} \tag{2-19c}$$

由例 2. 3 可知，甲烷的理论空燃比 L_0 为 17. 19，于是燃烧焓为

$$\Delta h_R = \frac{-50016}{17.19 + 1} = -2749.6\left(\frac{\text{kJ}}{\text{kg}_{\text{mix}}}\right)$$

值得注意的是，对放热反应，反应热是负值（吸热为正，放热为负）。燃烧焓与燃烧产物的相态有关，因为生成焓与相态有关。例如，汽态水的生成焓为 -241. 84kJ/mol，而液态水的生成焓为 -285. 85kJ/mol，两者的差值等于在 25℃时的液态水的汽化潜热。

2）热值

燃料热值（Δh_c，下标“c”表示“热”，对应英文：calorific）的定义为：单位质量（或单位摩尔）燃料在标准状态下与空气完全燃烧放出热量的多少（如果是单位摩尔热值，则表示为 $\Delta \bar{h}_c$，如果是单位质量，则表示为 Δh_c。热值等于燃烧焓的负数）。对于有可凝结产物的燃料有两种热值：产物为凝聚相时为高热值（*HHV*），产物为气态时为低热值（*LHV*）。一般燃料的热值越高，那么燃烧所需理论空气量越大。比如，氢（H_2）的热值为 285. 77kJ/mol，甲烷的热值为 881. 99kJ/mol，辛烷（C_8H_{18}）的热值为 5450. 50kJ/mol，各种碳氢燃料的热值见附录 B。

例 2. 5 （1）正癸烷（$C_{10}H_{22}$）的分子量为 142. 284，试确定每千克气态正癸烷和每摩尔气态正癸烷在 298K 的高热值和低热值。

（2）如果正癸烷在 298K 的蒸发潜热为 359kJ/kg_{fuel}，试确定液态正癸烷的高热值和低热值。

解：（1）正癸烷（$C_{10}H_{22}$）的总体反应方程式：

$$C_{10}H_{22(g)} + 15.5(O_2 + 3.76N_2) \rightarrow 10CO_2 + 11H_2O_{(l\text{或}g)} + 15.5 \times 3.76N_2$$

无论高热值还是低热值，都有

$$\Delta \bar{h}_c = -\Delta \bar{h}_R = (H_{\text{reac}} - H_{\text{prod}})/n_{C_{10}H_{22}}$$

上式中，H_{reac}，H_{prod} 分别表示反应物和产物的总焓。其中 H_{prod} 的值依产物中 H_2O 的状态而定。因为计算 $\Delta \bar{h}_c$ 的参考温度为 298K，所以所有组分的显焓都为 0，并且 O_2 和 N_2 在 298K 时的生成焓也为 0。

又因为 $$H_{\text{reac}} = \sum_{\text{reac}} n_i \bar{h}_i, \quad H_{\text{prod}} = \sum_{\text{prod}} n_i \bar{h}_i$$

所以 $$\Delta \bar{h}_{c(H_2O\text{为液态})} \cdot n_{C_{10}H_{22}} = 1 \times \bar{h}^o_{f,C_{10}H_{22}(g)} - [10\,\bar{h}^o_{f,CO_2} + 11\,\bar{h}^o_{f,H_2O(l)}]$$

从附表 A.6 中可查得气态水的生成焓和蒸发潜热，据此可计算液态水的生成焓

$$\bar{h}^o_{f,H_2O(l)} = \bar{h}^o_{f,H_2O(g)} - \bar{h}_{f,g} = -241.845 - 44.010 = -285.855\text{kJ/mol}$$

利用此值和附表 A、B 中的生成焓，可得

$$\begin{aligned}\Delta \bar{h}_{c(H_2O为液态)} \cdot n_{C_{10}H_{22}} &= \Delta H_{c(H_2O为l)} \\ &= 1 \times \left(-249.659\frac{\text{kJ}}{\text{mol}}\right) \\ &\quad - \left[10\left(-393.546\frac{\text{kJ}}{\text{mol}}\right) + 11\left(-285.855\frac{\text{kJ}}{\text{mol}}\right)\right] \\ &= 6,830.206\text{kJ}\end{aligned}$$

所以 $$\Delta \bar{h}_c(HHV) = \frac{\Delta H_{c(H_2O为液态)}}{n_{C_{10}H_{22}}} = \frac{6,830.206\text{kJ}}{1\text{mol}} = 6,830.206\text{kJ/mol}_{C_{10}H_{22}},$$

$$\Delta h_c(HHV) = \frac{\Delta \bar{h}_c}{M_{r,C_{10}H_{22}}} = \frac{6,830.206\frac{\text{kJ}}{\text{mol}}}{142.284\frac{\text{kg}}{\text{kmol}}} = 48,004.03\text{kJ/kg}_{C_{10}H_{22}}。$$

对于低热值，将 $\bar{h}^o_{f,H_2O(l)}$ 换成 $\bar{h}^o_{f,H_2O(g)}$ 即可。

因此有

$$\Delta \bar{h}_c(LHV) = 6,346.096\text{kJ/mol}_{C_{10}H_{22}}$$

$$\Delta h_c(LHV) = 44,602\text{kJ/kg}_{C_{10}H_{22}}$$

（2）对于液态的正癸烷（$C_{10}H_{22}$）有

$$H_{reac} = 1 \times (\bar{h}^o_{f,C_{10}H_{22}(g)} - \bar{h}_{fg,C_{10}H_{22}})$$

即

$$\Delta \bar{h}_c(液态燃料) = \Delta \bar{h}_c(气态燃料) - \bar{h}_{fg}$$

所以

$$\Delta h(HHV) = 48,004 - 359 = 47,645\text{kJ/kg}_{C_{10}H_{22}}$$

$$\Delta h(LHV) = 44,602 - 359 = 44,243\text{kJ/kg}_{C_{10}H_{22}}$$

2.2.2 绝热火焰温度

对给定的反应混合物及初始温度，如果知道产物气态组分，那么就可以用热力学第一定律计算燃烧产物的温度。人们特别关心的是当燃料和空气的初始状态，即燃料/空气比及温度一定时，绝热过程燃烧产物所能达到的温度，这个温度称为绝热燃烧（火焰）温度，一般用 T_{ad} 表示（下标“ad”来自英文单词“adiabatic”）。一般感兴趣的是两种极限情况——等容燃烧和等压燃烧。下面举例说明计算绝热火焰温度的方法。

1）等压燃烧绝热火焰温度

这里首先考虑的是等压燃烧。对等压绝热燃烧，第一定律可以表示为

$$H_{prod}(T_{final}) = H_{react}(T_{init}) \tag{2-20}$$

其中 T_{init}，T_{final} 分别为反应物的初始温度和生成物的最终温度（此时为 T_{ad}），而

$$H_{reac} = \sum_{reac} n_i \bar{h}_i, \quad H_{prod} = \sum_{prod} n_i \bar{h}_i \tag{2-21}$$

$\bar{h}_i(T)$ 包括显焓和生成焓。当反应物的组分及温度一定时，不难算出 H_{react} 及 H_{prod}。T_{ad} 是

要求的未知数,如果知道产物的组分,就可以求出 T_{ad}。一般产物的组分指的是化学平衡时的组分,而它与产物本身的温度有关,所以求解能量方程是一个反复迭代的过程。但是如果能用表将所求组分的热化学数据(显焓)列出,那么就可以直接求解。

例 2.6 初始压力为 1atm,初始温度为 298K 的甲烷和空气以化学恰当比混合后进行绝热等压燃烧,假设(1)"完全燃烧",即产物中只有 CO_2, H_2O 和 N_2;(2)产物的焓用 1200K($\approx 0.5(T_{init}+T_{ad})$,其中假设绝热燃烧温度 T_{ad} 为 2100K)的定常比热估算。试确定该混合物的绝热等压燃烧火焰温度。

解:混合物总体反应方程式:

$$CH_4 + 2(O_2 + 3.76N_2) \rightarrow CO_2 + 2H_2O + 7.52N_2$$

$$n_{CO_2} = 1, n_{H_2O} = 2, n_{N_2} = 7.52$$

其中各组分的物性参数如表 2-1 所示。

表 2-1 物性参数(摘自附表 A、B)

组分	标准生成焓(298K) $\bar{h}^o_{f,i}$/(kJ/kmol)	比热(1200K) $\bar{c}_{p,i}$/(kJ/kmol·K)
CH_4	-74,831	—
CO_2	-393,546	56.21
H_2O	-241,845	43.87
N_2	0	33.71
O_2	0	—

由热力学第一定律得

$$H_{reac} = \sum_{reac} n_i \bar{h}_i = H_{prod} = \sum_{prod} n_i \bar{h}_i$$

$$H_{reac} = 1 \times (-74,831) + 2 \times 0 + 7.52 \times 0 = -74,831\text{kJ}$$

$$\begin{aligned} H_{prod} &= \sum n_i [\bar{h}^o_{f,i} + \bar{c}_{p,i}(T_{ad} - 298)] \\ &= 1 \times [-393,546 + 56.21 \times (T_{ad} - 298)] \\ &\quad + 2 \times [-241,845 + 43.87 \times (T_{ad} - 298)] \\ &\quad + 7.52 \times [0 + 33.71 \times (T_{ad} - 298)] \end{aligned}$$

将 $H_{reac} = H_{prod}$,可解得 $T_{ad} = 2318\text{K}$。

将上面的结果和用组分平衡计算得到的值($T_{ad} = 2226\text{K}$)相比较后可发现,上述简化的方法使计算结果偏高 100K 左右。在这种粗略的假设下,能得到这样的结果,其实是相当不错了。去掉假设"(2)",用变比热重新计算 T_{ad},

$$\bar{h}_i = \bar{h}^o_{f,i} + \int_{298}^{T} \bar{c}_{p,i} \mathrm{d}T \tag{2-22}$$

可得 $T_{ad} = 2328\text{K}$(附表 A 将上述积分结果制成表格,JANAF 热力学数据表中有类似的表可供查找)。因为用变比热计算得到的结果和定比热的非常接近,由此可以推断导致上述 100K 左右误差的原因是忽略了离解,从而引起 T_{ad} 的下降,因为离解将显焓转化成化学键能(生成焓)储存起来了。

2）等容燃烧绝热火焰温度

上面分析的等压系统适用于燃气轮机或锅炉的情形。下面我们来分析等容绝热燃烧温度，这在理想的奥托循环（即汽油机中的循环）分析时就需要用到。根据热力学第一定律有：

$$U_{\text{reac}}(T_{\text{init}},p_{\text{init}})=U_{\text{prod}}(T_{\text{ad}},p_{\text{final}}) \tag{2-23}$$

式中，U 是混合物的绝对（或标准）内能，p_{init}、p_{final} 分别为反应物的初始压力和产物的最终压力。考虑到绝大多数的热力学性质编制和计算中给出的是 H（或 h）而不是 U（或 u），所以式(2-23)可以写为

$$H_{\text{reac}}-Vp_{\text{init}}=H_{\text{prod}}-Vp_{\text{final}}\Rightarrow H_{\text{reac}}-H_{\text{prod}}-V(p_{\text{init}}-p_{\text{final}})=0 \tag{2-24}$$

应用理想气体状态方程，可以消去 pV 项，即

$$p_{\text{init}}V=\sum_{\text{reac}}n_iR_uT_{\text{init}}=n_{\text{reac}}R_uT_{\text{init}}$$

$$p_{\text{final}}V=\sum_{\text{prod}}n_iR_uT_{\text{ad}}=n_{\text{prod}}R_uT_{\text{ad}}$$

因此有：

$$H_{\text{reac}}-H_{\text{prod}}-R_u(n_{\text{reac}}T_{\text{init}}-n_{\text{prod}}T_{\text{ad}})=0 \tag{2-25}$$

式(2-25)也可以用单位质量来表示。用式(2-25)除以混合物质量 m_{mix} 即可得到，认识到

$$n_{\text{reac}}=\frac{m_{\text{mix}}}{M_{r,\text{reac}}}\quad 或\quad n_{\text{prod}}=\frac{m_{\text{mix}}}{M_{r,\text{prod}}}$$

则有：

$$h_{\text{reac}}-h_{\text{prod}}-R_u\left(\frac{T_{\text{init}}}{M_{r,\text{reac}}}-\frac{T_{\text{ad}}}{M_{r,\text{prod}}}\right)=0 \tag{2-26}$$

例 2.7　利用例 2.6 中同样的假设，试确定初始压力为 1atm，初始温度为 298K 的甲烷和空气以化学当量比混合时等容绝热火焰温度。

解：在这里我们可以利用例 2.6 中燃烧产物组成和特性参数。但是要注意到，由于等容绝热火焰温度 T_{ad} 比等压的 T_{ad} 高，所以比热 $\bar{c}_{p,i}$ 应该用高于 1200K 的值来估算。尽管如此，我们还将使用 1200K 的比热值。

由热力学第一定律得

$$H_{\text{reac}}-H_{\text{prod}}-R_u(n_{\text{reac}}T_{\text{init}}-n_{\text{prod}}T_{\text{ad}})=0$$

即

$$\sum_{\text{reac}}n_i\bar{h}_i-\sum_{\text{prod}}n_i\bar{h}_i-R_u(n_{\text{reac}}T_{\text{init}}-n_{\text{prod}}T_{\text{ad}})=0$$

将具体数据代入上式得

$$\begin{aligned}H_{\text{reac}}&=1\times(-74,831)+2\times0+7.52\times0\\&=-74,831\text{kJ}\\H_{\text{prod}}&=1\times[-393,546+56.21\times(T_{\text{ad}}-298)]\\&\quad+2\times[-241,845+43.87\times(T_{\text{ad}}-298)]\\&\quad+7.52\times[0+33.71\times(T_{\text{ad}}-298)]\\&=-887,236+397.5(T_{\text{ad}}-298)\text{kJ}\end{aligned}$$

$$R_u(n_{\text{reac}}T_{\text{init}} - n_{\text{prod}}T_{\text{ad}}) = 8.315 \times 10.52(298 - T_{\text{ad}})$$

其中，$n_{\text{reac}} = n_{\text{prod}} = 10.52\text{kmol}$，整理上面各式有

$$-74,831 - [-887,236 + 397.5(T_{\text{ad}} - 298)] - 8.315 \times 10.52(298 - T_{\text{ad}}) = 0$$

求解上式，得

$$T_{\text{ad}} = 2889\text{K}$$

点评：

（1）由例2.6、例2.7可知，在相同的初始条件下，等容燃烧的温度比等压燃烧要高（本例中高571K）。这是由于在等容燃烧中，体系没有对外做容积功。

（2）在此例中，燃烧前后物质的摩尔数保持不变，这只是一个巧合，对其他燃料而言并不一定这样。

（3）等容燃烧终态压力比初始压力高：$p_{\text{final}} = p_{\text{init}}(T_{\text{ad}}/T_{\text{init}}) = 9.69\text{atm}$。

2.3 热力学第二定律在反应系统中的应用

2.3.1 化学平衡条件

在前面计算绝热火焰温度时均假设燃烧是完全的，即没有考虑离解问题。但实际上，在高温燃烧过程中，燃烧产物不是简单的理想混合物，也就不能用确定化学当量的原子平衡的方法来求得（如式(2-18)）。更准确地说，燃烧主要成分会发生离解反应，产生许多次要离解成分。如碳氢燃料与空气燃烧形成理想的燃烧产物为CO_2，H_2O，O_2，N_2，然而这些燃烧产物离解以及离解的物质之间反应会产生以下物质，如H_2，OH，CO，H，O，N，NO等。而且离解通常是吸热反应。所以燃烧产物的离解使燃烧不完全，放热量减少，从而使燃烧温度下降。

为了更准确地计算实际火焰温度，必须知道燃烧产物的成分。对于稳态燃烧过程，假设系统处于化学平衡状态，即正向反应速度等于逆向反应速度，此时，系统内各组分的浓度不随时间变化。所以说，求燃烧产物成分的问题就是求燃烧系统平衡组分的问题。燃烧产物成分的确定是建立在化学平衡条件和元素守恒及能量守恒基础之上的。

热力学第二定律引入了作为热力学状态函数的熵（S 或 s）的概念。熵在时间上指明了物理和化学过程进行的方向。热力学第二定律表述为：对一个孤立系统，即与环境没有能量（热量和功）和质量交换的系统，熵只能增加或保持不变，即

$$dS \geqslant 0 \tag{2-27}$$

因此，对于一定质量、能量和体积的系统，平衡态时的孤立系统的熵达到最大值。在平衡态时，

$$dS = 0$$

考虑一个与环境有热交换和作功（PdV）的封闭体系（即与环境无物质交换，只有能量交换的体系），其中 T 和 P 为常数，对该体系运用热力学第一定律，得

$$\delta W - \delta Q + dU = PdV - \delta Q + dU = 0 \tag{2-28}$$

把该封闭体系与环境合并成一个近似的孤立体系，然后应用热力学第二定律的熵增加原理有

$$\Delta S_{孤} = \Delta S_{体} + \Delta S_{环} \geqslant 0$$

体系与环境之间的热交换必为

$$Q_{环} = -Q_{体}$$

若体系进行的是一个等温过程，且用下脚标“1”“2”分别表示反应前和反应后的参数的话，则有

$$T_1 = T_2 = T_{环} = T = 常数$$

所以

$$\Delta S_{孤} = \Delta S_{体} + \Delta S_{环} = \Delta S_{体} + \frac{Q_{环}}{T} = \Delta S_{体} - \frac{Q_{体}}{T} \geqslant 0$$

对于所考虑的系统（封闭体系），则有

$$dS - \delta Q/T \geqslant 0 \tag{2-29}$$

联立(2-28)和(2-29)两个方程有

$$TdS - dU - PdV \geqslant 0 \tag{2-30a}$$

或

$$d[TS - (U + PV)] + VdP - SdT \geqslant 0 \tag{2-30b}$$

因为 T,P 是常数，则方程(2-30b)可写为

$$d[TS - (U + PV)] = d[TS - H] \geqslant 0 \tag{2-31a}$$

或

$$d[H - TS] \leqslant 0 \tag{2-31b}$$

为了方便起见，定义热力学性质 G，称为 Gibbs 函数，又称为吉布斯自由能：

$$G \equiv H - TS \tag{2-32}$$

所以方程(2-31b)可以写为：

$$dG_{T,P} \leqslant 0$$

此方程表述为：对一个等温等压过程，吉布斯自由能必须减小或保持不变。因此，在平衡态时，吉布斯自由能为最小值，$dG_{T,P}=0$。

2.3.2 平衡常数法

如何计算燃烧系统达到平衡时的组分有几种方法，这里主要介绍平衡常数法。

用平衡常数法计算燃烧产物组分时，需要把吉布斯自由能与反应系统中物质浓度联系起来。而物质的浓度常用分压力表示。下面介绍吉布斯自由能与压力的关系。

由式(2-30b)有

$$dG = VdP - SdT \tag{2-33}$$

在等温系统中 $dT=0$，所以

$$dG = VdP = nR_uT\frac{dP}{P} \tag{2-34}$$

对上式积分

$$\int_{P_0}^{P_i} dg = \int_{P_0}^{P_i} \frac{dG}{n} = \int_{P_0}^{P_i} R_u TdP/P \tag{2-35}$$

由上式得到理想气体混合物中某一组分 i 的吉布斯自由能的表达式：

$$\overline{g}_{i,T} = \overline{g}_{i,T}^{0} + R_u T\ln(P_i/P_0) \tag{2-36}$$

式中,$\overline{g}_{i,T}^{0}$是标准状态压力(即 $P_i = P_0$)下组分 i 的吉布斯自由能,即纯物质的吉布斯自由能;P_i是分压力。通常取标准状态压力 $P_0 = 1\text{atm}$。

对于化学反应的系统,各种化合物的吉布斯自由能在标准状态下常用生成吉布斯自由能$\overline{g}_{f,i}^{0}$表示,它的含义和标准生成焓相似,是在标准状态下,即压力为 1atm,温度为 25℃,由化学单质化合成 1mol 该化合物时吉布斯自由能的变化,并硬性规定单质的标准生成吉布斯自由能为零,即

$$\overline{g}_{f,i}^{0} = \overline{g}_{i}^{0}(T) - \sum_{j\text{单质}} \nu'_j \overline{g}_{j}^{0}(T) \tag{2-37}$$

式中,ν'_j是生成一摩尔该化合物所需单质的化学计量系数。本书附录 A 列举了一些物质在一定温度范围的生成吉布斯自由能。热力学性能表将$\overline{g}_{f,i}^{0}(T)$表示成温度的函数是很有用的,在后面的计算中,我们要计算在相同温度下不同组分之间$\overline{g}_{f,i}^{0}$的差。这些差很容易从附录 A 中列出的相应温度下的吉布斯自由能来获得。

所以,理想气体混合物的吉布斯自由能可以表示为:

$$G_{\text{mix}} = \sum n_i \overline{g}_{i,T} = \sum n_i [\overline{g}_{i,T}^{0} + R_u T\ln(P_i/P_0)] \tag{2-38}$$

式中,n_i为组分 i 的摩尔数。

当给定温度和压力时,平衡条件变为:

$$\mathrm{d}G_{\text{mix}} = 0 \tag{2-39}$$

或

$$\sum \mathrm{d}n_i [\overline{g}_{i,T}^{0} + R_u T\ln(P_i/P_0)] + \sum n_i \mathrm{d}[\overline{g}_{i,T}^{0} + R_u T\ln(P_i/P_0)] = 0$$

上式左端第二项等于零,因为 $\mathrm{d}(\ln P_i) = \mathrm{d}P_i/P_i$,当混合物总压力为常数时,其分压力变化之和应为零,即 $\sum \mathrm{d}P_i = 0$,于是得

$$\sum \mathrm{d}n_i [\overline{g}_{i,T}^{0} + R_u T\ln(P_i/P_0)] = 0 \tag{2-40}$$

对于一般化学反应系统,有

$$aA + bB \Leftrightarrow cC + dD$$

式中,字母 a、b 表示反应物 A、B 的计量系数;字母 c、d 表示产物 C、D 的计量系数。每一种组分摩尔数的变化与其化学计量系数成正比:

$$\mathrm{d}n_A = -ka$$
$$\mathrm{d}n_B = -kb$$
$$\mathrm{d}n_C = kc$$
$$\mathrm{d}n_D = kd$$

其中 k 是一个与反应快慢有关的常数。将上面四个组分摩尔数变化量代入式(2-40),得

$$-a[\overline{g}_{A,T}^{0} + R_u T\ln(P_A/P_0)] - b[\overline{g}_{B,T}^{0} + R_u T\ln(P_B/P_0)] + c[\overline{g}_{C,T}^{0} + R_u T\ln(P_C/P_0)] + d[\overline{g}_{D,T}^{0} + R_u T\ln(P_D/P_0)] = 0$$

经整理,得

$$-(c\,\overline{g}_{C,T}^{0} + d\,\overline{g}_{D,T}^{0} - a\,\overline{g}_{A,T}^{0} - b\,\overline{g}_{B,T}^{0}) = R_u T\ln \frac{(P_C/P_0)^c (P_D/P_0)^d}{(P_A/P_0)^a (P_B/P_0)^b} \tag{2-41}$$

将式(2-41)左端括号内的表达式称为标准状态吉布斯自由能变化 ΔG_T^0,即

$$\Delta G_T^0 = (c\,\bar{g}_{C,T}^0 + d\,\bar{g}_{D,T}^0 - a\,\bar{g}_{A,T}^0 - b\,\bar{g}_{B,T}^0) \tag{2-42}$$

定义平衡常数 K_p，令 $P_0 = 1\text{atm}$，即

$$K_p = \frac{(P_C/P_0)^c (P_D/P_0)^d}{(P_A/P_0)^a (P_B/P_0)^b} = \frac{x_C^c\, x_D^d}{x_A^a\, x_B^b} P^{(c+d-a-b)} \tag{2-43}$$

将式(2-42)，式(2-43)代入式(2-41)，得到以下化学平衡方程式：

$$\Delta G_T^0 = -R_u T \ln K_p \tag{2-44a}$$

或

$$K_p = \exp(-\Delta G_T^0 / R_u T) \tag{2-44b}$$

化学平衡方程式表示当化学反应达到平衡时，参加可逆反应的各物质的摩尔数与温度、压力之间的关系。在给定温度与压力条件下，它反映了参加反应的各物质摩尔数之间的关系。

例 2.8 CO_2 的离解程度因温度和压力而异

$$CO_2 \Leftrightarrow CO + \frac{1}{2} O_2$$

试求出纯 CO_2 在不同温度（$T = 1500, 2000, 2500, 3000\text{K}$）和不同压力（$P = 0.1, 1, 10, 100\text{atm}$）下离解平衡后混合物中 CO_2，CO 和 O_2 的摩尔分数。

解：要求出 x_{CO_2}、x_{CO} 和 x_{O_2}，需要三个方程：一个化学离解平衡方程和两个元素守恒方程。因为不管混合物组成怎样，元素 C 和 O 的数量是保持不变的。

对于反应

$$CO_2 \Leftrightarrow CO + \frac{1}{2} O_2$$

其吉布斯自由能变为

$$\Delta G_T^o = \left[\frac{1}{2}\bar{g}_{f,O_2}^o + \bar{g}_{f,CO}^o - \bar{g}_{f,CO_2}^o\right]_T$$

因为，$P_i = x_i P$，所以

$$K_p = \frac{(P_{CO}/P_0)^1 (P_{O2}/P_0)^{0.5}}{(P_{CO_2}/P_0)^1} = \frac{x_{CO} x_{O_2}^{0.5}}{x_{CO_2}} \cdot \left(\frac{P}{P_0}\right)^{0.5}$$

由 $K_p = \exp\left(\frac{-\Delta G_T^0}{R_u T}\right)$ 得

$$\frac{x_{CO} x_{O_2}^{0.5}}{x_{CO_2}} \cdot \left(\frac{P}{P_0}\right)^{0.5} = \exp\left(\frac{-\Delta G_T^0}{R_u T}\right) \tag{i}$$

由元素守恒得

$$\frac{\text{C 原子数}}{\text{O 原子数}} = \frac{1}{2} = \frac{x_{CO} + x_{CO_2}}{x_{CO} + 2x_{CO_2} + 2x_{O_2}}$$

为了使该问题更具代表性，我们可以将 C/O 定义为一个参数，它表示混合物初始状态时的 C/O，即

$$Z = \frac{x_{CO} + x_{CO_2}}{x_{CO} + 2x_{CO_2} + 2x_{O_2}} \tag{ii}$$

也可写成

$$(Z-1)x_{CO}+(2Z-1)x_{CO_2}+2Zx_{O_2}=0$$

另一个方程

$$x_{CO}+x_{CO_2}+x_{O_2}=1 \tag{iii}$$

在给定 P、T 和 Z 后，可以联立方程(ⅰ)、(ⅱ)、(ⅲ)求出 x_{CO}、x_{CO_2} 和 x_{O_2}。用方程(ⅱ)和(ⅲ)消去 x_{CO_2} 和 x_{O_2}，方程(ⅰ)变为

$$x_{CO}(1-2Z+Zx_{CO})^{0.5}\left(\frac{P}{P_0}\right)^{0.5}-[2Z-(1+Z)x_{CO}]\exp\left(\frac{-\Delta G_T^0}{R_uT}\right)=0$$

这个方程可用牛顿—拉夫森迭代法求解出 x_{CO}，然后将 x_{CO} 代入方程(ⅱ)和(ⅲ)，求出 x_{CO_2} 和 x_{O_2}。表 2-2 是在不同温度和压力下的计算结果。

表 2-2　不同温度和压力下的平衡成分

	$P=0.1\text{atm}$	$P=1\text{atm}$	$P=10\text{atm}$	$P=100\text{atm}$
$T=1500\text{K}, \Delta G_T^0=1.5268\times10^8\text{J/kmol}$				
x_{CO}	7.755×10^{-4}	3.601×10^{-4}	1.672×10^{-4}	7.760×10^{-5}
x_{CO_2}	0.9988	0.9994	0.9997	0.9999
x_{O_2}	3.877×10^{-4}	1.801×10^{-4}	8.357×10^{-5}	3.880×10^{-5}
$T=2000\text{K}, \Delta G_T^0=1.10462\times10^8\text{J/kmol}$				
x_{CO}	0.0315	0.0149	6.96×10^{-3}	3.243×10^{-3}
x_{CO_2}	0.9527	0.9777	0.9895	0.9951
x_{O_2}	0.0158	0.0074	3.48×10^{-3}	1.622×10^{-3}
$T=2500\text{K}, \Delta G_T^0=6.8907\times10^7\text{J/kmol}$				
x_{CO}	0.2260	0.1210	0.0602	0.0289
x_{CO_2}	0.6610	0.8185	0.9096	0.9566
x_{O_2}	0.1130	0.0605	0.0301	0.0145
$T=3000\text{K}, \Delta G_T^0=2.7878\times10^7\text{J/kmol}$				
x_{CO}	0.5038	0.3581	0.2144	0.1138
x_{CO_2}	0.2443	0.4629	0.6783	0.8293
x_{O_2}	0.2519	0.1790	0.1072	0.0569

图 2-1 画出了 x_{CO} 随温度和压力的变化情况。

从计算结果可得出两点结论：

(1) 温度不变时，增大压力将使 CO_2 的离解减弱；

(2) 压力不变时，增大温度将使 CO_2 的离解增强。

由这两点结论可见：当一个处于平衡状态的系统经历一个变化时，系统的平衡状态将朝着削弱该变化的方向移动。因此，压力升高时，平衡状态移动使系统摩尔数减少。对于 $CO_2 \Leftrightarrow CO+1/2O_2$ 而言，这就意味着平衡向左移动。对摩尔数守恒的化学反应而言，压力的变化对平衡状态没有影响。当温度升高时，平衡状态向消耗热量的方向移动。对于 $CO_2 \Leftrightarrow CO+1/2O_2$ 而言，温度升高平衡右移，这是因为 CO_2 的离解吸收热量。

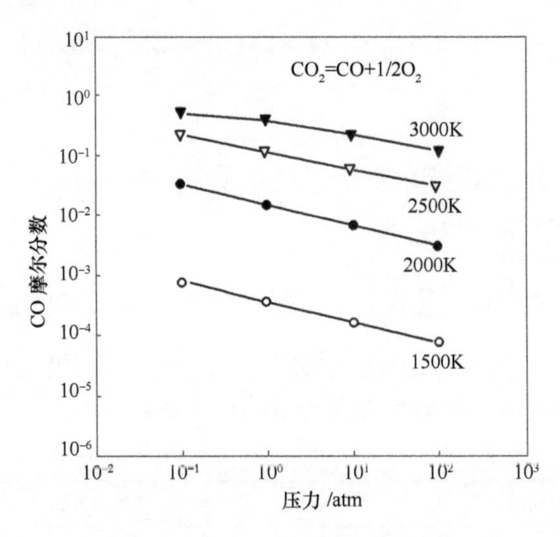

图 2-1　纯 CO_2 在不同压力和温度下离解平衡时混合物中 CO 的摩尔分数

2.3.3　复杂反应系统平衡成分和燃烧温度的计算机算法

以上的讨论概述了热化学计算的基本原理,但只是针对单个平衡反应的简单描述。然而在大部分燃烧过程中,经常出现多种物质同时发生数个平衡反应。所以对给定初始条件和系统约束的平衡状态的计算通常是比较繁琐的,这是因为产物的组分繁多,而且产物组成与温度有关,受热力学第一和第二定律的控制。理论上,这些计算都可以手算,但实际上,由于复杂反应系统包含许多组分和反应,很难计算,目前均采用计算机程序进行。

化学平衡成分的计算大体有三种方法:

(1) 平衡常数法,Olikara 和 Borman 开发了用于 C,H,N,O 系统的计算机软件 PER。该软件可以求解 12 种组分,其中包含 7 个平衡反应,4 种元素(C,H,N,O)守恒方程,该程序主要是针对内燃机中燃烧产物平衡成分计算的,但也可以作为一个子程序嵌入到碳、氢、氧组成的燃料/空气燃烧过程的模拟软件中。本书附录列出了该程序的基本原理、说明及相应的程序。

(2) 基于最小自由能的通用化学平衡计算程序 CEA(Chemical Equilibrium and Applications)。该程序能处理 1900 多种组分,它可以计算不同热力学状态下化学平衡成分;火箭发动机的性能;Chapman－Jouguet 爆震性能;激波管参数等。

(3) 基于元素势法的化学平衡计算程序 STANJAN。这是斯坦福大学发展的高效的、易于使用的以微型计算机为基础的软件。

2.4　化学反应速率

在燃烧化学反应中,燃料、氧化剂与燃烧产物的浓度和质量都是不断变化的。反应进行得越快,单位体积、单位时间内燃料与氧化剂消耗的量就越多,产生的燃烧产物也越多。因此,通常采用化学反应速率来描述燃烧化学反应进行的快慢。

化学反应速率是指在化学反应中,单位时间内反应物(或生成物)浓度的变化量。对应物质的浓度有质量浓度(kg/m^3),即密度ρ、摩尔浓度(mol/m^3)。如果用质量、物质的量的相对值来表示某物质在混合物中的含量时,则有物质的质量分数w_i(%)和摩尔分数x_i(%)。

2.4.1 化学反应速率的表示方法

在单相(比如气相)化学反应中,化学反应速率是指单位时间内参与反应的反应物或生成物的浓度的变化量,对任意化学反应,

$$\sum_{i=1}^{N} \nu_i A_i \rightarrow \sum_{i=1}^{N} \nu_i' A_i \tag{2-45}$$

参加反应的组分A_i的摩尔数的变化

$$\mathrm{d}n_i = (\nu_i' - \nu_i) \tag{2-46}$$

对时间的微分$\mathrm{d}n_i/\mathrm{d}t$表示$A_i$的摩尔数变化的速率,这就是反应速率的定义。如上所述,如果用参加反应的组分i的摩尔浓度C_{A_i}(单位体积内的摩尔数)随时间变化量来表示反应速率的话,以此定义的速率可用RR_i表示,下角标"i"表示是用组分i表示的反应速率。RR_i单位是mol/m^3·s,有

$$RR_i = \frac{1}{V}\frac{\mathrm{d}n_i}{\mathrm{d}t} = \frac{\mathrm{d}C_i}{\mathrm{d}t} \tag{2-47}$$

监控化学反应的速率还有另一种方法——总反应速率RR,它定义为某一个组分表示的反应速率RR_i与其净化学计量系数变化的比值,所以对某一个具体的反应来说,总反应速率RR是个定值,对系统内所有组分来说,都是一样的,这就是总反应速率的定义,即

$$RR = \frac{RR_i}{\nu_i' - \nu_i} \tag{2-48}$$

举例说明如下:考虑反应

$$A + 2B \rightarrow P_1 + 2P_2 \tag{2-49}$$

它的反应速率可以按以下各式中的任一式定义

$$RR = \frac{\frac{\mathrm{d}C_\mathrm{A}}{\mathrm{d}t}}{-1} = \frac{\frac{\mathrm{d}C_\mathrm{B}}{\mathrm{d}t}}{-2} = \frac{\frac{\mathrm{d}C_{P_1}}{\mathrm{d}t}}{1} = \frac{\frac{\mathrm{d}C_{P_2}}{\mathrm{d}t}}{2}$$

注意当一种组分A_i参加了不止一个化学反应时,正如燃烧中经常出现的情况,我们必须对这一组假设N个化学反应中的每一个变化定义一个反应速率,如果这速率用RR_k表示,那么A_i的浓度变化率可以用所有反应对它的独立贡献来表示,即

$$\frac{\mathrm{d}C_{A_i}}{\mathrm{d}t} = \sum_{k=1}^{N} (\nu_{ik}' - \nu_{ik}) RR_k \tag{2-50}$$

这里双下标"ik"表示反应k对组分i的贡献。对每个反应各自的反应速率都可写出类似的形式。

2.4.2 基元反应和复杂反应(总包反应)

在燃烧化学反应中,物质的变化包括量的变化和质的变化,其中物质的化学变化是物质的一种质的变化,一些物质经化学反应变化成另一些完全不同的物质。绝大多数化学

反应都是复杂化学反应，所谓复杂化学反应，是指并非一步完成，而是需要经过二个或更多相继的中间反应，才能生成最终反应产物的反应。组成复杂反应的各个反应称为基元反应，也称为简单反应、基元步骤，即能代表反应机理的由反应微粒（分子、原子、离子和自由基等）一步实现的反应，而不通过中间或过渡状态的反应。它是复杂反应的基础，是确实经历的反应步骤，如：$HI + HI \rightarrow H_2 + 2I$ 就是基元反应。基元反应常分为单分子反应、双分子反应和三分子反应，即对于基元反应，其化学计量数为整数，可表示为实际参加反应的分子数。

如，反应 $H_2 + Cl_2 \rightarrow 2HCl$ 就是一个复杂反应，其实际反应步骤为，

$$Cl_2 \rightarrow 2Cl \qquad \text{基元步骤①}$$

$$Cl + H_2 \rightarrow HCl + H \qquad \text{基元步骤②}$$

$$H + Cl_2 \rightarrow HCl + Cl \qquad \text{基元步骤③}$$

②③两式相加，可得总反应方程。所以，复杂反应方程并不是反应实际经历的步骤，不代表反应机理，只能代表参加到反应中的反应物与生成物的定量关系。采用复杂反应来表示某一特定过程的化学反应机理是一种“黑箱”方法，虽然可以有效地用于某些燃烧反应的热平衡与质量平衡计算，但是并不有助于理解化学反应机理以及进一步解决控制化学反应过程的问题。

为了描述一个复杂反应所需要的一组基元反应称为反应机理。反应机理可能包含几个步骤（基元反应），也可以包含多达几百个步骤（基元反应）。目前一个活跃的研究领域就是如何选择最少量的基元反应来描述一个特定的复杂反应。

2.4.3 双分子基元反应和碰撞理论

燃烧过程中涉及的大多数基元反应都是双分子反应，双分子反应即反应物只有两个分子的反应。下面用碰撞理论来解释影响双分子基元反应速率的因素。虽然碰撞理论有一定的缺陷，但它有助于深入理解化学反应速率与浓度、温度和活化能的关联性。

化学反应的碰撞理论认为，在气体中，化学反应是原子或分子间发生碰撞的结果。分子可看作一个没有内部结构的刚性小球，故又称为硬球碰撞理论。分子之间只有通过碰撞并破坏物质原有的化学键，才可能引起化学反应，产生新的物质。一般的，有两种类型的碰撞：①不发生反应的碰撞，此时碰撞分子可能交换能量（平动能和内能），但化学键未断；②能反应的碰撞，此时一个或多个化学键断裂或形成。事实上，断键需要一定的能量（动能加内能），只有那些具有足够能量分子（活化分子）间的碰撞（有效碰撞）才能发生反应，即能量较高、方位合适的分子的碰撞才是有效碰撞，它仅是全部碰撞中的一部分。

如果用单位时间内的有效碰撞次数（频率）表示化学反应速率的快慢，那么反应速度取决于三个方面的影响：气体分子碰撞频率 Z，具有足够动能的碰撞分数 F 以及正确取向的空间因子 p。

对任一双分子反应，可以表示为

$$A + B \rightarrow C + D$$

根据碰撞理论，反应物分子间的相互碰撞是反应进行的先决条件，碰撞频率越高，反应速率越快。现在来推导 A、B 两分子之间单位时间内的碰撞频率 Z_{AB}。

若A与B均为硬球,半径分别为r_A与r_B。设B不动,A以相对速率u_{AB}碰撞静止的B,其碰撞次数为$Z_{A,B}$,单位s^{-1}。可以设想一个以$\sigma_{AB}=(r_A+r_B)$为半径的圆(见图2-2):它的面积是$\pi\sigma_{AB}^2$,称为碰撞截面。σ_{AB}为有效碰撞半径。当这个以A的中心为圆心的碰撞截面,沿A的前进方向运动时,单位时间内在空间扫过一个圆柱形体积:$\pi\sigma_{AB}^2u_{AB}$。凡中心落在此圆柱体内的B球,都能与A相撞,如图2-3所示。

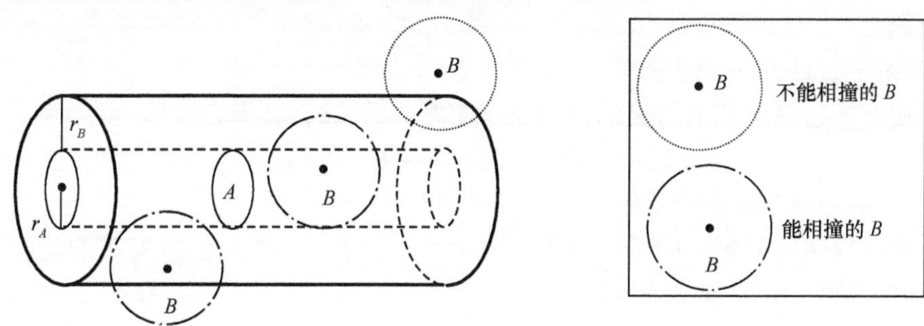

图2-2　A、B两分子碰撞概率示意图

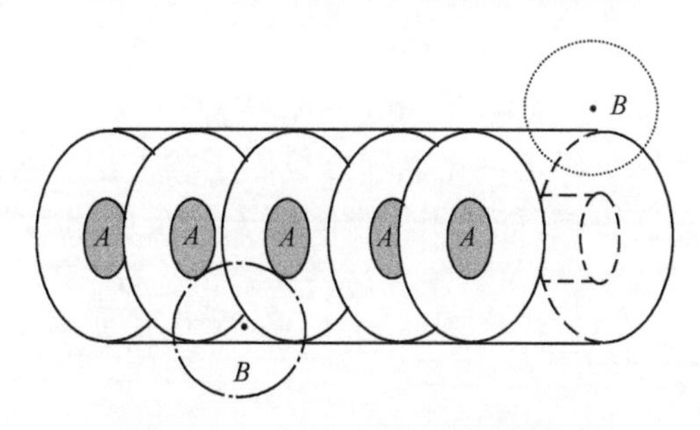

图2-3　A、B两分子相碰撞示意图

因此,一个A分子,单位时间内,能碰到的B分子的次数,即对于一个A分子,碰撞频率$Z_{A\to B}$等于圆柱体体积与B的分子浓度$[B]N_A$的乘积,其中$[B]$为物质B的摩尔浓度;N_A为阿伏加德罗常数,$N_A=6.022\times10^{23}$,即

$$Z_{A\to B}=\pi\sigma_{AB}^2u_{AB}C_BN_A \tag{2-51a}$$

若用C_A表示A物质的摩尔浓度,那么A物质本身的分子浓度为C_AN_A,则单位时间、单位体积内A分子与B分子的碰撞总数为

$$Z_{A,B}=\pi\sigma_{AB}^2u_{AB}C_AC_BN_A^2 \tag{2-51b}$$

由分子运动论可知,气体分子A与B的平均相对速率为

$$u_{AB}=\sqrt{\frac{8kT}{\pi\mu}} \tag{2-52}$$

其中:k为玻耳兹曼常数,$k=1.381\times10^{-23}J/K$,μ为两个分子的折合质量,有

$$\mu=\frac{m_Am_B}{m_A+m_B} \tag{2-53}$$

m_A和m_B分别为分子A与B的质量。所以得到碰撞次数表示的碰撞频率

$$Z_{A,B}=C_AC_BN_A^2\pi\sigma_{AB}^2\sqrt{\frac{8kT}{\pi\mu}} \tag{2-54}$$

根据碰撞理论，A 与 B 之间能够发生反应，除了两者之间必须相碰外，还与能克服活化能 E_a 障碍的有效碰撞分数有关，即反应分子必须具有一定的能量，只有那些能量大于活化能的分子(活化分子)才能形成有效碰撞。活化能越大，活化分子数就越少，反应物分子的有效碰撞就越少，反应速率就越小。不同的化学反应有不同的活化能，活化能由实验测定。而能量比 E_a 大的碰撞分数与玻尔兹曼因子 $\exp(-E_a/R_uT)$ 有关，其中 R_u 为通用气体常数。

1) 以粒子数目表示反应速率

如果用有效碰撞粒子数目表示化学反应速率的话，那么其最终表达式为

$$\text{反应速率} \propto Z_{A,B}\exp(-E_a/R_uT) \tag{2-55}$$

2) 以反应物摩尔浓度表示的反应速率

以反应物摩尔浓度表示的反应速率又常常可以表示为一个与温度有关的反应速率常数 $k(T)$ 和反应物组分的摩尔浓度的乘积，即

$$\text{反应速率} \propto k(T)C_AC_B$$

将这个式子与上面的反应速率和碰撞频率 $Z_{A,B}$ 的关系式(2-54)作比较，我们可以看出，$k(T)$ 与 T 的关系为

$$k \propto T^{1/2}\exp(-E_a/R_uT) \tag{2-56}$$

但是碰撞理论并没有给出确定活化能和方位因子的方法。实际上，碰撞分子的方向对发生反应的可能性有显著影响，如果引入空间因子 p，反应速率常数可表示为

$$k(T) = pN_A\left(\frac{8\pi kT}{\mu_{AB}}\right)^{1/2}\sigma_{AB}^2\exp\frac{-E_a}{R_uT} \tag{2-57}$$

令

$$A = pN_A\left(\frac{8\pi k}{\mu_{AB}}\right)^{1/2}\sigma_{AB}^2 \tag{2-58}$$

则上式可写成

$$k(T) = AT^{1/2}\exp\frac{-E_a}{R_uT} \tag{2-59}$$

式中，A 称为指前因子，与温度无关，但包含方位因子 p。

2.4.4 阿累尼乌斯(Arrhenius)定律

1889 年瑞典科学家斯万特·奥古斯特·阿累尼乌斯由实验总结出一个温度对反应速率影响的经验公式，即为阿累尼乌斯(Arrhenius)定律，其表达式为

$$k(T) = AT^b\exp\frac{-E_a}{R_uT} \tag{2-60}$$

该表达式与由碰撞理论所得到的温度与反应速率常数的表达式(式 2-59)非常相似。其中 A 为指前因子，指数 b 的取值一般为 $-0.5 \sim 1$，E_a 为实验活化能或 Arrhenius 活化能，单位为 kJ/mol，一般由实验测得。上式又可以称为阿累尼乌斯方程或速率常数表达式。

如果研究问题的温度范围不是很大，反应速率常数可以用经验的阿累尼乌斯形式来整理实验数据，其中，A，b，E_a 是三个经验参数，对于不同的反应，其取值不同。表 2-3 给出了 Warnats 推荐的 H_2-O_2 系统的三参数值。

表2-3 Warnats 推荐的 H_2—O_2 反应速度系数

反 应	A /((cm^3/mol)$^{n-1}$/s)*	b	E_a /(kJ/mol)	温度范围/K
$H+O_2 \to OH+O$	1.2×10^{17}	-0.91	69.1	300~2,500
$OH+O \to H+O_2$	1.8×10^{13}	0	0	300~2,500
$H_2+O \to OH+H$	1.5×10^{7}	2.0	31.6	300~2,500
$OH+H_2 \to H_2O+H$	1.5×10^{8}	1.6	13.8	300~2,500
$H_2O+H \to OH+H_2$	4.6×10^{8}	1.6	77.7	300~2,500
$H_2O+O \to OH+OH$	1.5×10^{10}	1.14	72.2	300~2,500
$H+H+M \to H_2+M$				
M = Ar(低压下)	6.4×10^{17}	-1.0	0	300~5,000
M = H_2(低压下)	0.7×10^{16}	-0.6	0	100~5,000
$H_2+M \to H+H+M$				
M = Ar(低压下)	2.2×10^{14}	0	402	2,500~8,000
M = H_2(低压下)	8.8×10^{14}	0	402	2,500~8,000
$H+OH+M \to H_2O+M$				
M = H_2O(低压下)	1.4×10^{23}	-2.0	0	1,000~3,000
$H_2O+M \to H+OH+M$				
M = H_2O(低压下)	1.6×10^{17}	0	478	2,000~5,000
$O+O+M \to O_2+M$				
M = Ar(低压下)	1.0×10^{17}	-1.0	0	300~5,000
$O_2+M \to O+O+M$				
M = Ar(低压下)	1.2×10^{14}	0	451	2,000~10,000
注:n 为反应级数				

Arrhenius 方程中包含玻尔兹曼因子 e^{-E_a/R_uT},由于 E_a 在该因子的指数项中,所以活化能的大小对反应速率影响很大。根据式(2-60)可以计算,当某反应的活化能从 100kJ/mol 降至 80kJ/mol 且温度为 300K 时,速率常数之比为

$$\frac{k_2}{k_1}=\frac{e^{-8000/R_uT}}{e^{-10000/R_uT}}=3000$$

即反应速率增加 3000 倍,这表明活化能对反应速率的影响十分显著。

活化能大,则反应速率慢,反应往往需要在较高温度下进行;活化能小,则反应速率较快,反应可以在常温下进行。一般化学反应的活化能约在 80kJ/mol~250kJ/mol 之间。活化能小于 80kJ/mol 的化学反应,由于反应速率很快,一般的试验方法难以测定;而活化能大于 250kJ/mol 的反应,由于反应速率太慢,也难以研究。

特别要注意,当活化能增高时,玻尔兹曼因子的作用变得更加重要。表 2-4 显示了玻尔兹曼因子的大小,由此可见:高活化能的反应速率对温度变化敏感。

对于复杂反应,由式(2-60)也可通过试验得到 E_a,一般称复杂反应的活化能为表观活化能,以示区别。

对式(2-60)两侧取对数,则阿累尼乌斯定律改写为

$$\ln k=\ln A+b\ln T-E_a/R_uT$$

表 2-4　在两个温度下，不同的活化能 E_a 所对应的玻尔兹曼(Boltzmann)因子

E_a, kcal/mol	$\exp(-E_a/R_u T)$	
	$T=$ 1000	2000K
10	10^{-2}	10^{-1}
30	10^{-7}	10^{-3}
50	10^{-11}	10^{-6}
70	10^{-16}	10^{-8}

基于该对数形式，人们习惯在 $\ln k$ 与 $1/T$ 的坐标系中描述速率常数，图 2-4 给出了两种不同情况下反应速率常数随温度的变化规律。图 2-4(a)表示对于活化能比较大的反应，此时活化能高到足以抑制温度幂次项($b\ln T$)的影响，那么此时，该回归线的斜率 $-E_a/R_u$ 近似表示其活化能大小。图 2-4(b)表示了低活化能反应在不同温度区间的阿累尼乌斯形式，此时温度对幂次因子 b 的影响很重要。这从另一个方面说明，速率常数不仅取决于温度，还取决于温度范围，某一特定表达式只适用于一定的温度区间。阿累尼乌斯方程一般不能够描述温度范围很大的燃烧过程，按较低温度范围实验数据拟合的阿累尼乌斯方程则可能完全不适用于高温范围的实验数据，如图 2-4(b)所示。因此，不能轻易将速率常数外推到实验温度区间以外。另外，该曲线也表明这种行为的反应不是真正的基元反应。

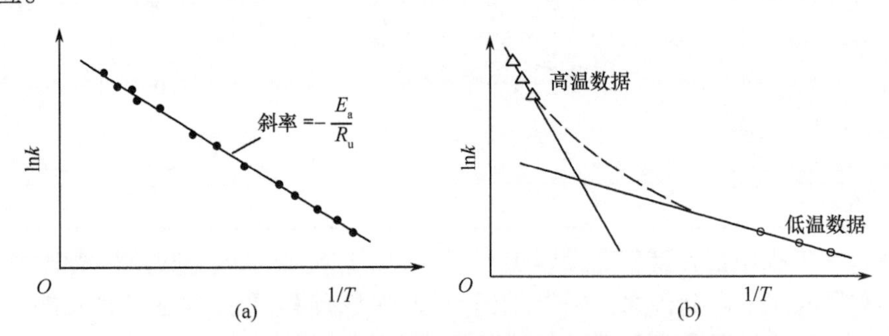

图 2-4　不同情况下反应速率常数随温度的变化关系
(a)高活化能反应；(b)低活化能反应。

应该指出的是，并非所有的化学反应都遵循此规律，有些化学反应的反应速率是随温度的升高而降低的。图 2-5(a)表示典型的反应速率随温度升高而增加的情况(比如简单反应)；图 2-5(b)是燃烧过程中遇到的，化学反应速率在某个温度时会突然上升，产生火焰或爆炸；图 2-5(c)是在催化反应中经常遇到情况；图 2-5(d)是 NO 与 O_2 反应合成 NO_2 时观察到的结果，即温度升高反应速率反而下降。

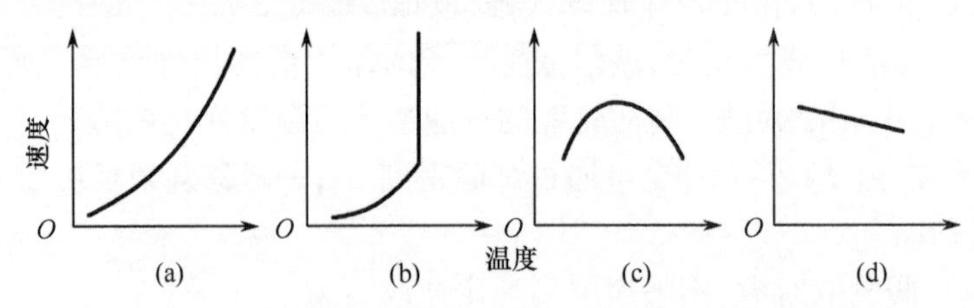

图 2-5　不同化学反应速率常数与温度间的关系

2.4.5 质量作用定律、反应级数和反应分子数

质量作用定律阐明了基元反应反应物浓度对化学反应速率的影响规律。化学反应源于能发生反应的各组成分子、原子或原子团间的碰撞，反应物的浓度越大，即单位体积内的分子数越多，分子碰撞次数越多，反应速率就越快。这里需要注意的是，质量作用定律只适用于基元反应。

质量作用定律指出，在一定温度下，基元反应在任何瞬间的反应速率正比于该瞬间反应物浓度的乘积，其幂次等于相应的化学计量系数：

$$RR = k\prod_{i=1}^{N} C_{A_i}^{\nu_i} \tag{2-61}$$

比例常数 k 是单位质量的反应速率系数，称为反应速率常数，它在名义上与浓度无关，在大多数情况下，只与温度有关。因为 RR 的单位是已指定的，所以 k 的单位随反应物数量变化的而不同。质量作用定律只能用于基元反应，而不能直接用于复杂反应。

对于复杂反应，则用反应级数来定量地表示反应物浓度变化对化学反应速率的影响。

对一般的复杂反应，其化学反应方程式为：

$$\sum_{i=1}^{N} \nu_i A_i \rightarrow \sum_{i=1}^{N} \nu'_i A_i \tag{2-62}$$

如果由实验或经验数据把反应物的浓度与反应速率的关系式拟合成表达式(2-61)的形式时，复杂反应的反应级数 n 是指其表达式中幂指数之和，即

$$n = \sum_{i=1}^{N} \nu_i \tag{2-63}$$

具体方法是，通常在恒温体系中测定物质浓度或者与浓度相关的物理量随时间的变化关系，然后进行拟合，得出类似于质量作用定律的反应速率表达式。虽然假定复杂反应速率正比于$[A_i]$的幂次的乘积，但每个浓度的指数是可调的；它们常常是分数甚至是负值，与化学计量系数无任何关系，因为实际反应并不是按照所写的反应式进行。由于反应级数依赖于实验，这些指数和反应级数仅适用于与实验数据条件相同的情况。

这里注意区分反应级数与反应分子数的概念。反应级数与反应的分子数有一定联系，后者代表参加反应的反应物的实际数目。对于简单反应和所有的基元反应，反应速率表达式中的反应物浓度指数之和为该反应的反应级数，或者该反应的分子数之和就是反应级数，它一定是整数，也就是说单分子反应为一级反应，双分子反应为二级反应，……依次类推。不过三分子反应是很少的，因为三个分子碰撞到一起的概率大大减少，三级以上的反应几乎没有。简单反应能代表反应机理，是一个个实际经历的过程。例如，一个单分子反应物的自发离解，$H_2 \rightarrow 2H$，就是单分子反应，反应级数 $n=1$；反应 $H+O_2 \rightarrow OH+O$ 是双分子反应，反应级数 $n=2$。

反应级数和反应分子数这两个概念分别针对于复杂反应和基元反应，是不一样的，它们将复杂反应和基元反应区分开来，这是非常重要的。基元反应确切地指明了化学反应实际的发生历程，反应分子数的概念用于解释微观反应机理，反应的分子数是引起基元反应所需的最少分子数目，也就是说，在碰撞中涉及的所有组分都会在化学反应式中出现，而且，在基元反应中，逆反应和正反应一样可以进行。仅对基元反应来说，反应级数和反

应分子数是同义词，但反应分子数的概念不适用于复杂反应。

相反，复杂反应方程式只代表主要组分（通常包括燃料、氧化剂和最稳定的燃烧产物）间的化学计量关系，而不代表实际的反应历程。总反应涉及的化学计量系数常常是分数，且反应中只出现分子组分（无活性中间体和原子），系数不是实际的反应物数目，逆反应也不可进行。丙烷燃烧反应的化学式就是具有这些特征的例子，它显然也是复杂反应式。

$$C_3H_8 + 5(O_2 + 3.76N_2) \rightarrow 3CO_2 + 4H_2O + 5(3.76)N_2$$

不论对简单反应还是复杂反应，知道反应级数就可以定量计算化学反应速率，若对某些复杂反应，其反应速率不具有上述形式，反应级数的概念就不能应用。

2.4.6 基元反应速率常数与平衡常数的关系

测定基元反应的速率常数是一件很困难的工作，且其结果存在很大的不确定性。即使是一个比较可靠的速率常数，测量结果常常也有2倍之大的差别，而对其他不可靠的速率常数而言，其差别可能高达一个量级甚至一个量级以上。相反，基于热力学测量与计算的平衡常数，在许多情况下非常准确。如果注意到在平衡条件下，正反应和逆反应的速率是相等的话，就有可能利用精确的热力学数据来解决化学动力学问题。

对于任意一个基元反应，可以表示为

$$\sum_{i=1}^{N} \nu_i A_i \overset{k_f}{\underset{k_b}{\Leftrightarrow}} \sum_{i=1}^{N} \nu'_i A_i \tag{2-64}$$

注意区分正、逆反应的反应速率常数，它们是不同的，分别为

$$RR_f = \frac{1}{\nu'_i - \nu_i} \cdot \frac{dC_{A_i}}{dt} = k_f \prod_{i=1}^{N} C_{A_i}^{\nu_i} \tag{2-65}$$

$$RR_b = \frac{1}{\nu_i - \nu'_i} \cdot \frac{dC_{A_i}}{dt} = k_b \prod_{i=1}^{N} C_{A_i}^{\nu'_i} \tag{2-66}$$

然而，这两个速率并不独立，因为净反应速率等于 $RR_f - RR_b$，当反应达到平衡时等于零，因此，这两者与平衡常数的关系为

$$\frac{k_f}{k_b} = \frac{\prod_{i=1}^{N} C_{A_i}^{\nu'_i}}{\prod_{i=1}^{N} C_{A_i}^{\nu_i}} \equiv K_C \tag{2-67}$$

这里 K_C 是以摩尔浓度表示的平衡常数。

因为

$$K_p = \prod_{i=1}^{N} p_i^{(\nu'_i - \nu_i)}$$

$$p_i = C_{A_i} R_u T$$

所以，有

$$K_P = K_C (R_u T)^{\Delta n} \tag{2-68}$$

这里，K_P 是以压力表示的平衡常数，$\Delta n = \sum_{i=1}^{N} (\nu'_i - \nu_i)$。

因为 K_P 只是温度的函数，所以基元反应的速率常数也只依赖于温度，它也适用于任何一种组分的浓度。除了认识这一重要特性以外，在使用平衡常数这一关系时还需注意：

与任何基元反应相关的正反应速率和逆反应速率只需指定其中之一，就能通过以上关系得出另一个。因为平衡常数一般比速率常数更精确，故我们通常用平衡常数来表示反应速率。

例如，对以下反应

$$H_2 + I_2 \underset{k_b}{\overset{k_f}{\Leftrightarrow}} 2HI \tag{2-69}$$

$$\frac{dC_{HI}}{dt} = k_f C_{H_2} C_{I_2} - k_b C_{HI}^2$$

在平衡状态时，反应速率即等式左边为零，即

$$0 = k_f C_{H_2}^* C_{I_2}^* - k_b C_{HI}^{*\ 2}$$

这里“ * ”号表示达到平衡状态时的值。整理得

$$\frac{k_f}{k_b} = \frac{C_{HI}^{*\ 2}}{C_{H_2}^* C_{I_2}^*} = K_C$$

将它代入反应速率的表达式，可明显地看出，在任何情况下，只用一个反应速率常数就能描述反应速率，也就是，

$$\frac{dC_{HI}}{dt} = k_f C_{H_2}^* C_{I_2}^* - \frac{k_f}{K_C} C_{HI}^{*\ 2}$$

例 2.9 在确定 N－H－O 系统反应的速率常数的实验中，反应 $NO + O \rightarrow N + O_2$ 的速率常数为

$$k_f = 3.8 \times 10^9 T^{1.0} \exp\left(\frac{-20820}{T}\right) [=] cm^3/(mol \cdot s)$$

试确定上述反应的逆反应 $N + O_2 \rightarrow NO + O$ 在 2300K 的速率常数 k_b。

解：正、逆反应的速率常数通过平衡常数相互关联：

$$\frac{k_f(T)}{k_b(T)} = K_c(T) = K_p(T)$$

由此可见，要求解 k_b(2300K)，必须知道 k_f(2300K) 和 K_P(2300K)，由 K_P 和吉布斯自由能的关系可知

$$K_P = \exp\left(\frac{-\Delta G_T^o}{R_u T}\right)$$

其中 $\Delta G_T^o = \Delta G_{2300K}^o = (\bar{g}_{f,N}^o + \bar{g}_{f,O_2}^o - \bar{g}_{f,NO}^o - \bar{g}_{f,O}^o)$

$= 326331 + 0 - 61243 - 101627$（由附表 A.8，A.9，A.11 和 A.12 查得）

$= 163461$ kJ/kmol

$$\Rightarrow K_P(2300K) = \exp\left(\frac{-163461}{8.315 \times 2300}\right) = 1.94 \times 10^{-4} \text{（无量纲）}$$

所以 2300K 正反应速率常数为

$$k_f = 3.8 \times 10^9 \times 2300 \exp\left(\frac{-20820}{2300}\right)$$

$$= 1.024 \times 10^9 cm^3/(gmol \cdot s)$$

$$\Rightarrow k_b(2300K) = \frac{k_f}{K_P} = \frac{1.024 \times 10^9}{1.94 \times 10^{-4}} = 5.28 \times 10^{12} cm^3/(gmol \cdot s)$$

点评:本例中的反应是重要的 Zeldovich 反应机理(或 NO 的热反应机理)的一部分:

$$O + N_2 \Leftrightarrow NO + N \text{ 和 } N + O_2 \Leftrightarrow NO + O$$

2.4.7 影响化学反应速率的因素

无论何种化学反应,其反应速率主要与反应的温度、反应物的性质(活化能)、反应物的浓度和系统压力等因素有关。

1) 温度对化学反应速率的影响

在影响化学反应速率的诸多因素中,温度对反应速率的影响最为显著,它主要影响反应速率常数 k。试验表明,大多数化学反应速率是随着温度升高而剧烈上升。范霍夫根据大量的实验数据总结出一条经验规律:温度每升高 10K,反应速率近似增加 2 ~4 倍;当温度升高 100K,化学反应速率将随之加快 2^{10} ~4^{10} 倍。这个经验规律可以用来估计温度对反应速率的影响。

2) 反应系统压力对反应速率的影响

在实际的燃烧过程中,考虑压力对化学反应速率的影响是很重要的。化学反应的级数不同,压力对其影响程度也就不同。现假定在一定温度的条件下,分析其压力对反应速率的影响。

在温度为 T 时,如果反应系统中某反应物的摩尔浓度用 C_i 表示,那么,该物质的分压力 p_i 可表示为

$$p_i = C_i R_u T \tag{2-70a}$$

或者,有

$$C_i = \frac{p_i}{R_u T} = \frac{x_i p}{R_u T} \tag{2-70b}$$

系统的总压力 p 为各组分分压力之和,即

$$p = \sum_i p_i \tag{2-71}$$

结合式(2-70a)和(2-71),得

$$p = R_u T \sum_i C_i \tag{2-72}$$

令 $C = \sum C_i$,表示系统中单位体积内总的反应物质的摩尔量,则式(2-72)可写为

$$p = R_u T C \tag{2-73}$$

代入反应速率表达式有

$$RR_i = -\frac{\mathrm{d}C_i}{\mathrm{d}t} = kC_i^n = k\left(\frac{x_i p}{R_u T}\right)^n = k\left(\frac{p}{R_u T}\right)^n x_i^n \tag{2-74}$$

其中,n 为反应级数。该式表明在恒温反应的条件下,以摩尔浓度表示的反应速率与压力的 n 次方成正比,即

$$RR_i \propto p^n \tag{2-75}$$

如果采用气体的摩尔分数随时间的变化量来表示反应速率时,其与系统压力的关系为

$$RR_i = -\frac{\mathrm{d}x_i}{\mathrm{d}t} = -\frac{\mathrm{d}\left(\frac{C_i}{C}\right)}{\mathrm{d}t} = -\frac{\frac{\mathrm{d}C_i}{\mathrm{d}t}}{C}$$

结合式(2-73)和(2-74)则有

$$RR_i = \frac{k\left(\dfrac{p}{R_u T}\right)^n x_i^n}{\dfrac{p}{R_u T}} = k\left(\frac{p}{R_u T}\right)^{n-1} x_i^n \Rightarrow RR_i \propto p^{n-1} \tag{2-76}$$

即,在温度不变的条件下,以摩尔分数表示的反应速率与压力的 $n-1$ 次方成正比。

3) 反应物浓度和摩尔分数对反应速率的影响

质量作用定律描述了浓度对反应速率的影响。在化学反应系统中,反应物的相对组成也对反应速率具有重要影响。比如在燃烧过程中,随着燃烧产物的不断形成,空气中的惰性气体会不断掺入,使反应物浓度逐渐改变,从而影响反应速率。

首先,就反应物中无惰性气体的燃烧产物的情况,分析反应物浓度对反应速率的影响。对于二级反应,假设只有两种反应物参加反应,则根据式(2-76)有

$$RR_i = -\frac{\mathrm{d}x_i}{\mathrm{d}t} = k\frac{p}{R_u T}x_1 x_2 \tag{2-77}$$

注意,上式是用摩尔分数随时间的变化量来表示反应速率的。$x_1 x_2$ 为两种反应物的摩尔分数,且有 $x_2 = 1 - x_1$,代入(2-77)则有

$$RR_i = -\frac{\mathrm{d}x_i}{\mathrm{d}t} = k\frac{p}{R_u T}x_1(1 - x_1) \tag{2-78}$$

式(2-78)表明,在温度和压力不变的情况下,化学反应速率 RR_i 仅随反应物的摩尔分数 x_1 而变化,如图 2-6 中的曲线 1 所示。反应速率在 $x_1 = 0.5$ 时达到最大值,当 $x_1 = 0$ 或 $x_1 = 1$ 时,反应速率均等于零,即

$$RR_{i,\max} = \frac{k}{4R_u T}p \tag{2-79}$$

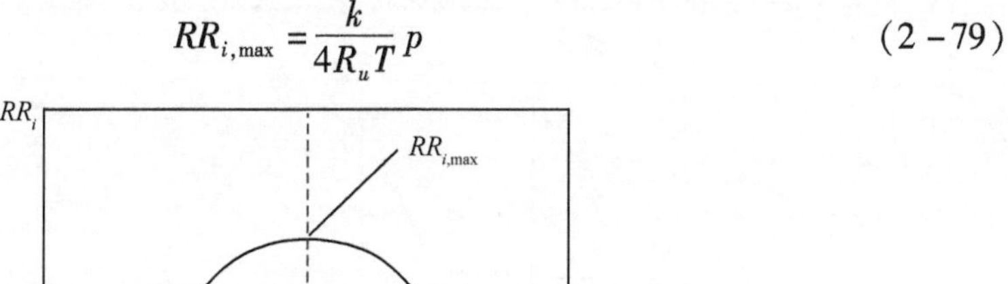

图 2-6 化学反应速率与反应物摩尔分数的关系

下面就反应物中掺入惰性气体的情况,分析其反应物浓度对反应速率的影响。假设以 x_{O_2} 表示空气中氧气的摩尔分数,以 x_{N_2} 表示空气中惰性气体的摩尔分数,且有 $x_{O_2} + x_{N_2} = 1$,则有

$$x_1 + x_2(x_{O_2} + x_{N_2}) = 1 \tag{2-80}$$

同样对二级反应,其反应速率为

$$\begin{aligned} RR_i &= -\frac{dx_i}{dt} = \frac{k}{R_u T} p x_1 x_{O_2} x_2 \\ &= \frac{k}{R_u T} p x_1 x_{O_2}(1 - x_1) \end{aligned} \tag{2-81}$$

式(2-81)即表示当反应物中掺有惰性气体时,反应速率与反应物相对浓度 x_1 的关系,如图 2-6 的曲线 2 所示。

从图 2-6 中看出,当 x_{O_2}不变时,RR_i 仍在 $x_1 = 0.5$ 时达到最大值,但其值是原来相应值的 x_{O_2}倍,即:

$$RR_{i,\max} = \frac{k}{4R_u T} p x_{O_2} \tag{2-82}$$

4) 活化能对反应速率的影响

反应的活化能是衡量反应物反应能力的一个主要参数,活化能较小的化学反应速率较快。一般化学反应的活化能大约在 42 ~ 420kJ/mol 之间,而大多数化学反应是在 80 ~ 250kJ/mol之间。如果反应活化能降低 10kJ/mol,则其反应速率可增加 50 倍。当活化能小于 42kJ/mol 时,其反应的速率很快,甚至不能用一般方法测定;当活化能大于 420kJ/mol 时,其反应的速率将非常慢,可以认为不发生化学反应。

活化分子发生化学反应过程中的能量变化如图 2-7 所示。要使反应物反应生成燃烧产物,首先反应物分子要吸收能量 $E_{a,1}$ 达到活化状态或者说形成活化体,$E_{a,1}$ 就是该反应的活化能。随着反应的进行,反应物变成产物,同时放出热量 $E_{a,2}$,扣除吸收的热量 $E_{a,1}$,Q 为燃烧反应的净放热量,也就是燃料的发热量。

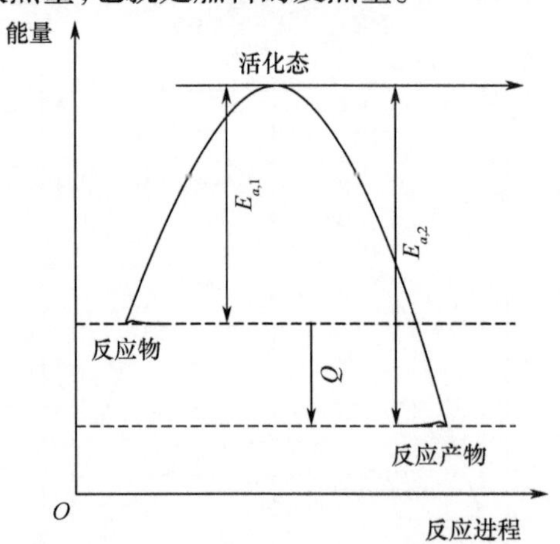

图 2-7 反应势能随反应进程的变化

活化能是通过实验测定不同温度下的反应速率常数而得到的。根据阿累尼乌斯公式将实验中测定的某一反应在各个温度下的反应速率常数绘制成 $\ln k - 1/T$ 曲线,拟合直线,计算其斜率 $-E_a/R_u$ 便可由图 2-4 求出活化能的数值。

通过实验测得的活化能数值显然与实验的温度区间有关,因为速率常数与温度的关系在不同的温度区间是不同的(如图 2-4(b)所示),因此,不同文献对同一反应过程给出的活化能数值常常出入很大,除了实验方法的差异外,温度区间不同也是一个重要的原因,在采用时需要考察其实验温度区间。

5)催化作用对化学反应速率的影响

催化剂是能够改变化学反应速率而本身在反应前后的组成、数量和化学性质保持不变的一种物质。催化剂对反应速率所起的作用叫做催化作用,催化也是化工领域应用最多的关键技术之一。催化剂分为均相催化剂和多相催化剂,均相催化剂与反应物相态相同,通常作为溶剂存在于液体反应混合物中;多相催化剂一般自成一相,通常是用固体物质催化气相或液相中的反应。催化剂之所以能加快反应速率,是因为降低了化学反应的活化能。对均相催化反应,一般认为催化剂加快反应速率的原因是形成了"中间活化络合物"。

有固体物质参与的催化反应,是一种表面与反应气体间的化学反应,属于表面反应的一种。表面反应速率会因为存在很少量具有催化作用的其他物质而显著增大或减小,一般是用"吸附作用"来说明。表面催化反应的关键是气体分子或原子必须先被表面吸附,然后才能发生反应,反应产物再从表面解吸。

气体分子在表面的吸附率存在一个上限值,不可能超过气相分子与表面的碰撞率。吸附与解吸是同一化学过程的正反应过程和逆反应过程,吸附、解吸与反应并存,同时发生。

2.5 链式化学反应

如上所述,阿累尼乌斯定律在分子运动理论的基础上,建立了化学反应速率关系式。但是化学反应的种类很多,特别是燃烧过程的化学反应,都是复杂的化学反应,无法用阿累尼乌斯定律和分子运动理论来解释。比如有些化学反应即使在低温条件下,其化学反应速率也会自动加速而引起着火燃烧;有些反应在常温下也能达到极大的化学反应速率,比如爆炸。由于这些现象不能用阿累尼乌斯定律和分子运动理论来进行合理的解释,不得不寻求化学动力学的新理论——链式反应理论。链式反应理论也是化学反应机理的两个基础理论之一。

2.5.1 链式反应的特点

链式反应也叫链锁反应,是一种在反应历程中含有被称为链载体(也称活性中心)的自由基或自由离子的反应,这种链载体参加到反应的循环中,且在每次生成产物的同时又重新生成。最常见的链式反应是以自由基为链载体,阳离子或阴离子也可以起到链载体的作用。链载体的存在及其作用是链式反应的特征所在。很多重要的化学过程,比如石油热裂解、碳氢化合物氧化燃烧等都会发生链式反应。

链式反应是化学反应中最普通、最复杂的反应形式,其各个中间反应均属于基元反应,各个反应具有各自不同的反应速率常数,是燃烧过程中必然发生的复杂化学反应。虽然链式反应的概念尚难以详细地应用到复杂反应系统的分析,但有助于认识反应机理。

链式反应由三个基本步骤组成:链的产生,链的传播和链的终止。链的产生是指将稳定的反应物分子通过加热或高能分子碰撞作用生成高度活泼的中间产物(链载体),这些中间产物是自由的、很小的活性物质，它们在其外层轨道上有不成对的电子，因此有很强的反应性。链的传播是一个活性链载体在反应中又产生一个或多个新的链载体，这一过程一直持续到由链载体形成一个稳定的组分（直至反应物浓度消耗至尽），即链的终止。链终止是将活性链载体除去，方式可以是分子间重新组合成稳定物质，即气相销毁；或链载体碰到固壁上失去活性，称碰壁销毁。

链载体可以是一个原子或一组原子，在化学反应中以一个独立的组分存在，能与其他分子迅速发生反应。最具反应活性的组分通常为原子（如 H、O、N、F 和 Cl）或者原子团（如 CH_3、OH、CH 与 C_2H_5 等）。

如 H 原子由 H_2 断链分解而得，H 在失去其电子后就成为一个带正电荷的自由基。又如碳氢燃料 CH_4 分解，CH_4 分子分离出一个 H 原子，则形成两个基，即

$$CH_4 \rightarrow CH_3 + H$$

又如，CH_4 与 O_2 反应生成两个基，即

$$CH_4 + O_2 \rightarrow CH_3 + HO_2$$

再如，氮氧化物在高能分子作用下，产生 N 原子与 O 原子两个基，即

$$NO + M \rightarrow N + O + M$$

在链的传播过程中，如果反应产物中链载体的数目与反应物中链载体的数目的比值 $\alpha = 1$，称为不分支链式反应；如果 $\alpha > 1$，则称为分支链式反应。分支链式反应具有更高的化学反应速率，即爆炸性。

链式反应过程总结为以下步骤：

（1）链的产生。

（2）链的传播：不分支，$\alpha = 1$；或分支，$\alpha > 1$。

（3）链终止：形成稳定的反应产物；或与器壁碰撞消失。

2.5.2 不分支链式反应（直链反应）

以 Cl_2 和 H_2 化合为例来说明不分支链式反应。实验研究表明，尽管其总的化学反应方程式可写为下式（2-83），但其反应机理并非简单反应，而是复杂的不分支链式反应。

$$Cl_2 + H_2 \rightarrow 2HCl \tag{2-83}$$

在该链式反应中，Cl 原子充当了链载体的作用，Cl 原子的产生可以源自热力活化或光作用等。比如反应式（a），它起到链的产生作用，导致反应开始，对应的速率常数为 k_1。

① 链的产生　　$Cl_2 + M \rightarrow Cl + Cl + M$　速率常数为 k_1　　(a)

Cl 原子很容易与 H_2 发生反应（活化能很小，25.12kJ/mol），对应速率常数为 k_2。

② 直链传播　　$Cl + H_2 \rightarrow HCl + H$　速率常数为 k_2　　(b)

式（b）中所产生的 H 原子很快与 Cl_2 发生化学反应而产生 Cl 原子，该反应的活化能更小，反应更快，几乎瞬间完成，对应的速率常数为 k_3，即

② 直链传播　　$H + Cl_2 \rightarrow HCl + Cl$　速率常数为 k_3　　(c)

将式（b）与式（c）相加，得到

$$Cl + H_2 + Cl_2 \rightarrow 2HCl + Cl \tag{2-84}$$

上式表明，一个链载体（Cl 原子）在反应物生成过程中仍形成一个链载体，因此这种反应是不分支链式反应。实际上，基元反应式（b）与式（c）本身即为不分支链式反应。Cl

原子在不发生链中断的情况下可以继续存在下去，直到系统中反应混合物完全耗尽为止。如果发生了链的中断，则链式反应就会终止。链产生环节的反应速率是整体反应过程的速控环节。

Cl 原子或 H 原子会与器壁碰撞，或与惰性气体分子碰撞而失去能量，使活性分子销毁，而形成对应的分子，即反应式（d）与反应式（e），对应的速率常数分别为 k_4 与 k_5。

③ 链终止　　$Cl + Cl \rightarrow Cl_2$　　速率常数为 k_4　　（d）

③ 链终止　　$H + H \rightarrow H_2$　　速率常数为 k_5　　（e）

根据上述反应机理，可写出反应产物 HCl 的生成速率，即

$$\frac{dC_{HCl}}{dt} = k_2 C_{Cl} C_{H_2} + k_3 C_H C_{Cl_2} \tag{2-85}$$

由于 Cl 原子和 H 原子的浓度很难测量，所以采用此式计算反应速率是很难的，需要对反应过程进行合理的简化。

在分析有链载体（自由基）形成的复杂化学反应系统时，可以采用准稳态近似方法进行简化，即这些链载体的浓度经过快速初始积累后，其销毁与形成将同样迅速，因此，销毁速度与形成速度相等，所以可近似认为链载体的浓度变化量为零。这通常发生在形成中间反应产物相对缓慢，而消耗该中间反应产物的反应极其迅速的场合，所以，该链载体的浓度与其他反应物和反应产物相比很小。

以下采用准稳态近似方法估算 Cl 原子和 H 原子的浓度。

因为式（c）比式（b）的反应速率快得多，式（b）消耗一个 Cl 原子后，式（c）将很快产生一个 Cl 原子补充上来，因此，可近似认为系统中 Cl 原子的浓度不变，即

$$\frac{dC_{Cl}}{dt} = k_3 C_H C_{Cl_2} - k_2 C_{Cl} C_{H_2} = 0 \tag{2-86}$$

由此得到 H 原子的浓度为

$$C_H = \frac{k_2 C_{Cl} C_{H_2}}{k_3 C_{Cl_2}} \tag{2-87}$$

在反应稳定进行（链传播）中，可以近似认为 Cl_2 由于外界因素形成 Cl 原子的速率与 Cl 原子销毁而形成 Cl_2 的速率相等，即

$$k_1 C_{Cl_2} = k_4 C_{Cl}^2$$

由此得到 Cl 原子的浓度为

$$C_{Cl} = \sqrt{\frac{k_1}{k_4} C_{Cl_2}} \tag{2-88}$$

将 Cl 原子和 H 原子的浓度表达式代入反应产物 HCl 生成速率的表达式（2-85），得到

$$\frac{dC_{HCl}}{dt} = k_2 C_{Cl} C_{H_2} + k_3 C_H C_{Cl_2} = 2k_2 \left(\frac{k_1}{k_4}\right)^{\frac{1}{2}} C_{H_2} C_{Cl_2}^{\frac{1}{2}} \tag{2-89}$$

对总化学反应方程式（2-83），可写出复杂反应的速率表达式，即

$$\frac{dC_{HCl}}{dt} = k_{tot} C_{Cl_2}^a C_{H_2}^b \tag{2-90}$$

比较以上两式可得到 Cl_2 与 H_2 反应生成 HCl 的复杂反应动力学参数，即总速率常数

k_{tot}、a 与 b，其值为

$$k_{tot} = 2k_2\left(\frac{k_1}{k_4}\right)^{\frac{1}{2}}, a = \frac{1}{2}, b = 1$$

式中，k_{tot}是与温度有关的该链式反应的总速率常数，包括了 Cl_2 离解的因素。

总的反应级数为 $n = 1.5$，显然，其值并不等于总包反应中反应物的化学计量系数之和。从式(2-90)可知，不分支链式反应速率所遵循的规律类似于阿累尼乌斯定律，即反应速率随温度升高按指数规律急剧增大，所不同的是链式反应的活化能较简单，反应是否发生或持续进行取决于中间反应产物的形成与销毁。

根据式(2-89)计算的 HCl 生成速率与实际反应速率接近，但远大于直接按总化学反应方程计算的速率，实际的反应速率会因混合气体中含有杂质和器壁的存在有所降低。

2.5.3 分支链式反应

在链式反应过程中，如果在其中一个基元反应中，存在消耗一个链载体的同时生成两个或多个新的链载体的现象，即这个反应过程中存在分支反应步骤，则称该反应为分支链式反应，其链载体的浓度会呈指数形式累积，反应产物迅速形成，具有爆炸效应，此时分支基元反应的速率是决定总体反应速率的关键。分支链式反应是火焰化学动力学机理中的基本内容，比如，以下三个基元反应均为反应产物中链载体的数目大于反应物中链载体数目的例子。

$$CH_4 + O \rightarrow CH_3 + OH$$
$$H_2 + O_2 \rightarrow OH + O$$
$$O + H_2 \rightarrow OH + H$$

在反应过程中，还存在链载体被破坏而消失的情况，比如，发生气相反应而形成稳定的正常分子，或与器壁碰撞而消失。如果链载体被销毁的速度大于链载体的生成速度，则发生链终止。链载体被销毁的基元反应示例有

$$H + OH + M \rightarrow H_2O + M$$
$$H + O_2 + M \rightarrow HO_2 \xrightarrow{wall} \frac{1}{2}H_2 + O_2$$
$$2O + M \rightarrow O_2 + M$$
$$M + 2H \rightarrow H_2 + M$$

式中，M 是高能量的活化分子或其他高能量分子，高能量分子的碰撞激发反应，其自身继续存在或销毁。

研究链终止的反应机理对确定可燃混合物的爆炸极限是很重要的。

2.5.4 链式反应机理

以下分别以 H_2、碳氢化合物、CO 与 O_2 的燃烧过程来详细地说明分支链式反应的机理。

1. H_2

氢的氧化反应是最典型的、研究最多并理解最深入的分支链式反应总反应方程式，为

$$2H_2 + O_2 \rightarrow 2H_2O$$

假如该反应的实际进程与反应方程式一致，则应该是三个分子之间的碰撞反应，但三个

分子同时碰撞并发生反应的概率几乎不存在,因此,其反应速率理应很低。但事实上,在某些条件下,氢的氧化反应速率极高,会发生爆炸。目前的研究结果一致认为,其反应过程是按分支链式反应形式进行的,简单模型认为至少需要20余个基元反应描述其反应机理。

1)链载体H原子的产生——链的产生

$$H_2 + M \rightarrow H + H + M$$

高能量分子M与H_2碰撞使H_2断裂分解成H原子,成为最初的活化中心H。也有观点认为,由于热力活化等作用发生以下反应,同样产生了链载体H。H原子形成了链式反应的起源。

链的产生 $$H_2 + O_2 \rightarrow HO_2 + H$$

2)链的传播——链式反应的基本环节

H原子与O_2发生反应,即

分支链反应 $$H + O_2 \rightarrow OH + O \tag{a}$$

该反应是吸热反应,热效应$Q = 71.2$kJ/mol,所需要的活化能为75.4kJ/mol。该反应产生的O原子与H_2发生反应,即

分支链反应 $$O + H_2 \rightarrow OH + H \tag{b}$$

该反应是放热反应,热效应$Q = 2.1$kJ/mol,所需要的活化能为25.1kJ/mol。式(a)、式(b)所产生的两个OH基与H_2发生反应,形成最终产物H_2O,即

直链反应 $$OH + H_2 \rightarrow H_2O + H \tag{c}$$

直链反应 $$OH + H_2 \rightarrow H_2O + H \tag{d}$$

式(c)、式(d)均为放热反应,热效应$Q = 50.2$kJ/mol,所需要的活化能为42.0kJ/mol。这里需要注意的是,虽然式(c)和式(d)从反应式来看一样,但是一个OH来源于式(a),一个来源于式(b)。

比较各个反应方程式两侧链载体的数目可以看出,式(a)与式(b)为分支反应,式(c)与式(d)为不分支反应。

吸热反应式(a)所需活化能最大,因此反应速率最慢,限制了整体的反应速率,在H_2的燃烧中,OH基在链传播进程中起到了突出作用。

将上述4个反应综合后得到

$$H + 3H_2 + O_2 \rightarrow 2H_2O + 3H \tag{2-91}$$

一个H原子参加反应,在经过一个基本环节链后,形成最终产物H_2O,并同时产生3个H原子;这3个H原子又会重复上述基本环节,产生9个H原子……随着反应的进行,链载体H原子的数目以指数形式增加,反应不断加速,直至爆炸。这种链载体不断繁殖的反应就是分支链式反应。反应链的分支示意如图2-8所示。

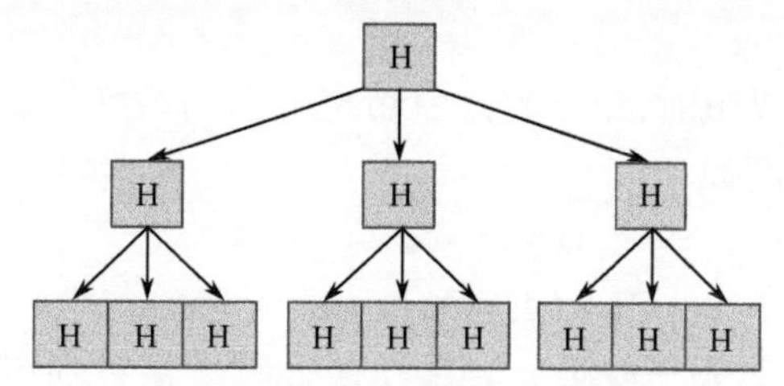

图2-8 反应链的分支示意

3）链的终止

在分支链式反应中，因为随着链载体的浓度不断增加，碰撞的概率也会越来越大，形成稳定分子的机会也越来越大；另外，链载体也会由于在空中互相碰撞使其能量被夺走，或撞到器壁等原因而销毁，使它失去活性而成为正常分子，因此链载体的数目不会无限制的增大。如果出现撞到器壁而被销毁的链载体数目大于产生的链载体数目，销毁速度大于繁殖速度，则造成链的终止，此时不会发生化学反应。

抑制链式反应的理论基础就是促进链终止，其主要技术措施包括：

（1）增加反应容器的表面积与容积的比值，以提供更多的表面积（器壁）去充当第三者物体来吸收链载体碰撞时所释放的能量。

（2）提高反应系统中的气体压力，在较高压力下，两个链载体与第三者物体碰撞的机会增多，促进链终止。

（3）在系统中引入易于和链载体起作用的抑制剂，也可以促进链终止。

这里需要说明的是，H_2 和 O_2 按化学计量比混合的气体并不是在任何条件下都能产生爆炸，图 2－9给出了 H_2 和 O_2 在不同压力和温度下能够产生爆炸的界限图，即当温度和压力改变时，爆炸区与非爆炸区的分界线。从图 2－9 可以看出，在400℃以下是不会爆炸的；在 600℃以上，不同压力下都会爆炸；在 400～600℃之间有一个半岛形爆炸区，所以称为“压力温度爆炸半岛图”。这里可以用链式反应的机理来解释。因为在链式反应中，如果支链传播所产生的链载体速率超过链终止过程链载体的销毁速率，那么反应速率迅速增高，会引起燃烧和爆炸；反之，如果支链传播的速度不及链终止的速率，则反应稳定下来。

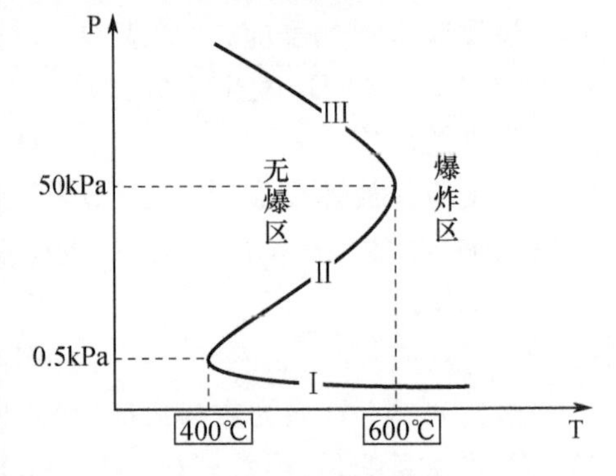

图 2－9　H_2 和 O_2 混合物的爆炸半岛图

对于在可燃范围内的混合气，链载体的增长速度是随反应物的浓度即压力的增加而增加，随温度的上升而增加。但是链载体的销毁包括器壁碰撞销毁和空间销毁则与压力、温度有着不同的关系。当反应物浓度或压力较低时，分子的自由程较长，链载体碰到器壁的机会增大，而不容易跟气相中的 H_2 和 O_2 分子碰撞使分支链发展，所以链载体器壁销毁在低压较易发生，因此不会发生爆炸，即对应的是爆炸低界限（也叫第一爆炸界限），所以当压力较低时，爆炸由碰壁销毁和链分支过程之间谁占优势决定；而当反应物浓度或压力增大时，链载体的气相销毁将显著增加，支链发展迅速增高，对应的就是爆炸高界限（也叫第二爆炸界限），即在此区域，爆炸极限由气相销毁和链分支过程之间谁占优势决定。

但是，在压力超过高界限时，由于容器中稳定分子的浓度提高，在气相中容易发生分子碰撞而使链载体消失，例如，

$$O + O + M \rightarrow O_2 + M \tag{2-92}$$

$$H + OH + M \rightarrow + H_2O + M \tag{2-93}$$

式中，M 可以是气相中稳定分子或杂质。这样使链载体销毁的可能性增大，于是压力超过高限以上时，爆炸反应又停止。

2. CO 的燃烧

CO 燃烧总的化学反应方程式为

$$CO + \frac{1}{2}O_2 \rightarrow CO_2 \tag{2-94}$$

但是,真实的 CO 和 O_2 的氧化反应与 H_2 和 O_2 的氧化反应类型类似,是由一系列基元反应组成的分支链式反应。CO 和 O_2 混合物发生链式反应的必要条件是其中含有一定数量的 H 原子或水蒸气,即所谓“潮湿”条件。

在“干燥”无水条件下,其基元反应是

$$CO + O_2 \rightarrow CO_2 + O$$

$$CO + O + M \rightarrow CO_2 + M$$

及氧气离解形成附加的 O 原子

$$O_2 + M \rightarrow O + O + M$$

干燥的 CO 和纯氧混合物要在 660℃ ~740℃以上才会发生缓慢反应。

在“潮湿”条件下,如混合物中存在 H 原子,则 H 原子与 O_2 发生反应

$$H + O_2 \rightarrow O + OH$$

$$H + O_2 + M \rightarrow HO_2 + M$$

O 原子与 OH 基分别与 H_2 发生的化学反应为

$$O + H_2 \rightarrow H + OH$$

$$OH + H_2 \rightarrow H_2O + H$$

最重要的基元反应是 CO 分别与 OH 基及 HO_2 发生的反应,即

$$CO + OH \rightarrow CO_2 + H$$

$$CO + HO_2 \rightarrow CO_2 + OH$$

如果掺在混合物中的不是 H_2,而是水蒸气,H_2O 将会有一部分转化为 OH 基,也会引起上述反应过程。H、O 原子和 OH 基作为链载体的基元反应,大大加速了 CO 的氧化过程,导致的燃烧速率要快得多。目前,比较详细的机理描述至少需要 20 余个基元反应,涉及 H、OH、HO_2、H_2O_2、O、H_2O、H_2 与 O_2。

3. 碳氢化合物的燃烧

碳氢化合物的燃烧化学反应比 H_2 及 CO 的分支链式反应更为复杂,目前尚无明确一致的动力学机理描述。一般情况下,碳氢化合物的燃烧化学反应大都属于分支链式反应,其反应的特殊性在于新的链式环节要依靠中间反应产物分子的分解才能发生,因此,其化学反应速率不仅比 H_2 燃烧慢,也比 CO 燃烧慢。

碳氢化合物的种类繁多,可简化写作 RH,某一个具有足够能量的 O_2 使 RH 中的一个 C—H 化学键断开而形成基时,氧化反应开始进行,即

$$RH + O_2 \rightarrow R\cdot + HO_2$$

式中,R · 是碳氢基(具有自由键,以“ · ”表示);HO_2 是超氧化氢。

另一种认为可以激发链式反应的机理为某一高分子 M 导致一个 C—C 化学键断开而形成两个不同的碳氢基 R’ · 与 R” · 的反应,即

$$RH + M \rightarrow R'\cdot + R''\cdot + M$$

碳氢基与 O_2 迅速反应产生过氧化基,即

$$R\cdot + O_2 \rightarrow RO_2$$

过氧化基在高温下发生分解形成醛与 OH 基,即

$$RO_2 \rightarrow RCHO + OH$$

醛与 O_2 反应是一个分支反应,基的数目增加,即

$$RCHO + O_2 \rightarrow RCO + HO_2$$

RCO 热分解形成 CO,即

$$RCO + M \rightarrow R\cdot + CO + M$$

CO 氧化为 CO_2 是碳氢燃料燃烧的最后一步,即

$$CO + OH \rightarrow CO_2 + H$$

对某一特定的碳氢化合物,CH_4 燃烧也是一种分支链式反应。由于天然气的广泛使用,因此,对 CH_4 的氧化反应的研究比较深入。目前的研究表明,CH_4 燃烧的化学反应动力学模型包括了 200 余个基元反应,涉及 40 余个中间反应产物,本书介绍基本的基元反应机理。

链的产生反应式为

$$CH_4 + O_2 \rightarrow CH_3 + HO_2$$

在链传播中,发生不分支反应,式中基的数目不变,但产生不同的基,即

$$CH_4 + OH \rightarrow CH_3 + H_2O$$

对 CH_4 的碰撞反应主要来自 OH,生成甲基 CH_3 和水。同时也发生分支反应,O 原子销毁,而生成甲基 CH_3 和 OH 基,即

$$CH_4 + O \rightarrow CH_3 + OH$$

CH_3 的氧化主要是与 HO_2 反应,即

$$CH_3 + HO_2 \rightarrow CH_3O + OH$$

C_3H_8 的燃烧应用也很广泛。C_3H_8 及高级碳氢化合物的动力学机理与 CH_4 不同,因为形成了比甲基 CH_3 更易氧化的乙基 C_2H_5,乙基迅速分解产生 C_2H_4 与 H 原子,H 原子发生的分支链式反应为

$$H + O_2 \rightarrow O + HO$$

然后,H、O 与 OH 将加速 C_3H_8 及高级碳氢化合物的脱氢反应,导致迅速的链式反应,该反应机理也包括了数百个基元反应。

大致简化后,可认为碳氢燃料的基本反应途径为:

$$RH \rightarrow R\cdot \rightarrow HCHO \rightarrow HCO \rightarrow CO \rightarrow CO_2$$

目前,在工程燃烧分析上,通常根据此反应途径将其处理为若干个复杂反应。

对以上所述的各个反应机理的理解在不同的文献中有不尽相同的论述,有待于更先进的实验分析手段、大量实验数据的积累和理论模型的进一步发展。

2.5.5 分支链式反应的孕育与爆炸特点

分支链式反应过程可分为三个主要阶段:感应期、爆炸期和稳定期。

感应期是指在反应初始一小段时间内,由于链载体的浓度很小,反应速度很慢,因此没有显著的化学变化,放出的热量也很微小,所以把从反应开始到化学反应速率增大到可以感觉到的程度的这段时间称为“感应期”。感应期长短不是反映混合气体的物理化学

常数，取决于链载体的浓度、温度、容器形状以及壁面材料等，它的数值不是一个确定值。

在感应期之后，当链载体的浓度迅速增大时，反应速度也猛烈上升，一直到链载体浓度达到最大值时为止，此时形成分支反应的爆炸现象，这一时间段称为爆炸期，如图 2 - 10 所示。

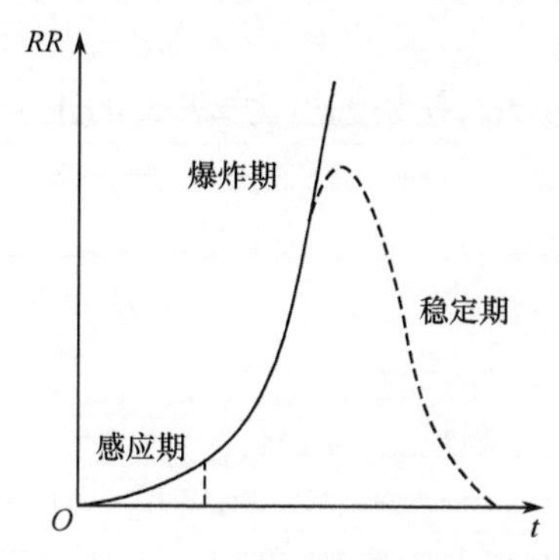

图 2 - 10　分支链式反应速率与时间的关系

当反应速度达到极大值之后就进入准稳定过程，此时由于反应物质浓度和链载体数在逐渐减少，故反应速度也就渐渐减缓，这一时间称为稳定期。如果此时不断补充反应物，就能一直稳定地燃烧下去，放出大量的热。这一阶段的特点是大量地放出反应热。

这里需要说明的是，当碳氢化合物与空气的混合物在 100 ~ 300℃ 的温度下有时会观察到一种叫“冷焰”的现象，即在进行缓慢氧化的链式反应系统中，突然地在短时间内发光并伴以温度上升的现象。冷焰实质上是燃料在着火延迟时间内局部发生反应的一种预反应现象，或者说是在一定的温度和压力条件下，烃类燃料在空气中发生的分解与转化，并释放自身部分化学能的预燃烧反应。这种预反应的结果可以使燃料温度升高 100 ~ 150K 而不发生爆炸燃烧，在暗房中可以观察到冷焰燃烧发出的微弱、苍白的淡蓝色焰光。

这种分支链式反应的爆炸现象与热爆炸有本质的区别，热爆炸是由于温度的升高而使活化分子增多，链式爆炸则是链载体迅速繁殖的结果，这种爆炸即使在等温下也会发生。

目前，链式反应理论尚局限于等温分支链式反应的机理分析，实际燃烧过程的温度是持续升高的，要比等温分支链式反应复杂得多，在不同温度与压力下的反应机理都可能不同，而且热爆炸与链式爆炸等因素是同时存在且相互促进的。

习题

（1）什么叫化学恰当反应？

（2）反应级数和反应分子数的异同有哪些？

（3）阿累尼乌斯定律及其适用范围是什么？

（4）分析影响燃烧反应速率的各种因素。

（5）何谓链式反应？简述链式反应的机理，链式反应主要分为几个阶段，各阶段的特点。

（6）试求当量比为 1 的甲烷（CH_4）空气混合物的分子量。

（7）试求丙烷（C_3H_8）化学恰当空气/燃料比？

（8）正癸烷（$C_{10}H_{22}$）的分子量为142.284，试确定每千克正癸烷和每摩尔正癸烷在298K的高热值和低热值。

（9）试确定初始压力为1atm，初始温度为298K的正癸烷（$C_{10}H_{22}$）和空气以化学计量比混合时等压绝热火焰温度。

（10）试确定初始压力为1atm，初始温度为298K的正癸烷（$C_{10}H_{22}$）和空气以化学计量比混合时等容绝热火焰温度。

参考文献

[1] 严传俊，范玮．燃烧学[M]．西安：西北工业大学出版社，2010.

[2] I Glassman. Combustion[M]. Salt Lake City: Academic Press, 1957.

[3] A M Kanury. Introduction to Combustion Phenomena[M]. England: Gordon and Breach, 1977.

[4] S R Turns. An Introduction to Combustion: Concepts and Application [M]. New York: McGraw – Hill, 2000.

[5] C Olikara, G L Borman. A Computer Program for Calculating Properties of Equilibrium Combustion Products with Some Applications to I. C. [R]. Beijing: SAE, 1975.

[6] S Gordon and B J Mcbride. Computer Program for Calculation of Complex Chemical Equilibrium Compositions, Rocket Performance, Incident and Reflected Shocks, and Chapman – Jouguet Detonations[R]. Washington D. C.: NASA, 1976.

[7] W C Reynolds. The Element Potential Method for Chemical Equilibrium Analysis: Implementation in the Interactive Program STANJAN[M]. California: University of Stanford Press, Stanford University, 1986.

[8] Reginald Mitchell. Combustion Fundamentals[M]. California: University of Stanford Press, 1999.

[9] K K Kuo. Principles of Combustion[M]. New York: John Wiley & Sons, 1986.

[10] S S Penner. Chemistry Problems in Jet Propulsion[M]. Paris: Pergamon Press, 1957.

[11] 徐通模．燃烧学[M]．北京：机械工业出版社，2011.

[12] 李永华．燃烧理论与技术[M]．北京：中国电力出版社，2011.

[13] 黄勇．燃烧与燃烧室[M]．北京：北京航空航天大学出版社，2009.

[14] 刘联胜，王恩宇，吴晋湘．燃烧理论与基础[M]．北京：化学工业出版社，2008.

第3章　燃烧的物理学基础

燃烧是气体、液体或固体燃料与氧化剂之间发生的一种剧烈的化学反应。不管哪一种燃料的燃烧,总是全部或者部分地在气相中进行,其中包含流体流动、传热、传质等物理过程和化学反应,且它们之间存在相互作用,因此,燃烧过程是一种综合的物理化学过程。在燃烧过程中,气体是多组分的,比如有可燃气、氧化剂、燃烧产物、惰性气体及各种自由基等。因此,研究燃烧问题,就是研究发生化学反应的多组分的流体力学问题。

多组分反应流体主要指的是多组分反应气体,多组分反应流体力学问题比经典的流体力学问题要复杂得多。因为多组分的存在,所以在守恒方程中,还必须增加各个组分的扩散方程。因为有化学反应,所以在扩散方程和能量方程中必须增加物质源项和热源项,当然,气体的热力学性质、输运性质等也都要依赖于构成系统的组分。

对有关燃烧现象作定量分析时,所必需的基本方程包括质量守恒、动量守恒、能量守恒及组分守恒方程。用这些方程可以研究流体状态发生变化及不同边界条件、初始条件下的流场、燃烧场内压力与速度的变化关系,组分与速度及浓度间的变化关系,能量(或焓)与温度场及速度场的变化关系等。

为了更加详细地了解燃烧前后反应流问题的求解方法(即速度场、组分场和温度场的确定),这里以预混可燃混气一维燃烧波为例,说明一维燃烧波及其波后参数的求解思路与方法。一维爆震燃烧波作为一种强烈的压缩波,本章介绍了其传播特点及结构特点。

3.1　燃烧中的输运现象

燃烧过程中质量、能量以及动量交换起着十分重要的作用。质量、能量以及动量交换取决于燃烧过程中的浓度梯度、温度梯度以及速度梯度,分别服从菲克扩散定律、傅里叶导热定律及牛顿黏性定律。

3.1.1　菲克扩散定律

在双组分混合物中组分 A 的扩散通量的方向与该组分当地质量分数梯度方向相反,绝对值正比于该梯度值,比例系数称为扩散系数。在双组分情况下,由浓度梯度引起的组分扩散通量可以用菲克定律表示:

$$J_A = -\rho D_{\mathrm{AB}} \frac{\partial w_{\mathrm{A}}}{\partial y} \tag{3-1}$$

式中,J_A 是单位时间单位面积组分 A 扩散而产生的扩散通量,单位为 $\mathrm{kg/(m^2 \cdot s)}$;$D_{AB}$ 为组分 A 在组分 B 中的扩散系数,单位为 $\mathrm{m^2/s}$;w_A 是组分 A 的质量分数;ρ 是混合物密度。

在考虑两种以上组分的多组分扩散问题时,常把组分 A 作为一种组分,而把组分 A 以外的所有组分作为另一种组分。这样将多组分的扩散问题处理为双组分的扩散问题,见附录 F。

3.1.2 傅里叶导热定律

导热通量的方向与当地温度梯度方向相反,绝对值正比于该梯度值,比例系数称为导热系数。

$$q = -\lambda \frac{\partial T}{\partial y} \tag{3-2}$$

式中,q 为单位时间、单位面积热通量,单位为 $J/(m^2 \cdot s)$,λ 为导热系数,单位为 $J/(m \cdot s \cdot K)$。

因为 $\lambda = D_T \rho c_p$,D_T(在有些教材中用"a"表示)为热扩散系数,所以当 ρ,c_p 等于常数时,傅里叶导热定律可以表示为:

$$q = -D_T \frac{\partial(\rho c_p T)}{\partial y} \tag{3-3}$$

式(3-3)表示热流通量与热焓梯度的关系。

多组分气体的热流量和单组分气体的有所不同,它不仅与温度梯度有关,还与各组分扩散所产生的焓差有关。后者一般不大,常可以忽略。

3.1.3 牛顿黏性定律

单位面积上剪切力方向与速度梯度方向相反,绝对值正比于该梯度值,比例系数称为黏性系数。

$$\tau = -\mu \frac{\partial v}{\partial y} \tag{3-4}$$

式中 τ 是单位面积剪切力,单位为 N/m^2。μ 为动力黏性系数,单位为 $(N \cdot s)/m^2$。因为 $\mu = \rho\nu$,ν 是运动黏性系数,所以牛顿黏性定律又可以写成

$$\tau = -\nu \frac{\partial(\rho v)}{\partial y} \tag{3-5}$$

多组分气体中剪切力,在宏观上与单组分气体相同。

以上三个输运定律中所包含的扩散系数、导热系数以及黏性系数,按分子运动论的一阶近似理论,由下列公式给出:

$$D_{AB} = \frac{2}{3}\left(\frac{k_B^2 T}{\pi^3 m_A}\right)^{1/2} \frac{T}{\sigma^2 P} \tag{3-6}$$

$$\lambda = \left(\frac{k_B^3}{\pi^3 m \sigma^4}\right) T^{1/2} \tag{3-7}$$

$$\mu = \frac{5}{16} \frac{\sqrt{k_B m T}}{\pi^{1/2} \sigma^2} \tag{3-8}$$

式中,k_B 为玻尔兹曼常数,等于 1.380658×10^{-23} J/K,σ 为分子直径,m 为分子质量。单组分气体的输运性质可以查阅参考文献[3]。有关多组分混合物的输运性质计算方法和程序可参阅文献[4]。

3.1.4 输运系数间的关系

在燃烧过程中,质量、动量及能量交换常常是同时发生的,经常用到它们之间的关系。

这些关系可以用一些无量纲数表示：

$$Pr=\frac{\nu}{D_T}=\frac{\mu c_p}{\lambda}=\frac{\text{动量输运速率}}{\text{能量输运速率}} \tag{3-9}$$

$$Sc=\frac{\nu}{D_{AB}}=\frac{\mu}{D_{AB}\rho}=\frac{\text{动量输运速率}}{\text{质量输运速率}} \tag{3-10}$$

$$Le=\frac{Sc}{Pr}=\frac{D_T}{D}=\frac{\text{能量输运速率}}{\text{质量输运速率}} \tag{3-11}$$

Pr 称为普朗特数，Sc 称为施密特数，Le 称为路易斯数。

3.2 多组分反应流体一维流动的守恒方程

3.2.1 混合物质量守恒方程

设一长度为 Δx，截面积为 A 的一维控制体。控制体内混合物质量变化率等于从控制体流出和流入的净流量。

$$\frac{\mathrm{d}m_{cv}}{\mathrm{d}t}=\dot{m}_x-\dot{m}_{x+\Delta x} \tag{3-12}$$

式中，控制体内混合物质量 $m_{cv}=\rho V_{cv}$，控制体体积 $V_{cv}=A\Delta x$，质量流量 $\dot{m}=\rho vA$，其中 v 为流速，代入式(3-12)，得

$$\frac{\mathrm{d}(\rho A\Delta x)}{\mathrm{d}t}=(\rho vA)_x-(\rho vA)_{x+\Delta x} \tag{3-13}$$

上式除以 $A\Delta x$，并取极限 $\Delta x\to 0$，得

$$\frac{\partial\rho}{\partial t}=-\frac{\partial(\rho v)}{\partial x} \tag{3-14}$$

对于定常流，$\frac{\partial\rho}{\partial t}=0$，于是

$$\frac{\mathrm{d}(\rho v)}{\mathrm{d}x}=0 \tag{3-15}$$

或

$$\rho v=\text{constant} \tag{3-16}$$

式中，$\rho v=\dot{m}'$，为质量通量(密流)，即单位时间单位面积内的质量流量。

如果考虑非稳态流动，则混合物质量守恒方程更通用的形式可以表示为

$$\frac{\partial\rho}{\partial t}+\nabla\cdot(\rho v)=0 \tag{3-17}$$

3.2.2 组分质量守恒方程

假设组分的扩散是由于浓度梯度引起的，混合物仅由两种组分组成。对于定常流，组分的质量守恒方程可以写成：

$$\frac{\mathrm{d}}{\mathrm{d}x}\left(\dot{m}'w_A-\rho D_{AB}\frac{\mathrm{d}w_A}{\mathrm{d}x}\right)=\dot{m}''_A \tag{3-18}$$

式中 $\dot{m}_i'$是质量通量，$\dot{m}_A''$为与化学反应有关的组分 A 的净生成率。组分质量守恒更一般的一维形式为

$$\frac{d\dot{m}_i'}{dx} = \dot{m}_i'', \quad i = 1,2,\cdots,N \tag{3-19}$$

如果考虑非稳态流动，则组分 i 的质量守恒方程的一般矢量形式为

$$\frac{\partial(\rho w_i)}{\partial t} + \nabla \cdot \dot{m}_i' = \dot{m}_i'', \quad i = 1,2,\cdots,N \tag{3-20}$$

质量通量 $\dot{m}_i'$可以用组分 i 的质量平均速度 $\boldsymbol{v}_i$表示：

$$\dot{m}_i' = \rho w_i v_i \tag{3-21}$$

混合物的质量通量$\dot{m}'$可用下式表示：

$$\dot{m}' = \sum \dot{m}'_i = \sum \rho w_i \boldsymbol{v}_i \tag{3-22}$$

由于$\dot{m}' = \rho \boldsymbol{v}$，所以质量平均速度 $\boldsymbol{v}$ 为

$$\boldsymbol{v} = \sum w_i \boldsymbol{v}_i \tag{3-23}$$

扩散速度等于组分速度与质量平均速度之差，即 $\boldsymbol{v}_{i,diff} = \boldsymbol{v}_i - \boldsymbol{v}$，于是扩散通量可以表示为

$$\dot{m}_{i,diff}' = \rho w_i(\boldsymbol{v}_i - \boldsymbol{v}) = \rho w_i \boldsymbol{v}_{i,diff} \tag{3-24}$$

组分总的质量通量等于对流通量和扩散通量之和，即

$$\dot{m}_i' = \dot{m}' w_i + \dot{m}_{i,diff}' \tag{3-25}$$

或

$$\rho w_i \boldsymbol{v}_i = \rho w_i \boldsymbol{v} + \rho w_i \boldsymbol{v}_{i,diff}$$

将组分扩散速度 $\boldsymbol{v}_{i,diff}$和质量分数 w_i代入式(3-20)，得

$$\frac{\partial(\rho w_i)}{\partial t} + \nabla \cdot [\rho w_i(\boldsymbol{v} + \boldsymbol{v}_{i,diff})] = \dot{m}_i'', \quad i = 1,2,\cdots,N \tag{3-26}$$

将质量输运的菲克扩散定律(3-1)代入上式，则有

$$\frac{\partial(\rho w_i)}{\partial t} + \nabla \cdot (\rho \boldsymbol{v} w_i - \rho D \nabla w_i) = \dot{m}_i'' \tag{3-27}$$

3.2.3 动量守恒方程

控制体内动量的变化率等于作用在控制体的表面力和体积力之和。对于一维直角坐标系，当忽略黏性力和体积力时，此时只有压力作用在控制体上，所以动量守恒方程就会变得十分简单。对于定常流，它可以表示为

$$\sum F = \dot{m}\boldsymbol{v}_{out} - \dot{m}\boldsymbol{v}_{in} \tag{3-28}$$

式中，F 为控制体所受的外力。对于一维流动

$$(PA)_x - (PA)_{x+\Delta x} = \dot{m}(\boldsymbol{v}_{x+\Delta x} - \boldsymbol{v}_x) \tag{3-29}$$

式(3-29)两端除以 $A\Delta x$，并取极限 $\Delta x \to 0$，得

$$-\frac{dP}{dx} = \dot{m}'\frac{d\boldsymbol{v}}{dx}$$

或

$$-\frac{\mathrm{d}P}{\mathrm{d}x}=\rho v\frac{\mathrm{d}v}{\mathrm{d}x} \tag{3-30}$$

当考虑**黏性**力影响时,一维动量守恒方程可以写成

$$\frac{\partial(\rho v)}{\partial t}+\frac{\partial(\rho vv)}{\partial x}-\frac{\partial}{\partial x}\left(\mu\frac{\partial v}{\partial x}\right)=-\frac{\partial p}{\partial x}+\frac{\partial}{\partial x}\left(\mu\frac{\partial v}{\partial x}\right) \tag{3-31}$$

3.2.4 能量守恒方程

根据热力学第一定律,控制体内能量变化率等于获得的外热与对外做功的总和。一维直角坐标系下,能量守恒方程可以表示为

$$(\dot{q}'_x-\dot{q}'_{x+\Delta x})A-\dot{W}_{cv}=\dot{m}'A\left[\left(h+\frac{v^2}{2}+gz\right)_{x+\Delta x}-\left(h+\frac{v^2}{2}+gz\right)_x\right] \tag{3-32}$$

式中,$\dot{q}'$为热流通量;$\dot{W}_{cv}$为控制对外界所做的功;h 为焓;gz 为重力势能。

对于定常流动,能量随时间的变化率等于零,假设系统对外界不做功,控制体进出口势能无变化,方程(3-32)变成

$$(\dot{q}'_x-\dot{q}'_{x+\Delta x})=\dot{m}'\left[\left(h+\frac{v^2}{2}\right)_{x+\Delta x}-\left(h+\frac{v^2}{2}\right)_x\right] \tag{3-33}$$

上式两端除以 Δx,并取极限 $\Delta x\to 0$,得

$$-\frac{\mathrm{d}\dot{q}'_x}{\mathrm{d}x}=\dot{m}'\left(\frac{\mathrm{d}h}{\mathrm{d}x}+v\frac{\mathrm{d}v}{\mathrm{d}x}\right) \tag{3-34}$$

热流通量包括热传导产生的热流量和由于组分扩散引起的组分焓值流量,如果不考虑热辐射,热流通量的一般矢量表达形式如下:

$$\dot{q}'=-\lambda\nabla T+\sum\dot{m}'_{i,diff}h_i \tag{3-35}$$

对于一维情况,热流通量可以表示为

$$\dot{q}'_x=-\lambda\frac{\mathrm{d}T}{\mathrm{d}x}+\sum\rho w_i(v_i-v)h_i \tag{3-36}$$

由于$\dot{m}'_i=\rho v_i w_i$,$\rho v=\dot{m}'$, $\sum w_i h_i=h$,所以式(3-36)可以写成:

$$\dot{q}'_x=-\lambda\frac{\mathrm{d}T}{\mathrm{d}x}+\sum\dot{m}'_i h_i-\dot{m}'h \tag{3-37}$$

将式(3-37)代入式(3-34),得

$$\frac{\mathrm{d}}{\mathrm{d}x}\left(\sum h_i\dot{m}'_i\right)+\frac{\mathrm{d}}{\mathrm{d}x}\left(-\lambda\frac{\mathrm{d}T}{\mathrm{d}x}\right)+\dot{m}'v\frac{\mathrm{d}v}{\mathrm{d}x}=0 \tag{3-38}$$

将上式左端第一项展开

$$\frac{\mathrm{d}}{\mathrm{d}x}\left(\sum h_i\dot{m}'_i\right)=\sum\dot{m}'_i\frac{\mathrm{d}h_i}{\mathrm{d}x}+\sum h_i\frac{\mathrm{d}\dot{m}'_i}{\mathrm{d}x}$$

将上式和式(3-19)代入式(3-38),得

$$\sum\dot{m}'_i\frac{\mathrm{d}h_i}{\mathrm{d}x}+\frac{\mathrm{d}}{\mathrm{d}x}\left(-\lambda\frac{\mathrm{d}T}{\mathrm{d}x}\right)+\dot{m}'v\frac{\mathrm{d}v}{\mathrm{d}x}=-\sum h_i\dot{m}''_i \tag{3-39}$$

因为

$$h_i(T)=h_{f,i}^0(T_{\mathrm{ref}})+\Delta h_{s,i}(T_{\mathrm{ref}})=h_{f,i}^0(T_{\mathrm{ref}})+\int_{T_{\mathrm{ref}}}^{T}c_p\mathrm{d}T=h_{f,i}^0(T_{\mathrm{ref}})+\bar{c}_pT$$

代入式(3－39),同时忽略动能项,考虑非稳态流动,则有

$$\frac{\partial\ (\rho c_p T)}{\partial\ t} + \frac{\partial\ (\rho v c_p T)}{\partial\ x} - \frac{\partial}{\partial\ x}\left(\lambda\ \frac{\partial\ T}{\partial\ x}\right) = -\ \sum h_{f,i}^0 \dot{m}''_i \tag{3-40}$$

3.2.5 守恒标量的概念

守恒标量定义为流场内满足守恒的任一标量。例如,在特定条件下,如果某个参数在流场没有源(或汇),即流场中没有辐射流入或流出,且满足守恒方程,仅与质量成正比,则流场中这个参数的量满足守恒。化学反应不会创造或消灭任何一种元素,元素的质量分数就是一个守恒标量。引入守恒标量的目的是将有源方程通过线性组合转化为无源方程,简化运算。

1) 简单化学反应模型

实际化学反应包括几百个相互作用的化学反应,但它们总的结果往往十分简单:燃料和氧化剂消失,产生二氧化碳和水蒸气,燃气温度升高并放出热量。人们为了能对燃烧现象进行计算,绕过复杂的化学反应机理,提出一种易于理解、易于使用的燃烧模型,即简单化学反应系统模型。该模型假设:

(1) 燃料和氧化剂以化学恰当比进行单步不可逆反应,生成单一的燃烧产物:

$$1\ 千克燃料 + \nu\ 千克氧化剂 \rightarrow (1+\nu)\ 千克产物 \tag{3-41}$$

(2) 各组分的传输特性相同,但可随空间位置而变化;

(3) 各组分比热相等。

由式(3－41)可知燃料、氧化剂及燃烧产物的化学反应生成率存在以下关系:

$$\dot{m}''_f = \dot{m}''_{ox}/\nu = -\dot{m}''_{pr}/(1+\nu) \tag{3-42}$$

式中,$\dot{m}''_{pr}$为燃烧产物的化学反应生成率,$\dot{m}''_f$、$\dot{m}''_{ox}$分别为燃料和氧化剂的化学反应消耗率。

2) 混合物分数

假设流量为 1kg/s 的混合物由两种成分混合而成,燃料的流量为$\dot{m}_f$kg/s,空气的流量为$(1-\dot{m}_f)$kg/s。定义混合物分数f_{mix}为燃料中所含元素的质量除以混合物的质量。于是混合物分数f_{mix}可以用流动中任一点的燃料、氧化剂和燃烧产物的质量分数来表示

$$f_{\text{mix}} = w_f + \frac{1}{\nu+1} w_{Pr}$$

下面将证明f_{mix}是守恒量。

3) 守恒量

对于燃料、氧化剂以及燃烧产物,可以用式(3－18)分别写出它们的质量守恒方程如下:

$$\dot{m}'\frac{\mathrm{d}w_f}{\mathrm{d}x} - \frac{\mathrm{d}}{\mathrm{d}x}\left(\rho D\ \frac{\mathrm{d}w_f}{\mathrm{d}x}\right) = \dot{m}''_f \tag{3-43}$$

$$\dot{m}'\frac{\mathrm{d}w_{ox}}{\mathrm{d}x} - \frac{\mathrm{d}}{\mathrm{d}x}\left(\rho D\ \frac{\mathrm{d}w_{ox}}{\mathrm{d}x}\right) = \dot{m}''_{ox} \tag{3-44}$$

及

$$\dot{m}'\frac{\mathrm{d}w_{pr}}{\mathrm{d}x} - \frac{\mathrm{d}}{\mathrm{d}x}\left(\rho D\ \frac{\mathrm{d}w_{pr}}{\mathrm{d}x}\right) = \dot{m}''_{pr} \tag{3-45}$$

式(3-43)+式(3-45)/(1+ν),可得

$$\dot{m}'\frac{\mathrm{d}(w_f+w_{pr}/(1+\nu))}{\mathrm{d}x}-\frac{\mathrm{d}}{\mathrm{d}x}\left[\rho D\frac{\mathrm{d}}{\mathrm{d}x}(w_f+w_{pr}/(1+\nu))\right]=0 \tag{3-46}$$

不难看出,方程(3-46)是无源项的方程,其中所对应的量 $w_f+w_{pr}/(1+\nu)$ 就是混合物分数 f_{mix},从而证明它是守恒量。

同理,式(3-43)-式(3-44)/ν,可得

$$\dot{m}\frac{\mathrm{d}(w_f-w_{ox}/\nu)}{\mathrm{d}x}-\frac{\mathrm{d}}{\mathrm{d}x}\left[\rho D\frac{\mathrm{d}}{\mathrm{d}x}(w_f-w_{ox}/\nu)\right]=0 \tag{3-47}$$

方程(3-47)是无源项的方程,因此 w_f-w_{ox}/ν 也是守恒量。由此可见,守恒量有许多不同形式,如混合物中惰性组分的质量分数等。

用 f_{mix} 代替 $w_f+w_{pr}/(1+\nu)$ 就得到混合物分数 f_{mix} 的守恒方程:

$$\dot{m}'\frac{\mathrm{d}f_{\mathrm{mix}}}{\mathrm{d}x}-\frac{\mathrm{d}}{\mathrm{d}x}\left(\rho D\frac{\mathrm{d}f_{\mathrm{mix}}}{\mathrm{d}x}\right)=0 \tag{3-48}$$

混合物分数 f_{mix} 在求解扩散火焰时特别有用。因为在求解组分守恒方程时,只要求解无源的混合物分数 f_{mix} 的守恒方程,求出 f_{mix} 后,就可以利用 f_{mix} 与燃料、氧化剂及燃烧产物关系求出各组分的质量分数。同时,求解无源方程比求解有源方程更容易一些。对于完全预混火焰,混合物分数在空间是均匀分布的。

例 3.1 有一非预混的乙烷-空气火焰,其下列各组分的摩尔分数是利用不同的方法测量的:C_2H_6,CO,CO_2,H_2,H_2O,N_2,O_2 和 OH。假设其他组分可以忽略,试根据所测量的上述各组分摩尔分数定义混合物分数 f_{mix}。

解:由混合物分数的原始定义,我们先用各组分的质量分数来表示 f_{mix}

$$f_{\mathrm{mix}}=\frac{\text{燃料中所含元素质量}}{\text{混合物的质量}}=\frac{[m_{\mathrm{C}}+m_{\mathrm{H}}]_{\mathrm{mix}}}{m_{\mathrm{mix}}}$$

假设燃料仅含有碳和氢元素,空气仅由 O_2 和 N_2 组成。在燃气中,碳元素存在于组分 C_2H_6,CO,CO_2 中,氢元素存在于 C_2H_6,H_2,H_2O 和 OH 之中,将各组分中的碳和氢元素的质量分数加起来就是 f_{mix}

$$\begin{aligned}f_{\mathrm{mix}}=&w_{\mathrm{C_2H_6}}\frac{2M_{r,\mathrm{C}}}{M_{r,\mathrm{C_2H_6}}}+w_{\mathrm{CO}}\frac{M_{r,\mathrm{C}}}{M_{r,\mathrm{CO}}}+w_{\mathrm{CO_2}}\frac{M_{r,\mathrm{C}}}{M_{r,\mathrm{CO_2}}}\\&+w_{\mathrm{C_2H_6}}\frac{3M_{r,\mathrm{H_2}}}{M_{r,\mathrm{C_2H_6}}}+w_{\mathrm{H_2}}+w_{\mathrm{H_2O}}\frac{M_{r,\mathrm{H_2}}}{M_{r,\mathrm{H_2O}}}+w_{\mathrm{OH}}\frac{0.5M_{r,\mathrm{H_2}}}{M_{r,\mathrm{OH}}}\end{aligned}$$

其中各组分质量分数的加权因子为 C 和 H 在组分中的质量分数,将质量分数 w_i 用 $\frac{x_iM_{r,i}}{M_{r,\mathrm{mix}}}$ 代替得:

$$\begin{aligned}f_{\mathrm{mix}}&=x_{\mathrm{C_2H_6}}\frac{M_{r,\mathrm{C_2H_6}}}{M_{r,\mathrm{mix}}}\frac{2M_{r,\mathrm{C}}}{M_{r,\mathrm{C_2H_6}}}+x_{\mathrm{CO}}\frac{M_{r,\mathrm{CO}}}{M_{r,\mathrm{mix}}}\frac{M_{r,\mathrm{C}}}{M_{r,\mathrm{CO}}}+x_{\mathrm{CO_2}}\frac{M_{r,\mathrm{CO_2}}}{M_{r,\mathrm{mix}}}\frac{M_{r,\mathrm{C}}}{M_{r,\mathrm{CO_2}}}+\cdots\\&=\frac{(2x_{\mathrm{C_2H_6}}+x_{\mathrm{CO}}+x_{\mathrm{CO_2}})M_{r,\mathrm{C}}+(3x_{\mathrm{C_2H_6}}+x_{\mathrm{H_2}}+x_{\mathrm{H_2O}}+\frac{1}{2}x_{\mathrm{OH}})M_{r,\mathrm{H_2}}}{M_{r,\mathrm{mix}}}\end{aligned}$$

其中

$$M_{r,\mathrm{mix}}=\sum x_iM_{r,i}$$

$$= x_{C_2H_6}M_{r,C_2H_6} + x_{CO}M_{r,CO} + x_{CO_2}M_{r,CO_2} + x_{H_2}M_{r,H_2} + x_{H_2O}M_{r,H_2O} + x_{N_2}M_{r,N_2} + x_{O_2}M_{r,O_2} + x_{OH}M_{r,OH}$$

虽然在概念上混合物分数很简单,但是用实验确定f_{mix}需要测定混合物的组分,非常麻烦。通常在测量中忽略很难测量的微量组分。

例 3.2 实验测量例 3.1 中非预混火焰中某点各组分的摩尔分数分别如下:

$$x_{CO} = 949 \times 10^{-6}, \quad x_{H_2O} = 0.148,$$
$$x_{CO_2} = 0.0989, \quad x_{O_2} = 0.0185,$$
$$x_{H_2} = 315 \times 10^{-6}, \quad x_{OH} = 1350 \times 10^{-6}。$$

假设混合物的剩下组分为 N_2,试用所计算的混合物分数值确定混合物的当量比。

解:N_2 的摩尔分数为

$$x_{N_2} = 1 - \sum x_i$$
$$= 1 - 0.0989 - 0.1488 - 0.0185 - (949 + 315 + 1350) \times 10^{-6}$$
$$= 0.7312$$

混合物的分子量为

$$M_{r,mix} = \sum x_i M_{r,i} = 28.16 \text{kg}_{mix}/\text{kmol}_{mix}$$

将本例中给定的各组分的摩尔分数值代入例 3.1 中混合物分数f_{mix}的表达式可得:

$$f_{mix} = \frac{(949 \times 10^{-6} + 0.0989) \times 12.011 + (315 \times 10^{-6} + 0.1488 + 0.5 \times 1350 \times 10^{-6}) \times 2.016}{28.16}$$
$$= 0.0533$$

根据混合物分数的定义和实际空气量 L 定义可知

$$L = \frac{1 - f_{mix}}{f_{mix}}$$

又根据当量比的定义

$$\Phi = f/f_0$$

而

$$f_0 = \left[4.76(x + y/4)\frac{M_{r,air}}{M_{r,C_2H_6}}\right]^{-1}$$
$$= \left[4.76(2 + 6/4)\frac{28.85}{30.07}\right]^{-1} = 0.0626$$

于是

$$\Phi = \frac{f_{mix}/(1 - f_{mix})}{f_0} = \frac{0.0533/(1 - 0.0533)}{0.0626} \approx 0.90$$

从本例中可知混合物分数和当量比之间的关系。根据f_{mix},L,f 以及 Φ 的定义,可以推导它们之间的相互关系。

例 3.3 有一非预混射流火焰,其燃料为 C_3H_8,氧化剂为等摩尔混合的 O_2 和 CO_2 的混合物。火焰中的组分有 C_3H_8,CO,CO_2,O_2,H_2O 和 OH。假设所有双元扩散系数相等,即各组分之间的扩散性相同,如果燃料和氧化剂按化学恰当比混合,试计算该射流火焰的混合物分数,并用各组分的质量分数表示火焰中任一点处的局部混合物分数。

解:要计算按化学恰当比混合的燃料和氧化剂的混合物分数,我们只要计算反应物中燃料(C_3H_8)的质量分数即可：

$$C_3H_8 + a(O_2 + CO_2) \rightarrow bCO_2 + cH_2O$$

从 C、H、O 原子守恒可得

$$H: 8 = 2c$$
$$C: 3 + a = b$$
$$O: 2a + 2a = 2b + c$$

从上面可求解出 $a = 5, b = 8, c = 4$。

因为在反应之前，故有：

$$f_{mix} = w_f = \frac{M_{r,C_3H_8}}{M_{r,C_3H_8} + 5(M_{r,CO_2} + M_{r,O_2})}$$
$$= \frac{44.096}{44.096 + 5(44.011 + 32.000)}$$
$$f_{mix} = 0.1040$$

要确定局部混合物分数，必须考虑到火焰中的碳原子不都是来自燃料(C_3H_8)，因为氧化剂中含有 CO_2。但是要注意到 H 原子只来源于燃料(C_3H_8)，因而局部混合物分数必定和局部 H 元素质量分数成正比，即

$$f_{mix} = \left(\frac{燃料的质量}{H 的质量}\right)\left(\frac{H 的质量}{混合物的质量}\right) = \frac{44.096}{8(1.008)} w_H = 5.468 w_H$$

w_H 可由火焰中各组分的质量分数加权求和而得到

$$w_H = \frac{81.008}{44.096} w_{C_3H_8} + w_{H_2} + \frac{2.016}{18.016} w_{H_2O} + \frac{1.008}{17.008} w_{OH}$$
$$= 0.1829 w_{C_3H_8} + w_{H_2} + 0.1119 w_{H_2O} + 0.0593 w_{OH}$$
$$f_{mix} = w_{C_3H_8} + 5.468 w_{H_2} + 0.6119 w_{H_2O} + 0.3243 w_{OH}$$

虽然燃料中的 C 原子有可能转化成 CO 或 CO_2，但是我们没有以显式方式考虑这些。如果含有氢原子的组分扩散性不同，那么火焰中的 H 原子和 C 原子之比不会处处相等，从而使得上述的结论只能是近似有效。在这个问题中，我们没有考虑到固态 C(积炭)，然而在大多数情况下，碳氢化合物与空气的非预混火焰常常会积炭，这就使得火焰组分的测量和混合物组分的确定变得复杂。

3.3 预混可燃气的一维燃烧波

3.3.1 火焰传播的基本概念

1) 火焰传播速度

在实际燃烧装置中，燃烧总是首先由局部着火，然后逐渐传播到周围其他区域。我们把燃烧由局部向周围发展的这种现象称为火焰传播。假设在一长管容器内，充满了均匀的预混可燃气，当可燃混气在管子开口处的一端着火后，火焰就会以一定的速度向管内未燃的混气部位均匀地移动，如图 3－1 所示。在火焰面的前面是未燃的预混气体，在其后面则是温度很高的已燃气体——燃烧产物。它们的分界面是薄薄的一层火焰面，在其中进行着强烈的燃烧化学反应，同时发出光和热，它与临近区域之间存在着很大的温度梯度

与浓度梯度。我们称这薄薄的化学反应发光区(一般在1mm以下)为“火焰前沿”或“火焰前锋”,把这种由波驱动的化学反应称为燃烧波。事实上,这一层的厚度相对于系统的特征尺寸来说是极薄的,因此可把它看成几何面。

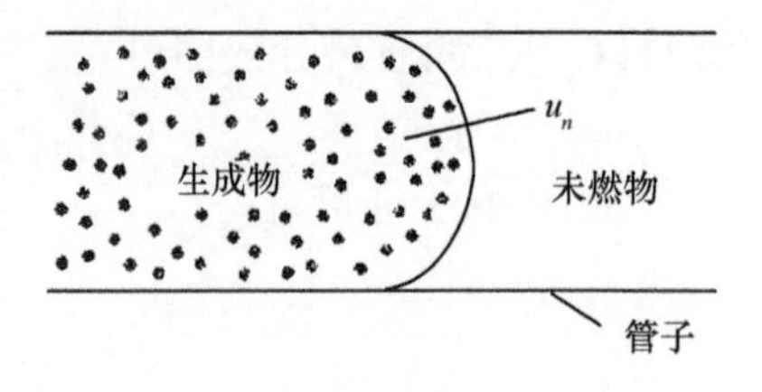

图3-1 火焰传播示意图

火焰传播速度,是指可燃混气燃烧的火焰锋面(或者燃烧波)在其法线方向相对于未燃混气的移动速度。当火焰在管道内传播时,如果考虑管壁的摩擦和流体黏性,则管道上的传播速度将不再均匀,一般轴线上的传播速度要比近壁处大,此时火焰呈现抛物线的形状;如果进一步考虑浮力,则浮力将使火焰抛物面变形。

2)火焰传播的形式

如果在静止的可燃混气某处发生了化学反应,且该反应随着时间的推移向未燃混气中传播,根据反应机理和传播特点的不同,稳定的火焰传播可分为缓燃燃烧波和爆震燃烧波两种形式。缓燃燃烧波是依靠导热和分子扩散使未燃混合气温度升高,并进入反应区而引起化学反应,从而使燃烧波不断向未燃混气中推进。在火焰锋面后气体密度减小,导致压力下降,产生膨胀波,火焰面相对于反应物以亚音速传播,一般速度不大于1~3m/s。在一定的物理、化学条件下(温度、压力、浓度、混合比等),其传播速度是一个不变的常数。爆震燃烧波,又称爆轰波,它的传播不是通过传热和传质发生的,它是依靠激波的压缩作用使未燃混气的温度不断升高而引起化学反应,从而使燃烧波不断向未燃混气中推进。这种传播速度很快,它相对于反应物以超音速传播,一般可达1000m/s~4000m/s。在给定情况下,究竟形成爆震波还是缓燃波,与反应物的成分以及管道结构等因素有关。

表3-1表示爆震波、正激波与缓燃波的一般特征。表中下标“u”表示波前未燃气体参数,“b”表示波后已燃气体参数。由表可见:对于爆震波,未燃气体到已燃气体,压力、密度、温度都是增加的,爆震使已燃气体跟着燃烧波运动;对于缓燃波,未燃气体到已燃气体,压力、密度都是减少的,缓燃使已燃气体背着燃烧波运动。

表3-1 爆震波与缓燃波的一般特征

特征参数	爆 震	正激波	缓 燃
v_u/c_u	5~10	5	0.0001~0.03
v_b/c_b	1.0	0.42	0.003
v_b/v_u	0.4~0.7	0.2	4~6
p_b/p_u	13~55	29	0.98~0.976
T_b/T_u	8~21	5.8	4~16
ρ_b/ρ_u	1.4~2.6	5.0	0.06~0.25

3.3.2 预混可燃气的一维燃烧波分析

在一维燃烧波的分析中,人们常常忽略燃烧波的结构细节,把它看作平面波。此外,为了将非定常问题变为定常问题,在分析波的传播过程时,将参考坐标固定在燃烧波上,来建立燃烧波前后的守恒方程。假设未燃气体和已燃气体是均匀分布的,并忽略所有输运(热传导、黏性应力及质量扩散)的影响(如图3-2所示)。

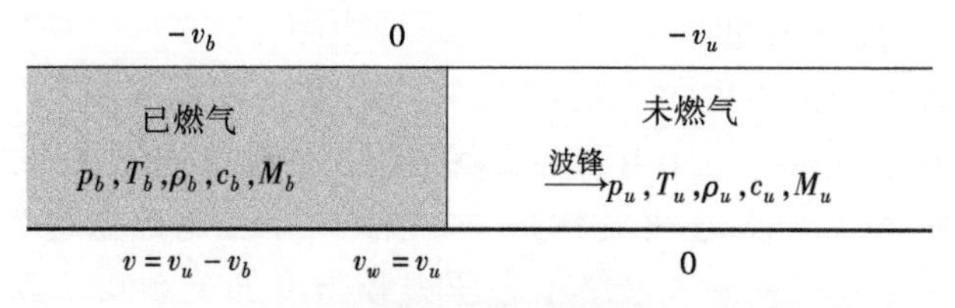

图 3-2　一维燃烧波及波锋前后速度分布

图中给出了在绝对坐标系（静止坐标系）和相对坐标系（坐标系固定在燃烧波上）中未燃气体和已燃气体的速度大小：在相对坐标系中，未燃气体的相对（相对燃烧波）速度为 $-\boldsymbol{v}_u$，已燃气体的相对速度为 $-\boldsymbol{v}_b$；燃烧波的速度为零，即滞止；在绝对坐标系中，未燃气体的绝对速度为0，此时一维燃烧波的速度 $\boldsymbol{v}_w$ 等于未燃气体的绝对速度，有 $\boldsymbol{v}_w = \boldsymbol{v}_u$，已燃气体的绝对速度为 $\boldsymbol{v}_u - \boldsymbol{v}_b$。

下面考虑以相对于静止物的速度 $\boldsymbol{v}_w$ 通过等截面管的燃烧波的运动。

在建立一维燃烧波时，有如下基本假设：

（1）混合气流动（或燃烧波的传播速度）是一维稳定流动；

（2）燃烧波的厚度相对于管子的特征尺寸（如管径）是很小的，可忽略不计；

（3）假定混合气为理想气体；

（4）忽略黏性力及体积力；

（5）其燃烧前后的定压比热容 C_p 为常数；

（6）其分子量也保持不变；

（7）燃烧管壁无摩擦、与环境没有热交换。

那么，基于单位质量的守恒方程可以表示为

质量守恒：
$$\rho_u \boldsymbol{v}_u = \rho_b \boldsymbol{v}_b = \dot{m}/A = \text{质量通量} \tag{3-49}$$

动量守恒：
$$p_u + \rho_u \boldsymbol{v}_u^2 = p_b + \rho_b \boldsymbol{v}_b^2 \tag{3-50}$$

能量守恒：
$$h_u + \boldsymbol{v}_u^2/2 = h_b + \boldsymbol{v}_b^2/2 \tag{3-51a}$$

式中，$h = \sum_{i=1}^{N} w_i \{ [h_i(T) - h(T_{\text{ref}})]_{sens} + \Delta h_{f,i}(T_{\text{ref}}) \}$

w_i = 组分 i（反应物或产物）的质量分数。

因为，$\Delta h_R = \sum (w_i' - w_i) \Delta h_{f,i}(T_{\text{ref}}) \equiv -q$

其中 q 为燃料的质量热值，于是能量方程变成

$$h_{u,sens} + \boldsymbol{v}_u^2/2 + q = h_{b,sens} + \boldsymbol{v}_b^2/2 \tag{3-51b}$$

对于常定压比热容 C_p，有

$$h_{u,sens} = C_p \Delta T = C_p (T_u - T_{\text{ref}}) = C_p T_u$$
$$h_{b,sens} = C_p \Delta T = C_p (T_b - T_{\text{ref}}) = C_p T_b$$

所以能量方程可写为

$$C_p T_u + \boldsymbol{v}_u^2/2 + q = C_p T_b + \boldsymbol{v}_b^2/2 \tag{3-51c}$$

状态方程：
$$p_b = \rho_b R_b T_b \tag{3-52}$$

式中，$R_b = R_u/M_{r,b}$

$M_{r,b}$为已燃气体的摩尔质量。

在以上公式中有5个未知数：v_u、v_b、已燃气体的热力学状态参数ρ_b、$h_b(T_b)$、p_b和4个独立关系式。只要知道最终的压力和温度就可以从热化学平衡关系式决定燃烧产物的成分和性质。为了做到这一点，还需要补充一个条件。下面将建立这个条件。首先，将基本的守恒关系变成两个包括初始和最终状态压力和密度的关系式。其次，将此关系式绘成压力与比容(密度的倒数)的曲线，从而确定可能的解。最后，引入补充的解析的和经验的数据来构成最终的约束条件。

3.3.3 Rayleigh 线

将质量守恒方程(3-49)与动量守恒方程(3-50)联立，得

$$P + (\dot{m}/A)^2 \nu = \text{constant}$$

式中，比容ν是密度ρ的倒数。由质量守恒$(\dot{m}/A) = \text{constant}$，得

$$\mathrm{d}p/\mathrm{d}v = -(\dot{m}/A)^2 = \text{constant}$$

将这个方程应用于燃烧波的前后，得

$$\rho_u^2 v_u^2 = \frac{p_b - p_u}{1/\rho_u - 1/\rho_b} = (\dot{m}/A)^2 \tag{3-53a}$$

此公式是Rayleigh线的一种形式，注意到Rayleigh线不包含能量方程。更重要的是，这个方程确定了初始状态和最终状态的压力和比容的线性关系，其斜率为$-(\dot{m}/A)^2$。由于式(3-53a)中压力与比容之比必须是正实数的质量通量，Rayleigh关系式指出燃烧波不能同时使压力和比容升高或降低。因此，在压力与比容关系图上，Rayleigh线只能存在于以初始状态特征值为中心的四个象限中的两个，如图3-3所示。左上象限包含了压缩波，由于最终的压力是升高的，比容是下降的，这类燃烧波称为爆震波，而右下象限包括了膨胀波，称为缓燃波。

将方程式(3-53a)重新整理，得到燃烧波的速度

$$v_u = v_w = \frac{1}{\rho_u}\left\{\frac{p_b - p_u}{1/\rho_u - 1/\rho_b}\right\}^{1/2} \tag{3-53b}$$

上式提供了$p-\nu$平面图中燃烧波速度有用的几何尺度。如图3-3所示，在方程(3-53b)平方根内的值等于Rayleigh线夹角α的正切，因此

$$v_w = [(\tan\alpha)^{1/2}](1/\rho_u)$$

这个关系式可用于有物理解的两个象限内。

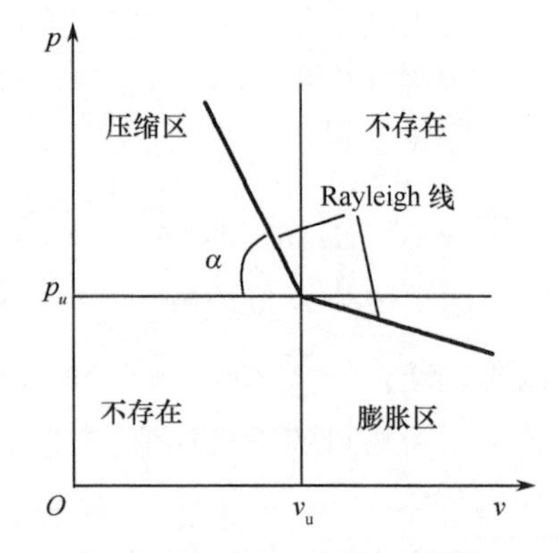

图3-3 表示一维燃烧波可能存在区域的压力-比容图

将方程式(3-53b)与质量守恒方程式(3-49)联立，得

$$v_b = [(\tan\alpha)^{1/2}](1/\rho_b)$$

因此，已燃气体相对于管壁的速度可表示为

$$v = v_u - v_b = \left\{\left(\frac{1}{\rho_u} - \frac{1}{\rho_b}\right)(p_b - p_u)\right\}^{1/2} \tag{3-53c}$$

将上式除以燃烧波速度，可以得到在物理上更好理解的形式

$$\frac{v}{v_w}=1-\rho_u/\rho_b \tag{3-53d}$$

由于爆震波是压缩波，$\rho_b>\rho_u$，燃烧产物向着波传播的方向运动，而在缓燃波中已燃气体是膨胀的，燃烧产物向着与燃烧波相反的方向运动。根据音速和比热比的定义，Rayleigh 线也可以写成无因次形式：

未燃气体的音速由下式表示

$$c_u=\sqrt{\gamma_u R_u T_u}=\sqrt{\gamma_u p_u/\rho_u}$$

式中 R_u 为未燃气体的气体常数，比热比为定压比热容与定容比热容之比，有 $\gamma_u=C_{p,u}/C_{v,u}$，而 $C_{p,u}=\dfrac{\gamma_u}{\gamma_u-1}(R_u/M_{r,u})$。

将以上公式代入方程式(3－53c)，由马赫数定义 $M_{a,u}=v_u/c_u$，得到 Rayleigh 线的无因次形式：

$$\gamma_u M_{a,u}^2=\left(\frac{p_b}{p_u}-1\right)\Big/\left(1-\frac{\rho_u}{\rho_b}\right) \tag{3-54}$$

对爆震波，最终的压力比初始压力大得多，而最终的密度比初始密度大一些。若 γ_u 取稍大点的值 1.4，方程式(3－54)表示爆震波以超音速传播。对于缓燃波，由于最终的压力稍低于初始压力，最终的密度大大低于初始密度，方程(3－54)表明缓燃波是亚音速燃烧波。

3.3.4 Rankine－Hugoniot 关系式

能量方程也可以根据压力和比容写成另外一种形式。首先，假设比热不变，于是

$$h_{b,sens}-h_{u,sens}=C_p(T_b-T_u)$$

然后，将以 γ_u 表示的比热比代入，用理想气体状态方程消去温度参数，得

$$q=\frac{\gamma_u}{\gamma_u-1}\left\{\frac{p_b}{\rho_b}-\frac{p_u}{\rho_u}\right\}-\frac{1}{2}(v_u^2-v_b^2)$$

用动量方程和质量方程消去速度，得

$$\frac{\gamma_u}{\gamma_u-1}\left(\frac{p_b}{\rho_b}-\frac{p_u}{\rho_u}\right)-\frac{1}{2}(p_b-p_u)\left(\frac{1}{\rho_u}+\frac{1}{\rho_b}\right)=q \tag{3-55}$$

方程(3－55)是 Rankine－Hugoniot 关系的一种形式，它在 $p-\nu$ 平面上是一条双曲线。Rankine－Hugoniot 关系也可以用显焓变化来表示，因为

$$h_{b,sens}-h_{u,sens}=\left(\frac{\gamma_u}{\gamma_u-1}\right)\left[\frac{p_b}{\rho_b}-\frac{p_u}{\rho_u}\right]$$

所以，结合式(3－55)，有

$$h_{b,sens}-h_{u,sens}=\frac{1}{2}(p_b-p_u)\left(\frac{1}{\rho_u}+\frac{1}{\rho_b}\right)+q \tag{3-56}$$

这些关系式也可适用于无燃烧混合物中的压缩波和膨胀波，这时 $q=0$。

以上守恒方程已变为两个关系式，即 Rayleigh 线和 Hugoniot 关系式。Rayleigh 线是质量守恒和动量守恒的结合，与释热无关，可以用于任何气体。而 Hugoniot 曲线是基于能

量守恒方程的关系式,它在 $p-\nu$ 平面的位置取决于 q 的值(如图 3-4 所示)。对于无化学反应的混合物,$q=0$,Hugoniot 曲线通过初始状态点;对于有反应的混合物,$q>0$,Hugoniot 线向右上方移动,如图 3-4 中的"曲线 5"所示,由于这条曲线表示了守恒律,所以与初始状态有关的最终状态决定于 Rayleigh 线和 Hugoniot 曲线的交点,把初始状态(未燃烧的)与最终状态连在一起的 Rayleigh 线的斜率给出燃烧波的速度。下面来考虑对应于 Hugoniot 曲线上分支的压缩波(爆震)的情况。

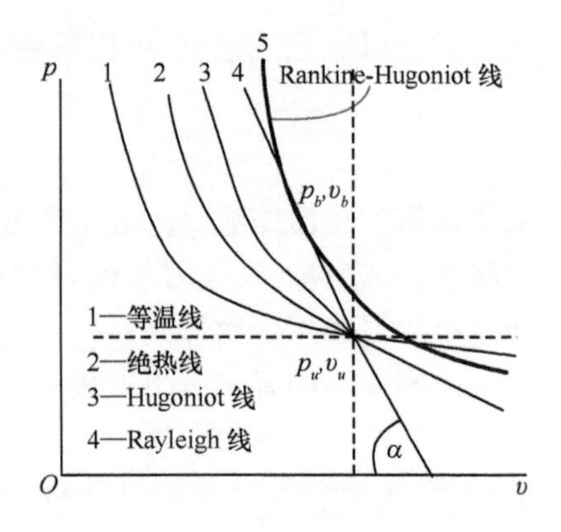

图 3-4 Rayleigh 线与 $q>0$ 时的 Rankine - Hugoniot 曲线

3.3.5 爆震波的特征

图 3-5 描绘了爆震区和缓燃区的分区法。这种新的分区是建立在每一个区内的 Rayleigh 线和 Hugoniot 曲线的切点上,即所谓 Chapman - Jouguet 点或 $C-J$ 点。该方法利用 $C-J$ 点以及 Hugoniot 曲线与以初始状态特征值为中心的等容线和等压线的交点分为 5 个区域:一象限的Ⅲ区、二象限的Ⅰ区和Ⅱ区、四象限Ⅳ区和Ⅴ区。其中,前面的分析表明,对于一象限的Ⅲ区,$p_b>p_u$,$1/\rho_b>1/\rho_u$,由瑞利方程导出 v_u 为虚数,没有实际物理意义。在爆震区,上 $C-J$ 点 U,又将爆震解划分为两个区域:Ⅰ区和Ⅱ区,对应的解分别为强爆震解和弱爆震解。同时上 $C-J$ 点给定了爆震波速度的最小值,因为 Rayleigh 线的斜率与爆震波速度的平方成正比。比上 $C-J$ 点更大的爆震波速度值对应于两个交点,即强爆震解和弱爆震解。

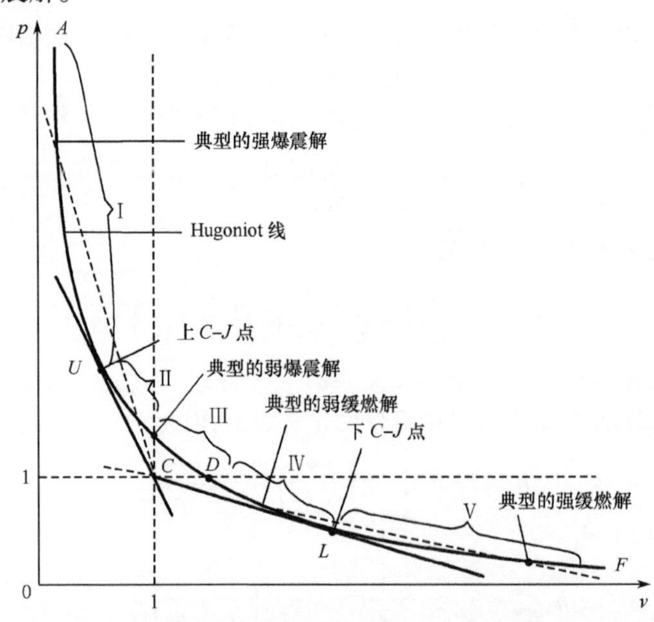

图 3-5 $p-\nu$ 平面上的 Rankine - Hugoniot 曲线(曲线上不同的区段对应于不同的燃烧解域)

在缓燃区,下 $C-J$ 点 L,同样将缓燃解划分为两个区域:Ⅳ区和Ⅴ区,对应的解分别为弱缓燃解和强缓燃解。同时,下 $C-J$ 点给定了最大的缓燃速度,因为更陡的 Rayleigh

线将不会与 Hugoniot 曲线相交,比下 $C-J$ 点更低的缓燃波速度值对应于两个交点,即弱缓燃解和强缓燃解。

Rayleigh 线和 Hugoniot 曲线在 $C-J$ 点相切的事实为完全确定这些点上的解提供了补充关系式。在 $C-J$ 点上,对于给定的未燃气状态和释热量(q),通过对方程(3-56)中终态比容进行微分,确定 Hugoniot 曲线的斜率。在切点上,Hugoniot 曲线和 Rayleigh 线的斜率相等,从而得到波的速度。

$$dh_{b,sens}=(1/2)[(p_b-p_u)d\upsilon_b+(\upsilon_b+\upsilon_u)dp_b]$$

由吉布斯能的定义 $dh=Tds+vdP$,得

$$T_b ds_b=\frac{1}{2}[(p_b-p_u)d\upsilon_b-(\upsilon_b-\upsilon_u)dp_b]$$

由 Rayleigh 线,即方程(3-53),得

$$\frac{dp_b}{d\upsilon_b}=\frac{p_b-p_u}{\upsilon_b-\upsilon_u}=-(\rho_b v_b)^2=-\rho_b^2\frac{dp_b}{d\rho_b}$$

因而在切点上,有

$$T_b ds_b=0\Rightarrow ds_b=0$$

又

$$\frac{dp_b}{d\rho_b}=\left(\frac{dp_b}{d\rho_b}\right)_s=c_b^2$$

上式中,c 为声速。

因而

$$\upsilon_b^2=c_b^2\Rightarrow M_{a,b}=1$$

也就是说,在 $C-J$ 点(U 点和 L 点)上,已燃气体相对于未燃气体的速度为音速。

在上 $C-J$ 点上,已燃气体相对于爆震波的马赫数等于 1,在爆震波后的流动是热堵塞的。由质量守恒

$$\upsilon_u=\frac{\rho_b}{\rho_u}\upsilon_b=\frac{\rho_b}{\rho_u}c_b=\frac{\rho_b}{\rho_u}c_u\frac{c_b}{c_u}$$

式中 $c_b/c_u=(T_b/T_u)^{1/2}$,因为 $\rho_b>\rho_u$,$T_b>T_u$,所以 $\upsilon_u>c_u$,$M_{a,u}>1$。正如以前所指出的那样,$C-J$ 爆震波相对于未燃气体是超音速的,在相切条件下,Rayleigh 线的斜率是最小的,因而 $C-J$ 爆震速度是可能的最小爆震波速度。进而,相切条件可确定未知的 υ_b。

从上 $C-J$ 点的特征分析表明,强爆震和弱爆震这两种现象需具有比上 $C-J$ 点更高的爆震速度,其速度 υ_w 不同于 $C-J$ 点速度的原因可以由其定义式看出,$\upsilon_w=\upsilon_u=[(\tan\alpha)^{1/2}](1/\rho_u)$,因为在强爆震和弱爆震的情况下,其正切函数大于上 $C-J$ 爆震点的值。对于弱爆震(图 3-5 中区域Ⅱ),已燃气体的比容大于$(1/\rho_b)_{C-J}$,根据关系式 $\upsilon_b=[(\tan\alpha)^{1/2}](1/\rho_b)$ 可知,燃气相对于爆震波的速度是增加的,$[M_{a,b}]_{\text{II}}>[M_{a,b}]_{C-J}=1$。这意味着弱爆震由激波后的亚音速马赫数稳定地转变为已燃气体中的超音速,这是违反热力学第二定律的(证明详见有关参考资料)。

以上论据表明,在强爆震中(图 3-5 中区域Ⅰ),$[M_{a,b}]_{\text{I}}<1$,υ_b 是亚音速的,不存在可以排除强爆震的限制条件。但是,强爆震作为充分发展的自持的最终状态从未被观察到,它可能发生在过渡过程中或系统被外界能源过度驱动时,所以只用上 $C-J$ 点爆震来表征爆震波。

在缓燃区（图3－5中区域Ⅳ），弱缓燃和强缓燃也可以用燃气相对于缓燃波的速度v_b来表示。在前面已确定了L点的马赫数$M_{a,b}=1$，因为L位于下$C-J$切点处，在缓燃区内，弱缓燃和强缓燃的两个交点对应于较低的波速，因而v_b中的正切函数小于下$C-J$点的值。此区域的解在大多数实验条件下是很常见的。

对于强缓燃区（图3－5中区域Ⅴ），终态的比容比L点的大得多，因此燃气相对于$C-J$缓燃波的速度增加，$[M_{a,b}]_{\text{Ⅳ}} > [M_{a,b}]_{C-J}=1$。但是，如前所述，所有的膨胀波都是以亚音速传播的，而已燃气体与缓燃波的运动方向相反，因此对强缓燃，已燃气体相对于管壁的速度必须是超音速的，这也违反了热力学第二定律。所以强缓燃不会发生。

弱缓燃中v_b的数值总是满足热力学的所有限制条件的。弱缓燃是最常见的燃烧过程，通常称为火焰。在第5章中将详细的讨论它的特征。

由以上分析可见：只有强爆震、$C-J$爆震、弱缓燃和$C-J$缓燃是可能的，这就是Chapman－Jouguet假说。$C-J$爆震波和强爆震波波前是超音速，强爆震波波后是亚音速，弱缓燃波和$C-J$缓燃波波前是亚音速，弱缓燃波波后也是亚音速。

3.3.6 爆震波波速

利用前面介绍的一维燃烧波的基本守恒方程（假设条件一样），我们来求解一下上$C-J$点爆震波的波速。

由前文分析可知，显然$v_w=v_u$，对于上$C-J$点爆震波，有$v_b=c_b$，则根据质量守恒方程（3－49）有

$$\rho_u v_u=\rho_b v_b=\rho_b c_b \tag{3-57}$$

利用$c_b=\sqrt{\gamma_b R_b T_b}$得到：

$$v_u=\frac{\rho_b}{\rho_u}\sqrt{\gamma_b R_b T_b} \tag{3-58}$$

根据动量方程式（3－50），并已假设$P_b \gg P_u$可推出：

$$\frac{\rho_u v_u^2}{\rho_b v_b^2}-\frac{p_b}{\rho_b v_b^2}=1 \tag{3-59}$$

再由质量守恒方程式（3－49）可把上式化为

$$\frac{\rho_b}{\rho_u}=1+\frac{p_b}{\rho_b v_b^2} \tag{3-60}$$

因为$v_b=c_b$且$c_b=\sqrt{\gamma_b R_b T_b}$，所以上式也可写为

$$\frac{\rho_b}{\rho_u}=1+\frac{p_b}{\rho_b \gamma_b R_b T_b} \tag{3-61}$$

对于理想气体，有

$$\frac{\rho_b}{\rho_u}=1+\frac{1}{\gamma_b}=\frac{\gamma_b+1}{\gamma_b}\text{或者}\frac{\rho_b}{\rho_u}=\frac{\gamma_b+1}{\gamma_b} \tag{3-62a}$$

把上式代入式（3－54），有

$$\frac{p_b}{p_u}=\frac{\gamma_b+1+\gamma_u Ma_u^2}{1+\gamma_b} \tag{3-62b}$$

由式（3－51c）可得：

$$T_b = T_u + \frac{v_u^2 - v_b^2}{2c_p} + \frac{q}{c_p} \tag{3-63}$$

把式(3－58)(3－62)代入式(3－63),假设 $\gamma_b = \gamma_u = \gamma$,并利用连续方程和声速方程得出:

$$T_b = T_u + \frac{\gamma R_b T_b}{2c_p}\left[\left(\frac{\gamma}{\gamma+1}\right)^2 - 1\right] + \frac{q}{c_p} \tag{3-64}$$

解式(3－64)得

$$T_b = \frac{2\gamma^2}{\gamma+1}\left(T_u + \frac{q}{c_p}\right) \tag{3-65}$$

把式(3－65)和式(3－62a)代入式(3－58)得:

$$v_w = v_u = \left[2(\gamma+1)\gamma R_b\left(T_u + \frac{q}{c_p}\right)\right]^{\frac{1}{2}} \tag{3-66}$$

若去掉定比压热容相等的假设,可得到更精确的解:

$$T_b = \frac{2\gamma_b^2}{\gamma_b^2+1}\left(\frac{c_{p,u}}{c_{p,b}}T_u + \frac{q}{c_{p,b}}\right) \tag{3-67}$$

$$v_w = v_u = \left[2(\gamma_b+1)\gamma_b R_b\left(\frac{c_{p,u}}{c_{p,b}}T_u + \frac{q}{c_{p,b}}\right)\right]^{\frac{1}{2}} \tag{3-68}$$

更详细的一维爆震波数学描述可参考有关文献。

例 3.4 估计化学恰当时的乙炔－空气混合物爆震波波速,初始温度为 298K,压力为 1atm,忽略离解,乙炔在 298K 的摩尔定压热容 C_p 是 4396kJ/(mol·K)。

解:利用式(3－68)可求得爆震波波速,但需要先估计式中的其他参数。

乙炔和空气的化学反应方程式为

$$C_2H_2 + 2.5(O_2 + 3.76N_2) \rightarrow 2CO_2 + H_2O + 9.4N_2 \tag{3-69}$$

由式(3－69)算出各组分的摩尔分数和质量分数,如表 3－2 所列。

表 3－2 各组分的摩尔分数和质量分数

	M_i	n_i	$x_i = \frac{n_i}{n_总}$	$w_i = \frac{x_i M_{r,i}}{M_{r,总}}$
反应物				
C_2H_2	26.038	2.5	0.0775	0.0705
O_2	31.999	1	0.19238	0.2166
N_2	28.013	9.4	0.7287	0.7129
$M_{r,u} = \sum x_i M_{r,i} = 28.63$				
生成物				
CO_2	44.011	2	0.1613	0.2383
H_2O	18.016	1	0.0806	0.0487
N_2	28.013	9.4	0.7518	0.7129
$M_{r,b} = \sum x_i M_{r,i} = 29.79$				

查附表 A11 和 A7 中氧气和氮气的摩尔定压热容 C_p 进行计算：

$$
\begin{aligned}
C_{p,u} &= \sum_{\text{反应物}} x_i \frac{C_{p,i}}{M_1} \\
&= [(0.0775 \times 43.96 + 0.1938 \times 29.315 + 0.7287 \times 29.071) \div 28.63] \text{kJ/(kg·K)} \\
&= (30.272 \div 28.63) \text{kJ/(kg·K)} \approx 1.057 \text{kJ/(kg·K)}
\end{aligned}
$$

为了确定已燃状态，需先假设温度 $T_b = 3500\text{K}$，查附录 A 中 3500K 的摩尔定压热容，然后进行计算：

$$
\begin{aligned}
C_{p,b} &= \sum_{\text{生成物}} x_i \frac{C_{p,i}}{M_2} \\
&= [(0.1613 \times 62.718 + 0.0806 \times 57.076 + 0.7581 \times 37.302) \div 29.79] \text{kJ/(kg·K)} \\
&= (42.995 \div 29.79) \text{kJ/(kg·K)} \approx 1.443 \text{kJ/(kg·K)}
\end{aligned}
$$

计算 R_b 和 γ_b：

$$
R_b = \frac{R_u}{M_{r,b}} = (8.315 \div 27.79) \text{kJ/(kg·K)} = 0.2791 \text{kJ/(kg·K)}
$$

$$
\gamma_b = \frac{C_{p,b}}{C_{p,b} - R_b} = 1.443 \div (1.443 - 0.2791) = 1.240
$$

根据燃烧焓定义，有

$$
\begin{aligned}
q &= \sum_{\text{反应物}} w_i h_{f,i} - \sum_{\text{生成物}} w_i h_{f,i} \\
&= [0.0705 \times 8708 + 0.2166 \times 0 + 0.7129 \times 0 - 0.2383 \times \\
&\quad (-8942) - 0.0487 \times (-13242) - 0.7129 \times 0] \\
&= 3398.5 \text{kJ/(kg·K)}
\end{aligned}
$$

把以上所算数据代入式(3-68)，有

$$
v_w = \left[2(\gamma_b + 1)\gamma_b R_b \left(\frac{c_{p,u}}{c_{p,b}} T_u + \frac{Q}{c_{p,b}}\right)\right]^{\frac{1}{2}} =
$$

$$
\left[2 \times 2.240 \times 1.240 \times 279.1 \times \left(\frac{1.057}{1.443}\right) \times 298 + \frac{3398}{1.443}\right]^{\frac{1}{2}} \text{m/s} = 1998 \text{m/s}
$$

用式(3-68)检验假设参数 T_b(3500K)：

$$
T_b = \frac{2\gamma_b^2}{\gamma_b + 1}\left(\frac{C_{p,u}}{C_{p,b}} T_u + \frac{q}{C_{p,b}}\right) =
$$

$$
\left[\frac{2 \times 1.240^2}{2.240} \times \left(\frac{1.057}{1.443} \times 298 + \frac{3398.5}{1.443}\right)\right] \text{K} = 3533 \text{K}
$$

可以重新把 3533K 代入有关式子中计算 $c_{p,b}$ 和 γ_b，但总的来说爆震波波速已经足够精确了。

点评：

(1) 对于最终温度 3533K，这里并没有考虑离解，而在实际中，离解是一个不可忽略的因素。

(2) 知道了密度比[见式(3-62a)]和温度比可以估出压力比：

$$\frac{p_b}{p_u}=\left(\frac{\rho_b}{\rho_u}\right)\left(\frac{M_{r,u}}{M_{r,b}}\right)\left(\frac{T_b}{T_u}\right)=1.806\times 28.63\div 29.79\times(3533/298)=20.6$$

因此，对于前面的假设 $P_b >> P_u$，可以认为是足够精确的。

3.3.7 爆震波的结构

C－J 理论把化学反应区假设为一个强间断面，认为反应区厚度为零，与实际情况有一定差别。气体爆震实验发现，测量结果与 C－J 理论计算结果不完全相符。因此有必要对爆震波内部结构进行深入的研究。20 世纪 40 年代 Zeldovich，von Neumann，Doring 各自独立地建立起了爆震波内部结构的模型，称为 ZND 模型。模型假定爆震波由一个以爆震波速度运动的激波和跟在后面的厚度比激波厚得多的化学反应区组成。激波把反应物预热到很高的温度，因而反应区中化学反应速率很高，反应区可以与激波有相同的传播速度。由于激波很薄，一般只有几个气体分子自由程的量级，因此可以假定激波内化学反应的速率很低，爆震波内绝大部分的释热都是在激波后反应区内放出的。

图 3－6 表示热力学参数在一维 ZND 爆震波内的变化情况。位置 1 是前导激波，紧靠激波的后缘，位置 1′的压力、温度和密度的值与气体混合物中已发生的化学反应百分数有关。如果反应速率满足阿累尼乌斯定律，则在紧靠激波后缘的一个区域内，由于温度不高，反应速率仅缓慢地增加，因此压力、温度和密度的变化相对比较平坦。这个区域称为感应区。经过一段时间后，反应速率变为很大，气体参数发生剧烈的变化。当化学反应接近完成时，热力学参数趋于它们的平衡值，位置 2 为 C－J 平面。

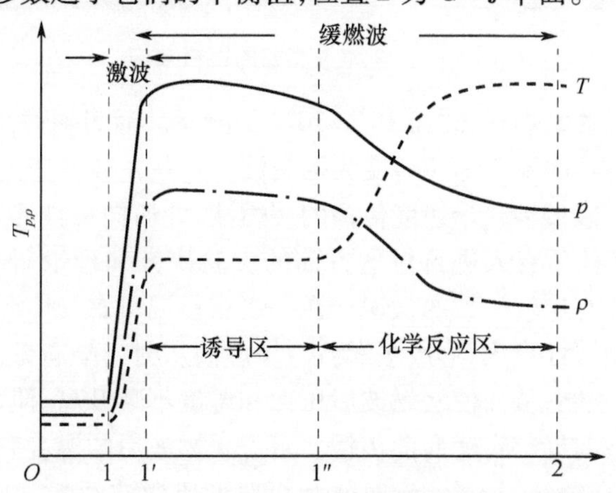

图 3－6 热力学参数在一维 ZND 爆震波内的变化情况

上文分析了一维爆震波结构，实际上爆震波是复杂的三维非定常结构。多维爆震波的结构特征是存在一个非平面的前导激波，这个前导激波由许多向来流方向凸出的弯曲激波组成。弯曲激波面以很高的速度向各个方向传播。因为爆震波前的激波由三个波系组成，三个激波交线上形成三波点，如图 3－7 所示。图 3－8 显示了自持爆震波的胞格结构，它是用烟灰膜记录下来的。由图 3－7 可以解释图 3－8 中产生胞格结构的原因。

3.3.8 爆震波的形成

爆震波可以通过直接起爆或由缓燃向爆震转变（DDT）的方式产生。前者需要巨大

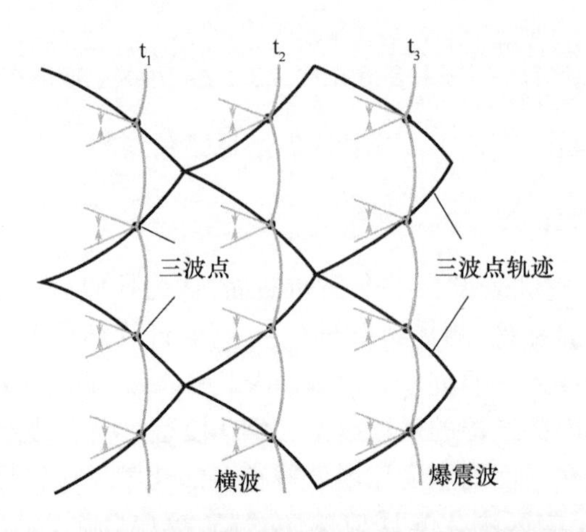

图 3-7　复杂三维爆震波在不同时刻的三波点形成示意图

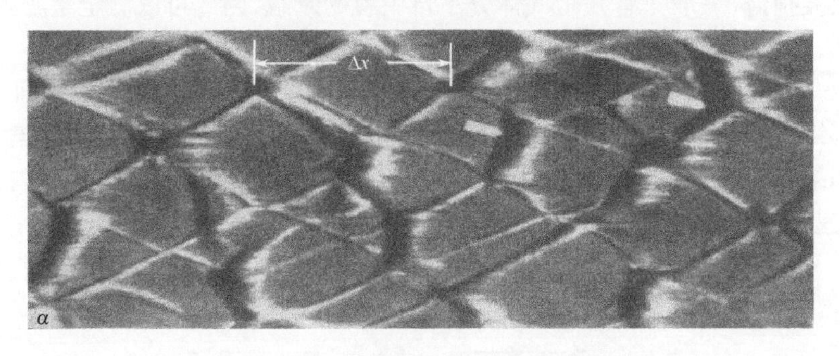

图 3-8　多维爆震波的胞格结构

的点火能量，对于一般碳氢燃料，约需 $10^5 \sim 10^6$J 的能量。后者通过用较小的点火能量点燃缓燃波，在可燃混合物内不断加速转变为爆震波。这是比较常用的爆震波形成方法。

在可燃混合物内，以每秒几米速度传播的缓燃波，如何向每秒几千米速度的爆震波转变，早在 20 世纪 40 年代就有人进行过这方面的实验研究和理论研究。直到 20 世纪 60 年代，对其转变机理才有比较一致的认识。在一装有预混可燃气体混合物的管子里，如果一端封闭，在靠近封闭端处点火，形成缓燃波。缓燃波从封闭端向另一端传播。由于波后的燃烧产物被封闭端限制，从而使缓燃波后压力和温度不断升高，使火焰加速。由此在波前形成压缩波，它以波前局部音速向前传播。由于缓燃波后的温度和压力不断提高，后面的压缩波赶上前面的压缩波，经过一定时间和距离形成激波间断。激波诱导气流二次运动，使层流火焰变成湍流火焰，形成许多局部爆炸中心。当一个或若干个局部爆炸中心达到临界点火条件（即所谓爆炸中的爆炸）时，产生小的爆炸波向周围迅速放大，并与激波反应区结合形成自持的超音速爆震波。爆震波是由前导激波和其紧密耦合在一起的反应区组成。激波对化学反应起诱导作用，决定了化学反应的感应时间。化学反应对激波起驱动作用，提供激波传播所需能量。两者完全耦合时，爆震波自持，这就是 C-J 爆震波。

3.3.9　爆震极限

由前面分析可知：爆震波是由前导激波与其紧密耦合在一起的反应区组成。激波对化学反应起诱导作用，而化学反应对激波起驱动作用，提供激波传播所需能量。如果化学反应释放的能量小于维持激波传播所需能量时，爆震波衰减或熄灭。爆震波的形成与可爆震混合物的成分有关，也就是说混气比存在富油、贫油极限。表 3－3 表示在一个大气压和室温下爆震波传播的浓度极限。

表 3－3　在一个大气压和室温下爆震波传播的浓度极限

混合物	在氧气或空气中燃料/%		贫限爆震速度/(m/s)	富限爆震速度/(m/s)
	贫油极限	富油极限		
H_2+O_2	20	90	1457	3550
H_2+空气	18.2	58.9	1500	2100
$CO+O_2$	—	83	—	—
$CO+O_2$	38	90	—	1473
$(CO+H_2)+O_2$	17.2	90	1500	2150
$(CO+H_2)$+空气	19	58.7	188	1690
C_2H_4+空气	5.5	11.5	1675	1801
$C_2H_4+O_2$	3.5~3.6	92~93	1607	2423
C_2H_2+空气	4.2	50	1509	1871
$C_3H_8+O_2$	3.2	37	1587	2210
$C_4H_{10}+O_2$	2.9	31.3	1595	2188
H_3+O_2	25.4	75.4	2070	2982

习题

（1）试叙述质量、热量、动量输运定律的表达形式和物理意义。

（2）什么是路易斯数？它的物理意义？

（3）试推导一维球坐标下质量守恒方程、能量守恒方程。

（4）什么是混合物分数？它的物理意义是什么？

（5）什么是守恒标量？它有什么用途？

（6）根据 Rayleigh 线的性质，试说明缓燃波和爆震波的区别。

（7）有一非预混射流火焰，其燃料为 CH_4，氧化剂为等摩尔混合的 O_2 和 CO_2 的混合物。火焰中的组分有 CH_4，CO，CO_2，O_2，H_2，H_2O 和 OH。假设所有双元扩散系数相等，即各组分之间的扩散性相同，如果燃料和氧化剂按化学恰当比混合，试计算该射流火焰的混合物分数，并用各组分的质量分数表示火焰中任一点处的局部混合物分数。

（8）试验证以下 C－J 条件：当 Hugoniot 曲线与经过初始点的 Rayleigh 线相切时，它同时也与等熵线相切，因此，上 C－J 点和下 C－J 点上的马赫数都是 1，而与介质的热力学性质无关。

（9）爆震波 ZND 模型的结构是什么？

参考文献

[1] 严传俊，范玮．燃烧学[M]．西安：西北工业大学出版社，2011.

[2] FAWilliams. Combustion Theory[M]. Massachusetts：Addison－Wesley Publishing Company，1965.

[3] J O Hirschfelder，C F Curtiss，R B Bird. Molecular Theory of Gases and Liquids[M]. New York：John Wiley &

Sons,1964.
[4] S Gordon,B J McBride,F JZeleznik. Computer Program for Calculation of Complex Chemical Equilibrium Compositions and Applications. Supplement I – Transport Properties[R]. Washington:NASA,1984.
[5] 周力行. 燃烧理论和化学流体力学[M]. 北京:科学出版社,1986.
[6] J Wannatz,U Maas,R W Dibble. Combustion[M]. Berlin:Springer,1999.
[7] I Glassman. Combustion[M]. Salt Lake City: Academic Press,1957.
[8] R A Strehlow. Combustion Fundamentals[M]. New York:McGraw – Hil,1984.
[9] 黄勇. 燃烧与燃烧室[M]. 北京:北京航空航天大学出版社,2009.

第4章 着火理论

燃烧过程是发光放热的化学反应过程，一般包括着火阶段、燃烧阶段及熄火阶段三个过程。在着火阶段中，燃料和氧化剂进行缓慢的氧化作用，氧化反应所释放的热量只用来提高可燃混合物的温度和累积活化分子，并没有形成火焰；在燃烧阶段中，反应进行得很快，并发出强烈的光和热，形成火焰；熄火阶段是由强烈放热反应状态向无反应状态过渡的阶段。着火是燃烧的准备阶段，它是一种典型的受化学动力学控制的燃烧现象。

许多燃烧装置要求燃料着火的条件非常苛刻，例如在高速、低温下，要求难着火的燃料着火燃烧等。但从防范火灾的角度考虑，则要求防止发生着火燃烧，或在发生燃烧后尽快熄火，比如消防灭火等，所以着火理论是燃烧理论的重要组成部分。

4.1 着火的基本概念

4.1.1 着火过程

燃料和氧化剂混合后，由无化学反应、缓慢的化学反应向稳定的强烈放热状态的过渡过程，最终在某个瞬间、空间中的某个区域出现火焰的现象称为着火。着火过程是化学反应速率出现跃变的临界过程，即化学反应在短时间内从低速状态加速到极高速状态的过程。根据这个定义，爆炸也是一种着火过程。当然，爆炸的概念不仅仅局限于燃烧过程，它是一个更广泛的概念，只不过相对于常规的着火过程，爆炸除了反应速率从低速瞬间加速到高速之外，它的反应时间更短而已。因此，在燃烧学中所谓“着火”“自燃”以及“爆炸”其实质都是相同的，只是在不同场合叫法不同而已。

影响着火的因素很多，如燃料的性质、燃料与氧化剂的混合比例、环境的压力与温度、气流的速度、燃烧室的尺寸和保温情况等。但是，归纳起来，不外乎化学动力学因素和传热学因素两类因素。

4.1.2 着火方式

1）着火的分类

燃烧学上将可燃物的着火方式分为自燃和点燃（强迫点火）两种，而自燃又可分为热自燃着火（或热自燃）和链式反应自燃着火（或称化学自燃）。

热自燃：可燃物和氧化剂的混合物由于本身氧化反应生热大于散热，或由于外部热源均匀加热，温度不断升高导致化学反应不断自动加速，积累更多能量最终导致自动着火（此时着火发生在混合物的整个容积内），这种着火方式称为热自燃。大多数气体燃料着火特性符合热自燃的特征。

链式反应自燃：由于某种原因，可燃混合物中存在链载体，且链载体产生速率大于销毁速率时，导致化学反应不断加速，最终导致着火。某些低压下的着火实验（如 H_2+O_2，$CO+O_2$ 的着火）和低温下的“冷焰”现象符合链式自燃的特征。

强迫点火：是指由于从外部能源，如电热线圈、电火花、炽热质点、点火火焰等得到能量，使混气的局部范围受到强烈的加热而着火。这时火焰就会在靠近点火源处被引发，然后依靠燃烧波传播到整个可燃混合物中，这种点火方式叫强迫点火。在实际工程中，强迫点火是各种燃烧装置所采用的主要方式。

这里需要说明的是，上述着火的分类方式并不能十分恰当地反映出三种着火方式之间的联系和差别。热自燃和链式反应自燃都是既有链式化学反应的作用，又有热量的作用，只不过热自燃中链式反应程度不如链式自燃强烈而已；而热自燃和强迫点火的差别只是整体加热和局部加热的不同而已，决不是“自动”和“受迫”的差别。

2）热自燃与链式自燃的区别与联系

热自燃过程与链式自燃着火过程区别如下：

（1）微观机理不同。热自燃着火过程中，传递能量（微观动能）并使得化学反应继续进行的载体是系统中所有的反应物分子，而链式自燃有效的反应能量只在链载体之间传递。

（2）强度不同。热自燃通常比链式自燃过程强烈得多，这是因为在热自燃过程中，系统中的温度整体升高，即系统中所有分子的平均动能整体同步提高，这使得超过活化能的活化分子数按指数规律增加，从而导致整个系统的燃烧反应速率急剧上升。而链式自燃过程只是系统中的链载体局部增加、加速繁殖引起的，因此，不能导致所有分子的反应能力都增加，化学反应速率只在局部区域或特定的活化分子之间提高，而不是系统整体的化学反应速率提高。所以，链式自燃通常局限在链载体的繁殖速率大于销毁速率的区域，而不引起整个系统的温度大幅度增加（比如“冷焰”）。但是，如果链载体能够在整个系统内加速繁殖并引起系统能量的整体增加，就可能形成爆炸。

（3）外部条件不同。热自燃通常需要良好的保温条件，使得系统中化学反应产生的热量能够逐渐积累，最终引起整个系统温度的升高，从而使化学反应加速。而链式自燃一般不需要严格的保温条件，在常温下就能进行，其主要依靠合适的链载体产生的条件，使得链载体的生成率高于销毁率，维持自身的链式反应不断进行，使化学反应自动地加速而着火。

但是，不论是热自燃还是链式自燃，都是在初始较低的化学反应速率下，利用某种方式（保温或保持链载体生成的条件），积累某种可以使得化学反应加速的因素（比如系统的温度或系统中链载体的数目），从而使得化学反应实现自动加速，最终形成火焰。

而且在实际的燃烧过程中，不可能有单纯的热自燃或单纯的链式自燃，相反，往往是同时存在且相互促进的。一般情况下，在高温时，热自燃是着火的主要原因；在低温时，链式着火则是自燃的主要原因。

4.2　谢苗诺夫热自燃理论

任何反应体系中的可燃混合气，一方面它会进行缓慢氧化而放出热量，使体系温度升高，另一方面体系又会通过容器壁向外散热，使体系温度下降。热自燃理论认为，着火是否能够成功主要由反应生热和散热谁强谁弱来决定：如果反应生热量大于散热量，体系就会出现热量累积，温度升高，反应加速以致形成热爆炸；相反，如果散热量大于生热量，则体系温度下降,不能自燃;当释放的热量恰好等于散失的热量时,则反应处于慢速氧化状态。下面将重点介绍比较经典的谢苗诺夫热自燃理论的基本要点。

4.2.1 谢苗诺夫热自燃理论的自燃条件

在自然界和实际工程中,热自燃现象是相当复杂的,为了揭示自燃着火的本质,使问题简化,谢苗诺夫热自燃理论认为燃烧是在有限的空间内进行的,其假设条件为:

(1) 有一个体积为 V,表面积为 S 的容器。内部充满了温度为 T_0,密度为 ρ_0 的均匀可燃混气。

(2) 开始时,混气的温度与外界环境温度一样,反应过程中,混气的温度为 T,并且随时间而变化。这时容器内的温度和浓度仍是均匀的(零维模型)。

(3) 容器壁的初始温度也为 T_0,在反应过程中始终与混气温度相同。

(4) 外界和容器壁之间有对流换热,对流换热系数为 h,它不随温度变化,是个定值。

(5) 设反应在形成着火前,由于反应速度很低,可不计反应物的浓度因反应而引起的变化,即认为着火时浓度 $\rho_i=\rho_0$。

(6) 在化学反应中,只有热反应,没有链式反应,化学反应速率遵守阿累尼乌斯定律。且可燃物质的反应热为定值。

热自燃简化模型如图 4-1 所示。

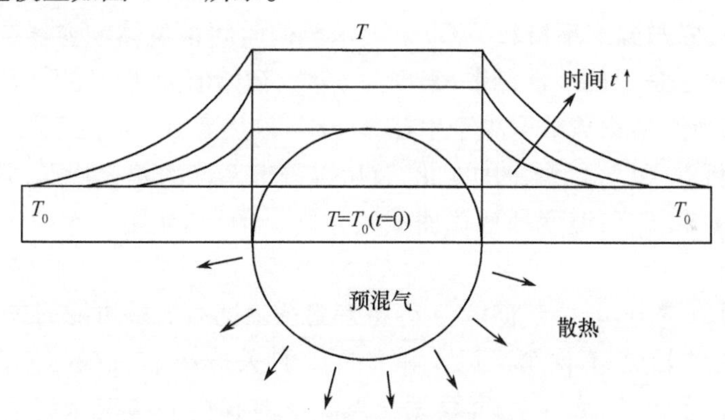

图 4-1 热自燃简化模型

那么,化学反应系统的总放(生)热量 Q_r 为

$$Q_r=\dot{q}_rV \tag{4-1}$$

式中,$\dot{q}_r$ 为单位时间单位体积化学反应的生热量。根据阿累尼乌斯定律,其表达式为

$$\dot{q}_r=RR(\Delta h_c)=\rho_f^a\rho_o^bA\exp\left(\frac{-E_{total}}{R_uT}\right)\Delta h_c \tag{4-2}$$

式中,ρ_f、ρ_o 分别为燃料和氧化剂的密度,A 为指前因子,E_{total} 为可燃物质复杂反应的活化能,Δh_c 为单位质量燃料的热值。

通过器壁的总散热量 Q_l 为

$$Q_l=hS(T-T_0) \tag{4-3}$$

根据能量守恒定律可知,化学反应所放出的热量,一部分用于加热气体混合物,使反应体系的温度升高,另一部分则通过容器壁传给了环境,系统的热平衡方程为

$$\Delta Q = Q_r - Q_l \tag{4-4}$$

式中，ΔQ 为系统本身升温热焓的增加量，它可以表示为

$$\Delta Q = \rho C_V V \frac{\mathrm{d}T}{\mathrm{d}t} \tag{4-5}$$

式中，C_V 为定容比热容。

把式(4-1)、式(4-3)及式(4-5)代入式(4-4)则有

$$\rho C_V V \frac{\mathrm{d}T}{\mathrm{d}t} = \dot{q}_r V - hS(T - T_0) \tag{4-6}$$

或

$$\rho C_V \frac{\mathrm{d}T}{\mathrm{d}t} = \dot{q}_r - \frac{hS}{V}(T - T_0) \tag{4-7}$$

定义单位时间单位体积容器壁的散热量为

$$\dot{q}_l = \frac{hS}{V}(T - T_0) \tag{4-8}$$

则系统的能量方程为

$$\rho C_V \frac{\mathrm{d}T}{\mathrm{d}t} = \dot{q}_r - \dot{q}_l \tag{4-9}$$

$\dot{q}_r$ 表示单位时间单位体积混合气反应放出的热量，称为生热率，取决于阿累尼乌斯因子 $\exp(-E_{total}/R_u T)$，它与温度呈指数关系；$\dot{q}_l$ 表示单位时间单位体积容器壁向外界散失的热量，称为散热率，它是 T 的线性函数，斜率为 hS/V，初始值为 T_0。它和 T 呈线性关系。

根据热自燃理论，着火成败取决于生热率 $\dot{q}_r$ 与散热率 $\dot{q}_l$ 的相互关系及其随温度而增长的性质。分析 $\dot{q}_r$ 和 $\dot{q}_l$ 随温度的变化，就可以得出系统的着火特点，并导出着火的临界条件。将 $\Delta\dot{q}$、$\dot{q}_r$ 和 $\dot{q}_l$ 随温度的变化曲线绘在同一图上，从图上来讨论着火条件将更直观。

从图 4-2 可以看出，$\dot{q}_r$ 生热曲线与 $\dot{q}_l$ 散热直线之间有三种可能的关系：第一种关系是 $\dot{q}_r$ 曲线与 $\dot{q}_l$ 直线相交，有两个交点 A 和 C；第二种关系是 $\dot{q}_r$ 曲线与 $\dot{q}_l$ 直线相切，切点为 B；第三种关系是 $\dot{q}_r$ 曲线与 $\dot{q}_l$ 直线无交点。下面我们分情况来讨论着火发生的可能性。

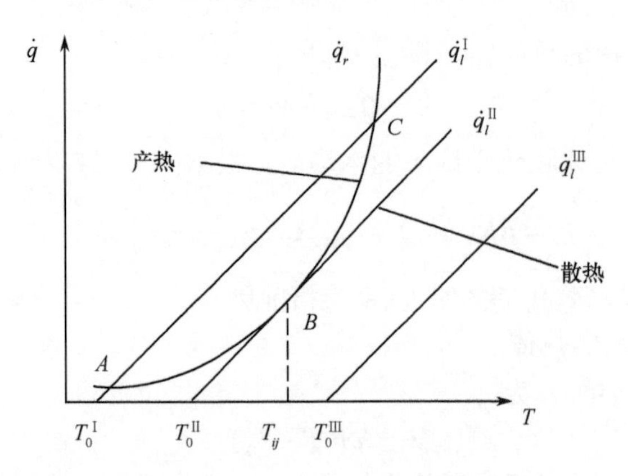

图 4-2 热自燃中的热量平衡关系

(1) $\dot{q}_r$ 曲线与 $\dot{q}_l$ 直线有两个交点。

假设系统处于交点 A 时,当由于某种扰动使温度自 A 点下降时,此时系统的放热量大于散热量,即 $\dot{q}_r > \dot{q}_l^{\mathrm{I}}$,温度将回升而使系统的工况恢复到 A 点。相反,当系统的工况偶然偏离 A 点而上升时,即 $\dot{q}_r < \dot{q}_l^{\mathrm{I}}$,温度下降,系统工况又恢复到 A 点,所以点 A 所处的状态是一个稳定状态。在这个状态下,反应不可能自行加速,因而不可能导致着火。实际上 A 状态是一个反应速率很小的缓慢氧化反应工况,由此可见,散热与放热的平衡仅仅是发生着火的必要条件,而不是充分条件。

对于 C 点,当系统的工况偶然偏离 C 点而降低时,$\dot{q}_r < \dot{q}_l^{\mathrm{I}}$,温度会继续下降,结果系统的工况离 C 点越来越远,最后到达 A 点。反之,当系统工况偶然偏离 C 点而上升时,即 $\dot{q}_r > \dot{q}_l^{\mathrm{I}}$,系统温度上升,系统的化学反应越来越剧烈,促使温度进一步上升,最后导致混合气着火。所以,C 点是不稳定的。实际上 C 点是不可能出现的。因为 C 点温度很高,而从 A 点到 C 点的过程中放热量一直小于散热量,所以,可燃物质从初温 T_0^{I} 开始逐渐升温到 T_A 后,不可能越过 A 状态自动升温到 T_C,除非有外界强热源向系统提供大量的热量才能使可燃物质从 A 状态过渡到 C 状态。然而,这已经不属于热自燃的范畴了,所以 C 状态是无法达到的。

(2) $\dot{q}_r$ 曲线与 $\dot{q}_l$ 直线无交点。

当环境温度 $T_0 = T_0^{\mathrm{III}}$ 时,生热曲线 $\dot{q}_r$ 与散热直线 $\dot{q}_l$ 永不相交,所以,无论在什么温度下,放热量都大于散热量,系统内将不断累积热量,温度不断升高,化学反应不断加速,最后必然导致着火。

(3) $\dot{q}_r$ 曲线与 $\dot{q}_l$ 直线相切。

当环境温度 $T_0 = T_0^{\mathrm{II}}$ 时,$\dot{q}_r$ 曲线与 $\dot{q}_l$ 直线相切于 B 点。这种工况是一种临界工况。如果系统工况偏离 B 点而上升时,$\dot{q}_r > \dot{q}_l^{\mathrm{II}}$,最终会导致着火;如果系统工况偏离 B 点而下降时,由于 $\dot{q}_r > \dot{q}_l^{\mathrm{II}}$,系统能自动地恢复到 B 状态,所以 B 点的状况是不稳定的。B 点标志着由低温缓慢的反应态到不可能维持这种状态的过渡,产生这种过渡过程的初始条件就是着火条件。所以称 B 点为热自燃点,T_B 为热自燃温度。对应该反应的初始温度 T_0^{II} 为引起热自燃的最低环境温度。

4.2.2 影响热自燃着火的因素

根据谢苗诺夫热自燃理论,影响生热率和散热率的因素均会影响着火能否发生。上文的分析发现,着火温度作为着火的评判参数之一,并不是一个常数,它会随着混气的性质,压力(浓度)、环境温度和导热系数等参数而变化。即,着火温度不仅取决于混气的反应速率,还取决于周围介质的散热率。

1) 不同环境温度 T_0 对着火的影响

从图 4-2 可以看出,$\dot{q}_l$ 直线在横坐标上的截距即为环境温度 T_0,也可看出不同环境温度 T_0 对 $\dot{q}_r$ 和 $\dot{q}_l$ 的影响。当其他参数不变的情况下,$\dot{q}_l$ 直线随环境温度的升高向右移动,即朝着 $\dot{q}_r$ 大于 $\dot{q}_l$ 的趋势发展,即更高的初始温度意味着更有利于着火。

2) 不同散热强度对着火的影响

如图 4-3 所示,当散热系数为 h_1 时,反应系统将稳定在下交点 A 处,即可燃混合物处于低温的氧化区；当换热系数降低到 h_2 时，散热线与放热曲线相切，切点 B 点处的条件即为着火临界条件；当换热系数继续降低到 h_3 时，此时可燃混合物燃烧的生热量总是大于向环境的散热量，使混合物的温度不断升高从而导致高温燃烧区域发生着火，即降低换热系数有利于着火的发生。

3）不同压力对着火的影响

如果不改变系统的散热条件，只改变系统的压力时，系统内可燃混气的反应速率将随着压力的增加而增加，即反应系统的生热量将会随着压力的增加而增加，如图 4－4 所示。系统在不同的压力情况下，也存在$\dot{q}_r$ 曲线与$\dot{q}_l$ 直线的三种关系。当系统压力低于临界压力时，可燃混气将停留在低温的氧化反应状态；当压力高于临界压力时，系统将发生着火，即燃烧。

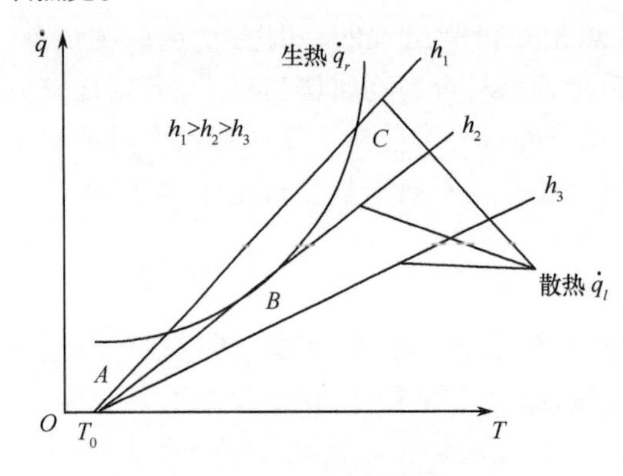

图 4－3　不同换热系数下的谢苗诺夫热平衡关系

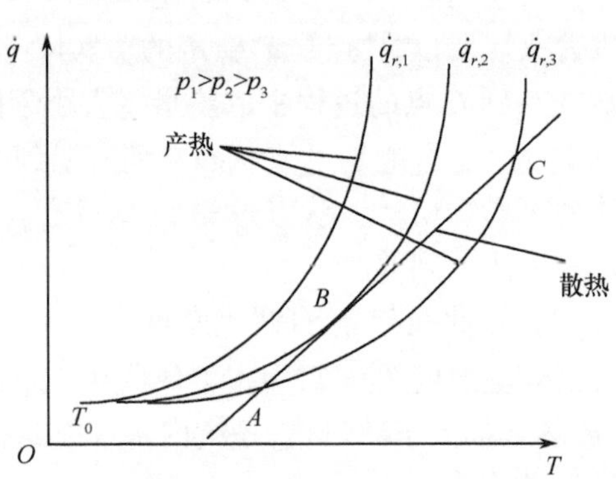

图 4－4　不同压力情况下的谢苗诺夫热平衡关系

可燃混气浓度对着火的影响规律类似于压力的影响。

上面的分析表明：可燃混气的着火温度不仅由可燃物的性质（生热率$\dot{q}_r$）决定，而且也与周围环境的温度（T_0）、散热条件（散热系数 h）、容器的形状和尺寸（换热面积 S）等因素有关。

4.2.3　着火温度

根据前面讨论的关于着火条件的结论可知，临界点 B 处的初始条件就是着火条件，它所对应的温度 T_B 即为着火温度。热自燃的充要条件是：在临界点 B 处，不仅放热量$\dot{q}_r$ 和散热量$\dot{q}_l$ 相等，而且两者随温度的变化率也要相等，即散热线与生热线相切，故斜率相等，用数学式表示为

$$\dot{q}_r = \dot{q}_l \bigg|_{T=T_B} \tag{4-10}$$

$$\frac{\mathrm{d}\dot{q}_r}{\mathrm{d}T} = \frac{\mathrm{d}\dot{q}_l}{\mathrm{d}T} \bigg|_{T=T_B} \tag{4-11}$$

把式（4－2）和式（4－3）代入式（4－10），得

$$\Delta h_c \left[A\rho_f^a \rho_o^b \exp \frac{-E_{total}}{R_u T_B} \right] = \frac{hS}{V} (T_B - T_0^{\mathrm{II}}) \tag{4-12}$$

把式(4-2)和式(4-3)代入式(4-11),得

$$\Delta h_c\left[A\rho_f^a\rho_o^b\frac{E_{total}}{R_uT_B^2}\exp\frac{-E_{total}}{R_uT_B}\right]=\frac{hS}{V} \tag{4-13}$$

用式(4-12)除以式(4-13)消去 $\exp\frac{-E_{total}}{R_uT_B}$ 和 Δh_c 项,得

$$T_B-T_0^{\mathrm{II}}=\frac{R_uT_B^2}{E_{total}} \tag{4-14}$$

或

$$T_B=\frac{E_{total}}{2R_u}\pm\frac{E_{total}}{2R_u}\sqrt{1-4R_u\frac{T_0^{\mathrm{II}}}{E_{total}}} \tag{4-15a}$$

可以看出 T_B 有两个解。取等号右边两项相加所对应的 T_B 值很高,它位于 $\dot{q}_r$ 曲线的拐点以上,实际上 T_B 不可能如此高,因为这里讨论的是低温下的着火情况,所以 T_B 应该取低值,即

$$T_B=\frac{E_{total}}{2R_u}-\frac{E_{total}}{2R_u}\sqrt{1-4R_u\frac{T_0^{\mathrm{II}}}{E_{total}}} \tag{4-15b}$$

对于典型碳氢燃料,$E_{total}/R_u\gg T_0^{\mathrm{II}}$,因此,根号中 $4R_uT_0^{\mathrm{II}}/E_{total}\ll 1$。把根号中各项按二项式展开,取前三项,则可写为

$$\begin{aligned}T_B&\approx\frac{E_{total}}{2R_u}-\frac{E_{total}}{2R_u}\left(1-2\frac{R_uT_0^{\mathrm{II}}}{E_{total}}-2\frac{R_u^2T_0^{\mathrm{II}2}}{E_{total}^2}\right)\\&=T_0^{\mathrm{II}}+\frac{R_uT_0^{\mathrm{II}2}}{E_{total}}\end{aligned}$$

由于 $E_{total}/R_u\gg T_0^{\mathrm{II}}$,有

$$T_{\mathrm{B}}=T_0^{\mathrm{II}}$$

比如,取 $E_{total}=167.44\text{kJ/mol}$,$R_u=8.314\text{J/(mol}\cdot\text{K)}$,$T_0^{\mathrm{II}}=10^3\text{K}$,可以得出

$$T_B-T_0^{\mathrm{II}}\approx 50\text{K}\ll T_0$$

所以可近似地认为

$$T_B\approx T_0^{\mathrm{II}}$$

即在着火的情况下,自燃温度在数量上与给定的环境温度相差不多。在近似计算中不需测量真正的自燃温度,因为测量它比较困难。在实际应用中,常常用 T_0 近似表示 T_B。

4.2.4 热自燃着火界限

上述的讨论表明,某种可燃物质在一定条件下,对于每个自燃温度 T_B,必然有对应的自燃临界压力 p_B,所以可以用 $p-T$ 图来表示热自燃着火界限。

将式(4-14)代入式(4-12)得

$$\Delta h_c\left[A\rho_f^a\rho_o^b\exp\frac{-E_{total}}{R_uT_B}\right]=\frac{hSR_uT_B^2}{VE_{total}} \tag{4-16}$$

其中，ρ_f、ρ_o 分别为燃料和氧化剂的密度。因为对于理想气体，有 $\rho = p/RT$，则

$$\rho_f = \frac{p_f}{R_f T_B} = \frac{x_f p_B}{R_f T_B} \tag{4-17a}$$

其中 x_f 为燃料的摩尔分数，p_f 为燃料的分压，R_f 为燃料的气体常数。

同样，对于氧化剂有

$$\rho_o = \frac{p_o}{R_o T_B} = \frac{x_o p_B}{R_o T_B} \tag{4-17b}$$

其中，x_o 为氧化剂的摩尔分数，p_o 为氧化剂的分压，R_o 为氧化剂的气体常数。

将式(4－17a)和式(4－17b)代入式(4－16)，整理得

$$\frac{\Delta h_c AV}{R_f^a R_o^b R_u T_B^{n+2}} x_f^a (1-x_f)^{n-a} \exp\frac{-E_{total}}{R_u T_B} p_B^n = \frac{hS}{E_{total}} \tag{4-18a}$$

或

$$\frac{p_B^n}{T_B^{n+2}} = \frac{hSR_f^a R_o^b R_u \exp\dfrac{E_{total}}{R_u T_B}}{\Delta h_c AV x_f^a (1-x_f)^{n-a} E_{total}} \tag{4-18b}$$

式中，n 为反应级数，$n = a + b$。

将式(4－18b)两边取对数得

$$\ln\left(\frac{p_B}{T_B^{\frac{n+2}{n}}}\right) = \frac{1}{n}\ln\frac{hSR_f^a R_o^b R_u}{\Delta h_c AV x_f^a (1-x_f)^{n-a} E_{total}} + \frac{E_{total}}{nR_u T_B} \tag{4-19}$$

该式称为谢苗诺夫方程。如果令

$$K = \frac{E_{total}}{nR_u} \tag{4-20a}$$

$$B = \frac{1}{n}\ln\frac{hSR_f^a R_o^b R_u}{\Delta h_c AV x_f^a (1-x_f)^{n-a} E_{total}} \tag{4-20b}$$

则

$$\ln\frac{p_B}{T_B^{\frac{n+2}{n}}} = K\frac{1}{T_B} + B \tag{4-20c}$$

以 $\ln\frac{p_B}{T_B^{\frac{n+2}{n}}}$ 为纵坐标，以 $\frac{1}{T_B}$ 为横坐标，可得到一条斜率为 $\frac{E_{total}}{nR_u}$ 的直线，如图 4－5 所示。由于斜率 $K = \frac{E_{total}}{nR_u}$，所以谢苗诺夫方程为测量反应活化能提供了一种简单方法。

如果 h，S，ΔH_c，V，A 和 x_f 为已知，也可在图上得到方程(4－19)中 p_B 与 T_B 的关系曲线，以界定能够着火和不能着火的状态，如图 4－6 所示。从图上可以看出，临界温度是临界压力的强函数。在低压区时，自燃着火温度很高；反之，在高压时，自燃着火温度很低。

同理，若保持总压力不变，由方程(4－18b)可得到自燃着火温度 T_B 和可燃气体浓度 x_f 的函数关系，如图 4－7(a)所示；如果保持着火温度不变，由方程(4－18b)同样可得到自燃着火压力 p_B 和可燃气体浓度 x_f 间的关系，如图 4－7(b)所示。

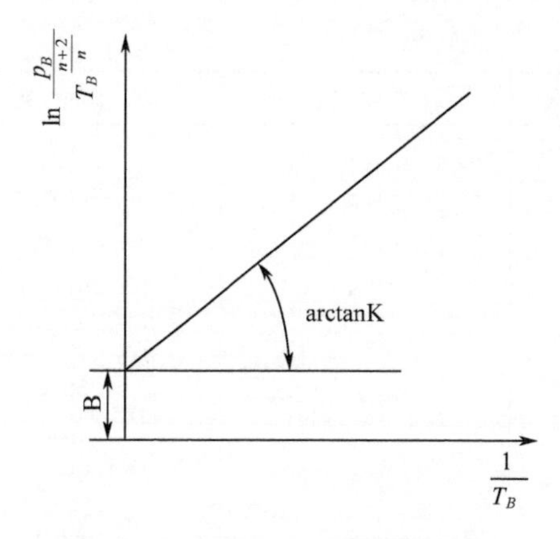

图4-5　临界压力与温度的关系

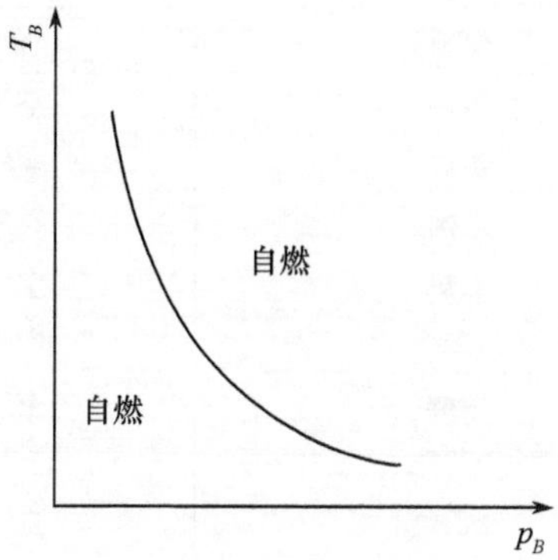

图4-6　热自燃界限

由图4-7和下文中的图4-8可以看出，自燃着火存在一定的界限，超过界限，就不能着火，该界限就称为可燃边界。这些极限包括浓度界限、温度界限、压力界限等。

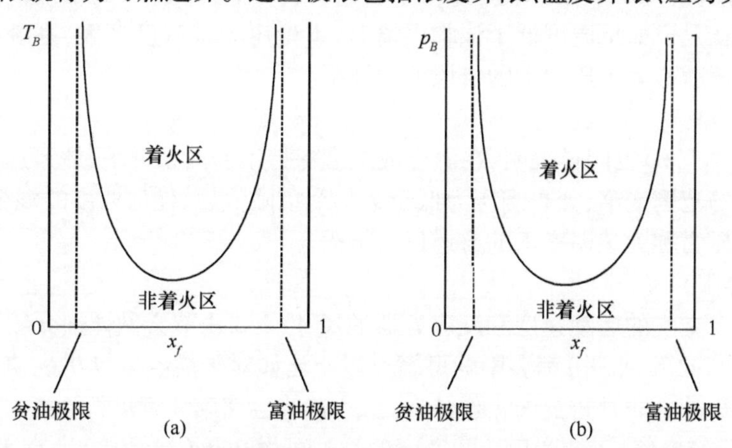

图4-7　自燃温度(a)、自燃压力(b)与可燃气浓度的关系

1）浓度界限

在压力或温度保持不变的条件下，可燃物浓度存在着火的上限和下限，即富油极限和贫油极限。如果体系中可燃物的浓度太大或太小，不管温度或压力多高，体系都不会着火。

表4-1列出了一些常见燃料-氧化剂混合物在标准温度和压力下的可燃浓度界限（以摩尔分数表示）。

表4-1　常见燃料-氧化剂混合物在标准温度和压力下的可燃浓度界限

燃料	氧化剂	贫油极限	富油极限
氢	空气	4.0	75.0
一氧化碳（18℃时的湿气体）	空气	12.5	74.0
氨气	空气	15.0	28.0
氰	空气	6.6	—
甲烷	空气	5.0	15.0
乙烷	空气	3.0	12.4

（续）

燃料	氧化剂	贫油极限	富油极限
丙烷	空气	2.1	9.5
丁烷	空气	1.8	8.4
乙烯	空气	2.7	36.0
乙炔	空气	2.5	100.0
苯	空气	1.3	7.9
甲醇	空气	6.7	36.0
乙醇	空气	3.2	19.0
二乙醚	空气	1.9	36.0
二硫化碳	空气	1.3	50.0
氢气	氧气	4.0	95.0

2）温度界限

图 4－7(a)表明，在压力或浓度保持不变的条件下，体系温度低于某一临界值，体系不会着火。也就是说如果温度低于该临界值时，不论压力或浓度多大，系统都不会着火。这一临界温度值就称为该压力下的自燃温度极限。

3）压力界限

同理，图 4－7(b)也同样表明，在温度或浓度保持不变的条件下，体系压力降低，两个极限浓度之间的范围变窄；如果当压力低于某一个极限值后，任何浓度的混合气均不能着火。这一临界压力称为该温度下的自燃压力极限。

4）其他界限

另外，燃料/空气的运动速度和反应容器的尺寸（4.3.4 节会做详细介绍）以及火焰传播的方向（向上、向下、水平）都会影响可燃界限。比如对于航空发动机燃烧室，气流速度对燃烧界限的影响是非常重要的工作特性之一，这些会在第 8 章进行分析。

例 4.1 已知空气/甲烷在标准状态下的贫油可燃边界（当量比）为 0.53，若空气/甲烷在标准状态下按当量比等于 1 混合，用 N_2 稀释至贫油可燃边界，求 N_2 稀释量占混合物的质量分数（假定用 N_2 稀释与用空气稀释的反应机理相同）

解：甲烷－空气的化学反应式为

$$CH_4+2(O_2+3.76N_2)\rightarrow CO_2+2H_2O+2\times 3.76N_2$$

由此可求得空气的理论空气量 $L_0=\dfrac{4.76a}{1}\cdot\dfrac{Mr\cdot a}{Mr\cdot f}=\dfrac{4.76\times 2\times 28.85}{16}=17.16$

根据当量比的定义

$$\phi=\frac{f}{f_0}=\frac{\dot{m}_f}{\dot{m}_a f_0}=\frac{\dot{m}_f L_0}{\dot{m}_a}$$

已知稀释之前有 $\dfrac{\dot{m}_f L_0}{\dot{m}_a}=1$

假定 N_2 稀释量为 $\dot{m}_{N_2}$，已知稀释后的当量比应为 0.53，即

$$\phi=\frac{\dot{m}_f/(\dot{m}_a+\dot{m}_{N_2})}{f_0}=\frac{\dot{m}_f L_0}{(\dot{m}_a+\dot{m}_{N_2})}=0.53$$

由此可得

$$\dot{m}_{N_2}=\frac{\dot{m}_f L_0}{0.53}-\dot{m}_a$$

将稀释前的燃料/空气比例关系式代入上式，得

$$\dot{m}_{N_2}=\left(\frac{1}{0.53}-1\right)\dot{m}_a$$

由此可确定 N_2 稀释量占混合物的质量分数 w_{N_2} 为

$$w_{N_2}=\frac{\dot{m}_{N_2}}{\dot{m}_f+\dot{m}_a+\dot{m}_{N_2}}=\frac{\dot{m}_{N_2}/\dot{m}_a}{\dot{m}_f/\dot{m}_a+1+\dot{m}_{N_2}/\dot{m}_a}$$

$$=\frac{\frac{1}{0.53}-1}{\frac{1}{17.16}+1+\frac{1}{0.53}-1}=\frac{0.8868}{0.0583+1+0.8868}=0.456$$

即 N_2 稀释量占混合物质量的 45.6%，才可以使甲烷/空气混合物达到贫油可燃边界。

点评：

(1) 可以用来稀释预混可燃气的气体有许多，常见的有氮气、水蒸气、燃气等；

(2) 由于燃料的贫油可燃边界在当量比 0.5 左右，因此，稀释气体质量分数也在 50% 左右。

例 4.2 在一个透风车间放置有甲烷气瓶，且气瓶存在泄漏。若已知透风车间的进出口空气流量为 1kg/h，假定气瓶泄漏的甲烷与空气均匀混合，问甲烷泄漏流量达多少时，该车间才可能导致着火燃烧？

解：已知空气－甲烷的贫油可燃边界为 $\phi=0.53$，按当量比的定义，则

$$\phi=\frac{f}{f_0}=\frac{\dot{m}_f L_0}{\dot{m}_a}=0.53$$

已知甲烷的理论空气量 $L_0=17.16$，因此，有

$$\dot{m}_f=0.53\frac{\dot{m}_a}{L_0}=\left(0.53\times\frac{1}{17.16}\right)\text{kg/h}=0.031\text{kg/h}$$

当甲烷泄漏量达 0.031kg/h 时，该车间可能着火燃烧。

点评：

(1) 储存燃料时，必须考虑安全问题；

(2) 根据燃料的贫油可燃边界，应设置相应的浓度检测装置。

4.2.5 熄火

前面分析可燃混气的着火过程时，假设混气浓度不变。而实际上，燃料一旦着火，其浓度必然下降，这时，如果外界条件恶化，或者燃烧装置里的混气流速增大，燃烧就可能无法进行，最终导致熄火。与 4.2.1 节分析着火自燃条件相似，我们讨论生热率曲线 $\dot{q}_r$ 与散热率直线 $\dot{q}_l$ 的相互关系，同样也有三种类型的趋势变化，如图 4－8(a) 所示。

当初温为 T_0 时，散热曲线 $\dot{q}_l$ 与生热曲线 $\dot{q}_r$ 有 3 个交点（分别为 1、2、3），其中交点“2”“3”代表的工况是稳定的；而“1”点工况是不稳定的；当系统在点“1”工作时，如果

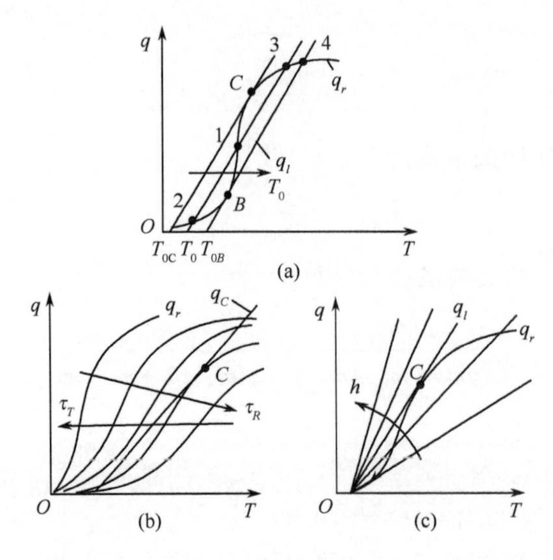

图4-8　初温、火焰在燃烧区的停留时间以及散热系数对熄火的影响

受到干扰,温度降低,因为散热大于生热,温度继续降低,直到点“2”才能保持稳定;如果受到干扰使温度上升,则生热大于散热,这时温度继续上升,直到点“3”才能保持稳定。所以点“2”的温度较低,它只是缓慢的氧化,实际上没有燃烧。只有点“3”是稳定的燃烧。

如果初温增加,散热曲线 $\dot{q}_l$ 右移,当初温增加到 T_{0B}时,生热率曲线 $\dot{q}_r$ 与散热率直线 $\dot{q}_l$ 有一个切点 B 和一个交点“4”,切点 B 和以前的着火临界情况一样,若这时系统中受到干扰使温度上升一点,就会使工况转向燃烧工况“4”。这就是由热自燃到稳定燃烧的转变。当系统已经稳定燃烧时,如果可燃混气温度降低,则散热率曲线 $\dot{q}_l$ 左移,这时系统仍能稳定燃烧。

如果当初温减小到 T_{0C}时,生热率曲线 $\dot{q}_r$ 与散热率曲线 $\dot{q}_l$ 相切于 C 点,系统如稍有扰动,使温度升高,则因散热 $\dot{q}_l$ 大于生热 $\dot{q}_r$,会使温度下降直到 $\dot{q}_r=\dot{q}_l$,回到 C 点;如果扰动使温度下降,则因散热 $\dot{q}_l$ 大于生热 $\dot{q}_r$,系统温度不断下降,直到 $\dot{q}_r=\dot{q}_l$,这时系统的温度很低,混气只能缓慢氧化而没有燃烧,亦即熄火。因此切点 C 代表熄火的临界工况,在这一点上系统会由燃烧转变为熄火。

根据以上分析可知,增加初温会使稳态生热率增加,燃烧系统容易着火。相反,减小初温,使稳态生热率减小,系统容易熄火。

同样,火焰在燃烧区域的停留时间和生热量对熄火都有一定的影响。图4-8中曲线(b)表示混气在燃烧室里停留时间 τ_T 或燃烧所需时间 τ_R 对生热曲线 $\dot{q}_r$ 的影响:当混气在燃烧室停留时间 τ_T 增加时,燃烧越接近完善,因而燃烧室的生热量增加,$\dot{q}_r$ 曲线左移;或燃烧所需时间 τ_R 减小,意味着单位时间内燃烧室的散热量增大,也会导致 $\dot{q}_r$ 曲线左移,也就是说,延长混气在燃烧室的停留时间,或者缩短反应所需时间,会使生热率增大,燃烧系统容易着火。相反,如果缩短停留时间或加长反应需要时间,会使生热率减少,燃烧系统容易熄火。

图4-8中曲线(c)表示散热系数 h 对散热率 $\dot{q}_l$ 的影响,当 h 增加时,$\dot{q}_l$ 的斜率增加,

容易产生熄火。

由以上分析可知,燃烧系统的熄火比着火要在更加不利的条件下才会发生,即熄火过程比着火过程具有滞后性。出现这种滞后现象的原因是:着火是在较低的温度下进行,而熄火是在更高温度下发生的(这可以根据各自的初始条件分析,着火时对应初始条件差,即着火初始温度要求高;而熄火时,对应初始温度较低,初始条件相对较好,即要求低)。亦即着火时初温、停留时间(与流速有关)均要大于熄火时的,而其散热系数要小于熄火时的。

总之,混气的初温、浓度、流速和混气性质对混气的着火和熄火都有影响。初温较高,浓度接近于化学恰当比、混气流速低或活化能小均会使着火过程容易实现,亦即有利于稳定燃烧;而熄火则发生在初温较低(比着火温度低)、浓度偏离化学恰当比,流速较高等条件更为恶劣的情况下。

4.3 强迫点火

强迫点火也叫点燃。除了柴油机以外,大多数热机燃烧室都是靠专门的点火装置点燃混气并建立起稳定的燃烧。因此,研究点燃理论对实际燃烧技术具有重要的指导意义。

4.3.1 点燃与自燃的区别与联系

点燃和热自燃没有本质上的区别,都是由热量引起的,只是热量的来源不同。

(1) 热自燃时,可燃混气由于反应自动加速,使全部可燃混气的温度逐步提高到自燃温度,所以热自燃是在可燃物质的整个空间内进行的。

(2) 点燃时,可燃物质的温度较低,只有很少一部分可燃物质受到高温点火源的加热而反应,而在可燃物质的大部分空间内,其化学反应速率等于零。所以点燃时,着火是在局部区域首先发生,然后火焰向可燃物质所在其他区域传播。

(3) 可燃混气是否能够点燃成功,不仅取决于局部混气能否着火,而且还取决于火焰能否在可燃混气内自行传播。所以,点燃问题比自燃问题要复杂得多。目前还没有完善的点燃理论,只有简化理论。

点燃除了和热自燃一样,存在着火温度和着火界限外,点燃过程还有一个很重要的参数——点火源尺寸。影响点燃过程的因素除了可燃物质的化学性质、浓度、温度和压力外,还有点燃方式、点火源和可燃物质的流动性等,而且后者的影响更为显著。一般来说,点燃温度要比自燃温度高,点燃温度一般在1000℃以上。

4.3.2 强迫点火方式

工程上常用的强迫点火方式主要有以下三种:

(1) 炽热物体点火。可用金属板、柱、丝或球作为电阻,通以电流(或用其他方法)使其炽热变为炽热物体。也可用耐火砖或陶瓷棒等材料以热辐射方式(或其他方法)使其加热并保持高温的方式形成炽热物体。这些炽热物体可以用来点燃静止的或低速流动的可燃物质。

(2) 火焰点火(也叫热射流点火)。火焰点火是先用其他方法点燃一小部分易燃的气体燃料以形成一股稳定的小火焰,然后以此作为能源区点燃其他的不易着火的可燃物质。由于火焰点燃的点火能量大,所以它在工业上得到了十分广泛的应用。

(3) 电火花点火。利用两电极空隙间高压放电产生的火花使部分可燃物质温度升高发生着火。由于电火花点火能量较小,所以通常用来点燃低速流动的易燃气体燃料,最常见的例子是汽油发动机中预混气内的电火花点火。

综上所述,不论采用哪种点火方式,其基本原理都是可燃物质的局部受到外来高温热源的作用而着火燃烧。

4.3.3 炽热物体点火理论

如果用第 种点火方式——炽热物体点火时,假设在点火过程中,炽热物体具有不变的温度 T_w,混气的初始温度为 T_0,且有 $T_w > T_0$。混气先受到高温点火源热边界的加热,因而在边界附近的区域内(即热边界层),混气的化学反应比较显著。如果化学反应产生的热量足够多,除了提供边界层散热以外,还可以使边界层里面的混气继续升温直到着火,则点火就可以实现。设有温度不同的炽热物体置于静止或低速可燃混合气中(T_0),则有以下几种可能性:

1) T_w温度低于临界温度 $T_{w1} < T_{cr}$

T_w 温度较低,远低于自燃温度 T_{cr},即,$T_{w1} < T_{cr}$,其中,T_{cr}为自燃临界温度(自燃温度),但 $T_{w1} > T_0$。此时,炽热物体与混合可燃气间由于导热作用交换热量,仅使得靠近炽热点火物体表面附近的薄层内(热边界层)的气体温度升高,导致该层内化学反应速度升高、产热。但由于 T_{w1}较低,化学反应生热量很少,不足以点燃主流中的气体,所以点火不能成功。如图 4-9(a)所示,图中实线表示仅仅由炽热物体向混气传热导致其温度上升的温度分布,类似于混气是不可燃气体的情况;虚线表示由于化学反应生热使混气温度升高的实际温度分布。

2) T_w 温度等于临界温度 $T_{w2} = T_{cr}$

当 T_w 温度继续升高,$T_{w2} = T_{cr}$时(如图 4-9(b)所示),边界层内混气化学反应生热较快,混气温升较高,反映在图中,则实线虚线均上升,且其间所夹的面积将扩大。此时,气体中的温度分布曲线在物体壁面处与物体壁面相垂直,如图中虚线所示,此时气体与固壁间温度梯度为零,即$(\mathrm{d}T/\mathrm{d}x)_w = 0$,气体与固壁间无热交换,化学反应生热完全用于加热与之相邻的薄层混气。可以想象此时气体边界层会一点点向混气推进,使混气 T 升高。这是主流着火的临界条件。

3) T_w 温度大于临界温度 $T_{w3} > T_{cr}$

当炽热物体的温度进一步提高到 $T_{w3} > T_{cr}$时(如图 4-9(c)所示),边界层内的混气化学反应生热更快,混气的温度更高,在热物体边界处的温度梯度大于零,即$(\mathrm{d}T/\mathrm{d}x)_w > 0$,此时,高温区将自动向混气传热,使混气的化学反应加速,高温区扩大,最后导致混气的点火。

炽热物体强迫点火理论认为与混气接触的炽热物体表面的温度达到某一临界值($T_w = T_{cr}$)时,在边界层里混气的化学反应生热使混气与热物体交界处的温度梯度为零,这时边界层与炽热物体之间没有热交换,只有边界层里的热混气层向冷混气层的热传导。如果

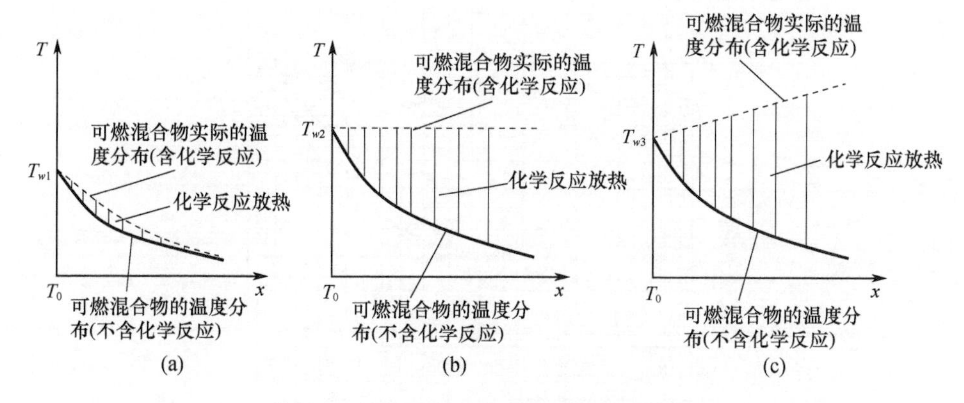

图 4-9　强迫点火时边界层的温度分布

炽热体的表面温度超过了该临界温度($T_w > T_{cr}$),边界层的混气生热足够多,除了向冷混气层传热以外,还有多余的热量可供进一步提高混气自身温度,直到最后导致混气着火。点火的临界条件就是炽热物体的表面温度达到临界温度,即 $T_w = T_{cr}$ 的情况。

4.3.4　电火花点火

1) 火花点火的最小点火能量

电火花点火点燃可燃混气的过程为:首先由电火花加热火花附近的混气,使局部混气着火(电火花使分子电离,产生大量的链载体对混气的点燃十分有利)。然后,已着火的混气气团向未燃混气进行稳定的火焰传播。和其他强迫点火方式一样,要使火花点火成功必须要具备以下两个条件:

(1) 电火花要有足够大的能量,能点燃一定尺寸的混气(形成火球);

(2) 这个具有足够能量的火球能稳定地向外界传播而不熄火。

只有满足这两个条件,点火才能成功。电火花点火的实验表明,当电极间隙内的混合气压力、温度、混合比一定时,要想形成初始火焰中心(火球),电极能量必须有一最小值。放电能量大于此最小值,初始火焰就能形成。这个必须的最小放电能量就是所谓的最小点火能量。

所以,最小点火能量定义为能将一个最小混气团点着,并能使这个混气团的火焰在主燃区传播时所需的火花能量。可燃混合气的混合比、压力、初温等都不同程度地影响着最小点火能量。图 4-10 给出了最小点火能量与当量比的关系。图 4-11 给出了化学恰当比甲烷-空气混合物平板电极最小点火能量与压力、电极间距的关系。

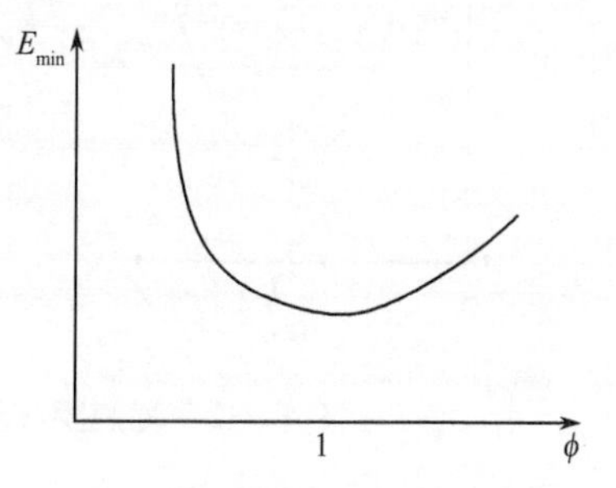

图 4-10　最小点火能量与当量比的关系

在工程中,一种常用的关于最小点火能量的半经验公式为

$$E_{min} = \frac{1}{3}\pi d^2 \left(\frac{\lambda}{u_n}\right)(T_b - T_0)$$

其中 πd^2 为起始火焰球面火焰微团的表面积;

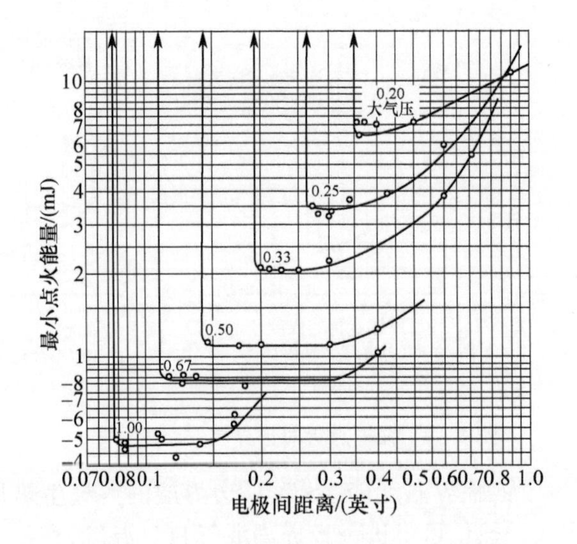

图 4－11 化学恰当比甲烷—空气混合物平板电极最小点火能量与压力、电极间距的关系

d 为火焰传播的临界直径，这里认为它等于淬熄距离；

λ 为未燃混气的导热系数；

u_n 为层流火焰传播速度；

T_b 为已燃气体的温度；

T_0 为未燃气体的温度。

2）淬熄距离

根据电火花点火的条件可知，要想点火成功，除了点火源要有足够的能量外，还必须保证点燃的火焰能量足够大，足以向外界传播。如果点火成功，那么在传播的过程中，当充满可燃混气容器管径或容器尺寸小到某个临界值时，火焰便不能传播，这个临界管径叫淬熄距离 d_q。影响淬熄距离的因素包括：可燃混气的成分、性质、压力及温度等。图 4－12 给出了淬熄距离随不同参数的变化规律。图 4－13 给出了甲烷－氧气－稀释剂混合物平板电极熄火距离与压力的关系。

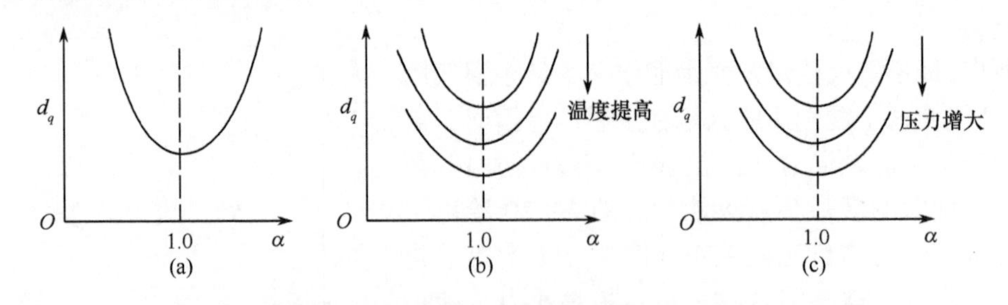

图 4－12 淬熄距离随当量比(a)、温度(b)和压力(c)的变化规律

淬熄距离可以用热理论和链锁理论给出合理的解释：

(1) 如果用热理论来解释。当管径小于淬熄距离时，火焰单位容积的表面积将增大，那么通过管壁的散热量增大，此时生热量不足以抵消容器的散热量，所以火焰不能传播。

(2) 如果用链锁理论来解释。当管径小于淬熄距离时，火焰传播时链载体中间产物碰壁销毁的几率增大，所以反应减慢，生热量变小，最终导致火焰熄灭。

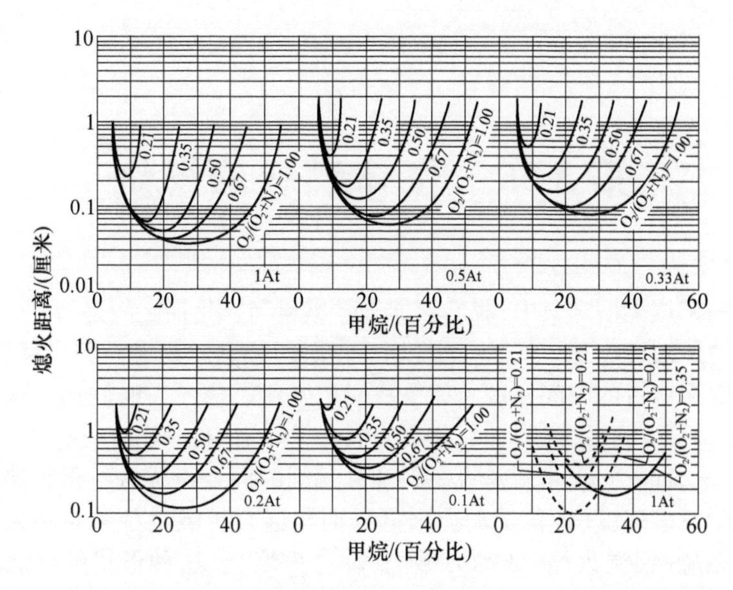

图 4－13　甲烷－氧气－稀释剂混合物平板电极熄火距离与压力的关系

在工程中,也有利用淬熄距离的实例,比如在环管型或单管型燃烧室中,联焰管的尺寸就必须大于淬熄距离;相反,在防火装置中,防火网网眼的尺寸则要小于淬熄距离。

习题

(1) 什么是着火?着火有哪几种方式?各自的特点是什么?热自燃需要满足的条件是什么?

(2) 热自燃和强迫点火的区别是什么?

(3) 利用放热曲线和散热曲线的位置关系,分析谢苗诺夫热自燃理论中着火的临界条件是什么?影响热自燃着火的因素有哪些?

(4) 什么是熄火?影响熄火的因素有哪些?

(5) 根据炽热物体点火理论,炽热物体边界层的温度分布规律是什么?

(6) 什么叫淬熄距离?影响淬熄距离的因素有哪些?

参考文献

[1] 严传俊,范玮. 燃烧学[M]. 西安:西北工业大学出版社,2011.
[2] 郝建斌. 燃烧与爆炸学[M]. 北京:中国石化出版社,2012.
[3] 李永华. 燃烧理论与技术[M]. 北京:中国电力出版社,2011.
[4] 徐通模. 燃烧学[M]. 北京:机械工业出版社,2011.
[5] 顾恒祥. 燃料与燃烧[M]. 西安:西北工业大学出版社,1993.
[6] 周力行. 燃烧理论和化学流体力学[M]. 北京:科学出版社,1986.
[7] 傅维标,卫景彬. 燃烧物理学基础[M]. 北京:机械工业出版社,1984.
[8] Reginald Mitchell. Combustion Fundamentals[M]. California :University of Stanford Press,1999.
[9] SR Turns. An Introduction to Combustion:Concepts and Application[M]. New York:McGraw – Hill,2000.

第5章　气体燃料的燃烧

在第1章的燃烧类型定义中，我们根据气体燃料和氧化剂之间是否预先混合，分为预混燃烧和扩散燃烧两种类型。但是在实际中，我们区分它们到底是哪一种燃烧类型主要取决于燃烧中混合所占的时间比例。如果我们把燃料燃烧所需时间用 τ 来表示的话，一般情况下，它由两部分组成，燃料和氧化剂的混合时间 τ_m 和燃烧时间 τ_r，即 $\tau=\tau_m+\tau_r$。

如果 $\tau_m \ll \tau_r$，即 $\tau \approx \tau_r$，也就是说燃料和氧化剂的混合过程进行得很快，燃烧的快慢主要取决于化学反应速度（或化学动力因素），而与混合扩散过程关系不大，我们把这种燃烧称为预混燃烧（预混火焰）或动力燃烧（动力火焰）。这种形式的燃烧反应快，温度高，火焰传播速度快，通常的所见到就属于这一类。

同样，如果 $\tau_m \gg \tau_r$，即 $\tau \approx \tau_m$，表明化学反应进行得很快，燃烧的快慢主要取决于混合扩散速度，而与化学反应速度关系不大。由于混合过程是通过分子扩散或气团扩散完成的，因此把这类燃烧称为扩散燃烧（非预混燃烧）。

扩散燃烧和动力燃烧是燃烧过程的两个极限情况，如果燃料和氧化剂的混合时间 τ_m 和燃烧时间 τ_r 相当，即燃料的燃烧既与化学动力学因素有关，也与混合过程有关，那么把这种燃烧称为动力-扩散燃烧。

然而，无论是扩散燃烧还是动力燃烧，我们都可根据流体流动是层流还是湍流来进一步将燃烧分为层流预混、湍流预混、层流扩散和湍流扩散四种燃烧类型。

虽然在实际燃烧设备中，火焰都是在湍流气流中传播的，但是由于在层流气流中火焰传播的速度是可燃预混气体的基本物理化学特性参数，且层流火焰传播速度与湍流中火焰传播速度密切相关，它是了解湍流中火焰传播的基础，也是探求燃烧过程机理的基础。因此，有必要先讨论层流火焰的传播规律。

5.1　层流预混火焰的传播

5.1.1　层流火焰传播机理

关于层流火焰传播机理目前主要有热理论和扩散理论两种解释。热理论认为：火焰中化学反应主要是由于热量的导入使分子热活化而引起的，所以，化学反应区（火焰前锋）在空间中的移动速度将取决于从反应区向新鲜预混气体传热的热导率。虽然热理论并不否认火焰中有链载体的存在和扩散，但是该理论认为决定化学反应快慢的主要因素是热量的传递。而扩散理论则认为：自反应区的链载体向新鲜预混气体的扩散是控制层流火焰传播的主要因素。但是无论哪种理论，在建立火焰传播模型时，它们的控制方程形式是一样的。苏联科学家泽尔道维奇及其同事弗兰克·卡门涅茨基、谢苗诺夫等人在补充前人研究成果的基础上，提出的层流火焰传播的热理论被认为是目前较完善的火焰传播理论。

因为一维层流火焰在预混燃料－氧化剂混合物中的传播是最简单的，所以我们用泽尔道维奇热理论来研究一维层流预混火焰的基本机理，该理论的基本假设条件为：

（1）火焰前锋在一绝热管内以速度 v_w 稳定传播（一维）；

（2）火焰前锋为平面形状，且与管轴线垂直（即忽略黏性力）；

（3）燃烧过程中，系统压力和物质的量、混合物的定压比热容 C_p 和导热系数 λ 保持不变，且路易斯数 $Le=1$；

（4）将火焰前锋（厚度为 δ）分为两个区域——预热区 δ_{PH} 和反应区 δ_R。在预热区内忽略化学反应的影响，在化学反应区忽略混气本身热焓的增加（即认为着火温度与绝热火焰温度近似相等）；

（5）火焰传播取决于反应区放热及其向新鲜混气的热传导。

根据泽尔道维奇热理论，层流火焰结构大体如图5－1所示。因为火焰前锋的厚度很小，但温度和浓度的变化却很大，所以在火焰前沿中存在很大的浓度梯度及温度梯度，这就引起了火焰中强烈的热传导和物质扩散。由此可见，在火焰中分子的迁徙不仅有强迫对流的作用，而且还有扩散的作用。热量的迁徙不仅有对流的因素，也有导热的因素。所以，预混可燃混气的燃烧不仅受化学反应动力学控制，而且还受扩散作用的控制。

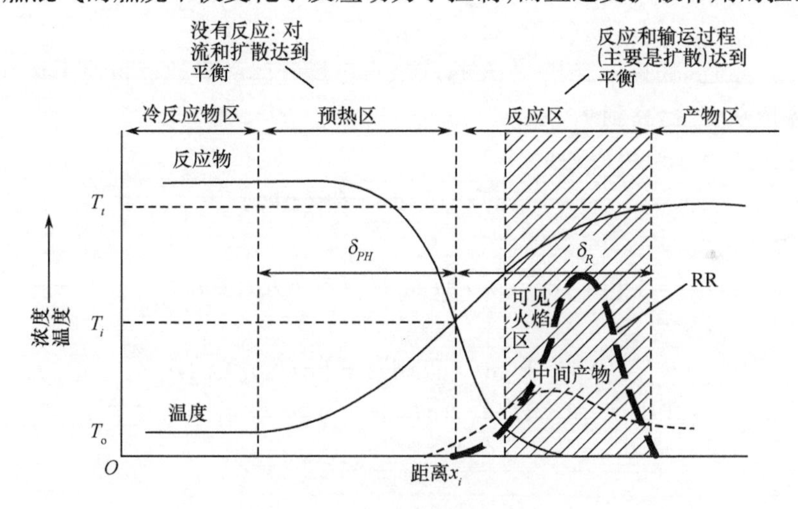

图5－1　一维层流预混火焰结构

以上分析表明，火焰前锋在预混气中的传播主要是由于反应区放出的热量不断向新鲜混气中传递，且新鲜混气不断向反应区中扩散的结果。

5.1.2　层流火焰的传播速度

根据以上假设，层流火焰传播的基本方程可简化为

连续方程为

$$\rho v=\rho_u v_u=\rho_u v_w=\dot{m}' \tag{5-1}$$

其中 ρ_u, v_u, v_w 分别为未燃混气来流的密度、速度和层流火焰的传播速度（如果新鲜混气以层流流速 v_u 流入管内，则当 $v_u=v_w$，且方向相反时，可以得到驻定的火焰前锋，此时新鲜混气流速 v_u 就是火焰传播速度 v_w）。

动量方程为

$$p \approx 常数 \tag{5-2}$$

能量方程为

$$\rho_u u_u C_p \frac{\mathrm{d}T}{\mathrm{d}x} - \frac{\mathrm{d}}{\mathrm{d}x}\left(l\frac{\mathrm{d}T}{\mathrm{d}x}\right) = RR(\Delta h_R) \tag{5-3}$$

其中 Δh_R 为单位质量化学反应热。

要求解能量方程，只需加上适当的边界条件，就可以完全解得火焰的结构和速度。根据假设条件，方程式(5-3)的边界条件如下：

$x=-\infty$（未燃气体）　　$T=T_u$，$\mathrm{d}T/\mathrm{d}x=0$

$x=+\infty$（平衡时已燃气体）　$T=T_b$，$\mathrm{d}T/\mathrm{d}x=0$

根据泽尔道维奇热理论的基本假设，火焰分为预热区和反应区，在预热区中忽略化学反应的影响，而在反应区中忽略能量方程中温度的一阶导数项，所以在预热区 $RR=0$，于是方程式(5-3)变成

$$\rho_u v_u c_p(\mathrm{d}T/\mathrm{d}x) - \mathrm{d}(\lambda \mathrm{d}T/\mathrm{d}x)/\mathrm{d}x = 0 \tag{5-4}$$

因为 $c_p=常数=\bar{c}_p$，对方程(5-4)从冷边界($T=T_u$:$\mathrm{d}T/\mathrm{d}x=0$)到 $x=x_i$(预热区与反应区之间的边界处)积分，得

$$\lambda(\mathrm{d}T/\mathrm{d}x)\mid x_i = \rho_u v_u \bar{c}_p(T_i - T_u) \tag{5-5}$$

方程式(5-5)的物理解释是：在预热区来自已燃气体的导热通量对未燃气体混合物"预热"，将温度从 T_u 提高到 T_i。

在反应区，式(5-3)可以写成

$$-\mathrm{d}(\lambda \mathrm{d}T/\mathrm{d}x)/\mathrm{d}x = RR(\Delta h_R)$$

将上式改写为

$$-[\mathrm{d}(\lambda \mathrm{d}T/\mathrm{d}x)/\mathrm{d}T](\mathrm{d}T/\mathrm{d}x) = RR(\Delta h_R)$$

或

$$-(\lambda \mathrm{d}T/\mathrm{d}x)\mathrm{d}(\lambda \mathrm{d}T/\mathrm{d}x) = RR(\Delta h_R)\lambda \mathrm{d}T$$

将以上方程从 $x=x_i$(式中 $T=T_i$;$\mathrm{d}T/\mathrm{d}x=\mathrm{d}T/\mathrm{d}x\mid_{x_i}$)到 $x=+\infty$(式中 $T=T_i$;$\mathrm{d}T/\mathrm{d}x=0$)积分，得

$$\lambda(\mathrm{d}T/\mathrm{d}x)\mid x_i = \left[-2\Delta h_R\int_{T_i}^{T_b}\lambda RR\mathrm{d}T\right]^{1/2} \tag{5-6}$$

式(5-6)的物理解释如下：在反应区流出的，经热传导进入预热区的能量扩散通量等于化学反应释放的热量。

令在 $x=x_i$ 处，来自式(5-5)和式(5-6)的热通量相等，于是

$$\rho_u v_u \bar{c}_p(T_i - T_u) = \left[-2\Delta h_R\int_{T_i}^{T_b}\lambda RR\mathrm{d}T\right]^{1/2} \tag{5-7}$$

式中，$v_u=v_w$，等于层流火焰传播速度。有时候用专门符号"S_L"表示层流预混火焰的传播速度(下标"L"是层流"Laminar Flow"的首写字母)。解方程(5-7)，可求出层流火焰传播速度 S_L。注意到温度对反应速率的影响比对热传导的影响强得多，因此可以把导热系数 λ 从积分中移出，并用其平均值代替。

$$v_u = S_L = \left\{\frac{\lambda}{\rho_u \bar{c}_p}\left[-\frac{2\Delta h_R}{\rho_u \bar{c}_p(T_i - T_u)}\right]\left[\frac{1}{(T_i - T_u)}\int_{T_i}^{T_b} RR\mathrm{d}T\right]\right\}^{1/2}$$

因为 $\lambda/\rho c_p = D_T$ = 热扩散系数，假设当 $T < T_i$，$RR = 0$。注意到对于典型的碳氢燃料的总的活化能数值大于 40kcal/mol，T_i 略小于 T_b，于是

$$S_L = \left\{-\frac{2\Delta h_R}{\rho_u \bar{c}_p(T_i - T_u)}\bar{D}_T\left[\frac{1}{(T_i - T_u)}\int_{T_i}^{T_b} RR\mathrm{d}T\right]\right\}^{1/2} \tag{5-8}$$

式中，$\left[1/(T_i - T_u)\int_{T_i}^{T_b} RR\mathrm{d}T'\right]$ 可以看成是反应区中平均反应速率 $\overline{RR}$。

由图 5-2 火焰面前后总的能量平衡关系，有

$$\dot{m}_f(-\Delta h_R) = \dot{m}\bar{c}_p(T_b - T_u)$$

$$\rho_u w_{f,u}(-\Delta h_R) = \rho_u \bar{c}_p(T_b - T_u)$$

或

$$-\Delta h_R/\rho_u \bar{c}_p(T_b - T_u) = (1/w_{f,u}\rho_u)$$

式中，$\dot{m}_f$、$\dot{m}$、$w_{f,u}$ 分别为燃料流量、可燃混气的总流量以及燃料在可燃混气中所占的质量分数。将以上关系式代入式(5-8)，得

$$S_L = \left[2\left(\frac{\bar{D}_T}{w_{f,u}\rho_u}\right)\overline{RR}\right]^{1/2} \tag{5-9}$$

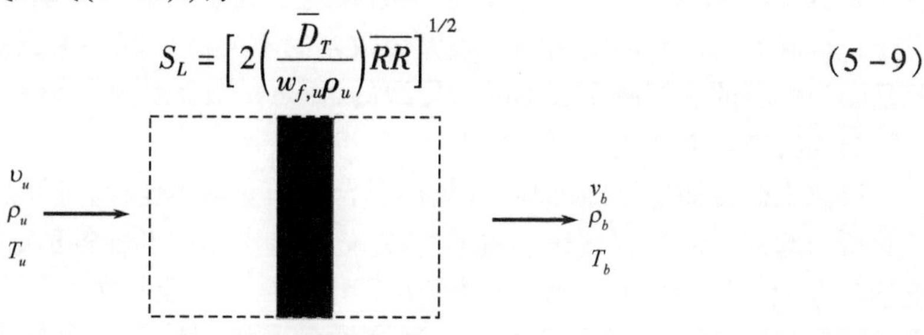

图 5-2　火焰面控制体

从式(5-9)可见，火焰速度 S_L（即 v_u）同样受到热扩散输运（通过 D_T）和反应动力学（通过 RR）的影响。现在，应用式(5-9)可以了解所观察到的预混层流火焰速度与燃烧参数如化学计量比、压力、反应物温度的关系。也就是说，S_L 是可燃混气的一个物理化学常数。

5.1.3　影响层流火焰传播速度的因素

1) 可燃混气的特性

从式(5-9)可以看出，混气热扩散系数增大，活化能减少或火焰温度增加时，火焰传播速度增大。例如，氢是热扩散系数最大的气体，热扩散系数要比其他气体大 6 倍左右，所以，含氢的可燃混气其火焰传播速度就比较大。几种典型燃料的均匀混气的层流火焰传播速度见表 5-1。

除此之外，燃料分子结构（燃料性质）对火焰传播速度也有十分显著的影响。在烃类物质中，炔的火焰传播速度一般比烯高，而烯的传播速度比烷高，烯烃和炔烃含碳量越高，火焰传播速度越小。另外，燃料分子量越大，其可燃范围就越窄，即能使火焰得以正常传播的燃料浓度范围就越窄。图 5-3 给出了烷烃、烯烃和炔烃三族燃料的最大火焰传播速

表 5-1　几种典型燃料与空气均匀混气的层流火焰传播速度
($\Phi = 1, p = 0.1\text{MPa}, T_u = 27℃$)

燃料	分子式	层流火焰传播速度 S_L/(m/s)
甲烷	CH_4	0.4
乙炔	C_2H_2	1.36
乙烯	C_2H_4	0.67
乙烷	C_2H_4	0.43
丙烷	C_3H_8	0.44
氢气	H_2	2.1

度 $S_{L,\max}$ 与燃料分子中碳原子数 n 的关系。

对于饱和碳氢化合物(烷烃类),其最大火焰速度 $S_{L,\max}$(≈ 0.7m/s)几乎与分子中的碳原子数 n 无关;对于非饱和烃类(烯烃和炔烃),碳原子数较小的燃料,其层流火焰速度 $S_{L,\max}$ 却较大。当 n 增大到 4 时,$S_{L,\max}$ 的值将陡降,而后,随 n 进一步增大而缓慢下降,直到 $n \geqslant 8$ 时,接近于饱和碳氢化合物的 $S_{L,\max}$ 值。

这里需要指出的是,由于大多数燃料的理论燃烧温度均在 2000K 左右,燃烧反应的活化能也均在 167KJ/mol 左右,燃料中的碳原子数 n 对层流火焰传播速度的影响并不是由于火焰温度的差异而引起的。碳原子数 n 的不同所引起层流火焰传播速度的差异,主要是因为燃料的热扩散系数不同所导致的,而热扩散系数又与燃料的相对分子质量有关。

2) 混合比(混气成分)的影响

层流火焰传播速度随燃料/氧化剂混合比的变化而变化,主要是由于温度随混合比的变化所引起的。对于碳氢化合物燃料,在化学恰当比或者燃料稍富的混气中,火焰传播速度达到最大(见表 5-1)。图 5-4 给出了甲烷-空气混气在不同当量比下的火焰传播速度。实验表明,碳氢化合物火焰传播速度的最大值一般发生在余气系数 $\alpha \approx 0.90 \sim 0.96$ 之间,且该值不随压力和温度的改变而改变。一般认为,火焰温度最高的混合物其火焰速度也最大。在很贫或很富的混气中,由于燃料或氧化剂太少,反应生热太少,而实际燃烧装置不可能是绝热的,故难以维持火焰传播必需的热量积累,所以火焰不能在其中传播。也就是说,火焰传播有浓度的上下限。

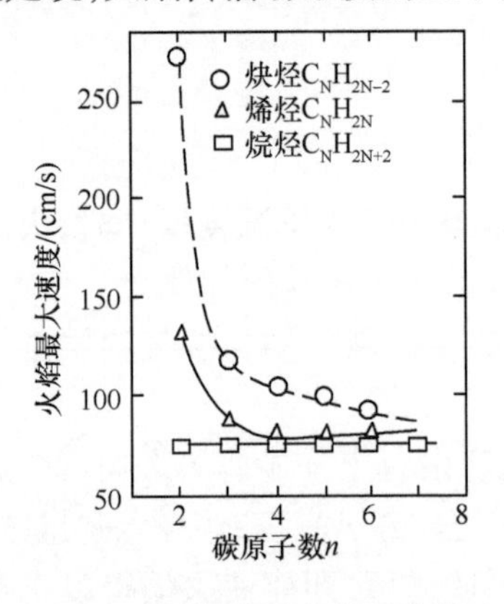

图 5-3　燃料分子中碳原子数目对最大火焰传播速度的影响

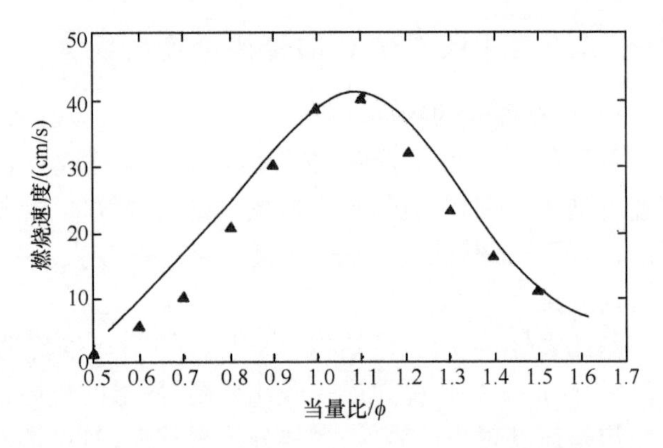

图 5-4　当量比对甲烷-空气混合物火焰速度的影响

3）混气中掺杂物的影响

如果在可燃混气中掺入了惰性物质，如 CO_2，N_2，He，A_r 等，也会降低火焰的传播速度。因为掺入可燃混气中的惰性物质，一般不参与燃烧，只稀释了可燃混气，使得单位时间内在同样大小的火焰面上燃烧的可燃混气减小，直接影响燃烧温度，从而影响燃烧速度；另一方面，惰性物质通过影响可燃混合气的物理性质（热扩散系数）来明显影响火焰传播速度。大量实验证明，惰性物质的加入，将使火焰传播速度降低，可燃界限缩小，使最大的火焰传播速度值向燃料浓度较少的方向移动。如图 5-5 所示。

若可燃混气中掺杂的不是惰性气体而是另一种燃料或氧化剂，比如加入氢气或氧气时，那么火焰的传播速度不但不减少反而增大。图 5-6 给出了氧浓度对火焰传播速度的影响。从图中可以看出，当氧化剂中氧的摩尔分数增加时，火焰速度增加。随着氧化剂中氧的摩尔分数增加，反应速率通过氧的密度和反应温度的提升而增加。同样，混气中掺入氢气使火焰传播速度增加的原因是氢的链式反应促进了火焰的传播。

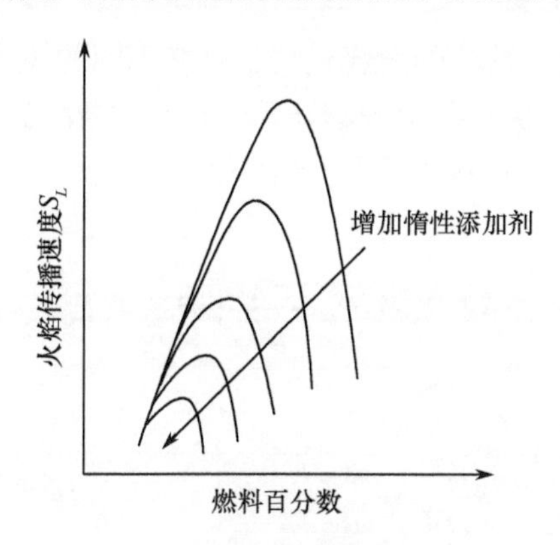

图 5-5　可燃混气中掺入的惰性组分对火焰传播速度的影响

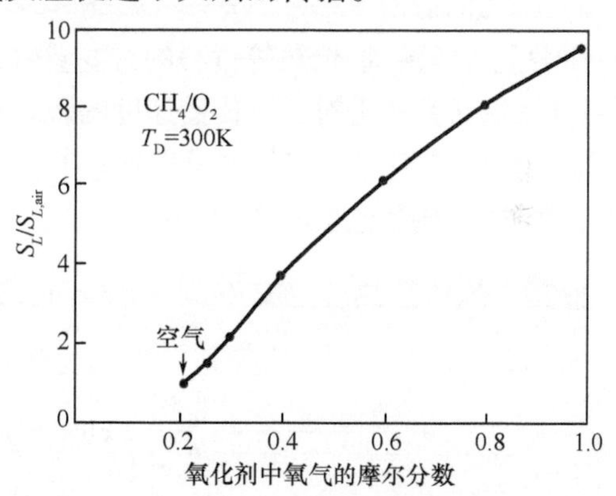

图 5-6　氧浓度对火焰传播速度的影响

4）火焰温度和初始温度的影响

火焰温度 T_f 对其传播速度有很强的影响。已有的实验结果表明，层流火焰传播速度主要是由火焰温度 T_f 确定的，这和反应速率取决于 T_f 的理念是一致的。实践证明，当火焰温度 T_f 超过 2500℃时，火焰温度的影响已经不符合热理论了。因为火焰温度越高，离解反应越易进行，离解反应所释放的自由基浓度就越大。作为链载体的自由基的扩散，既促进了反应，又促进了火焰的传播。在接近火焰温度时产生的自由基和原子易于扩散，因此，H 原子（也包括 O 和 OH 自由基）能显著地增加燃烧速度。这也进一步解释了为什么在可燃混气中掺入氢有助于火焰传播的原因。

可燃混气初始温度 T_0 对火焰传播速度的影响 S_L 也非常显著，但混气初始温度对火焰传播速度的影响主要是通过火焰温度（燃烧温度）T_f 来体现的。多戈尔（Dugger）等人对三种混合物进行了一系列实验，用来揭示火焰传播速度 S_L 与初始温度 T_0 之间的关系。图 5-7 给出了三种碳氢燃料混气火焰传播速度随初始温度的变化规律。从图 5-7 可以看出，火焰传播速度随初始温度的升高而增大。实验结果可以用如下关系式表示：

$$S_L \propto T_0^m \tag{5-10}$$

式中，指数 m 值为 1.5～2。

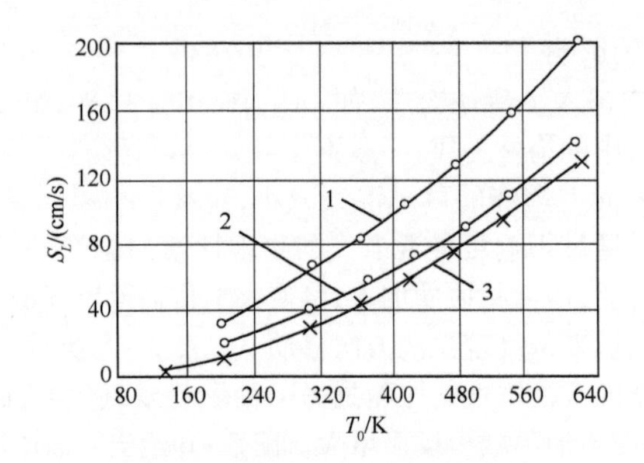

图 5-7 初温对火焰传播速度的影响

1—C_2H_4/空气；2—C_3H_8/空气；3—CH_4/空气。

5）压力的影响

压力是流体流动、传热等过程的重要参数，工程实践中的燃烧过程也是在不同的压力下进行。因此，研究压力对火焰传播速度的影响对于解决实际工程燃烧问题具有重要的意义。

因为火焰传播速度与化学反应速率有关，而压力的改变会影响化学反应速度的大小，进而就影响了传播速度 S_L 的快慢。

根据火焰传播热理论有$\overline{RR} = -k'(r_u w_{f,u})^n$，$\rho = p/RT$ 以及 $D_T = \dfrac{\lambda}{\rho C_p}$，把这些代入式（5-9），则有

$$S_u \propto \left(\frac{\lambda k'(\rho_u w_{f,u})^n}{\rho_u^2 C_p w_{f,u}}\right)^{\frac{1}{2}} \sim p^{\frac{n-2}{2}} \tag{5-11}$$

式中，n 为复杂反应级数；$w_{f,u}$为燃料在可燃混气中所占的质量分数。

显然，层流火焰传播速度与压力的关系取决于化学反应级数 n。不同的反应级数，层流火焰传播速度受压力的影响不同。一级反应时，火焰传播速度随压力增加而下降；对于二级反应，火焰传播速度则与压力无关。图 5-8 给出了丙烷-空气层流火焰速度在不同

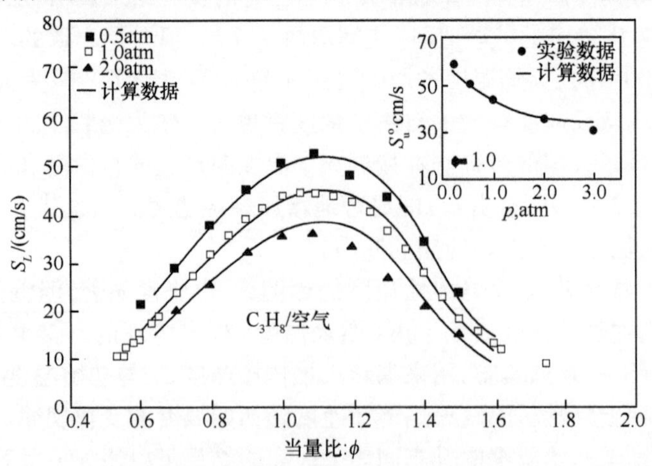

图 5-8 丙烷-空气混合物的层流火焰速度

插图表示化学恰当比时火焰速度与压力的关系，实线表示用详细反应机理计算的火焰速度

当量比、不同压力下的火焰传播速度。实验表明，一般碳氢燃料燃烧过程的反应级数在1.5～2之间，因此他们的火焰传播速度随压力的下降而略有增加。但同时，可燃混气的着火和火焰稳定性会恶化。

但需要说明的是，当压力很低时，因为火焰面将变宽，散热损失增大，从而使火焰传播速度下降。这种特殊情况下不包括在上面公式分析范围内。

5.1.4 层流火焰速度的测量方法

火焰传播速度的测量是燃烧研究中的基本过程。通常，测量层流火焰速度的方法有：本生灯法、透明管法、定容球弹法、肥皂泡法、粒子示踪法、平面火焰燃烧器法和驻定火焰法。这些方法中，有的保持火焰的驻定，有的则是火焰锋面相对于实验坐标系运动。

1）本生灯法

为了研究层流预混火焰现象，德国物理学家本生（Bunsen）在1855年发明了第一台预混火焰燃烧装置——本生灯。本生灯是实验室最广泛使用的燃烧装置，其原理与 $C_2H_2-O_2$ 焊枪及家用、工业用煤气燃烧室很相似。其基本原理是：预混气从垂直放置的灯管里流出，混气的成分（$\alpha=0\sim1$）和流速可以任意调节。若混气成分是化学恰当的，且混气流经管口是均匀层流，则在混气点燃之后，只要可燃气浓度和速度合适，火焰就被驻定在本生灯出口静止不动，形成如图5-9所示的蓝色锥形火焰。该装置的关键是必须使气态燃料和空气在燃烧前均匀混合，并通过一系列整流板及整流喷口，在管道出口处形成均匀速度分布。

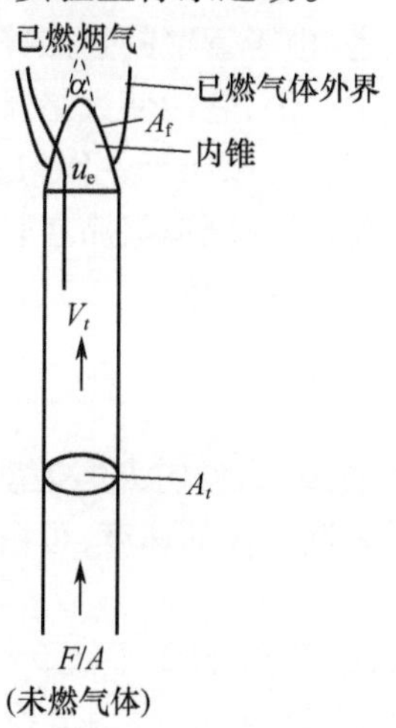

图5-9 本生灯结构

在火焰面上和出口截面上应用连续性方程为

$$S_L=v_e\frac{A_t}{A_f} \tag{5-12}$$

式中，S_L 是层流火焰传播速度；v_e 是本生灯出口混气速度；A_t 是本生灯出口截面积；A_f 是内锥表面积。

如果火焰锥顶角是 α，那么：

$$S_L=v_e\sin(\alpha/2) \tag{5-13}$$

如果火焰面不是正锥面，这时就必须测得出口各点的速度，各点流速也可按层流的速度剖面进行计算：

$$v_{e,i}=v_e\left(1-\frac{r^2}{R^2}\right),S_{L,i}=v_{e,i}\sin(\alpha_i/2)$$

上式中，r 为任意截面 i 的火焰半径为 R；灯口处火焰半径。

本生灯的尺寸有一定限制，其下限取决于燃料/空气混合物的淬熄距离，其上限取决于层流到湍流的转换，最佳管径一般为1cm量级。管长大约是灯口直径的6～10倍。为了使流动均匀，在管内还可布置整流板。

本生灯法的主要优点是装置简单、灵活，适于在变动的温度和压力下测量。但它有许多不足之处：

（1）由于与周围大气的扩散交换会改变燃料/氧化剂的混合比，所以观察到的火焰速度不能代表所测燃料/氧化剂配比下的火焰速度。

（2）不能完全忽略壁面猝熄效应的影响。

（3）在测量中，火焰锥起着透镜的作用，会使锥的本来尺寸失真。

（4）对于大直径灯管，可能会由于卷吸空气量不够而造成回火。

本生灯法的准确度约为 ±20%。

2）透明管法

在一玻璃直管内通入预混可燃气，关掉阀门，使预混可燃气静止，然后从一端点燃，火焰面会在管道内以火焰传播速度移动（如图 5－10）。在管子中测定燃烧速度，一般来说是非常不可靠的，但是在直径比熄灭直径稍大的管子中，气流分布均匀，因而很容易测得。但是，由于管壁的强烈猝熄作用，不能达到完全燃烧。若采用更大直径的管子，则通常会产生振荡，它能使火焰显著减速或加速。可以在另一封闭端的端面开一合适的小口，这样火焰就可以在管中作匀速直线运动，从而可得到一稳定的火焰形状。为了确定小孔的质量流，可将肥皂液涂在管的出口面上，利用管端面上肥皂泡的增长量，通过下式（5－14）推导出 S_L 的值：

$$S_L=(\boldsymbol{v}_0-\boldsymbol{v}_g)\frac{A_t}{A_f} \tag{5-14}$$

式中，$\boldsymbol{v}_0$ 为均匀火焰运动的线速度，可用光电池、照相法或电离检测器测得；$\boldsymbol{v}_g$ 为火焰前方未燃气体的速度，可由肥皂泡的位移测得；A_t 为管子的横截面面积；A_f 为火焰面面积。

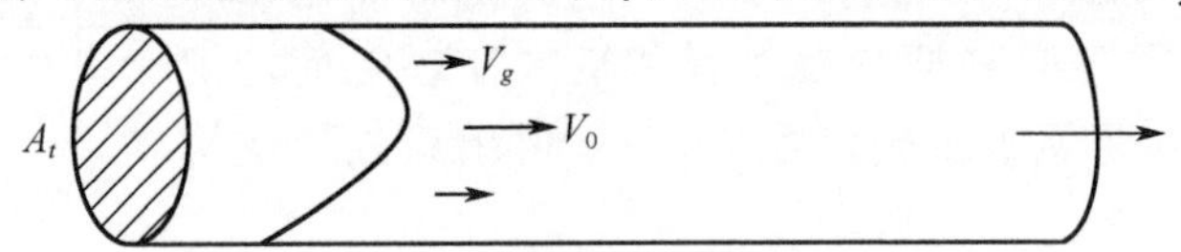

图 5－10　透明管中的火焰传播

火焰面一般为近似的抛物线，产生这种变形的原因有两个：

（1）气体在管轴中线上的流动较之管壁附近要快得多，因此沿管轴线新鲜气体和已燃气体间的压降更大，这就可能使火焰前沿呈抛物形。

（2）已燃和未燃气体间的密度差会产生自然对流，这会使火焰面变形。

通常，管壁附近火焰面变形很严重，因而火焰面积的测量精确度极差。此外，选择合适的管径也比较困难。这种方法当然不是一种绝对完善的方法，但可作为比较测量使用。总的来说，由透明管法所得到的结果与本生灯法的结果相近。

3）定容球弹法

一个充满可燃气体，直径通常为 30cm 的球形容器，在中心处点火，火焰就向四周传播，已燃气体的膨胀使得压力和温度由于绝热压缩而升高。温度升高又使火焰速度不断增加。如果同时记录已燃气体的球形域的尺寸和容器内的压力，则 S_L 可用式（5－15）计算：

$$S_L=\frac{\mathrm{d}r}{\mathrm{d}t}-\frac{R^3-r^3}{3p\gamma r^2}\frac{\mathrm{d}p}{\mathrm{d}t} \tag{5-15}$$

式中，γ 为绝热指数（比热比）；R 为球半径；r 为球形火焰的瞬时半径；p 为瞬时压力。

在理论上这种方法是完全可行的，但实际上，燃烧速度是来自两个几乎相等的数值之差，而且不易测得足够精准。

确定燃烧速度的另一变通方法是，测定已燃气体质量分数 w 的变化率，即

$$S_L = \frac{1}{3}\frac{R^3}{r^3}\left(\frac{p_i}{p}\right)^{\frac{1}{\gamma}}\frac{\mathrm{d}w}{\mathrm{d}t} \tag{5-16}$$

式中，p_i 为初始压力，当 w 值不大时，有：

$$w = (p - p_i)/(p_e - p_i) \tag{5-17}$$

式中，p_e 为定容燃烧过程中的压力，它可以由理论计算得出。

这种方法的优点是，可测定高压情况下的 S_L，并且只要做一次试验便可获得不同压力、不同温度下的 S_L。这种方法只可用于 S_L 较大的混合气，这时火焰速度较大，可近似认为是绝热过程。

4）肥皂泡法

这种方法是一种利用肥皂泡来测定火焰速度的方法。将一些均匀可燃物吹进附近有一对火花塞电极的肥皂泡中，并在中心点火。随着燃烧过程的进行，肥皂泡的表面自由膨胀，从而使压力不变。这种直接测量的速度当然是火焰面的空间速度，这是由于已燃气体的膨胀造成气体的整体运动，从而也促使火焰波面向前推移。火焰面是球面，可以用照相机将它记录下来。

由于火焰面之前的流量和其后的流量相等，故

$$S_L A \rho_u = v_r A \rho_b \tag{5-18}$$

即

$$S_L = v_t \frac{\rho_b}{\rho_u} = v_r \frac{T_u}{T_b} \tag{5-19}$$

式中，v_r 为记录得到的火焰速度。

利用气体状态方程，可将燃烧前后的温度之比转换为容积之比，最后得：

$$S_L = \frac{v_r}{(r_f/r_i)^3} \tag{5-20}$$

式中，r_f为肥皂泡的初始半径；r_i 为最终半径。它们必须分别加以测量。

这种方法可以直接测出火焰的速度，因为只需要对膨胀率进行校正，它可以得到精确的结果。但是，这种方法也存在一些缺陷，由于肥皂溶液的蒸发，气体将不可避免地被湿润，这会影响燃烧速度。在某些情况下，气体还可能被肥皂膜所吸收。使用这种实验方法的最大困难是必须精确测出肥皂泡的起始尺寸和最终尺寸，而最终尺寸很难精确测量。

此外还有一些其他问题，比如：电极的传热；对于缓慢燃烧，火焰面不可能保持球形，而且反应区会变厚；对于快速反应，由于火焰结构呈蜂窝状，火焰面不可能总是光滑的。

5）粒子示踪法

对于圆形喷口的锥形火焰，其表面常呈弧形，照相很困难。为了克服这些困难，路易斯（Lewis）和冯·埃尔贝（Von Elbe）利用矩形喷口进行了一项重要的研究，他们设计了一种粒子示踪法，将很细的氧化镁颗粒投入气流中，产生间歇的亮光，对示踪粒子的拍摄可显示它的方向，图 5-11 是所测得的结果。采用此方法，通过一些连续照片还可以确定粒子的速度。

他们采用的喷口宽度很小，只有 0.755cm，如果采用大的喷口，则由于燃烧速度均匀分布会使火焰传播更快。他们指出，燃烧速度是一个不变的（从图 5－12 的水平段可以看出）。

这种方法的不足之处，就是引入固体粒子将对火焰表面起催化作用，以致影响燃烧过程，从而改变 S_L。此外，如果粒子太大，就不能准确地随气流流动，也会产生误差。

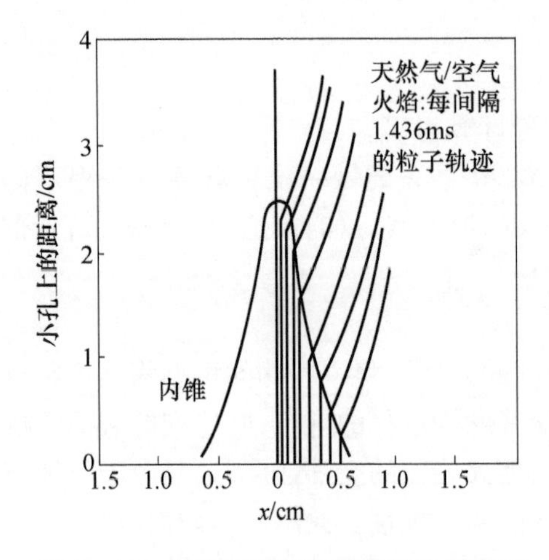

图 5－11　用粒子示踪法测得的粒子穿越燃气－空气内锥面的轨迹

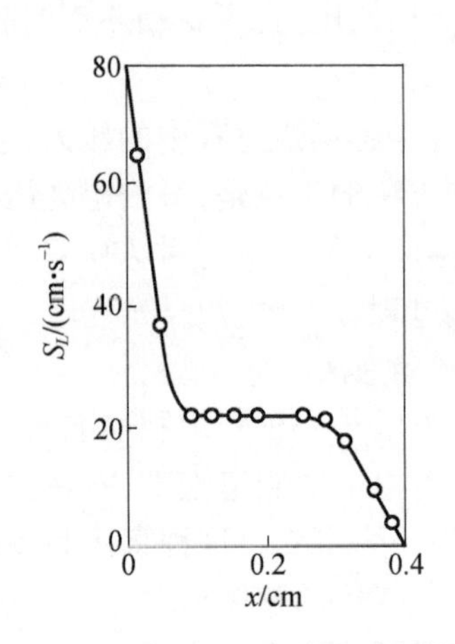

图 5－12　图 5－11 中所显示的粒子流线所确定的燃烧速度

6）平面火焰燃烧器法

鲍灵（Powling）首先提出了这一方法，由于此法能产生最简单的火焰锋面，并且其阴影面、纹影面和可见锋面的轮廓都相同，所以此方法应该是比较精确的。将一多孔金属盘或一束直径小于或等于 1mm 的管子置于大管道的出口处。该燃烧器通常由一个水冷式多孔喷嘴组成，在其周围，为了引入屏蔽气体（通常是氮气），布置一组环形罩，防止周围空气的进入。这两个部件都安装在一个加工精度高，冷却水、燃气和屏蔽气体集中布置的装置中，如图 5－13 所示。

气体混合物一般是在较高速度下被点燃的，火焰往往呈三角形，然后降低流速直到气流速度等于燃烧速度时，就形成平面火焰。为了测得绝热条件下精确的 S_L，可用水对燃烧器进行冷却，并测定不同冷却速度下的 S_L 值，最后将所得直线外推至 $q=0$，这时 S_L 值即为绝热条件下 S_L 值。

7）驻定火焰法

驻定火焰法的原理如图 5－14 所示，在两个相距一定距离的喷嘴中供以相同的混合气，它们在喷嘴出口处速度是均匀的。混合气流出喷口后就以射流的形式相互对撞。这时将混合气点燃，则会形成两个驻定的平面火焰。这时火焰是在带有速度梯度的流场中传播的，因为射流的特点就是气流速度沿轴向下降，并产生横向分量，这时火焰也向径向展宽，称这种火焰为拉伸火焰。利用拉伸火焰测得的火焰速度不是过去定义的一维平面火焰速度。但若能消除速度梯度的影响，就能够得到真正的火焰传播速度。其方法是测出不同速度梯度 $k=\mathrm{d}v/\mathrm{d}x$ 下的火焰传播速度，然后将所得直线延伸到 $k=0$ 时就得到真实的 S_L。这里采用两个驻定火焰的目的就是尽可能消除火焰热损失，使火焰尽可能接近绝热状态。

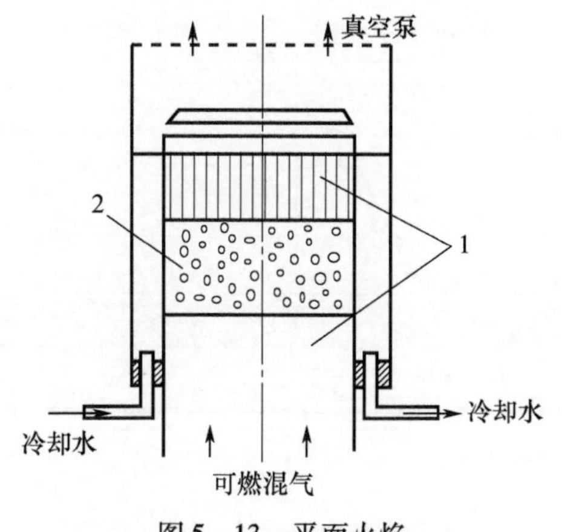

图 5－13　平面火焰
1—玻璃管；2—玻璃球。

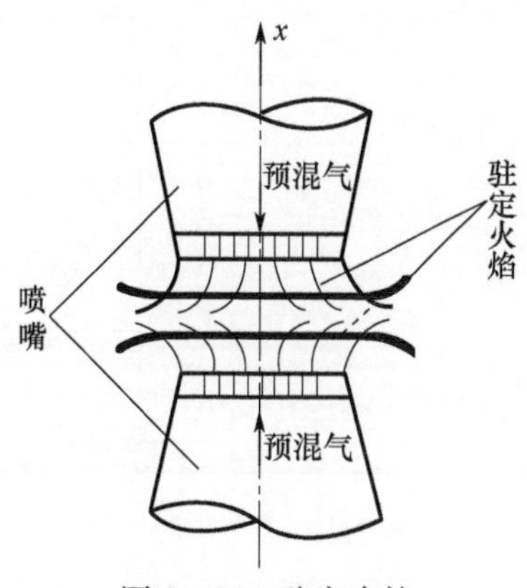

图 5－14　驻定火焰

由上可知，本方法较之本生灯火焰法更准确，因为本生灯也是一种带速度梯度的流场，因此严格地说用本生灯不能测得真正的火焰传播速度。本方法较之平面火焰法更简单、方便，因此本方法是测得火焰传播速度最理想的方法。

5.1.5 层流预混火焰厚度

层流预混火焰的厚度很薄，仅十分之几或百分之几毫米。但正是在如此薄的火焰厚度内完成了传热、热扩散和化学反应过程，所以说在火焰厚度内，有较大的温度梯度和浓度梯度，它既保证了热量能很快从化学反应区传出，又保证了热量快速扩散并迅速供给预热区的未燃混气，从而使火焰以一定的速度传播。

反过来，火焰厚度又决定着火焰内的温度和浓度梯度，火焰厚度越薄，温度和浓度的梯度就越大。而火焰厚度和火焰传播速度是相互联系的。

火焰速度和火焰厚度之间的定性关系可以从 x_i 处的能量平衡求得（见图 5－15），该能量方程为

$$\lambda(\mathrm{d}T/\mathrm{d}x)\mid x_i=\lambda(T_b-T_u)/\delta_f=\rho_u S_L\,\bar{c}_p(T_i-T_u)$$

对于大的活化能，$T_i\approx T_b$，于是

$$\delta_f\approx\frac{\lambda}{\rho_u\,\bar{c}_p}\,\frac{1}{S_L}=\frac{\overline{D}_T}{S_L}\tag{5-21}$$

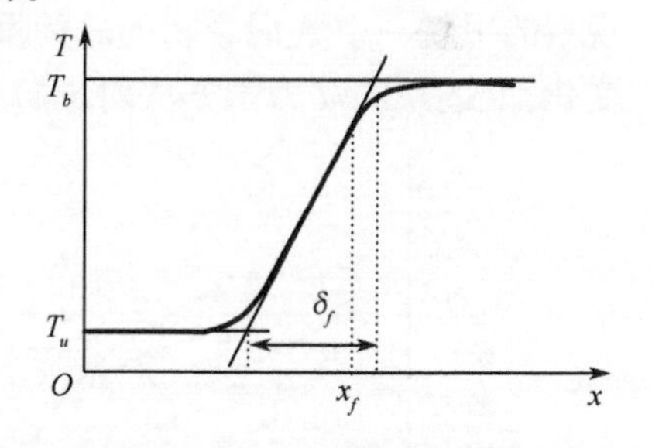

图 5－15　火焰厚度示意图

从式(5－21)可以看出，火焰厚度主要取决于它的 S_L 与 $\overline{D}_T$ 值。对于给定的燃料、氧化剂、反应物温度和压力，由于热扩散系数 D_T 与当量比呈弱函数关系，所以简单模型显示火焰厚度与火焰速度成反比。对于甲烷－空气混合物在大气压下的火焰厚度的某些数据如图 5－16 所示。图中测量的预混甲烷－空气火焰厚度与公式计算值比较，模型计算值与实验值在混合物化学恰当比处归一（吻合）。此曲线支持简单模型的结果。

将简单双区火焰模型中的预热区厚度和反应区厚度进行比较是很有意义的。反应区厚度 δ_r 与预热区厚度 δ_{ph} 之比如下式所示

$$\frac{\delta_r}{\delta_{ph}}\approx\frac{T_b-T_i}{T_b-T_u}\tag{5-22}$$

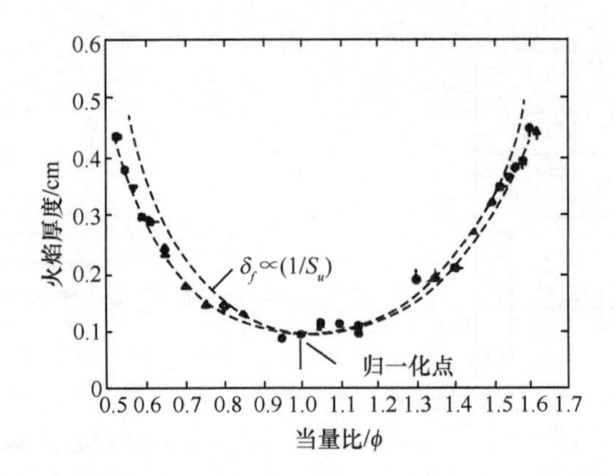

图 5-16　测量的大气压下预混甲烷-空气火焰厚度与公式(5-21)计算值比较
模型计算值与实验值在混合物化学恰当比处归一

对于大的总活化能反应而言,反应区相对于预热区来说很薄,即火焰厚度$\delta_f \approx \delta_{ph}$。对于薄的反应区,有 $T_i \approx T_b$,所以

$$\delta_f \propto \frac{D_T}{S_L} \sim \frac{1}{\rho} \cdot \frac{1}{p^{\frac{n}{2}-1}} \sim \frac{1}{p} \cdot \frac{1}{p^{\frac{n}{2}-1}} = \frac{1}{p^{\frac{n}{2}}} = p^{-\frac{n}{2}}$$

即

$$\delta_f \propto p^{-\frac{n}{2}} \tag{5-23}$$

式中,n 为总的反应级数。式(5-23)表示火焰厚度随压力的减低而增加。对于预混层流火焰结构的大多数实验研究都是在低压(典型的压力低于 0.1 大气压)下进行的,所以火焰是足够厚的,因而,有很好的分辨率。

注意式(5-23)中的反应级数 n 是描述给定燃料和工作范围的总化学反应的经验动力学参数。因此,这些参数将随着燃料类型、化学恰当比及压力而变化。图 5-17 表示所观察的甲烷-空气混合物的总的反应级数 n 和总的活化能的变化范围的例子。根据这些变化,上述总的动力学方法对理解火焰速度和厚度与燃烧参数的关系是很有用的。

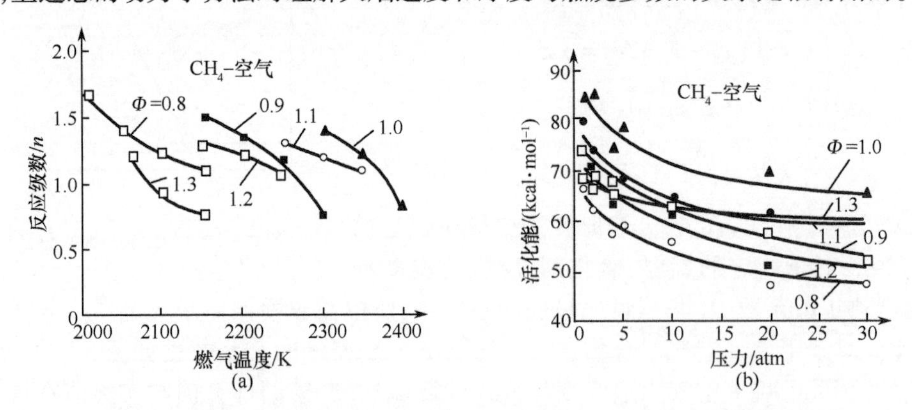

图 5-17　预混层流甲烷-空气火焰总的反应级数 n 和总的活化能 E_{total}

例 5.1　在一个大气压力下,贫燃丙烷-空气混合物中自由伸展的绝热火焰传播速度为 30cm/s,火焰厚度为 2mm,假设反应级数 $n=1.5$。如果压力下降为 0.25 个大气压,求该混合物中自由伸展的绝热火焰传播速度和火焰厚度?

解：$S_L \sim p^{n-2/2} \sim p^{-0.25} \Rightarrow S_L|_{0.25\text{atm}} = S_L|_{1\text{atm}}\left(\frac{0.25}{1}\right)^{-1/4}$

$$S_L|_{0.25\text{atm}} = 1.414 S_L|_{1\text{atm}} = 42.4\text{cm/s}$$

$$\delta_f \sim \frac{D_T}{S_L} \sim \frac{p^{-1}}{p^{n-2/2}} \sim p^{-n/2} \sim p^{-0.75}$$

$$\delta_f|_{0.25\text{atm}} = \delta_f|_{1\text{atm}}\left(\frac{0.25}{1}\right)^{-0.75} = 2.828\delta_f|_{1\text{atm}}$$

$$\delta_f|_{0.25\text{atm}} = 5.656\text{mm}$$

5.2 湍流预混火焰的传播

上一节关于层流火焰传播的机理说明，层流火焰传播速度是可燃混合物物理化学性质的反映。然而，实际工程中燃烧过程的流动大都是湍流，而湍流的出现不仅影响着流场的特征，而且还影响着所有的输运过程，也影响着燃烧速率。湍流过程非常复杂。到目前为止，对湍流问题的认识尚处于探索其机理的阶段。

5.2.1 湍流特性参数

为了进一步讨论湍流火焰，我们有必要回顾一下有关湍流的一些基本概念。湍流的特点是局部流动参数（包括速度、密度、温度、成分等）处于脉动状态。在黏性流体中产生的这些脉动是由剪切作用产生的流动不稳定性造成的。判断流动是层流还是湍流的准则是雷诺数 Re。湍流和层流的不同之处在于，湍流中既有无规则的分子运动，也有无规则的气团运动。

实验证明，湍流愈强、火焰传播速度愈高。经典的方法是用平均涡团的两个特性参数——湍流尺度和湍流强度来表示湍流的强弱。

湍流尺度 l 被定义为一个涡团在“消失”（或“消散”）以致失去其本体之前运动所经过的距离。它和涡团本身尺寸大小具有相同的数量级。因此，湍流尺度有时又叫做“混合长度”。湍流尺度 l 越大，说明气流受到的扰动也越大。l 和描述分子热运动的参数——分子平均自由程有些相类似。

湍流强度是涡团“猛烈”程度的度量。因为湍流的运动速度可以表示为

$$v = \bar{v} + v' \tag{5-24}$$

其中，$\bar{v}$ 为平均速度；v'为脉动速度。那么湍流强度 ε 就定义为流体涡团的脉动速度与主流速度之比，即

$$\varepsilon = \frac{v'}{v} \tag{5-25}$$

湍流尺度和湍流强度都可以用实验方法测量。作为表示湍流特征的两个基本参数，湍流尺度和湍流强度可以用来描述气体湍流运动中扰动的强度和扰动的波及范围。当气体处于湍流状态时，它的输运性能是很强的，即湍流的导热系数、黏性系数和扩散系数比层流状态的相应系数大得多（可能大几百倍）。因为湍流中输运物理量（热量、质量和动量）的运载体不是单分子，而是涡团。涡团的尺寸比分子大得多，因此所能运载物理量的

数量也大得多。因为湍流的输运能力很强，所以，湍流火焰传播速度比层流火焰传播速度快得多。

5.2.2 湍流预混火焰的特点

湍流预混火焰的性质既依赖于预混层流火焰的特性，如 S_L 和 δ_f，也依赖于湍流的特性，例如 l 和 v'。所以其火焰传播速度的数值与变化规律与层流状态不一样，但两者基本原理是一致的，都是未燃气体和已燃气体之间的热质交换，从而形成化学反应区（火焰面）在空间的移动，只不过此时湍流运动的作用对燃烧过程影响比较大而已。

湍流火焰传播速度要较层流时大得多，它区别于层流火焰的一些明显特征如图 5－18 所示。层流时火焰锋面光滑，外形清晰，焰锋厚度很薄，火焰传播速度小（20～100cm/s）。而湍流火焰长度短，锋面不断抖动，且火焰锋面较厚，轮廓模糊粗糙，锋面曲折，闪动，并伴有明显的噪声，火焰传播快（层流的好几倍）。

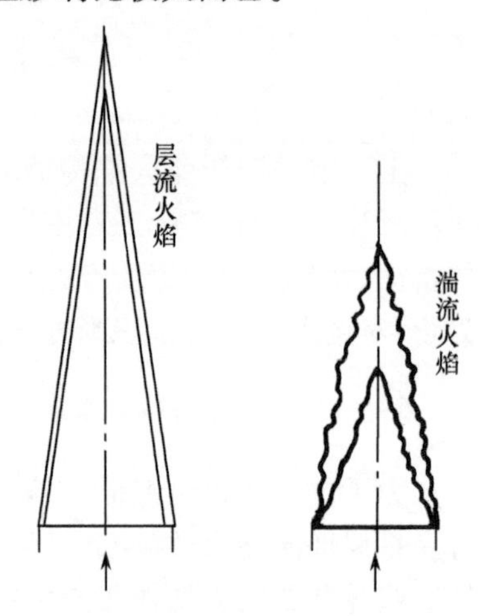

图 5－18　层流火焰与湍流火焰外形

根据以上分析，湍流火焰比层流火焰传播快主要有三个方面的原因：①湍流流动使火焰变形，火焰表面积增加，因而增大了反应区；②湍流加速了热量和活性中间产物的传输，使反应速率增加，即燃烧速率增加；③湍流加快了新鲜未燃混气团和已燃气团之间的混合，缩短了混合时间，提高了燃烧速度。

从上面分析可以看出，湍流燃烧是由湍流的流动性质和化学动力学因素共同起作用的，其中流动性质的作用占主导地位。在层流燃烧中，输运系数是燃烧物质的属性，而在湍流燃烧中，所有输运系数均与流动特性密切相关。

5.2.3 湍流火焰的传播理论

可燃混气处于湍流状态时，流体内产生大量涡团扰动，使燃料和氧化剂的动量、能量迅速传播扩散，促使火焰传播加速。不同的湍流状态有不同的湍流强度及湍流尺度，对燃烧所起的作用也不同，火焰形状及内部结构也有差别。有关湍流火焰传播理论主要有两种：邓可尔、谢尔金开创的表面皱折燃烧理论和内萨默非尔德、谢井可夫建立的容积燃烧理论。

1. 表面皱折燃烧理论

邓可尔和谢尔金的表面皱折理论提出湍流火焰是湍流使层流火焰面发生了皱折。他们认为湍流火焰面的基本结构仍是层流型的，由于湍流脉动作用在一定空间内使燃烧面弯曲、皱折，乃至破裂，成大小不等的团块，类似于“小岛”状的封闭小块，这样增大了燃烧面积，从而增大了燃烧速度。所以，湍流火焰传播速度要比层流火焰传播速度大得多。由于这种火焰表面皱折模型简单方便，已被广泛采用。

邓可尔利用本生灯对丙烷－氧的预混气燃烧火焰进行了实验测定，给出了不同雷诺数对湍流火焰传播速度的变化，如图 5－19 所示。图中，v_T 表示湍流火焰传播速度（下标

"T"是英文单词湍流"Turbulent Flow"的首写字母）。分析测定结果表明：①当 $R_e<2300$ 时，火焰传播速度的大小与 R_e 无关；②当 $2300\leqslant R_e\leqslant 6000$ 时，火焰传播速度与 R_e 的平方根成正比，气流雷诺数 R_e 在该范围内的燃烧过程称为小尺度（或小规模）湍流火焰，此时湍流尺度 l 小于混合气体的层流火焰前锋厚度（$l<\delta_l$）；③当 $R_e>6000$ 时，火焰传播速度与雷诺 R_e 数成正比，气流雷诺数 R_e 在该范围内的燃烧过程称为大尺度（或大规模）湍流火焰。对于大尺度湍流火焰，按照湍流强度的不同，又可分为大尺度弱湍流和大尺度强湍流火焰。通常将气体涡团的脉动速度 $\boldsymbol{v}'$ 与层流火焰传播速度 S_L 进行对比，如果湍流的平均脉动速度比层流火焰传播速度大时（$\boldsymbol{v}'>S_L$），称为大尺度强湍流火焰，相反，当湍流的平均脉动速度比层流火焰传播速度小时（$\boldsymbol{v}'<S_L$），称为大尺度弱湍流。如图 5－20 所示。

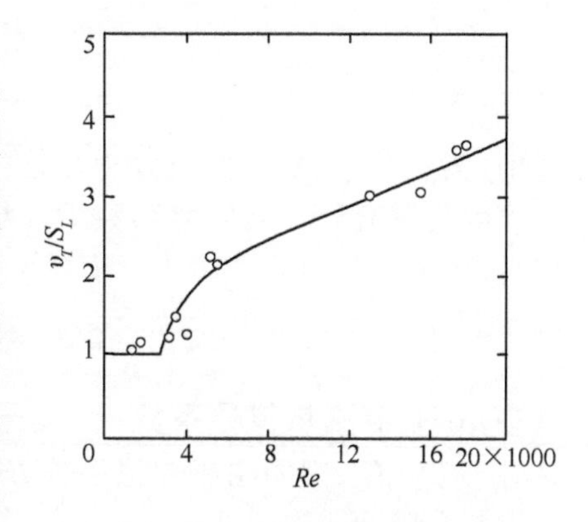

图 5－19　R_e 对火焰传播速度的影响

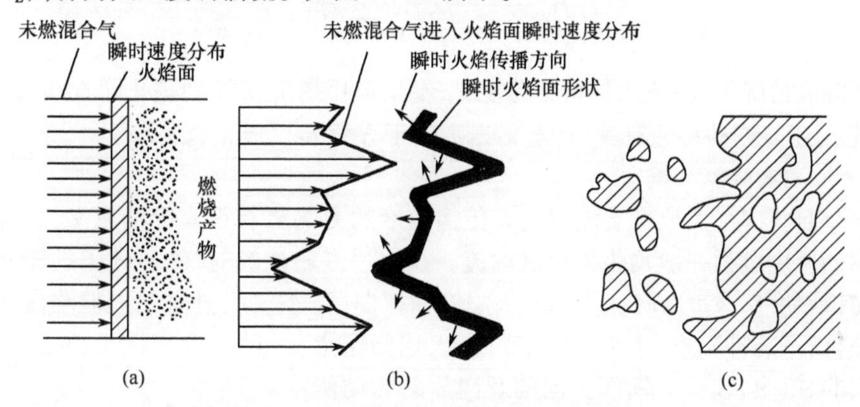

图 5－20　表面皱折燃烧理论的简化模型

(a)小尺度；(b)大尺度弱湍流；(c)大尺度强湍流。

1）小尺度湍流火焰

当气流湍流度较小（$2300\leqslant R_e\leqslant 6000$），即 $l<\delta_l$ 且 $\boldsymbol{v}'<S_L$，此时湍流强度低，扰动小，速度脉动小，流体内部扰动的涡团尺寸量级小于层流火焰燃烧区厚度，对火焰表面不会引起较大的变形，只是表面不再光滑，而变成波浪形。此时焰锋表面积略有增加，焰锋厚度 δ_T 略大于层流火焰面厚度 δ_L，其燃烧过程没有发生根本变化。只是由于湍流使火焰中物质的输运特性比在层流时因分子迁徙所引起的过程更剧烈，使热量和活性粒子的传输加速，从而使湍流火焰传播速度比层流火焰传播速度快，而在其他方面没有什么影响。

此时，湍流火焰传播速度 $\boldsymbol{v}_T$ 可按层流火焰传播速度公式来计算，只是把相应的参数改为湍流参数即可。对于层流火焰有

$$S_L\propto\left(\frac{D_{T,L}}{\tau}\right)^{\frac{1}{2}}\tag{5-26a}$$

对于湍流火焰，也有

$$v_T \propto \left(\frac{D_{T,t}}{\tau}\right)^{\frac{1}{2}} \tag{5-26b}$$

式中，$D_{T,L}$，$D_{T,t}$分别为层流分子、湍流热扩散系数（m^2/s）；τ 是化学反应时间（s）。

因为层流分子热扩散系数 $D_{T,L}$ 与分子运动黏性系数 ν 相等（普朗特数 $Pr=1$），所以有

$$v_T/S_L \approx \left(\frac{D_{T,t}}{D_{T,L}}\right)^{1/2} = \left(\frac{\lambda_T/\rho_0 C_p}{\lambda_L/\rho_0 C_p}\right)^{1/2} \tag{5-27}$$

其中，λ_T 是湍流热传导系数；λ_L 是层流热传导系数。根据相似性原理，分子导温系数 $D_{T,L}=\lambda_L/\rho_0 C_p$，因而湍流导温系数 $D_{T,t}=\lambda_T/\rho_0 C_p$。在湍流中湍流导温系数 $D_{T,t}$取决于湍流尺度和脉动速度的乘积，即

$$D_{T,t} \propto l v' \tag{5-28}$$

对于管流，湍流尺度 l 与管径成正比，脉动速度 v'和气流速度成正比，即

$$l \propto d \text{ 及 } v' \propto v$$

因此

$$v_T/S_L \approx \left(\frac{D_{T,t}}{D_{T,L}}\right)^{1/2} \propto \left(\frac{l v'}{\nu}\right)^{1/2} \propto \left(\frac{d v}{\nu}\right)^{1/2} = Re^{\frac{1}{2}} \tag{5-29}$$

即小尺度湍流情况下，湍流火焰传播速度 v_T 不仅与可燃混气的物理化学性质有关（即与 S_L 成正比），还与流动特性有关（即与雷诺数的平方根 $Re^{1/2}$成正比）。

2）大尺度弱湍流火焰

当 $Re>6000$ 时，大尺度湍流对火焰传播速度的影响具有很实际的意义，因为实际燃烧装置中的燃烧过程一般均为大尺度湍流。在大尺度弱湍流时，脉冲气团的尺寸大于层流火焰前锋厚度（$l>\delta_l$），脉冲作用使火焰锋面扭曲（比小尺度扭曲大），但湍流迁移脉动速度较小，尚不能冲破（$v'<S_L$）火焰锋面，火焰仍保持一个连续的、扭曲、皱折的锋面。向前及向后的脉动使锋面凹凸不平，但在凹凸不平的整个火焰锋面上，各处火焰都以 S_L 沿该点火焰锋面法线方向向未燃一侧推进。设薄层焰锋的传播速度仍然是 S_L，那么单位时间内焰锋锋面烧掉的混气量是 S_L 与皱折锋面面积 A_c 的乘积，它应与湍流火焰传播速度 v_T 与湍流焰锋的平均表面积 A_p 的乘积相等（如图 5-21 所示），即

$$A_c S_L = A_p v_T \tag{5-30a}$$

或

$$v_T = \frac{A_c S_L}{A_p} \tag{5-30b}$$

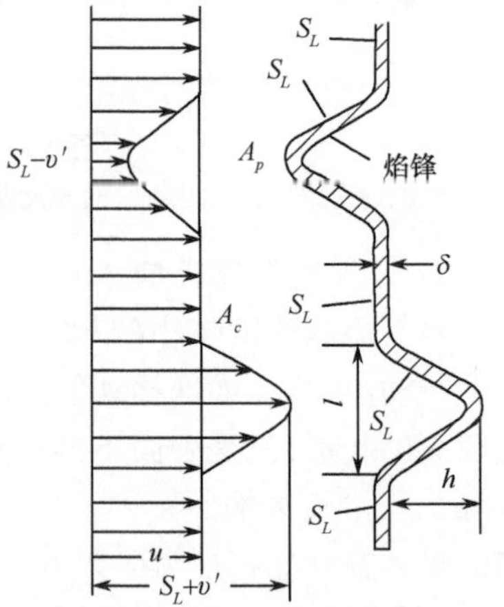

图 5-21　大尺度弱湍流模型

因为 $A_c>A_p$，所以 $v_T>S_L$。若把湍流涡团设想成凹凸不平的很多小的焰锋，则 v_T/S_L 等于这些小的锥体表面积和底面积之比。

为了计算弯曲皱折焰锋的表面积，邓可尔假设湍流火焰表面是由无数锥体组成，于是可得

$$\frac{v_T}{S_L} = \frac{\text{锥体表面积}}{\text{锥底面积}} = \frac{\pi R\sqrt{R^2+h^2}}{\pi R^2} = \sqrt{1+(h/R)^2} = \sqrt{1+(2h/l)^2} \tag{5-31}$$

式中 h 是锥体高度;R 是湍流尺度的一半,有 $R=l/2$。如果湍流微团在锥形表面上的燃烧速度仍然是 S_L,则微团存在的时间 $\tau=l/(2S_L)$,湍流脉动速度是 υ',锥体高度 $h=\upsilon'\tau=\upsilon' l/(2S_L)$,代入式(5-31)得

$$\frac{\upsilon_T}{S_L}=\sqrt{1+\left(\frac{\upsilon'}{S_L}\right)^2} \tag{5-32}$$

从上式可见,在大尺度弱湍流情况下,增大湍流脉动速度,可提高湍流火焰传播速度。

3)大尺度强湍流火焰

在大尺度强湍流下($l>\delta_l,\upsilon'>S_L$),火焰锋面在强湍流脉动作用下不仅变得更加弯曲和皱折,甚至火焰被撕裂而不再保连续的火焰面。所形成的燃烧气团有可能跃出焰锋面而进入未燃新鲜混气中,而脉动的新鲜混气气团也有可能窜入火焰区中燃烧。由于这样的穿插混合,使所观察到的燃烧区不再是一个薄层火焰,而是相当宽区域的火焰。此时进入燃烧区的新鲜混气团在其表面上进行湍流燃烧的同时,还向气流中扩散并燃烧,直到把气团烧完。所以,火焰的传播是通过这些湍流脉动的火焰气团燃烧实现的。

在大尺度强湍流下,脉动速度远远大于层流传播速度($\upsilon'>>S_L$),根据式(5-32)则有

$$\upsilon_T\propto\upsilon'$$

此时湍流火焰传播速度 υ_T 与化学动力学因素无关,只取决于脉动速度的大小。塔兰托夫(Tarantov)根经实验研究后对湍流火焰传播速度进行了修正,提出

$$\upsilon_T\approx 4.3\frac{\upsilon'}{\sqrt{\ln\left(1+\frac{\upsilon'}{\upsilon_L}\right)}} \tag{5-33}$$

根据式(5-33)计算的 υ' 值与实验结果比较符合。

2. 容积燃烧理论

在某些湍流强度比较高的情况下,利用滤色摄影法摄得的火焰照片表明,燃烧反应不是集中在薄的燃烧区内,而是渗透在较深的区域中,湍流火焰的厚度约为层流火焰的几十倍,火焰中浓度及温度分布与层流差别很大。基于这种现象,提出了以微扩散为主的容积燃烧理论,该燃烧模型如图 5-22 中的(b)所示。

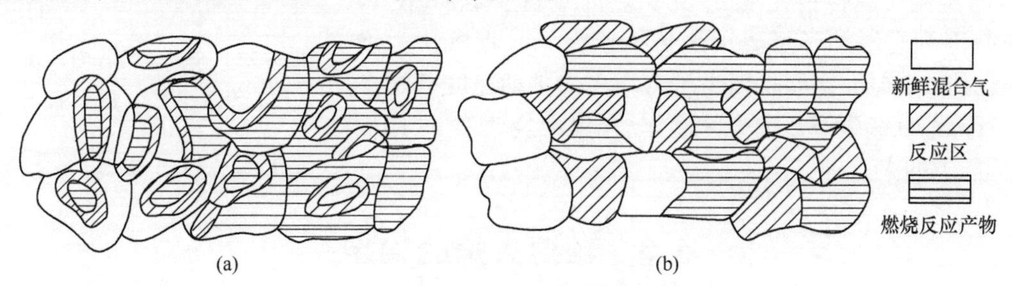

图 5-22 湍流火焰锋面结构的两种模型

(a)表面皱折模型;(b)容积模型。

容积燃烧理论认为,在湍流强度比较高的情况下,流体被涡团扰动,分割成无数空间流体微团("小岛")。在大小不等的微团中,湍流火焰侵入未燃混气的部分并不是由简单的层流火焰面构成,即不存在将未燃可燃物与已燃气体分开的火焰面;在每个微团存在的

时间内,其内部温度、浓度是局部平衡的,但不同微团的温度和浓度是不同的;在不同微团内存在着快慢不同的燃烧反应,先达到着火条件的微团先整体燃烧,未达到着火条件的微团在脉动中被加热,当达到着火条件后再燃烧;火焰不是连续的薄层,但到处都有;各微团间相互渗透混合,不时形成新微团,进行着不同程度的容积化学反应。

谢尔金曾用此燃烧模型估算湍流火焰的传播速度,并同实验结果相比较,结果表明,在湍流火焰传播中,微容积燃烧起着重要的作用。

湍流火焰结构十分复杂,上述各种火焰结构模型有助于认识湍流火焰传播机理,但还很不完善,有待进一步验证、研究和发展。

5.2.4 湍流火焰传播速度的影响因素

类似层流火焰传播速度那样,对湍流火焰传播速度做理论解析还有许多困难。实际上湍流火焰传播速度主要是以计算或测出层流火焰传播速度为基础,通过湍流火焰传播速度与层流火焰传播速度间的关系整理出经验公式来计算。

下式是塔兰托夫对煤油 - 空气混气的湍流火焰传播速度的经验公式

$$v_T = 5.3(v')^{0.6\sim0.7}(S_L)^{0.4\sim0.3} \quad (5-34)$$

但是这里需要说明的是,由于湍流实验条件的差别,这个经验公式不能像层流火焰传播速度那样通用,它只适用于给定的混气和湍流实验条件。

上面的分析表明,雷诺数、脉动速度、层流火焰传播速度及混气浓度是影响湍流火焰传播速度的主要因素。当然,影响层流火焰传播速度的因素,比如,压力和温度等都会影响到湍流火焰的传播速度。

不同可燃混气的湍流火焰传播速度 v_T 是不同的,即使同一种可燃混气,它们的组成不同,v_T 也有显著差别。可燃混气的组成对 v_T 的影响见图 5 - 23。从图可以看出,和余气系数 α 对层流火焰传播速度 S_L 的影响一样,当 $\alpha \approx 1.0$ 时,湍流火焰传播速度 v_T 最大。根据实验,湍流尺度 l 对湍流火焰传播速度 v_t 的影响不大,在强湍流下,湍流尺度 l 与湍流火焰传播速度 v_T 无关。混气温度增加,使 v_T 增加,因为它增加了层流火焰传播速度 S_L。混气压力增大,也使 v_T 增加,主要是因为压力增大使脉动速度 v' 增大了。因此,在高温高压的燃烧室里,湍流燃烧速度 v_T 比低温低压下的大。

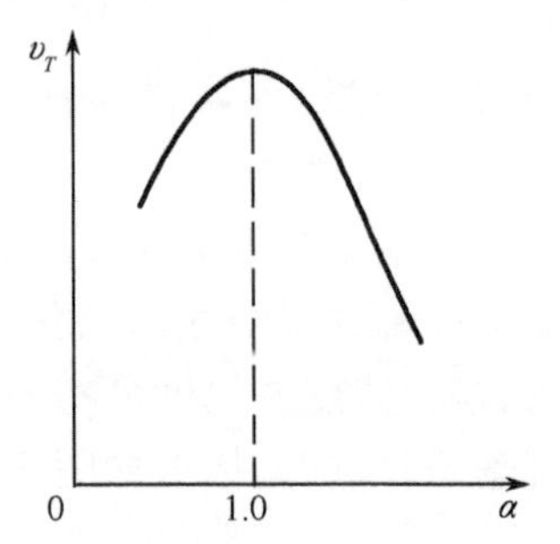

图 5 - 23 余气系数 α 对湍流火焰传播速度 v_T 的影响

5.3 预混火焰的稳定

对于实际燃烧设备而言,不仅要求预混可燃气能够被顺利地点燃、初始火焰能够一层层地传播,同时也要求火焰必须稳定地燃烧,而不发生脱火、回火现象。因此必须要了解火焰的稳定条件。可燃混气来流速度的大小不同,火焰稳定的方法和措施就不同。低速下的火焰能够自发地在一定条件下保持稳定,高速下的火焰稳定须人为地采取措施。下面就低速气流下的火焰稳定条件进行分析,然后讨论高速气流下的火焰稳定方法。

5.3.1 低速气流下的火焰稳定条件

这里我们就管内一维预混层流火焰的稳定条件进行分析。假设可燃混气以速度 v_g 从左向右流过一等截面的管道，那么火焰的传播方向为从右向左，设其大小为 v_L，下面我们就这两个速度相对大小的三种情况对火焰稳定性进行讨论：

（1）当 $v_g = v_L$ 时，即可燃混合气的流动速度和火焰传播速度相等，则火焰前沿移动速度为零，火焰稳定在管内某处，即火焰驻定，见图 5－24 中的(a)。这也是低速气流下火焰稳定的必要条件之一。

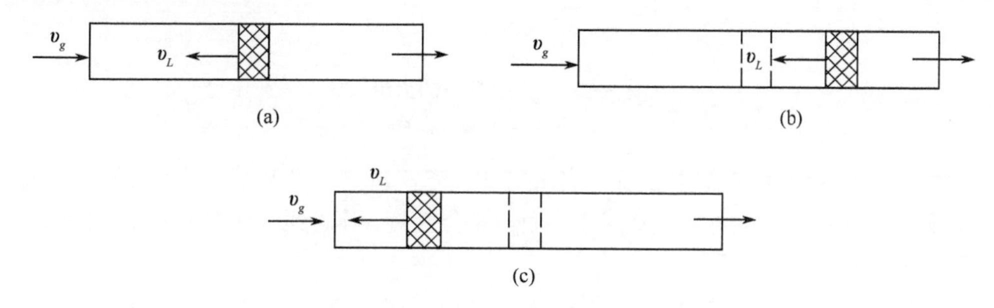

图 5－24 不同气流速度下，管内层流火焰前锋运动情况

(a) $v_g = v_L$；(b) $v_g > v_L$；(c) $v_g < v_L$。

（2）当 $v_g > v_L$ 时，即可燃混合气的流动速度大于火焰传播速度，则火焰前沿就会一直向燃烧产物方向移动，直至火焰前沿被可燃混合气吹走，即出现吹熄或脱火现象，如图 5－24中的(b)所示。

（3）当可燃混合气的流动速度小于火焰传播速度时($v_g < v_L$)，火焰前沿就会一直向可燃混合气侧的方向移动，形成所谓的“回火”，见图 5－24 中的(c)。

因此，为了保证一维火焰的稳定，既不回火，又不吹熄，就必须使可燃混合气的流动速度和火焰传播速度的大小相等($v_g = v_L$)，方向相反，这就是一维火焰的稳定条件。如果存在某种原因使 v_g 或 v_L 发生变化，如气流速度增加或可燃混气成分发生了变化等，火焰稳定性都将遭到破坏。

实际上，在具体的工程燃烧设备中，一维层流火焰几乎是不存在的，因为一般情况下气流速度 v_g 都要远远大于层流火焰传播速度 v_L，所以上述的分析只能为我们提供一个火焰稳定的概念，其实际意义不大。

5.3.2 本生灯口层流火焰的稳定条件

下面以本生灯为例来介绍低速气流下火焰稳定的余弦定律。

图 5－25 给出了本生灯灯口处的火焰形状。从图 5－25(a)可以看到火焰锥的底部和喷嘴出口不重合，存在向外突出的一个弯曲区域，从锥形逐渐扩张变平，这是由于在喷口处，火焰向金属壁面的散热或活性分子的销毁，使靠近喷口处有一个无火焰区，称为穿透距离或熄火距离。火焰顶部也不是尖的而是扁平的，这是因为在锥体顶部，由于受四周火焰的加热，温度已经很高，因此顶部燃烧时火焰传播速度会增大，并与当地的混气流速相等，从而使得锥顶变圆。另外，如果出现尖顶的话，则火焰外表面相交所形成的顶点将

具有不同的方向，从火焰连续的角度来说，这是绝对不可能的。如采用收敛管，火焰形状将接近正圆锥形(见图5-25(b))，上述特点仍存在。

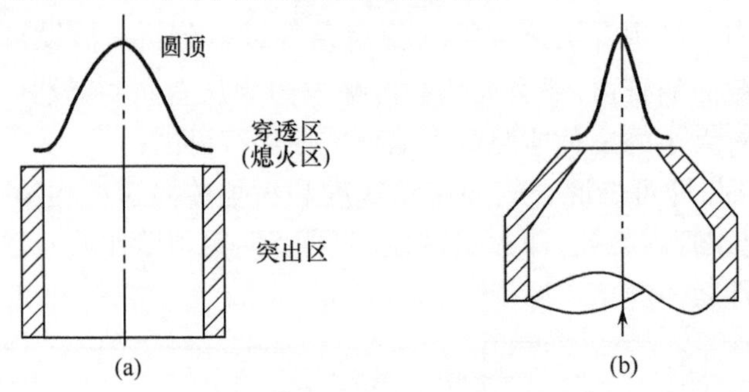

图5-25　本生灯口的火焰

(a)直喷口；(b)喷口收缩。

若本生灯管内混气流速增加，则火焰锥变长，流速再进一步增大($v_g > v_L$)，火焰锥就会吹灭或者叫“脱火”；若混气流速减小，火焰锥会变短，当减到一定值($v_g < v_L$)时，火焰会自动烧向管内，即“回火”。

混气在本生灯管内流动时，由于附面层的存在，使壁面附近的流速逐渐降低直到在管壁处流速为零。图5-26所示为离本生灯喷口不同距离处射流边界附近的气流流速v_g分布和不同截面上相应的火焰传播速度v_L分布。管内混气流出时，在管口形成射流。在射流外边界附近由于火焰向周围大气散热及混气与四周空气掺混，使混气浓度变淡，因而该处的火焰传播速度$v_{L,i}$降低。当远离射流边界向射流核心靠近时，这种影响将逐渐减小。此外，火焰稳定在管口时，管壁的散热效应亦会使根部的火焰传播速度$v_{L,i}$降低。当火焰离开管口距离增大时，管壁散热效应将会减少。

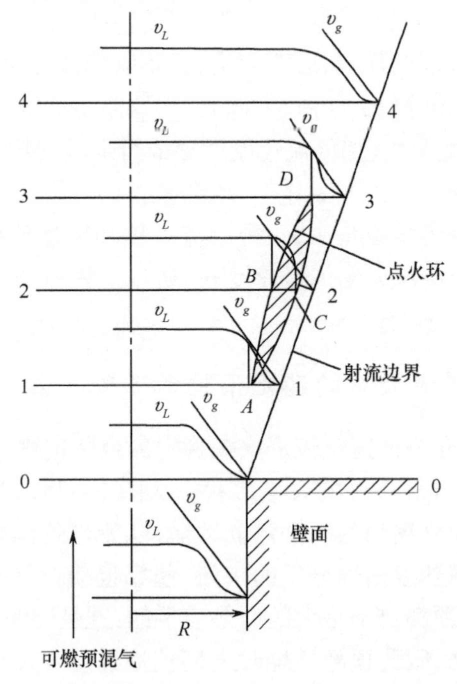

图5-26　不同截面上气流速度与火焰传播速度的分布

和前面讨论层流火焰锋面驻定时一样，在本生灯口的射流边界层里，当某点的局部火焰传播速度$v_{L,i}$与当地的混气流速$v_{g,i}$的大小相等、方向相反时，那么本生灯口的火焰就是稳定的。在图5-26中，1、2、3截面的射流边界层里，都可以找到局部混气流速$v_{g,i}$与当地混气的火焰传播速度$v_{L,i}$相等的点。把$v_{g,i}=v_{L,i}$的各点连接起来，可得到ABDCA一个环形面。在本生灯口有这个环形面存在就可以使火焰稳定。这个环就叫"稳定点火源"，因为它呈现一个环形，所以也叫"点火环"，这是火焰稳定的另一个必要条件。在稳定点火环上，混气的局部流速等于当地的火焰传播速度。

那么，管口火焰根部的稳定点火源是如何建立起来的呢？这就需要通过分析各个位置上预混可燃气气流速度v_g和火焰传播速度v_L之间的关系来确定其原因。预混气气流速度v_g与火焰传播速度v_L在气流流动方向上各个截面的分布规律如图5-26所示。下面就v_g和v_L的关系进行分析。

(1) 在管口外靠近喷口处，比如0-0截面或管口内的任一截面上，由于管壁散热以及壁面对活化分子的吸附作用使火焰传播速度v_l在壁面处为零，其他区域则变化不大。但是在整个截面上处处存在$v_g>v_L$，此时即使可燃混气着火，也稳定不下来，将随气流向上移动。

(2) 在管口之外的1-1截面上，由于预混可燃气射流与周围空气之间具有动量和质量交换，因此形成一个逐渐扩大的射流边界层，气流速度v_g在径向的速度梯度有所减小。同时，由于该截面已经离开喷口，所以管壁散热作用以及管壁对活化分子的吸附作用降低，使射流外缘处的v_L有所增大。但是，射流的卷吸作用使部分空气进入到预混气中，致使射流边界层内所含空气分数增加，从而导致火焰传播速度v_L降低。只要v_g不是太大（若太大，则脱火，稳定不了），总能在喷口外某一截面为1-1截面上的A点，$v_g=v_L$（但是在该截面上的其他各点仍有$v_g>v_L$），火焰根部就可以稳定在此点上不动，这也就是开始着火的位置，形成所谓的"点火环"。

(3) 如因扰动使开始着火位置（火焰根部）移到2-2截面，管壁冷却作用进一步减弱，而射流卷吸的空气量越来越多，从而使v_g和v_L沿径向的分布曲线发生如图所示的变化，两者相交于B、C两点。在2-2截面上的B、C两点，$v_g=v_L$；B、C两点之间，$v_g<v_L$；其他各点则仍然是$v_g>v_L$。

(4) 若着火位置移到3-3截面，此处壁面散热已不明显影响v_L，反倒因周围空气对射流边缘可燃气体的稀释作用而使v_L减小，出现v_L与v_g相切于D点的情况，即$v_g=v_L$——火焰稳定的又一极限位置，是个不稳定的着火点。若向上扰动，则$v_g>v_L$，形成脱火；若向下扰动，总能回到A点。所以只要扰动发生在ABDCA内，便总能回复到A点，A点为平衡点，形成一圈点火环。

(5) 在4-4截面处，由于卷吸空气量越来越多，致使在该截面各点均出现$v_g>v_L$。

故概括地说，点火环形成是由于射流边界面附近传播速度分布不均匀的缘故。在环形区域ABCD的边界线上，存在$v_g=v_L$，说明火焰可以在这些点上稳定；在边界线外，$v_g>v_L$，火焰不能稳定；而在点火环内，如果有某种因素使火焰从1-1截面向下游移动，由于$v_g<v_L$的缘故，火焰将自动退回到A点。那么，ABDCA内的区域就是回火区域。对一定的可燃混气，点火环位置随气流速度的变化而改变，若v_g增加，ABDCA区将向下游移动并缩小，直到变化为一点，最后熄灭；若v_g减小，ABDCA区扩大，并向管内窜动——回火。

下面来分析在火焰面某一处稳定的条件关系式。设本生灯锥形火焰可燃混气气流与焰锋法线方向成一 φ 角，如图 5-27 所示。我们可把气流速度分解成两个分速度，一个是与焰锋表面垂直的法向分速度 $\boldsymbol{v}_{g,n}$，一个是锋面平行的切向分速度 $\boldsymbol{v}_{g,t}$。前者产生的牵连效应将使焰锋沿 $n-n$ 方向移动，后者产生的牵连效应将使焰锋沿 $a-a$ 方向顺着焰锋表面移动。当火焰稳定时，这两个分速度引起的焰锋牵连运动将得到平衡和补偿，亦即焰锋相对于灯口的位置不变。显然，与法向分速度 $\boldsymbol{v}_{g,n}$ 相平衡的正是当地的火焰传播速度 $\boldsymbol{v}_L$，它们的大小相等而方向相反，从数值上有

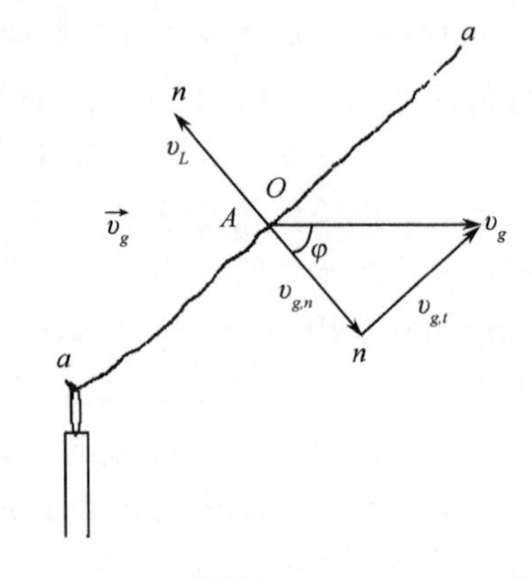

图 5-27 火焰锥与气流速度的关系

$$\boldsymbol{v}_{g,n}=\boldsymbol{v}_g\cos\varphi \tag{5-35}$$

所以，有

$$\boldsymbol{v}_L=-\boldsymbol{v}_g\cos\varphi \tag{5-36}$$

也就是说，在火焰稳定时，迎面气流速度在火焰前锋法向上的投影，即法向分速度，在数值上必等于混气的火焰传播速度，这就是余弦定律。余弦定律可以解释在低速混气流动中，火焰稳定的原因。它也可以解释当混气性质及成分一定时，混气流速增大火焰锥伸长，混气流速减少火焰锥缩短的原因。

从上面的分析可知，气体的切向分速度 $\boldsymbol{v}_{g,t}$ 将使焰锋表面的质点沿 $a-a$ 方向移动。因此，为了保证火焰在某一点（如 A 点）继续存在，必须有另一个相应的质点补充到 A 点（从 $a-a$ 间）。这个补充的关键就在于火焰锥根部是否稳定。若根部没有强大的点火源存在，则该点被移走的已燃混气就不会被新的已燃混气代替（则火焰会被气流吹走），火焰也就不能稳定存在。

故低速气流下火焰稳定的两个必要条件：一是流动条件——余弦定律；另一个是热力条件——火焰锥根部存在稳定、连续、强大的点火源，以便不断地点燃根部的可燃混气。

5.3.3 高速气流下的火焰稳定

在实际燃烧装置中，可燃混气的平均流速要比火焰传播速度大得多，即 $\boldsymbol{v}_g \gg \boldsymbol{v}_L$。比如在喷气发动机加力燃烧室中气流速度高达 150~180m/s，而烃类燃料在空气中的湍流火焰传播速度也只有几米每秒。因此，如不采取特殊的措施，火焰是无法稳定燃烧的。因为此时气流的 Re 很高，一般不能用本生灯火焰边界层中的流速来分析火焰稳定问题。所以，要实现高速气流中火焰的稳定，就必须在气流中人为地创造条件来建立平衡点，以满足气流法向分速度等于湍流火焰传播速度。

最常用的方法是在气流中设置稳焰器使气流产生回流区，比如喷气发动机主燃烧室和工业锅炉中常用旋流器产生回流区使火焰稳定；在喷气发动机加力燃烧室中常用钝体稳焰器产生回流区使火焰稳定；在有些工业炉中采用突扩管道产生回流区稳定火焰。由于回流区的存在，它不断地将高温已燃气体带入回流区，形成一个强大的稳定点火源，然后不断地点燃新鲜混气，在过渡区内造成低速流动区，使 $\boldsymbol{v}_g=\boldsymbol{v}_l$，从而使火焰保持稳定。

高速气流中的火焰稳定，是燃烧理论中的一个重要课题，并对燃烧室或燃烧装置的设计和运行具有重要的工程指导意义。

1. 钝体(非流线体)稳定火焰的机理——产生回流区

采用钝体是最常用、最有效的稳定火焰的方法之一。钝体的形状很多，有圆形、平板、半圆锥体、V 形槽等。钝体稳定火焰的原理就是靠形成稳定的回流区来实现的。下面以 V 形槽为例(如图 5-28 所示)，了解钝体回流区中气流的结构。

1) 钝体后回流区中气流结构

当高速气流流经 V 形槽时，由于气体黏性力的作用，将钝体后面遮蔽区中的气流带走，形成局部低压区，从而使钝体下游处部分气流在压力差的作用下，以与主气流相反的方向流向钝体后的遮蔽区，以保持流动的连续性。这样就在 V 形槽的尾迹中形成回流区。如果测量出 V 形槽尾迹中各点的时均流速，并画出尾迹中的时均流速分布，则如图 5-28所示：由于障碍物对称，在其尾迹中形成了两个大致对称的椭圆形旋涡，每个旋涡中间有个核心，气流绕它旋转，核心处的速度为 0，称为“涡心”。在紧靠障碍物背后的凹区内，气流滞止，称为前死心 d_1；在回流区的尾部，由于气流结构造成一个菱形区，它的后区与中心轴线的交点，称为后死心 d_2。在 I-I 截面上有两个点轴向分速度为 0，如果把各截面上轴向速度为 0 的点连起来，就叫零速线；这条线包围的轴向逆流速度部分，称为逆流区；零速线以外称为顺流区。从零速线向外，速度逐渐加大，最大到等于主流速度，即为顺流区和主流区的边界。

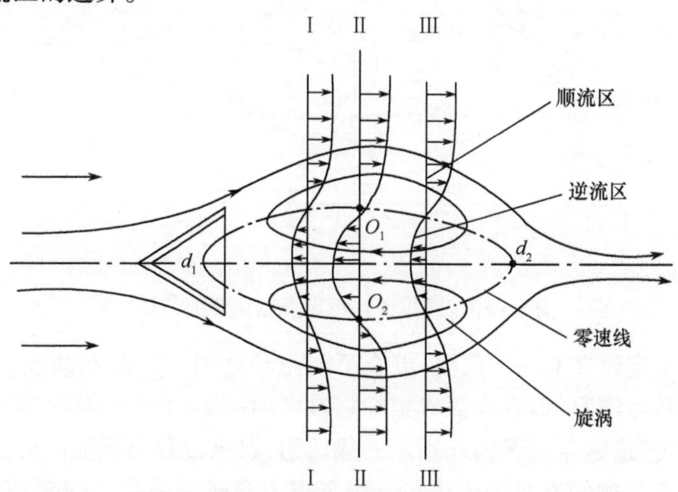

图 5-28　钝体火焰稳定器后的回流区

回流区的存在，使气体从后面进入回流区，从前面流出回流区。从图 5-29 看出回流气体好像总在循环，但由于回流区边界上(过渡区)速度变化很激烈，回流区内的湍流强度很大，因此，回流气体与外界有强烈的湍流交换。实验结果分析表明，当 V 形槽后的混气被点燃后，因为回流区里充满了高温燃气，且流向是逆向，所以新鲜混气刚进入燃烧室就与回流区内流出的高温燃气接触，被点燃以后，沿回流区外侧流向下游，而高温燃气则从回流区下游进入补充回流区里的热量损失，然后周而复始，造成了新鲜混气不断地被回流的高温燃气点燃，回流区外侧的火焰则不断地向回流区补充能量，并维持其高温，使燃烧得以稳定进行。

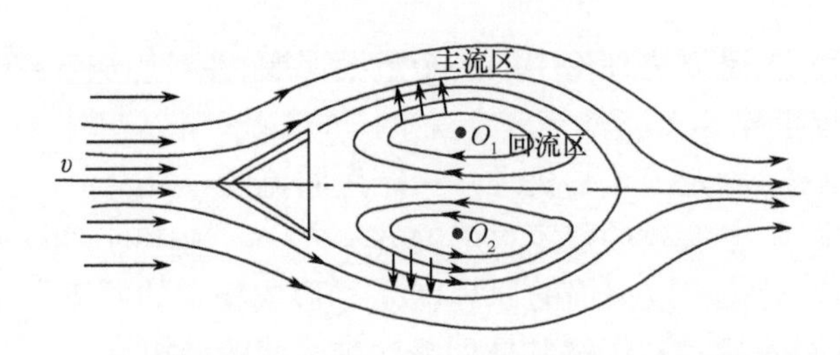

图 5-29　钝体火焰稳定器回流区的形成

2）钝体后回流区火焰稳定原理

可燃混气射流喷入燃烧室后，由于回流区的存在，回流漩涡将炽热的高温燃气带回钝体，使燃烧反应温度显著升高，火焰得以稳定在一个小的区域内，如图 5-30 所示。此时的火焰传播速度为 v_L，且有 $v_g >> v_t > 0$（v_g 为当地气流速度，v_t 为湍流火焰传播速度）。在 0-0 截面，过渡区的轴向速度 v 在 $0 \sim v_g$ 之间。在该速度区中总可找到一点（如 b 点），该点气流速度恰好和火焰传播速度相等，即 $v_g = v_t$，而方向相反，这就满足了火焰稳定的基本条件。也可认为，火焰在此形成了一个固定点火源。

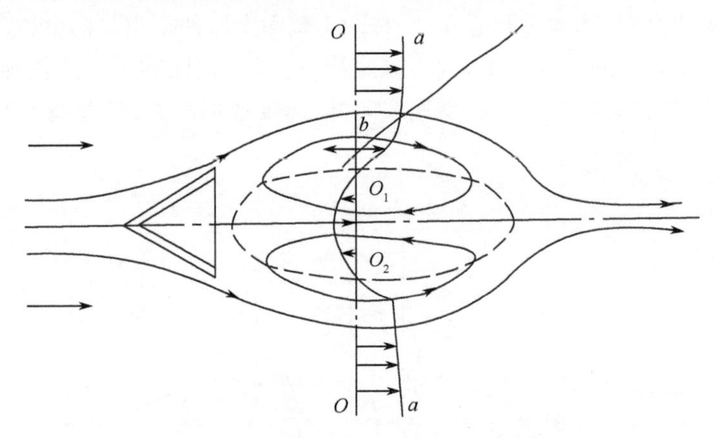

图 5-30　钝体火焰稳定器点火源的位置

点火源并不一定仅在 0-0 截面，也有可能出现在 0-0 截面前面，也可能在后面，这要取决于气流具体情况，但点火源肯定在过渡区内。实际上，回流区吸入大量高温燃气本身就起到了固定、连续点火源的作用。一般认为，点火过程是回流区外边缘新鲜可燃混气和高温燃气在相接触的交界面上进行。由于以上分析的是一个剖面，实际上 V 形钝体是个轴对称的空间结构，因此固定点火源应为一个圆环。

可见，为了在钝体稳焰器后维持火焰稳定，除了要在其后形成一个固定点火源外，还要有足够的能量，否则无法点燃新鲜的可燃混气。然而，若流过钝体稳焰器的新鲜可燃混气的组成超过了着火极限，那么即使具有很大能量的点火源也是无济于事。实验表明，在给定的可燃混气流速、温度和压力下，要在稳焰器下游维持一稳定火焰，则可燃混气组成必须处于一定范围；若可燃混气组成一定，在给定的温度和压力下，增大气流流速同样会把火焰吹熄。

火焰稳定器的稳定性主要是指具有较高的吹熄速度，且在较宽广的混合气浓度范围内实现稳定的燃烧。影响火焰稳定的因素很多，如可燃混气的着火极限与点燃能量，而这些参数又取决于燃气的种类、可燃混气的组成、气流速度、湍流强度以及可燃混气的压力和温度等;而回流区所具有的能量则又取决于稳焰器的结构形状和尺寸大小、气流速度及旋转与否和燃烧室尺寸等。因此,火焰稳定是一个复杂问题,上述各因素中只要有一个发生变化,特别是稳焰器尺寸及形状的变化,就可能引起火焰的脱离或熄灭。

2. 火焰稳定理论

关于V形槽火焰稳定的理论,最主要的有两种:一是能量理论;二是特征时间理论。

能量理论认为:混气受回流区高温燃气的加热,达到着火温度而使火焰保持稳定,如果回流区传给可燃新鲜混气的热量不足以使混气达到着火温度,则火焰熄灭。

特征时间理论认为:火焰稳定性取决于两个特征时间——新鲜混气在回流区外边界停留的时间 τ_s 及点燃新鲜混气所需的准备时间,即感应期 τ_i。研究表明,未燃混气微团与热燃气接触后,吸热升温,这时混气微团内的化学反应虽然已经开始,但并没有显著的化学变化,需要经过一段准备时间,积累足够的热量以后才能着火燃烧,这一段时间就是感应期。所以,如果 $\tau_s \geq \tau_i$,则火焰可以稳定;反之,$\tau_s < \tau_i$,则火焰就会熄灭。

由以上两种理论所得的稳定性准则结论基本相同,即适当增加稳定器尺寸,提高混气温度,使混气成分接近化学恰当比,增加混气压力等均能在较高的流速下保持火焰稳定。

3. 高速流体中稳定火焰的方法

上文的分析表明,当混气点燃后,充满高温燃气的回流区就是一个稳定的点火源。故凡是在高速气流中能形成这样的回流区的方法,就可以稳定火焰。常用实现火焰稳定的方法有:利用引燃火焰(值班火焰)稳定,利用旋转射流(旋流器)稳定,利用突扩管道,带孔圆管及逆向射流,或同向两股存在大速差的射流等实现稳定。

1) 引燃火焰稳定

图5-31为利用引燃火焰稳定主火焰的几种典型方法。从图5-31可以看出,引燃火焰稳定的基本方法是构造一个浓度稍高而速度稍低的区域。方法是在主喷口周围设计一个环缝区域(图中数字3所指区域),使主流道(图中数字1所指区域)上的一部分可燃气进入环缝,并从环缝减速喷出燃烧器,则达到了在高速区外围增设低速区(环缝)的目的。这样就使环缝处的浓度高而速度小,从而构造出新的稳定点火源。

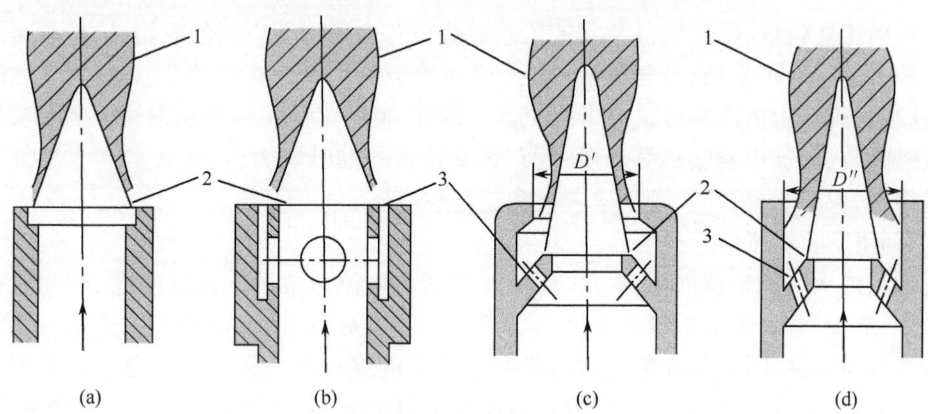

图5-31 利用引燃火焰稳定主火焰的典型方法

(a)无引燃火焰;(b)(c)(d)有引燃火焰。

1—主火焰;2—主焰孔;3—引燃焰孔。

从环缝喷射出来的引燃火焰，使燃烧器喷口喷出的主气流被不间断地点燃，从而稳定主火焰。该引燃火焰必然是流速较低、燃烧流量较小的分支火焰，其流速可为主火焰的数十分之一，燃烧流量可达主火焰的20% ~30% 。可以认为，由于强烈的扩散和混合作用，在由引燃火焰产生的炽热气流与点燃前的可燃混气气流之间，发生强烈的热、质交换，冷的可燃混气温度因此得以升高，反应速率增大，并进一步着火和燃烧。这种引燃火焰与冷的可燃混气之间的作用一直不间断地进行下去，便可有效地保证主气流的燃烧稳定。

2）利用旋转射流稳定火焰

燃料气流或空气在离开燃烧器喷口之前开始作旋转运动，那么在气流由喷口喷出后便会边旋转边向前运动，从而形成旋转射流。旋转射流是通过各种形式的旋流器产生的，气流在旋流器的作用下做螺旋运动，它一旦离开燃烧器由喷口喷射出去，由于离心力的作用，不仅具有轴向速度，而且还有气流扩散的切向速度，如图5－32所示。

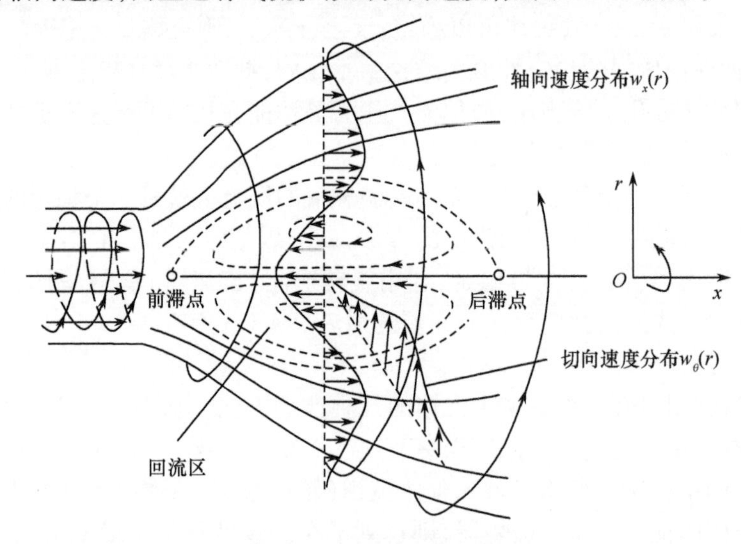

图5－32　旋转射流流场示意图

旋转射流在锅炉、燃气轮机及其他工业燃烧设备中得到了广泛的应用，这不仅是因为它具有较大的喷射扩张角，使得射程较短，可在较窄的炉膛或燃烧室深度中完成燃烧过程，而且在强旋转射流内部形成一个回流区。因此，旋转射流不但可从射流外侧卷吸周围介质，还能从内回流中卷吸高温介质，故它具有较强的抽吸能力，可使大量高温燃气回流至火焰根部，保证燃料及时、顺利地着火和稳定燃烧。

3）利用反吹射流稳定火焰

反吹射流火焰稳定器如图5－33所示。在逆向射流形成的回流区前缘，逆向射流和主流相撞，流速降低，形成前缘滞止区。当混气点燃以后，可以形成稳定的火焰。回流区把高温燃气带到滞止区，从而滞止区就是一个稳定的点火源。在滞止区里包含有射流混气、新鲜空气和高温燃气，因此可以根据不同的主流速度，调整射流混气的浓度和速度，保证创造火焰稳定的条件。如果主气流是混合气，逆向射流是新鲜空气，则在滞止区里形成稳定点火源。这种稳焰方法可以用在航空发动机的加力燃烧室上，有的工业锅炉也利用这种方法做启动火炬的稳定器。

4）利用突扩管道稳定火焰

突扩管道也可以形成射流和管壁之间的环形回流区，如图 5－34 所示。由于回流区的尺寸较大，突扩管道式燃烧室可以实现高强度的预混气无焰燃烧。其缺点是有产生回火的危险。

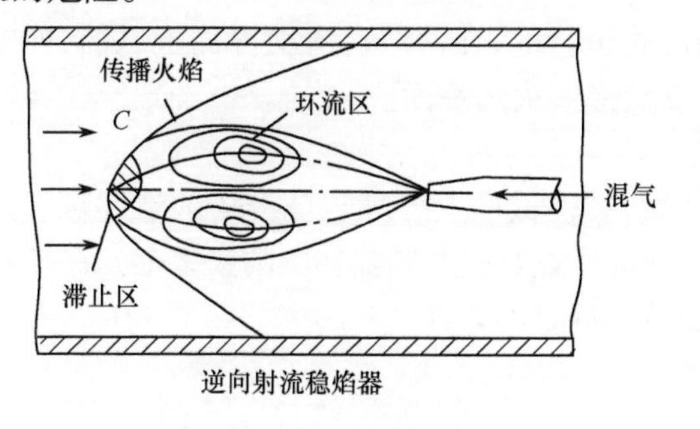

图 5－33　反吹射流的流动

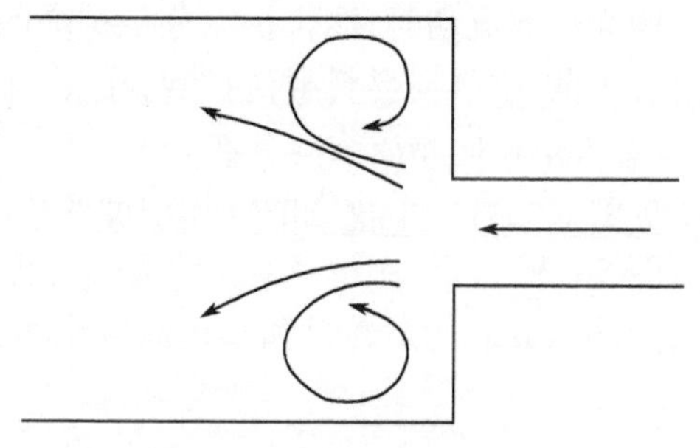

图 5－34　突扩管道的流动

5.4　可燃气体的扩散燃烧

许多实际燃烧设备中，常常由于燃料性质限制，不易形成预混混气，燃料和氧化剂多半是分别供入燃烧室内，燃料和氧化剂的混合过程和化学反应过程是同时进行的。与预混燃烧相比，扩散燃烧的化学反应过程相对来说进行得很快，而燃料和氧化剂的混合过程要慢得多。因此燃烧速度主要取决于混合过程的快慢。而且，非预混火焰没有基本的特性参数，比如描述火焰传播过程的火焰速度。此外，只有涉及到火焰结构、总的燃料/空气比才有实际意义，因为扩散燃烧出现在一个由输运决定的宽广的燃料/空气当量比的范围内。

在扩散燃烧中，燃料和氧化剂（或空气）的混合依靠质量扩散进行，而这种扩散又与流动状态有关。在层流状态下，混合依靠分子扩散进行，层流扩散燃烧的速度取决于气体的扩散速度。在湍流状态下，由于大量气团的无规则运动，强化了质量扩散，使燃料和氧化剂之间的质量扩散大大增加，因而燃烧所需的时间大大缩短。

5.4.1　层流扩散燃烧火焰

层流扩散燃烧的速度较慢，功率较小，在工程上的应用不如湍流扩散燃烧广泛，然而它是扩散燃烧的基本形式，也是认识湍流扩散燃烧的基础。下面先分析层流扩散火焰的结构。

1）层流扩散火焰外形

层流扩散火焰的经典例子是同心圆管内的扩散火焰，如图 5－35 所示。气体燃料和空气分别在半径为 r_j 和 r_s 的圆管内流动，流动的速度是相等的。这种燃烧的火焰形状仅仅与供给的空气量有关，可以分为两类：如果供给

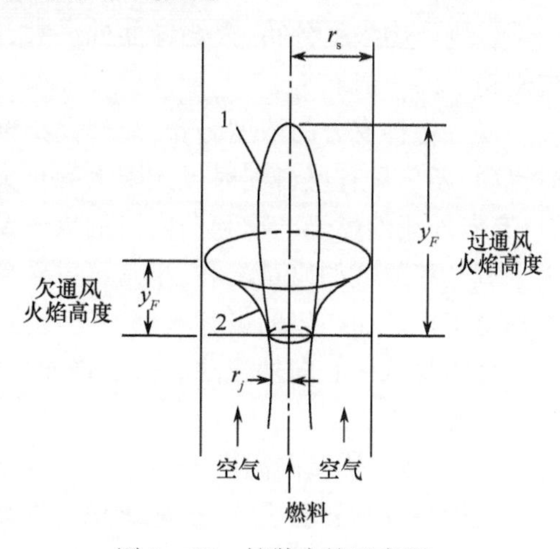

图 5－35　扩散火焰示意图

的空气中氧气超过燃料完全燃烧所需的量，便形成富氧火焰，如图 5 - 35 中曲线 1。火焰的表面逐渐收缩到圆管的轴线上，称为圆锥形火焰，也叫过通风火焰；反之，如果空气中的氧气不足，火焰扩展到外管壁上，形成喇叭形的所谓贫氧火焰，也叫欠通风火焰。如图 5 - 35 中的曲线 2。

因为层流流动时，混合是以分子扩散的形式进行的，在两股对流交界面上，燃料向空气射流扩散，空气向燃料射流扩散，在 $\alpha = 1.0$ 处形成火焰峰面。

2）火焰径向物质浓度分布

扩散火焰有一个较宽的气体浓度变化区域，其横截面上各种气体分子的浓度可形象地用图 5 - 36 表示，图中 A - A 为火焰边界（测量位置对应右侧实物图的横线上），一个稳定的火焰边界只能是燃料和氧化剂按化学当量比混合的表面。

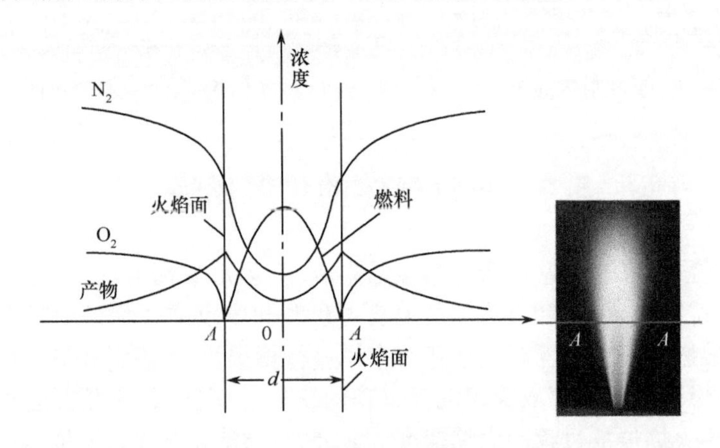

图 5 - 36　扩散火焰横向物质浓度分布

可燃气浓度分布：可燃气浓度在火焰锋面处最小；火焰中心燃料气（可燃气）浓度最大，越向火焰锋面靠近，燃料气浓度越来越小，直到在火焰锋面处燃料气浓度等于 0。

氧气浓度分布：氧气浓度在火焰锋面处最小；火焰内部，氧的浓度几乎等于 0，因为在火焰锋面处已经燃烧完；在火焰外部，随径向距离增大，氧的浓度越来越大，直到等于空气中的浓度。

燃烧产物浓度分布：火焰锋面处最大，离火焰越远越小，在火焰外侧趋向于 0；在火焰内侧趋于某一值。

以上各种成分的浓度分布，显然是扩散造成的。无论是可燃气和空气沿火焰方向同时流动，还是只有燃料气射入无限大静止大气中，浓度分布剖面都是一样的。从火焰外表看，有向外流的燃烧产物和向内流的氧气及少量的氮气。通常状态下，燃烧产物的总质量大于氧气和氮气的质量之和，于是可以看到宏观气流从火焰锋面向外移动。在火焰锋面外部由于扩散而产生的氧气流动与宏观流动方向相反。当然在中心线和火焰面之间宏观流动必然是从中心向外流动。火焰锋面处氧气和可燃气全部消失，表明在火焰锋面处反应速率无限大。

3）扩散火焰横向温度分布

理论研究和实验表明，扩散火焰的温度以火焰锋面为最高，离开火焰锋面，向内趋于某一值，向外趋于环境温度。整个温度分布和图 5 - 36 中的产物浓度分布规律类似。

4）火焰高度

实验发现，层流扩散火焰高度与容积流量成正比，即与可燃气流速和喷嘴横截面积的乘积成正比。可燃气体流速越大，扩散火焰越高；喷嘴横截面面积越大，扩散火焰越高。如图5－37所示。从图中可以清楚地看到，在流速比较低时，即处于层流状态时，火焰高度随流速的增加大致成正比提高，而在流速比较高时，即处于湍流状态时，火焰高度几乎与流速无关。

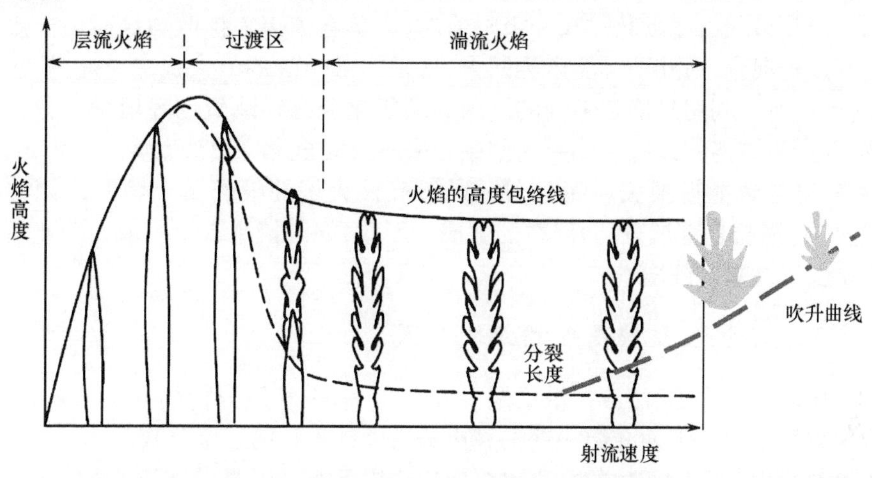

图5－37　扩散火焰高度随可燃气流速的变化

对于同心圆管内的扩散火焰，火焰高度的确定其实质就是寻找火焰锋面与轴心线相交的位置。

实验发现，扩散层流火焰高度与氧和燃料的当量比有关。1mol的燃料所需要氧气的物质的量越多，气相扩散火焰高度越高；反之，扩散火焰高度就越低。环境中氧含量减小时，火焰高度增加。

5.4.2　湍流扩散燃烧火焰

对于同心圆管内的扩散火焰，当气流速度增加到某一临界值时，会使层流扩散火焰过渡到湍流扩散火焰。图5－37形象地表示了随喷射速度增加，层流扩散火焰过渡到湍流扩散火焰的变化情况。从图中可以看出，层流扩散火焰锋面的边缘光滑、轮廓鲜明、形状稳定，火焰高度几乎与流速（或 Re）成正比，直到达到最大值；此后，流速的增加使火焰焰锋顶端变得不稳定，并开始出现颤动。随着流速进一步提高，这种不稳定现象将逐步发展为带有噪声的湍流刷状火焰，它从火焰顶端的某一确定点开始发生层流破裂并转变为湍流射流。由于湍流影响，湍流扩散混合加快，燃烧速度增加，使火焰高度缩短。继续增加射流速度，火焰端部的湍流区长度增加，开始颤动、皱折、破裂的点（转变点）向喷口方向移动，火焰的总高度则明显缩短，直到破裂点靠近喷口。此时火焰达到完全湍流状态，此后破裂点位置不变（或与管口距离略有缩短）、火焰高度趋于定值，但噪声继续增大，火焰的亮度亦会继续减弱。最后在某一速度下（该速度取决于可燃气的种类和喷嘴尺寸），火焰被吹离喷管口。

扩散火焰由层流状态过渡到湍流状态一般发生在 Re 为2000～10000的范围内。过渡范围这样宽的原因是气体的粘度与温度有很大的关系，绝热温度相对高的火焰可以在相对高的 Re 下进入湍流；相反，绝热温度相对比较低的火焰将会在相对低的 Re 下进入湍流。

和预混火焰一样，扩散火焰也存在稳定性。湍流扩散火焰的稳定性是指火焰既不被吹跑（或叫脱火，吹熄），也不产生回火，而始终“悬挂”在管口的情况。在低的流速下，火焰附着在管口。随着流速增加，火焰从管口升起。从管口到火焰底部的距离称为火焰升起的距离。当管口流出速度超过某一极限值时，火焰会熄灭。扩散燃烧时由于燃料在管内不与空气预先混合，因此不可能产生回火，这是扩散燃烧的最大优点。但是，扩散火焰的温度较低，对有效利用热能是不利的。因为碳氢化合物在缺氧的环境中会分解成低分子化合物，并产生游离的碳粒。如果这些碳粒来不及完全燃烧而被燃烧产物带走，就会造成环境污染，并导致能量损失。而且，扩散燃烧时，火焰的根部及火焰的内侧容易析碳（温度低造成），需防止冒烟，控制碳粒的生成。因此，如何控制碳粒生成及防止冒烟则是扩散燃烧中值得注意的问题。

5.4.3 湍流扩散火焰高度的经验公式

相对于层流扩散火焰，湍流扩散火焰要复杂得多，很难用分析的方法求解火焰高度，主要靠数值方法求解。下面介绍一些估算火焰长度和半径的经验公式。

对于燃料自由射流所产生的垂直火焰取决于以下 4 个因素：

（1）初始射流动量通量与作用在火焰上的力之比，即火焰的弗卢德数（Froude Number）Fr_f；

（2）化学恰当反应时燃料所占可燃混合物的质量分数 $w_{f,s}$；

（3）喷管内流体密度与环境气体密度之比 ρ_e/ρ_∞；

（4）初始射流直径 d_i。

火焰弗卢德数定义如下

$$Fr_f = \frac{\boldsymbol{v}_e w_{f,s}^{3/2}}{(\rho_e/\rho_\infty)^{1/4}\left[\dfrac{\Delta T_f}{T_\infty} g d_j\right]^{1/2}} \tag{5-37}$$

式中 ΔT_f 是燃烧特征温度，g 为重力加速度，T_∞ 为环境温度，$\boldsymbol{v}_e$ 为喷口气流速度。

可以将喷管内流体密度与环境气体密度之比 ρ_e/ρ_∞ 与初始射流直径 d_j 综合为一个参数，即动量直径

$$d_j^* = d_j(\rho_e/\rho_\infty)^{1/2} \tag{5-38}$$

无因次火焰长度的经验公式

$$L^* = \frac{L_f w_{f,s}}{d_j(\rho_e/\rho_\infty)^{1/2}} \tag{5-39}$$

或

$$L^* = \frac{L_f w_{f,s}}{d_j^*} \tag{5-40}$$

在浮力起主要作用区，无因次火焰长度的经验公式为

$$L^* = \frac{13.5 Fr_f}{(1+0.07 Fr_f)^{1/5}} \quad 当\ Fr_f < 5 \tag{5-41}$$

在动量起主要作用区，无因次火焰长度的经验公式为

$$L^* = 23 \quad 当\ Fr_f \geqslant 5 \tag{5-42}$$

例 5.2 已知：一丙烷射流火焰的出口直径为 6.17mm，丙烷的质量流量为 3.66×10^{-3}kg/s，射流出口处的丙烷密度为 1.854kg/m³，环境压力为 1atm，温度 300K。试估算该射流火焰的长度。

解：下面我们将用 Delichatsios 关系式来估算该射流火焰的长度，Delichatsios 关系式具体表示如下

$$L^* = \begin{cases} \dfrac{13.5 F_{rf}^{2/5}}{(1+0.07F_{rf}^2)^{1/5}} & ,Fr_f < 5 \\ 23 & ,Fr_f \geqslant 5 \end{cases}$$

由此可见，要求火焰长度，必须先求出 Froude 数 Fr_f

Fr_f 表达式如下

$$Fr_f = \frac{v_e w_{f,s}^{1.5}}{\left(\dfrac{\rho_e}{\rho_\infty}\right)^{0.25}\left(\dfrac{T_f - T_\infty}{T_\infty}\right)^{0.5}}$$

由已知可得

$$\rho_\infty = \rho_{air} = 1.1614\text{kg/m}^3 \quad (查附表 C.1)$$

$$T_f \cong T_{ad} = 2267\text{K}(查附表 B.1)$$

$$w_{f,s} = \frac{1}{L_0 + 1} = \frac{1}{15.57 + 1} = 0.06035$$

$$v_e = \frac{\dot{m}}{\rho_e \pi d_j^2/4} = \frac{3.66 \times 10^{-3}}{1.854\pi 0.00617^2/4} = 66.0\text{m/s}$$

现在可求出 Froude 数

$$Fr_f = \frac{66.0 \times 0.06035^{1.5}}{\left(\dfrac{1.854}{1.1614}\right)^{0.25}\left[\left(\dfrac{2267-300}{300}\right) \times 9.81 \times 0.00617\right]^{0.5}}$$
$$= 1.386$$

可见 $Fr_f < 5$

$$L^* = \frac{13.5 \times 1.386^{0.4}}{[1 + 0.07 \times (1.386)^2]^{1.5}} = 15.0$$

这是无量纲火焰长度，需要将它转换成实际火焰长度。无量纲出口直径为

$$d_j^* = d_j\left(\frac{\rho_e}{\rho_\infty}\right)^{0.5} = 0.00617 \times \left(\frac{1.854}{1.1614}\right)^{0.5}$$
$$= 0.0078\text{m}$$

因此实际火焰长度为

$$L_f = \frac{L^* d_j^*}{w_{f,s}} = \frac{15.0 \times 0.0078}{0.06035} = 1.94\text{m}$$

$$L_f/d_j = 314$$

例 5.3 假设有一甲烷射流火焰,其释热速率与出口直径和例 5.2 的丙烷射流火焰一样,出口处甲烷密度为 0.6565kg/m^3,试确定该甲烷射流长度,并和例 5.2 中的计算结果进行比较。

解:只要求出了甲烷射流的质量流量,我们就可以用例 5.2 的方法来求该甲烷射流火焰长度。根据两射流火焰的释热量相等可得

$$\dot{m}_{CH_4} LHV_{CH_4} = \dot{m}_{C_3H_8} LHV_{C_3H_8} \text{(使用燃料的低热值)}$$

$$\dot{m}_{CH_4} = \frac{\dot{m}_{C_3H_8} LHV_{C_3H_8}}{LHV_{CH_4}} = 3.66 \times 10^{-3} \frac{46357}{50016}$$

$$= 3.39 \times 10^{-3}\,\text{kg/s}$$

仿照例 5.2,先求出下列各量

$$\rho_\infty = 1.1614\,\text{kg/m}^3 \quad \text{(查附表 C.1)}$$

$$T_f = 2226\,\text{K} \quad \text{(查附表 B.1)}$$

$$w_{fs} = 0.0552$$

$$v_e = 172.7\,\text{m/s}$$

由 Delichatsios 关系式可得

$$Fr_f = 4.154$$

$$L^* = 20.36$$

$$d_j^* = 0.0046\,\text{m}$$

所以

$$L_f = 1.71\,\text{m}$$

或者也可写成

$$L_f/d_j = 277$$

两火焰长度比较

$$\frac{L_{f,CH_4}}{L_{f,C_3H_8}} = \frac{1.71}{1.94} = 0.88$$

可见,甲烷射流火焰比丙烷射流火焰短大约 12%。

点评:我们不禁要问,是什么原因使得甲烷射流火焰的长度比丙烷的小呢?首先,我们可以看到出口动量对甲烷射流火焰长度的影响起主要作用,这使得甲烷射流火焰的无量纲长度比丙烷的长。但是甲烷出口密度很小使得动量直径显著变小,这个较小的动量直径是使得甲烷火焰长度变小的关键因素(虽然甲烷的化学计量系数比丙烷要小,但是它的影响比动量直径要小得多)。

下面介绍估算火焰升起高度和射流熄火流量经验关系式

$$\frac{\rho_e S_{L,\max} h}{\mu_e} = 50\left(\frac{v_e}{S_{L,\max}}\right)\left(\frac{\rho_e}{\rho_\infty}\right)^{1.5} \tag{5-43}$$

式中 h 为火焰升起高度,$S_{L,\max}$ 是最大层流火焰传播速度,μ_e 是动力黏性系数。

$$\frac{v_e}{S_{L,\max}}\left(\frac{\rho_e}{\rho_\infty}\right)^{1.5} = 0.017 Re_H (1 - 3.5 \cdot 10^{-6} Re_H) \tag{5-44}$$

式中 $Re_H = \frac{\rho_e S_{L,\max} H}{\mu_e}$,$H$ 是沿喷管轴线燃料平均浓度下降到化学恰当比浓度的距离。

$$H=\left[\frac{4w_{f,e}}{w_{f,s}}\left(\frac{\rho_e}{\rho_\infty}\right)^{1/2}-5.8\right]d_j \tag{5-45}$$

其中 $w_{f,e}$、$w_{f,s}$ 分别表示射流出口处燃料所含质量分数及进行恰当反应时燃料所含质量分数。

例 5.4 已知一丙烷射流火焰的如下参数：射流火焰出口直径为 6.17mm；环境压力和温度分别为 1atm，300K；射流出口的温度为 300K，密度 1.854kg/m^3。试确定丙烷射流火焰的吹熄速度。

解：下面我们将利用 Kalghatgi 关系式来计算火焰吹熄速度

$$\frac{v_e}{S_{L,\max}}\left(\frac{\rho_e}{\rho_\infty}\right)^{1.5}=0.017Re_H(1-3.5\times10^{-6}Re_H)$$

由此可知，必须先求出雷诺数 Re_H 和最大层流火焰速度 $S_{L,\max}$。

$$w_{f,s}=0.06035 \quad （具体计算参照例 5.1）$$

$$w_{f,e}=1 \quad （出口处为纯燃料，没有空气）$$

特征长度

$$\begin{aligned}H&=d_j\left[\frac{4w_{f,e}}{w_s}\left(\frac{\rho_e}{\rho_\infty}\right)^{0.5}-5.8\right]\\&=0.00617\times\left[\frac{4\times1}{0.06035}\left(\frac{1.854}{1.1614}\right)^{0.5}-5.8\right]\\&=0.4809\text{m}\end{aligned}$$

$$\mu_e=8.26\times10^{-6}\text{N}\cdot\text{s/m}^3 \quad （查附表 B.3）$$

利用 Metghalchi 和 Keck 火焰速度关系式可得最大层流火焰速度

$$S_{L,\max}=S_{L,\text{ref}}=0.3422\text{m/s}$$

注意 $S_{L,\max}$ 在 $\Phi=\Phi_M=1.08$ 取得。

计算雷诺数
$$Re_H=\frac{\rho_e S_{L,\max}H}{\mu_e}=\frac{1.854\times0.3422\times0.4809}{8.26\times10^{-6}}\approx36,937$$

吹熄速度

$$\begin{aligned}\frac{v_e}{S_{L,\max}}\left(\frac{\rho_e}{\rho_\infty}\right)^{1.5}&=0.017\times36,937(1-3.5\times10^{-6}\times36,937)\\&=546.8\end{aligned}$$

所以
$$v_e=546.8\times0.3422\times\left(\frac{1.1614}{1.854}\right)^{1.5}=92.8\text{m/s}$$

习题

（1）试讨论影响层流火焰传播速度的因素。

（2）湍流预混火焰有哪三种传播模式？

（3）与层流预混火焰相比，湍流预混火焰有什么特点？

（4）湍流预混火焰的传播理论都有哪些？其基本内容是什么？

（5）低速气流下火焰稳定的条件是什么？

（6）建立回流区有哪些方法？

(7) 火焰高度与射流速度有什么关系?

(8) 在2个大气压力下,贫燃丙烷空气混合物中自由伸展的绝热火焰传播速度为30cm/s,火焰厚度为2mm。如果压力下降为0.25个大气压,求该混合物中自由伸展的绝热火焰传播速度和火焰厚度?

参考文献

[1] 严传俊,范玮. 燃烧学[M]. 西安:西北工业大学出版社,2011.

[2] 万俊华,郜冶,夏允庆. 燃烧理论基础[M]. 哈尔滨: 哈尔滨工程大学出版社,2007.

[3] 徐通模. 燃烧学[M]. 北京:机械工业出版社,2011.

[4] 郝建斌. 燃烧与爆炸学[M]. 北京: 中国石化出版社,2012.

[5] 刘联胜,王恩宇,吴晋湘. 燃烧理论与基础[M]. 北京:化学工业出版社,2008.

[6] 顾恒祥. 燃料与燃烧[M]. 西安:西北工业大学出版社,1993.

[7] 黄勇. 燃烧与燃烧室[M]. 北京:北京航空航天大学出版社,2009.

[8] FAWilliams. Combustion Theory[M]. Massachusetts :Addison – Wesley Publishing Company,1965.

[9] IGlassman. Combustion[M]. Salt Lake City: Academic Press,1957.

[10] MADelichatsios. Transition from Momentum to Buoyancy – Controlled Turbulent Jet Diffusion Flames and Flame Height Relationship[J]. Combustion and Flame,1993(92): 349 – 364.

[11] GTKalghatgi. Lift – off Heights and Visible Lengths of Vertical Turbulent Jet Diffusion Flame in Still Air[J]. Combustion Science and Technology,1984(41):17 – 29.

[12] GTKalghatgi. Blow – Out Stability of Gaseous Jet Diffusion Flames. Part 1: In Still Air[J]. Combustion Science and Technology,1981(26):233 – 239.

[13] 周力行. 燃烧理论和化学流体力学[M]. 北京:科学出版社,1986.

[14] Reginald Mitchell. Combustion Fundamentals[M]. California :University of Stanford Press,1999.

第6章　液体燃料的雾化、蒸发与燃烧

目前,航空燃气轮机均采用液体燃料,这就涉及到液体燃料雾化、蒸发与燃烧等多个复杂的物理化学过程,这些过程对燃烧室中燃烧组织与性能起着至关重要的作用。

6.1　液 体 燃 料

6.1.1　液体燃料的性能参数

1) 密度

密度是石油及其产品的最简单常用的物理指标。燃油的密度与温度有关,一般以相对密度值表示,即以20℃时的燃油密度与4℃的纯水的密度之比表示,记以符号d_4^{20}。燃油在其他温度t(℃)下的相对密度可按式(6-1)换算:

$$d_4^t = d_4^{20} - \alpha(t-20) \tag{6-1}$$

式中,α为燃料油的温度修正系数,1/℃。

燃料油的相对密度越大,元素成分中含碳量就越高,含氢量就越低,并且其发热量也越低。因此,可以根据燃料油的相对密度,在某种程度上大致判断燃料油的性质。航空煤油的密度一般为0.75~0.80。

2) 粘度

粘度对各种燃料油的燃烧性能及使用等有决定性意义,它表示了燃料油的易流性、易泵送性和易雾化性能的好坏。粘度越大,燃油雾化质量越差。粘度主要取决于燃料中所含碳氢化合物的成分,燃料粘度依如下次序降低:多环环烷烃、环烷烃、芳香烃、烷烃,同时随温度而极为显著地变化(尤其在低温条件下)。燃料油的温度越高,粘度越小,所以,燃料油在运输、装卸和燃用时常需要预热。通常要求燃油喷嘴前的油温应在100℃以上。表示燃油粘度的指标常用的有动力粘度μ(单位为Pa·s)和运动粘度ν(单位为m^2/s或mm^2/s),运动粘度是动力粘度与密度的比值。在燃油规格中,粘度一般采用运动粘度。我国航空煤油一般都采用40℃时的运动粘度,不同牌号煤油的运动粘度也不一样,一般情况下为2.0~3.5mm^2/s。

3) 闪点、燃点和着火点

燃料油在一定温度下,低沸点的成分会蒸发而产生油蒸气,当明火掠过油表面时,会产生短暂的火花(或者闪光),但可燃气蒸发不及消耗掉得快,因而不可能持续下去,此时的温度定义为闪点。汽油的闪点为-58℃~10℃,煤油的闪点为30℃~70℃。

在油温超过闪点后,明火掠过燃油表面时使油蒸气燃烧(至少5s)而不熄灭,这时的油温称为燃油的燃点。显然燃油的燃点高于闪点,一般重油的燃点比闪点高10℃~30℃。

如果继续提高油温,燃油表面的蒸气会自己燃烧起来,这时的油温称为自燃点或着火点。闪点越低的燃料油着火点也越低，越易于着火。

轻质油的闪点低于重质油，说明轻质油比重质油易于着火。所以，通过闪点的高低可以估计燃料油中所含轻质成分的高低，故可用以判断燃料油着火的难易程度。

4）凝点

燃料油的粘度会随着温度的降低而增大。当油温降低到某一值时，燃料油会变得很稠，在装有燃料油的试管倾斜至45°而油面在1分钟内可保持不变，这个温度定义为燃料油的凝点。又或者说，燃料油的凝点是当它失去了流动性时的温度。凝点是保证燃料油流动、泵吸所必须超过的最低温度，凝固点越高则燃料油的流动性越差。为了保证燃料油的流动性，在输送中，需加热到高于凝点10℃。一般来说，航空煤油的凝点在-40℃以下。

5）可燃极限

可燃物（如燃油蒸气）与空气混合，只能在一定浓度范围内才能进行燃烧。超过这个浓度（太稀或太浓）就燃烧不起来了。在这个浓度范围内，火焰一旦引发，就可以从点火源扩展出去，只要浓度合适.可以无限地传播下去。通常定义一个富燃极限和一个贫燃极限（亦称富油、贫油极限）。超过这两个边界，一定不可燃，但在这范围内不一定可燃。煤油类燃料在常温下其可燃边界（或不可燃边界）大致为油气比（质量）0.035和0.280。

6）热值

燃料热值是指单位质量或单位体积（对气体燃料而言）的燃料在标准状态下完全燃烧时所能释放出的最大热量，它是衡量燃料作为能源的一个很重要的指标。对于固体燃料和液体燃料，其单位是kJ/kg；对气体燃料，其单位是kJ/Nm^3。当不包括水蒸汽凝结成水的冷凝热时的发热量称为低位热值；当计入燃烧生成的水蒸汽汽化潜热时，称为高位热值。通常因发动机排出烟气温度较高，其中水蒸汽不能凝结，故用低位热值。航空煤油的低热值和高热值分别一般在43000kJ/kg和46000kJ/kg以上量级。

6.1.2 液体燃料的主要使用性能

航空燃气轮机燃烧是在高空的低温、低压条件下在极短的时间内完成的，大量的燃料必须在高速气流中连续、稳定、完全地燃烧，并最大限度地释放出其化学能。影响燃料燃烧性能的因素有燃烧室结构、工作条件和燃料性质等，这里仅分析燃料性质对燃烧性能的影响。

1）燃料的蒸发性能

（1）对燃烧稳定性的影响

在高空条件下燃烧不稳定的原因主要是压力和温度低，由于温度低，燃料蒸发困难。如果燃料的蒸发性差，蒸发出的油蒸气少，所形成的混气就会因为过度贫油而低于燃烧极限，造成熄火，特别是在低转速工况下更易造成熄火；蒸发性能好的燃料，与空气混合快，因而燃烧完全，耗油率低，同时也容易起动。但蒸发性过好也是不利的，在高空低压下，容易形成气阻；飞机起飞时，由于气压急剧降低，而油温下降很慢，以致燃料猛烈蒸发，会造成燃料大量损失。燃料的蒸发性能取决于燃料中的轻组分含量，航空煤油10%馏出温度低、饱和蒸气压大，则燃料的蒸发性好。

（2）对燃烧效率的影响

燃料的蒸发性差，蒸发速度慢，在燃烧室中处于液态的时间长，使燃料在高温条件下裂化的倾向大,容易生成烟炱和积碳,燃烧效率降低。

2）燃料的雾化性能

航空煤油的雾化程度严重影响燃烧效率。燃料喷入燃烧室时,雾化得越好,燃料的蒸发表面积越大,形成混气速度越快,从而加快了燃烧速度,提高了燃烧效率。影响雾化程度的物性是燃料的粘度。粘度过大的燃料,喷射锥角小而远,喷出的液滴大,雾化不良,蒸发慢,燃烧不易完全,也易生成积碳;粘度过小的燃料,喷射锥角大射程近,火焰燃烧区域宽而短,在靠近火焰筒壁的地方出现富油混合气,会使火焰筒局部受热,易使火焰筒破坏,而且也易使火焰筒壁沉积积碳。

粘度对发动机的低温起动也有影响。用20℃粘度为$15mm^2/s$的轻柴油做试验表明:在温度低于-7℃时,就完全不能保证起动时所需的雾化条件。而20℃粘度为$3\sim4mm^2/s$的航空燃料在-60℃～-40℃的温度下尚能保证满意的雾化。

此外,粘度过大时在低温下不易流动,会使供油量减少;而粘度小,润滑性差,会使燃料泵的磨损增大,均会影响发动机的正常工作。为了保证航空煤油必需的雾化程度和润滑性能,我国航空燃料标准中要求20℃时的燃料粘度不小于$1.25mm^2/s$(对于民用航空燃料此项指标可不要求),而-20℃时的粘度不大于$8mm^2/s$。

3）燃料的化学组成

燃料化学组成对燃烧性能有很大的影响。

（1）对燃烧稳定性的影响

不同烃类在空气中燃烧时的燃烧极限是不同的。各烃类中,烷烃特别是正构烷烃以及环烷烃燃烧极限较宽,而芳香烃则较窄。燃烧极限宽,有利稳定燃烧,在高空或推油门过猛时,发动机不易熄火,也不易出现因间歇性熄火引起的喘振现象。

（2）对生成积碳的影响

航空燃料在发动机中燃烧时生成积碳的倾向称为燃料的积碳性(或生碳性)。燃料在燃烧过程中生成的碳微粒积聚在不同部位上,将造成一系列问题。积聚在燃烧室火焰筒壁上的积碳,将会使热传导恶化,产生局部过热,使火焰筒壁变形,甚至产生裂纹。火焰筒壁上的积碳有时可能脱落下来,随气流进入高速旋转的燃气涡轮,造成堵塞、侵蚀和打坏叶片等事故。积碳附在喷油嘴上,使燃料雾化恶化,燃烧状况变坏,促使火焰筒壁生成积碳。电点火器电极上的积碳,会使电极联桥而短路,影响发动机起动。

航空燃料生成积碳的倾向与燃料的燃烧完全度密切相关。在正常情况下工作时,燃料在燃气轮机中的燃烧是在高温、高压下进行,各类烃均能燃烧完全。但在高空条件下,由于气温、压力较低,当混合气过度贫油或富油时,不同烃类的燃烧完全程度是不同的。在上述情况下,烷烃燃烧得比较完全,环烷烃稍差,芳香烃则更差。

烃类的燃烧完全度按下面顺序排列:双环芳香烃<单环芳香烃<带侧链的单环芳香烃<双环环烷烃<环烯烃<单环环烷烃<烷烃。

总之,当燃料中芳香烃含量增多时,燃烧完全度就下降,在发动机中容易产生积碳。燃料中的芳香烃含量越多,在燃烧室中生成积碳的数量也越大。

有的情况下,含有双环芳香烃的燃料,在燃烧中产生的碳粒被气流带走,不在燃烧室留下积炭,但是由于火焰中的碳粒增多,火焰的热辐射增强,过量的辐射热传到火焰筒壁上,使之温度升高,引起火焰筒裂纹、变形甚至烧穿。

各类烃产生积碳的倾向是:芳香烃 > 环烷烃 > 烷烃。

可以看出,燃料的化学组成中,芳香烃含量多时,使燃烧稳定性变坏,燃烧不易完全,也易生成积碳。芳香烃含量越多,影响越大。这是航空燃料中的芳香烃含量大都不允许超过 20% 的主要原因。

4) 燃料热值和密度

航空燃气轮机要求燃料具有较大的热值以转化为推动力,如果使用热值低的燃料,必然导致耗油率高、航程短或油箱容积过大。实际中,要求航空煤油质量热值和体积热值两者的数值都高。

燃料质量热值越高,发动机油耗越小。对于续航时间不长的歼击机,为了尽可能减少飞机载荷,应使用质量热值高的燃料。我国喷气燃料的质量热值要求不能低于42915kJ/kg。

燃料体积热值随燃料密度的增高而增大。由于油箱的体积有限,为了保证远程飞机最大的航程,除质量热值应保持一定水平外,还要有尽可能高的体积热值。燃料的体积热值愈大,飞机的航程愈远。这是因为飞机油箱的容量是一定的,密度大的燃料,同一油箱中装油数量较多,飞机储备的热量就多一些,因而航程也较远。

各国航空燃料的密度一般为 $0.750 \times 10^3 kg/m^3 \sim 0.775 \times 10^3 kg/m^3$,使用不同密度燃料,加注在同样油箱内的燃料质量不同。例如,以加注密度为 $0.85 \times 10^3 kg/m^3$ 燃料的飞机飞行距离作为 100%,那么加注在相同体积油箱内密度为 $0.755 \times 10^3 kg/m^3$ 的燃料,飞机飞行距离仅为 89%,也就是缩短了 11% 的航程。

燃料热值和密度都与其化学组成和馏分组成有关。烷烃含氢量最高,芳烃含氢量最低。所以,烷烃的质量热值最高,环烷烃次之,芳香烃最低。体积热值则相反,芳香烃的相对密度最大,体积热值最高,环烷烃次之,烷烃最低。对于同一种烃来说,沸点越高其热值越小,密度越大。为了使航空燃料具有良好的能量特性,其理想的组成是应含较多的环烷烃。芳香烃不但质量热值低,而且燃烧时易生成积碳,所以必须限制它的含量。

6.2 雾化过程与机理

雾化就是利用喷嘴将液体燃料破碎为细小液滴的过程,其目的是增加蒸发表面积,强化燃料与气流的混合,从而保证燃料迅速、完全的燃烧。雾化是一个纯粹的物理过程,是外力与液体本身的表面张力和黏性力之间相互竞争的结果,是一个耗功过程。表面张力总是试图使液体保持最小的表面积,而黏性力则抑制液体的变形;只有当外力足以克服表面张力与黏性力时,液体才会变形、破碎成为液滴颗粒。而大液滴是不稳定的,在环境气流作用下,会继续变形、破碎,该过程称为二次雾化过程;只有当液滴直径满足一定的条件时,才会稳定下来,不再破碎。

6.2.1 液滴的破碎过程

当液体燃料经过喷嘴被雾化之后,将在喷嘴出口下游形成按一定直径分布的液滴群,这些液滴在气流中运动、失稳变形并进一步破碎。在稳定气流中,球状液滴主要受气动力、表面张力和黏性力的作用;如果气动力足够大,就可以克服表面张力与黏性力的抑制作用,使液滴变形、破碎。

对于低粘度液体，若忽略黏性力的影响，则作用在液滴上的只有气动力与表面张力，典型受力结构如图 6-1 所示。其中气动力是作用在液滴表面压迫液滴的力，促使液滴变形的力，其大小为$\frac{\pi}{4}d_0^2 \times \frac{1}{2}\rho_a v_a^2$，其中 ρ_a 为气体密度；v_a 为气液两相间的相对速度，d_0 是液滴直径（米）；而表面张力大小为 $\pi d_0 \sigma$，其中 σ 是液体表面张力系数（牛顿/米），表面张力产生的内压力要维持液滴保持原状而不破碎。则根据作用在液滴上的气动力与表面张力的平衡关系式，就可以得到液滴变形、破碎的临界条件如下：

$$\frac{\pi}{8}d_0^2 \rho_a v_a^2 = \pi d_0 \sigma \tag{6-2}$$

即

$$\rho_a v_a^2 d_0 / \sigma = 8$$

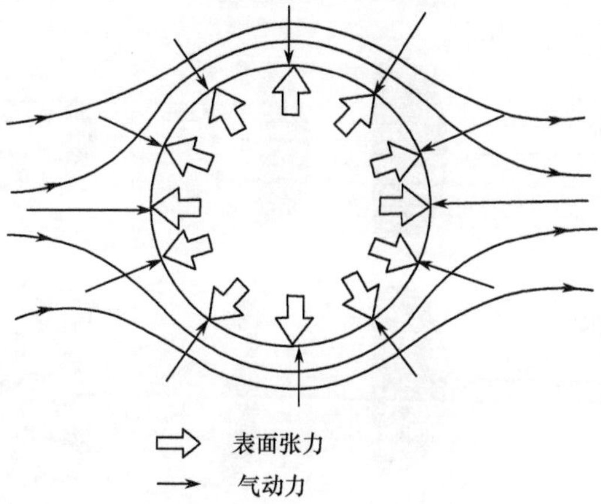

图 6-1 气流中液滴的受力分析

上式左端称为韦伯（Weber）数，其物理意义为作用于液滴表面的气动力与表面张力之比。因此无粘液滴的临界破碎条件可以写作

$$We_{cr} = 8 \tag{6-3}$$

根据上述受力分析，当 We 数大于 8 时，气动力将大于表面张力而有可能使液滴破碎。We 数越大，液滴破碎的可能性越大。同时，根据 We 数的表达式也可以看出，当液滴直径减小时，需要增大气液相间的相对速度 v_a（或增大气动力）才能达到液滴破碎的临界 We 数。

但是，实际流体都是有粘的，尤其是重油、渣油等液体燃料更是高粘度流体。大量的实验结果显示，液体粘度对于液滴的破碎和液体的雾化过程具有相当显著的影响。因此，为了考虑液体黏性的影响，欧尼索格（Ohnesorge）定义了另外一个无量纲数（后人称之为 Oh 数）：

$$Oh = \frac{\mu_l}{(\rho_l d \sigma)^{1/2}} \tag{6-4}$$

式中，μ_l、ρ_l、σ 分别为液体的动力粘度、密度与表面张力系数；d 为液滴直径。Oh 数由 We 数和 Re 数组合而得，反映了雾化过程中黏性力与表面张力对液滴破碎的影响作用。

考虑黏性修正后的液滴临界破碎条件可以写为：

$$We_{cr} = We_{cr}^* + 14Oh \tag{6-5}$$

式中，We_{cr}^{*} 为无粘液滴的临界 We 数。大量实验表明，当 $Oh > 0.1$ 时，黏性力的影响作用变得重要；而低于此值，则黏性力的影响可以忽略，研究中可不考虑 Oh 数。研究发现，对于气流中的球状液滴，随着 We 数的增大，液滴变形、破碎的可能性增大；当 We 数大于 We_{cr} 数时，液滴就开始变形。实验研究表明，当 $8 < We < 10.7$ 时，液珠只发生变形而不破碎；当 $10.7 < We < 14$ 时，液珠开始破碎。随着 We 的增大，液滴的破碎大致可以分为三种模式：袋状破碎、表面剥离和完全破碎。图 6－2 显示了不同 We 数下液滴的破碎过程。

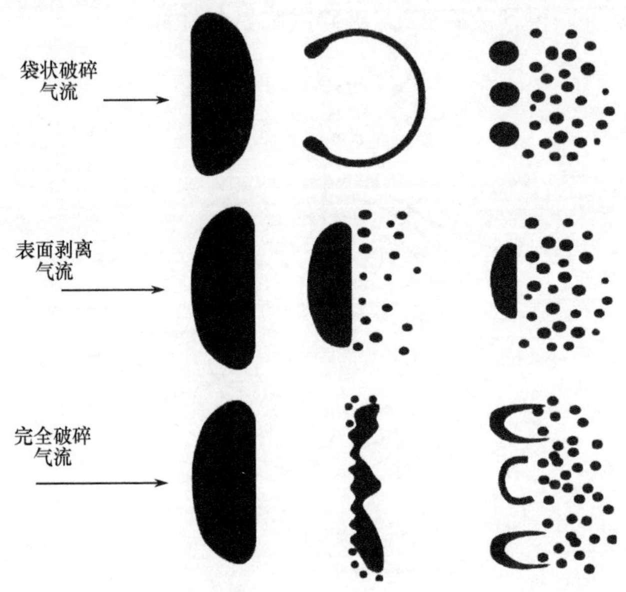

图 6－2　不同 We 数下的液滴破碎模式

当 $6 < We < 80$ 时，大液滴在迎风面凹陷成口袋状，并在袋底最薄的位置破碎成更小的液滴颗粒，称为袋状破碎模式；当 $80 < We < 350$ 时，大液滴的迎风面依然保持球状，但是很多小颗粒从液滴表面被剥离出来，称为表面剥离模式；当 $We > 350$ 时，气流中的大液滴在表面波的作用下，很短的时间内就会完全破碎成为许多小颗粒，称为完全破碎模式。图 6－3 显示了袋状破碎过程的实验照片。

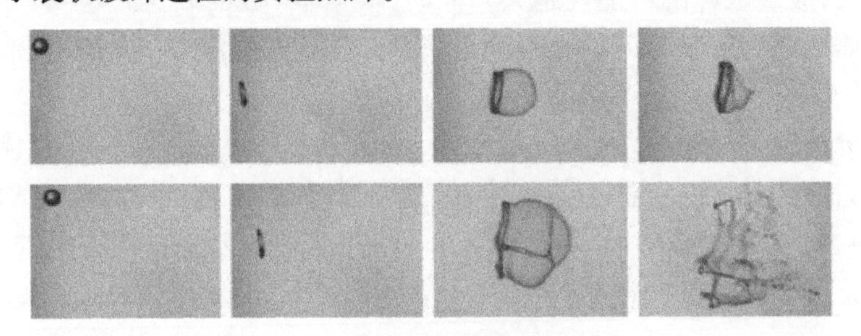

图 6－3　袋状破碎过程的实验照片

例 6.1　一个直径为 100μm 的水滴（表面张力系数为 0.072N/m）突然暴露在速度为 150m/s 的常压空气（密度为 1.2kg/m^3）中，假设液滴发生破碎的临界 We 数为 12。试分析，在水滴破碎后形成的小水滴中，可能存在的最大直径约为多少？

解：先计算 We 数：

$$We=\frac{\rho u^2}{\sigma/d}=\frac{1.2\times150^2}{0.072/0.0001}=37.5$$

$We>12$,因此会破碎(且为袋式破碎)。

破碎后能形成的液滴最大直径约为

$$d=We_{cr}\frac{\sigma}{\rho u^2}=\left(12\times\frac{0.072}{1.2\times150^2}\right)\mathrm{m}=0.000032\mathrm{m}=32\mu\mathrm{m}$$

6.2.2 液柱的破碎雾化

在航空发动机加力燃烧室及某些主燃烧室的复合喷嘴中,会采用直射式喷油嘴来对燃烧室供油。燃油经过喷口以液柱的形式喷射出来,高速液柱与周围空气的相互作用使射流表面产生振荡与波动,形成不同结构的表面波,当表面波的振幅增大到一定程度时,液体射流就会发生破碎,分离出大量的液滴颗粒;如果这些液滴的 We 数大于相应的 We_{cr},则将继续破碎成为更小的液滴。如图 6-4、图 6-5 所示。

图 6-4 液体射流直摄照片

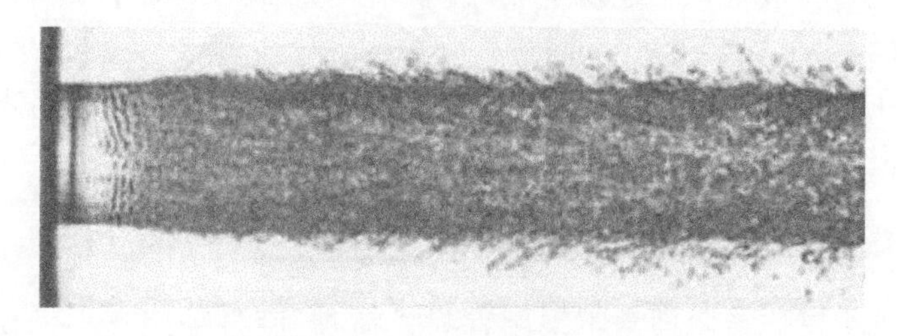

图 6-5 液体射流表面波

液柱破碎也是气动力与液体表面张力、黏性力等因素综合作用的结果,其破碎机理十分复杂,喷口形状和大小、液体与环境气体的物理性质以及环境扰动等因素对液柱破碎都具有不同程度的影响。研究发现,对于直射式喷嘴形成的液体射流,按照流速递增的顺序,其破碎模式可归纳为图 6-6 所示的四种形式。

(1) 瑞利破碎模式

射流破碎发生在距离喷口很远的位置,由于流速很低,液滴的形成几乎与气动力无关;由于扰动的作用,液柱表面形成轴对称的振荡波,并在表面张力作用下振幅不断增大,最终将液柱切断,所产生的液滴直径一般大于喷口直径。

(2) 第一类风生破碎模式

射流破碎发生在距离喷口较远的位置。此时,由于射流与周围气体的相对运动增强导致了气动力增大,表面张力也相应地增强,而表面曲率的变化使得液柱内部压力分布不均,压力梯度迫使液体向曲率半径较大的方向流动,加速了射流破碎。可见,此时表面张

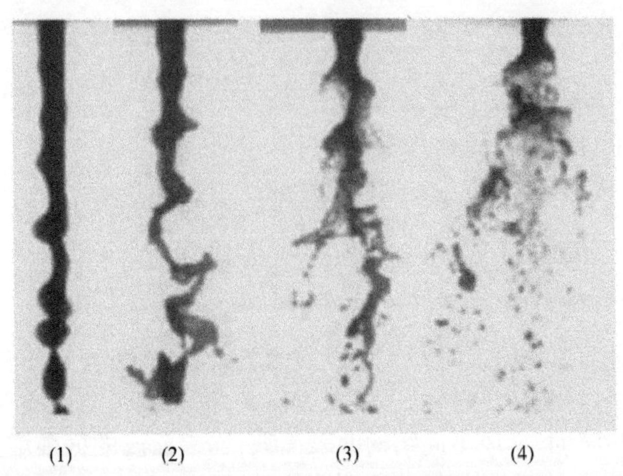

(1)瑞利破碎模式 (2)第一类风生破碎模式 (3)第二类风生破碎模式 (4)雾化模式

图 6-6　液体射流破碎模式

力起着不稳定作用,促进了破碎。该破碎模式所产生的液滴直径与喷口直径为同一量级。

(3) 第二类风生破碎模式

射流破碎发生在距离喷口较近的位置。随着射流速度的进一步增大,液柱表面形成小波长的正弦扰动波,振幅不断增长并失稳,导致射流破碎。此时表面张力起着抑制扰动波增长的作用,因此对射流破碎也表现为抑制作用。该模式下液滴直径远小于喷口直径。

(4) 雾化模式

液体射流在脱离喷口时就已经发生破碎,形成大量细小的液滴,破碎产生的液滴直径远远小于喷口直径。

尽管多年来在射流雾化领域已开展了大量的研究工作,但是至今尚未形成一套完整而成熟的理论来很好地解释射流雾化过程中的所有现象。

6.2.3　液膜的破碎雾化

航空燃气轮机主燃烧室中通常不采用直射式喷嘴,而是采用离心式喷嘴或者离心喷嘴与旋流器的组合型式(复合喷嘴),液体燃料经喷嘴出口喷出的是锥状环型液膜,然后液膜在气流中破碎雾化。而在实际中,为了满足不同工况的需要,压力喷嘴出口也不仅只做成小孔的型式,也可能制作成矩形的或者轴对称的窄缝等其他型式,液体燃料通过这些形状的孔流出即可形成燃料薄片,这就涉及了液膜的雾化过程,如图 6-7 所示。

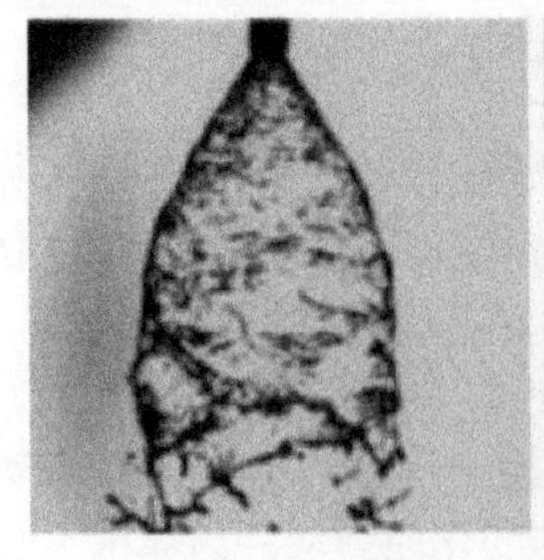
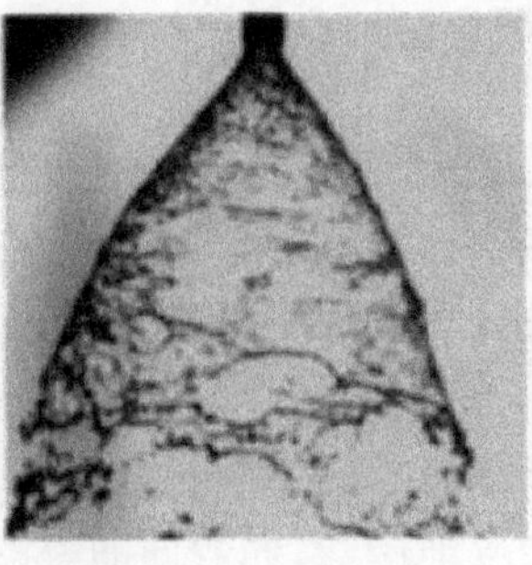
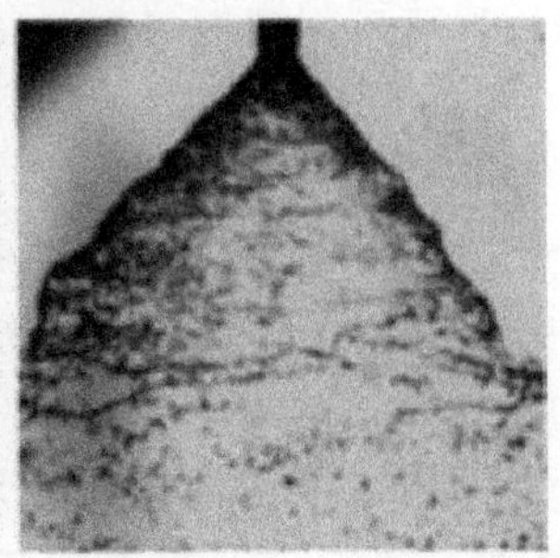

图 6-7　液膜破碎照片

根据实验结果，Fraser 将液膜破碎归纳为三种模式，即边缘破碎、波动破碎和穿孔破碎。

1）边缘破碎

为了克服表面张力的作用形成燃料薄片，喷嘴出口的液体速度必须大于一个确定的最小值。液体速度较低时，在液膜最前端的边缘，表面张力促使自由表面收缩成一个较厚的轮毂，这个轮毂在气流中进一步破碎成为一串平行的大液滴，这个破碎过程称为“边缘破碎”，如图 6－8 所示。当液体速度较低、黏性较高或者表面张力较大时，边缘破碎才会发生。

图 6－8　边缘破碎

2）波动破碎

在液膜表面没有孔洞的区域，存在轴向和径向表面波，当波动振幅增大到一个临界值时，半个波长的液膜薄片被撕裂成为细带或液线，然后液线再破碎成为大小不一的液滴，这就是波动破碎模式，如图 6－9 所示。

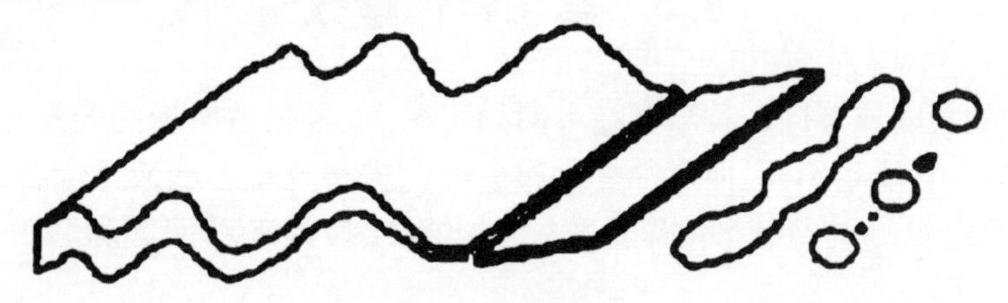

图 6－9　波动破碎

3）穿孔破碎

随着液体速度增加，增长的流动扰动可能导致厚度很小的液膜表面出现很多孔洞，这些孔洞迅速增大，致使相邻孔洞之间的液膜形成不规则形状的液线；然后，这些不规则的液线再破碎成不同尺寸的液滴，如图 6－10 所示。

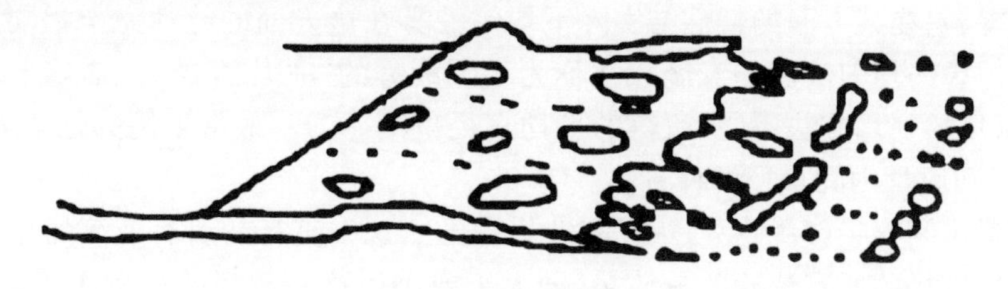

图 6－10　穿孔破碎

在液膜的破碎过程中，上述三种破碎模式可能同时存在，也可能是其中的一种或两种占主导地位，如图 6－11 所示。大量的实验研究表明，黏性力与表面张力在液膜破碎过程中起抑制作用，而液体密度的影响可以忽略不计。

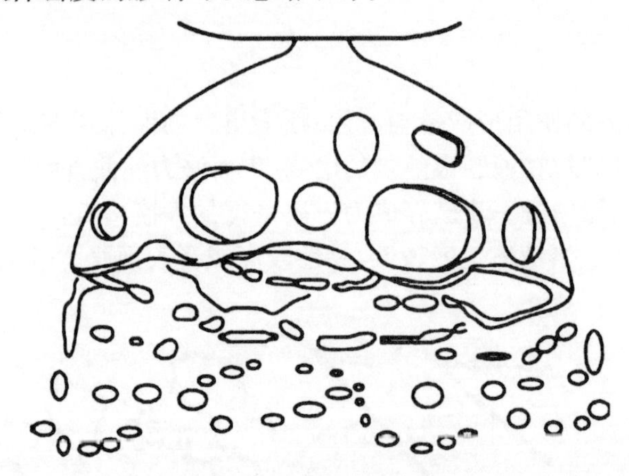

图 6-11　液膜破碎示意图

根据以上的分析，可以将雾化过程归结为作用于液体上的外力（气动力、惯性力等）与内力（表面张力、黏性力）之间相互作用的结果，当外力大于内力时，液体就会破碎雾化。液滴在运动过程中与周围空气进行动量与质量交换，相对运动速度越来越小，气动力逐渐减弱；而液滴直径在逐渐破碎过程中逐渐变小，作用于其上的表面张力却越来越大，最终外力与内力达到平衡，雾化过程停止。

6.3　雾化特性参数

不同结构的喷嘴或者同一种喷嘴在不同的工况下，雾化后所得到的液雾颗粒群具有不同的特点，即雾化质量不同，而燃油雾化质量的优劣将直接影响液体燃料的燃烧过程。因此，为了方便定量地进行比较，需要采用雾化特性参数来对液雾颗粒群的特性进行描述。

6.3.1　雾化细度（液滴的平均直径）

雾化细度是表示喷雾炬液滴的粗细程度或液滴尺寸的总体大小。由于雾化后液滴的大小是不均匀的，最大和最小液滴的直径可能相差 50～100 倍，因此，一般用液滴“平均直径”来表示一组液滴群的雾化细度。平均直径的物理意义为：假设存在一个液滴尺寸完全均匀的液雾，它在某方面的特性与实际不均匀液雾在这方面的特性完全相同，那么，就可以把这个假想的均匀液雾的液滴尺寸称为实际液雾的“平均直径”。描述平均直径的方法很多，采用的平均方法不同，所得的平均直径也不一样。最常采用的是索太尔（Sauter）平均直径和质量中间直径两种方法。

（1）质量中间直径（*MMD*，d_m）：真实液雾中大于这一直径的所有液滴的总质量恰好等于小于这一直径的所有液滴的总质量，即大于或小于这一直径的液滴质量各占 50%。显而易见，*MMD* 越小，说明真实液雾中的小颗粒所占的比例越大，雾化质量越好。

（2）索太尔平均直径（*SMD*，d_{32}）：假设存在一个直径相同的液滴群，其总表面积和体积与真实液雾的总表面积和体积相同，而液滴数目可以不同，即

$$V = \frac{N}{6}\pi d_{SMD}^3 = \frac{\pi}{6}\sum d_i^3$$

$$S = N\pi d_{SMD}^2 = \pi\sum d_i^2$$

$$d_{SMD} = \frac{\sum d_i^3}{\sum d_i^2}$$

根据索太尔(Sauter)平均直径的等效原则,这种平均方法同时考虑了液雾总体积与总表面积的等效性。由于液雾总体积反映了燃料质量,从而反映了燃料的发热量,而液雾总表面积则反映了液雾蒸发的快慢(从而决定了液雾燃烧的快慢),因此,索太尔平均直径最能反映真实液雾的燃烧属性,所以在燃烧学中应用最广泛。

对于同一个液雾锥,由于计算方法不同,其 d_m 和 d_{32} 可能存在很大的差别(如图 6-12 所示),但是它们之间存在一定的关系;当已知其中一种平均直径后,就可以根据转换关系求得其他任何一种平均直径。

需要指出的是,雾化细度并不是越小越好。对于强化燃烧过程,液滴直径小尽管有利,但雾化过细,也会在燃油由喷嘴喷出后,马上被气流带走,在某一区域形成过浓的混合物;而在油滴无法喷射到的地方,混合物的浓度却很稀。浓度场的这种分布反而会缩小稳定燃烧的范围,甚至会使燃烧效率降低。因而,目前在燃气轮机燃烧室中,通常要求液滴直径在 20~200μm 之间变化,且液滴的中间直径不大于 75~100μm。

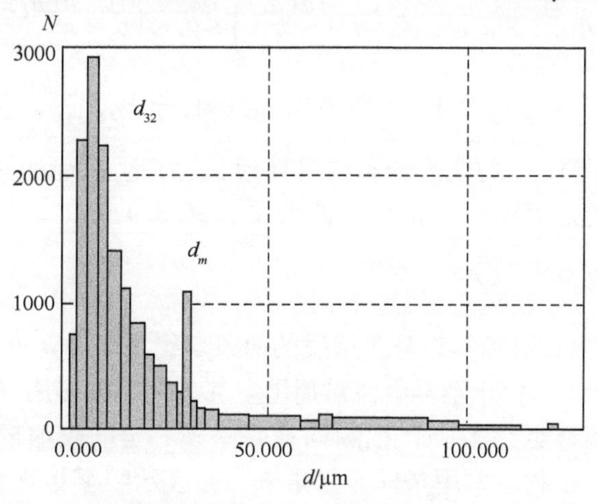

图 6-12　液滴的直径分布

6.3.2　液滴的尺寸分布

仅通过液滴平均直径一个指标,还不足以全面评定雾化质量、表示雾化特性,比较完善的做法应当是既可以表示颗粒直径大小,又可以表示不同直径液滴的数量或者质量,即采用所谓的液滴尺寸分布表达式来描述真实液雾的特点。液滴尺寸分布一般有四种表达形式,典型分布曲线如图 6-13 所示。

(1) 数量积分分布:大于(或小于)给定直径 d_i 的液滴数量 N 占液滴数量 N_0 的百分数,用 N/N_0 来表示。

(2) 质量积分分布:大于(或小于)给定直径 d_i 的液滴质量 W(或体积 V)占液滴总质

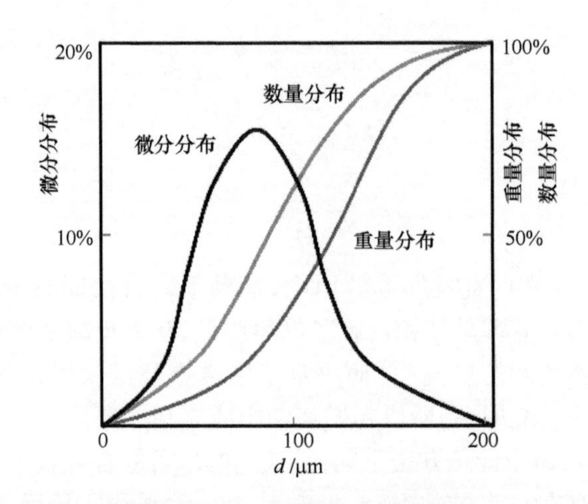

图 6-13　液滴尺寸分布曲线

量 W_0(或总体积 V_0)的百分数,用 W/W_0 或(V/V_0)表示。

(3) 数量的微分分布:直径范围在$\left(d_i-\frac{d(d_i)}{2}\right)<d_i<\left(d_i+\frac{d(d_i)}{2}\right)$内,液滴数量的增量 dN 占液滴总数量 N_0 的百分数,用$\frac{dN}{N_0}$表示。

(4) 质量的微分分布:直径范围在$\left(d_i-\frac{d(d_i)}{2}\right)<d_i<\left(d_i+\frac{d(d_i)}{2}\right)$内,液滴质量或体积的增量 dW(或 dV)占液滴总质量 W_0(或总体积 V_0)的百分比,用$\frac{dW}{W_0}\left(或\frac{dV}{V_0}\right)$表示。

由于从理论上还不能找到这些分布的具体形式,因此,只能通过实验来建立经验公式,目前应用最普遍的是 Rosin - Rammler 关系式,见 6.3.4 节。

6.3.3　雾化锥角

雾化角是指喷嘴出口到喷雾炬外包络线的两条切线之间的夹角,也称为喷雾锥角,以 α 表示,如图 6-14 所示。由于液雾射流对周围空气具有卷吸作用,促使液雾中心的气体压力略有下降,因此喷雾炬并非一个正锥体,而是呈现一定的收缩现象,但喷雾质量好的喷嘴,不宜过分收缩。工程上常用条件雾化角来补充表示喷雾炬雾化角的大小。条件雾化角是指以喷口为圆心、r 为半径的圆弧和外包络线相交点与喷口中心连线的夹角,以 α_r 表示。对于大流量喷嘴,取 $r=100\text{mm}\sim150\text{mm}$;对小流量喷嘴,取 $r=40\text{mm}\sim80\text{mm}$。雾化角的大小对燃烧过程具有相当大的影响,它是喷嘴的一个重要特性参数。雾化角过大,油滴将会穿出湍流最强的气流区域而造成混合不良,使燃烧效率下降,此外还会因燃油喷射到燃烧室壁面上造成结焦或积碳现象,严重影响传热效果。雾化角过小,则会使燃油液滴不能有效地分布到整个燃烧室空间,造成

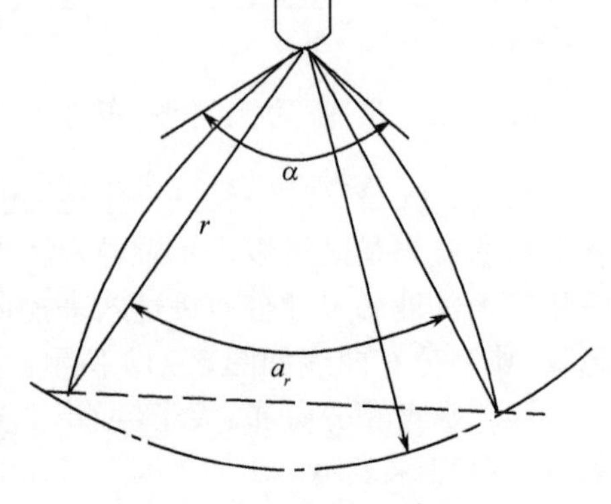

图 6-14　雾化角示意图

空气/燃料混合不良,也会致使燃烧效率降低。此外,雾化角的大小还影响到火焰外形的长短。如雾化角过大,火焰则短而粗;反之,则细而长。在工程实践中,喷嘴雾化角要与燃烧室的结构尺寸相匹配,以确保获得较高的燃烧效率,一般雾化角约在 60° ~ 120°范围内。对于小型燃烧室,雾化角不宜太大,一般在 50° ~ 80°;但是雾化角也不宜过小,否则燃料会过于集中地喷射到缺氧的回流区,产生更多的热分解。

实验表明,在高喷射速度范围内,对于一定的喷口直径,当喷射速度增加时,雾化角几乎不变。

6.3.4 雾化均匀度

雾化均匀度是指燃料雾化后液滴颗粒尺寸的均匀程度。如果雾化液滴的尺寸都相同,称为理想均一喷雾。实际上要达到理想均一喷雾是不可能的。显然,液滴间尺寸差别越小,雾化均匀度就越好。

雾化均匀度可用均匀性指数 n 来衡量,均匀性指数 n 可从罗辛—拉姆勒(Rosin - Rammler)分布函数中求得

$$R = 1 - \exp\left[-\left(\frac{d}{\bar{d}}\right)^n \right] \tag{6-6}$$

式中,R 为液滴直径小于 d 的液滴质量(或体积)占取样液滴总质量(或总体积)的百分数;d 为与 R 相应的液滴直径;$\bar{d}$为液滴特征直径,当 $d = \bar{d}$时,$R = 0.632$,即对应 63.2% 累积质量(或体积)的液滴直径为特征直径;n 是液滴分布均匀性指数,需要通过实验确定,实际的液雾,其分布指数 n 一般在 $1.8 \leqslant n \leqslant 4$ 范围内。分布指数 n 越大,液滴粒度越均匀,尺寸越集中。图 6 - 15 示出了两条曲线,$n = 3$ 曲线在横坐标上的宽度比曲线 $n = 2$ 窄,表明曲线 $n = 3$ 的颗粒均匀度比曲线 $n = 2$ 好。

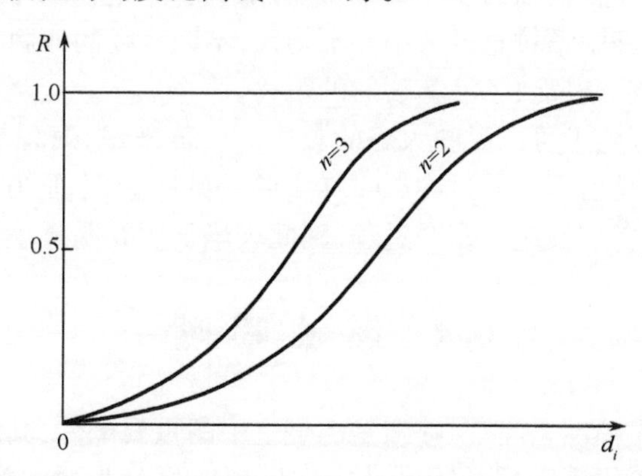

图 6 - 15 均匀度指数不同时液滴的累积质量(或体积)

雾化均匀度较差,则大液滴数目较多,这对燃烧是不利的。但是,过分均匀也是不相宜的,因为这会使大部分液滴直径集中在某一区域,使燃烧稳定性和可调节性变差。最有利的雾化分布应根据燃烧室类型、构造和气流情况等具体条件而定。

6.3.5 流量密度分布

流量密度分布特性是指在单位时间内,通过与燃料喷射方向相垂直的单位横截面上

液体燃料质量(或体积)沿径向的分布规律。流量密度的单位是 kg/m^2s、m^3/m^2s(有些情况中,为了方便也采用 g/cm^2s、cm^3/cm^2s 表示)。流量密度是表征喷嘴雾化特性的一个主要参数,与喷嘴的结构及工况参数有关,只能通过实验测量获得。

常见的流量密度分布有两种,即单峰值分布和双峰值分布。直射式喷嘴所产生的液雾,轴线附近的流量密度最大,其流量密度呈现单峰分布;离心式喷嘴所产生的液雾轴线部分油量相对较少,其流量密度呈马鞍形的双峰分布,在径向上的分布比较均匀。图 6-16a、图 6-16b 是离心式喷嘴的流量密度分布,图 6-16c 为直射式喷嘴的流量密度分布。流量密度分布对燃烧过程影响较大,流量密度分布合理的喷嘴可以将燃油颗粒恰到好处地分布到燃烧室的相应区域,并使之与气流实现良好的混合与燃烧。

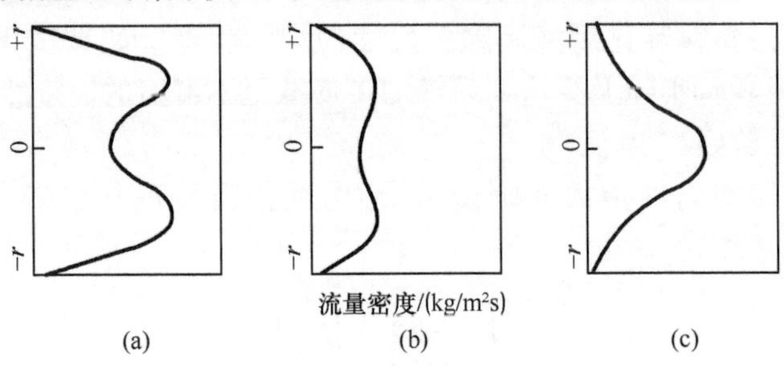

图 6-16 流量密度分布特性

(a)离心喷嘴;(b)离心喷嘴;(c)直射喷嘴。

6.3.6 雾化射程

水平方向喷射时,喷雾液滴丧失动能时所能达到的平面与喷口之间的距离称为雾化射程。雾化角大,雾化粒度很细的喷雾炬,射程较短;密集喷雾炬,吸入空气量较少,射程较长。实际中,由于液雾中颗粒直径大小并不均匀,不同直径的液滴在空间运动的距离也并不相同,因此射程只粗略反映了液雾喷射的距离。

雾化射程在一定程度上可以反映火焰的长度。一般来说,射程越大的喷雾炬所形成的火焰长度也越长;但是射程是通过冷态喷雾实验得到的数据,而在燃烧过程中,由于涉及液滴的蒸发、着火及燃烧反应等多个过程,因此火焰长度要明显小于液雾的射程。

6.4 燃油喷嘴

燃油雾化主要是靠喷嘴来实现,喷嘴是燃烧室中的重要部件,其性能好坏对燃烧过程影响极大。航空燃气轮机上采用的喷嘴从雾化原理上可分为两大类:压力雾化(或称机械雾化)和空气雾化(航空发动机上一般为低压差空气雾化)。压力雾化是将液体加压后通过小孔喷出,将压力势能转换为动能,从而获得相对于环境空气更高的流动速度,在气、液两相之间强烈的剪切作用下,实现液体的雾化。空气雾化是以空气为介质,使之与液体燃料之间发生撞击、挤压、剪切、撕裂等作用,最终将液体燃料破碎。这种雾化方法不需要将燃油提高到较高的供油压力,故对油管的承压能力要求不高;并且其雾化质量优于压力雾化,但是这种雾化方法需要消耗一定量的压缩空气,因此,其能耗相对较高。不过实际中的喷嘴通常都按其具体结构类型来加以区分。由于雾化方式和结构形式的不同,适用于各种燃烧装置的喷嘴类型很多，本节将重点讨论在航空燃气轮机燃烧室上常用的几种喷嘴。

6.4.1 直射式喷嘴

直射式喷嘴主要广泛应用于加力燃烧室上，它利用密集布置的喷点改善了燃油分布的均匀性，因而取代了离心喷嘴。在主燃烧室上，直射式喷嘴作为蒸发管及组合式空气雾化装置的喷嘴仍被采用。

直射式喷嘴结构十分简单，如图 6－17 所示。它是在封闭的圆管端头开一小孔，也有的在圆管的圆柱侧壁上开若干个小孔而装入燃烧室内，称为喷油杆。还有的将圆管弯成圆圈，在管上按一定的分布规律打若干小孔，称为喷油环。有的加力燃烧室中放二或三圈这样的管子。为了满足浓度分布的要求，有的要钻几百个小孔，孔径很小，一般不到 1mm。

直射式喷嘴是靠高压燃油的压力能在喷出时变为动能高速喷到气流中，因为燃油喷射时无旋转运动，因此燃油基本充满孔口。相对气流方向来说可分为顺喷、逆喷，或与气流方向呈任意角度的侧喷。由于燃油的湍流脉动和相对气流速度的运动，喷油束有一定的扩张角，一般为 5°～15°，但轴向速度远大于横向速度，因此它的穿透能力较强，燃油比较密集。实验表明，当油束与气流相对速度超过 100m/s 时，雾化质量较好，因此往往采用逆喷或横喷的布局。直射式喷嘴优点是结构简单，分布比较灵活，缺点是雾化质量不理想，一般用于加力燃烧室和冲压发动机的燃烧室中。

在图 6－17 所示的 1 和 0 两截面间很容易写出伯努利方程：

$$p_f+\frac{\rho_f v_1^2}{2}=p_0+\frac{\rho_f v_0^2}{2} \tag{6-7}$$

由于 $v_1 \ll v_0$，因此，

$$v_0=\sqrt{\frac{2(p_f-p_0)}{\rho_f}} \tag{6-8}$$

其中 $p_f-p_0=\Delta p_f$ 为供油压差。

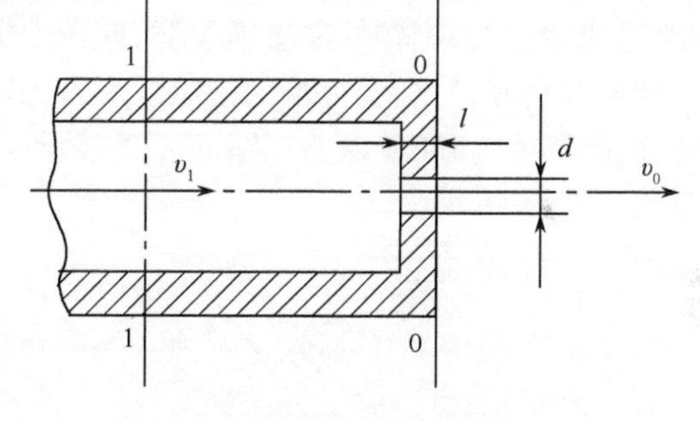

图 6－17 直射式喷嘴示意图

考虑到燃油的黏性及流动损失等，需打一折扣，即速度系数 φ（一般 $\varphi=0.92$～0.98）。

$$v_0=\varphi\sqrt{\frac{2\Delta p_f}{\rho_f}} \tag{6-9}$$

流量公式

$$\dot{m}_f=\varepsilon\rho_f A_c v_0=\varepsilon\varphi A_c\sqrt{2\rho_f\Delta p_f}=\mu A_c\sqrt{2\rho_f\Delta p_f} \tag{6-10}$$

式中，$\dot{m}_f$——燃油质量；

A_c——喷油小孔面积；

ρ_f——燃油密度；

ε——孔口流束收缩引起的流量损失系数，也称有效截面系数；

$\mu=\varepsilon\varphi$——为流量系数，与喷口长径比有关，当 $l/d=0.5$～1 时，$\mu=0.6$～0.65；当 $l/d=2$～3 时，$\mu=0.75$～0.85。

从式(6-10)可知,$\dot{m}_f$ 与 Δp_f 呈二次曲线关系,即 $\dot{m}_f \propto (\Delta p_f)^{1/2}$,如图6-18所示。当 A_c 固定,$\dot{m}_f$ 在中小流量时,Δp_f 能满足要求,供油泵亦能承受得了。若 $\dot{m}_f$ 要增大,Δp_f 虽增大很多,而 $\dot{m}_f$ 增加有限,且此时油泵及油管承受不了(一般 Δp_f 最大约10MPa)。因此当要求 $\dot{m}_f$ 变化很大时,常常采取增加喷油孔数(或孔径),亦即增大 A_c 的办法来达到要求,压力式供油装置通常都会碰到该问题。

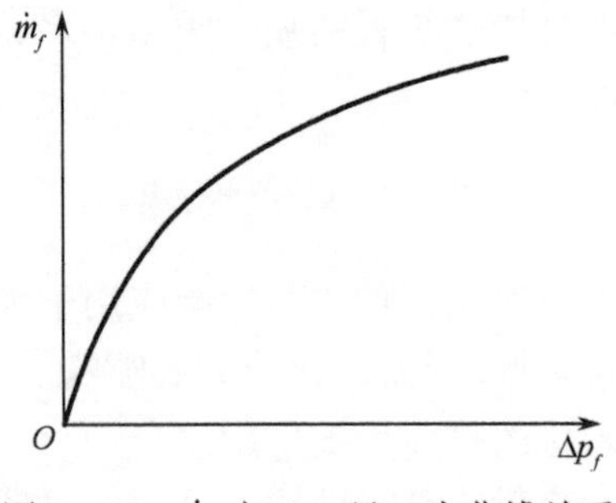

图6-18 $\dot{m}_f$ 与 Δp_f 呈二次曲线关系

6.4.2 离心式喷嘴

离心式喷嘴也是一种压力雾化喷嘴,离心喷嘴的工作原理如下(如图6-19):燃油在一定的压力作用下,通过切向孔(通常为两个以上或成对布置)进入旋流室,并在其中作旋转运动,同时以一定的轴向速度向喷口方向推进,临近喷口时受旋流室壁面限制而收缩,从不大的喷口旋转着向外喷出(如图6-20)。由于离心作用,燃油并不充满旋流室,中间存在一个与外界大气相通的空心涡,因此燃油从喷口喷出时呈环状管膜。在喷嘴出口截面,由于失去了孔壁的约束作用,燃油在喷嘴出口下游形成旋转的油膜,并依照前面所述的液膜破碎机理破碎成为小油滴(如图6-21)。油膜呈圆锥型,该圆锥母线之间的夹角为其喷雾锥角 α,一般当喷嘴进口油压高于1.2MPa时,燃油在喷嘴出口就可以被雾化,形成中空的、旋转的油雾颗粒群,这种中空的喷雾炬与燃烧室头部旋流器形成的气流结构配合良好,有利于火焰的稳定。为了保证雾化质量,这种喷嘴往往要求进油压力一般在0.3MPa~0.5MPa以上。图6-22显示了离心式喷嘴在不同进油压力下的液膜破碎过程。

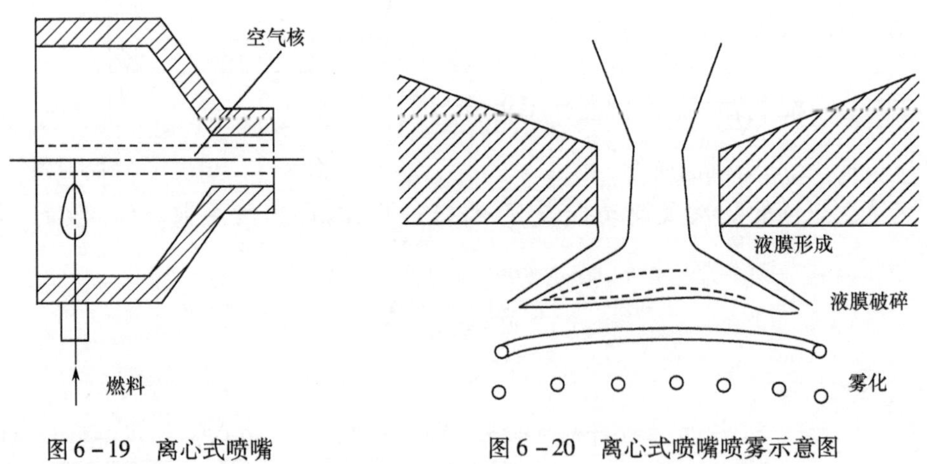

图6-19 离心式喷嘴　　图6-20 离心式喷嘴喷雾示意图

1)离心喷嘴流量

通过简要推导就会发现,离心喷嘴的流量与直射式喷嘴在形式上是完全一致的,其流量可表示如下

$$\dot{m}_f = \mu A_c \sqrt{2\rho_f \Delta p_f} \tag{6-11}$$

式中,$\dot{m}_f$——燃油质量流量;

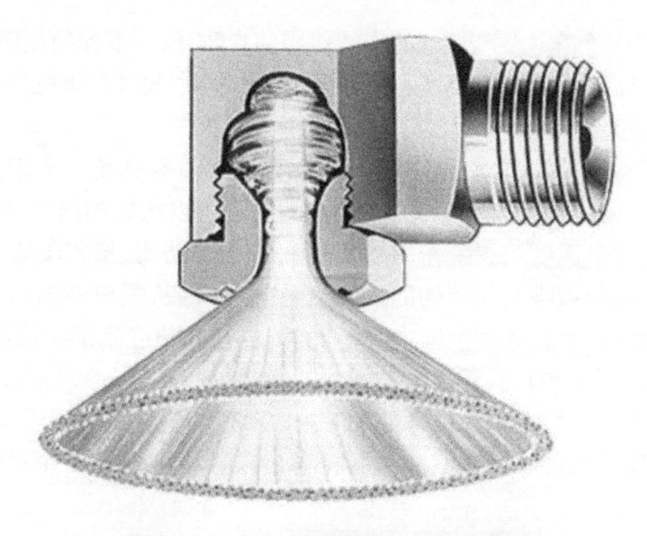

图 6-21　离心式喷嘴喷雾效果示意图

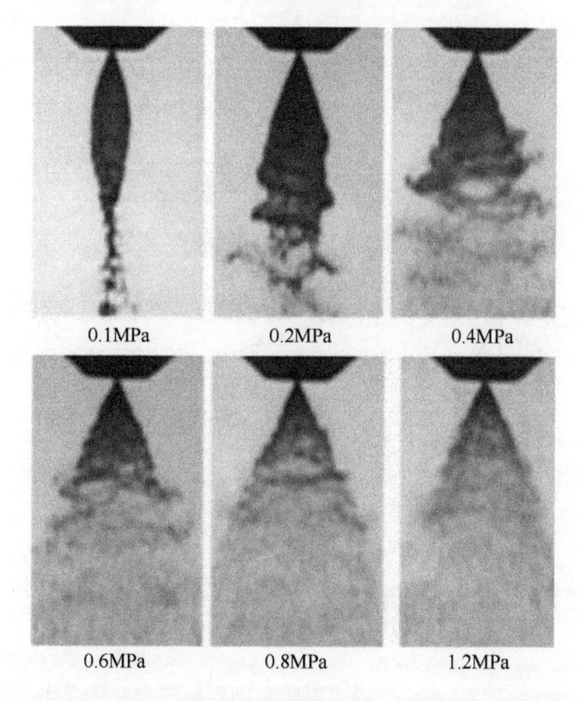

图 6-22　离心式喷嘴在不同进油压力下的液膜破碎过程

A_c——喷嘴出口小孔面积；

ρ_f——燃油密度；

μ——流量系数。

实际上，这个关系式对于所有压力雾化喷嘴都适用，包括直射式喷嘴和离心式喷嘴。压力雾化喷嘴的流量系数是由喷嘴内的压力损失和喷嘴出口实际流通面积决定的。公式中前面的部分也通常被概括为另一个特征参数，即流量数 FN：

$$FN = \frac{\dot{m}_f}{\Delta p_f^{0.5}} = \mu A_c \sqrt{2\rho_f} \qquad (6-12)$$

流量数是 FN 是一个表达喷嘴特性的广泛使用的参数，仅与喷嘴的几何结构和通过的流体有关，与喷嘴的工况无关，因此它给定了某种用途下的喷嘴“尺寸”，单位是 $kg/(s\cdot Pa^{0.5})$。

2）离心喷嘴喷雾锥角

在设计离心喷嘴时，另一个必须确定的特性参数是喷雾锥角。由于在喷嘴出口处存在切向速度分量，使得喷雾具有了一定的锥角，因此它可以根据轴向速度和切向速度的关系来确定。而对这两个速度起主要作用的是喷嘴的几何结构，所以喷雾锥角的设计实际上需要建立喷雾锥角与喷嘴几何结构的关系。此外，燃油从喷口喷出时基本上是切向速度与轴向速度。轴向速度在半径方向上是不变的，但切向速度则随半径而异，因此燃油从喷口喷出时因所处半径不同，喷雾锥角亦不同。半径越小，喷雾锥角越大；反之，喷雾锥角越小。因此，喷雾锥的边界实际上是弯曲的，这也为定义和测量喷雾锥角带来了困难，为了克服这一问题，喷雾锥角通常被定义为从喷嘴出口到距出口特定距离喷雾轮廓之间的两条连线形成的夹角。

研究发现，喷雾锥角也与作用于喷嘴上的压力差 Δp_f 以及喷射环境条件有关。当燃烧室压力一定时，喷雾锥角一般随喷嘴前后压降的增加而减小。但当喷嘴压差一定时，燃烧室压力增加使喷雾锥角减小，如图 6－23 所示。当发动机工作在大状态时，喷雾锥角减小会导致两个不利的结果：一是冒烟大量增加；二是出口温度分布系数恶化。

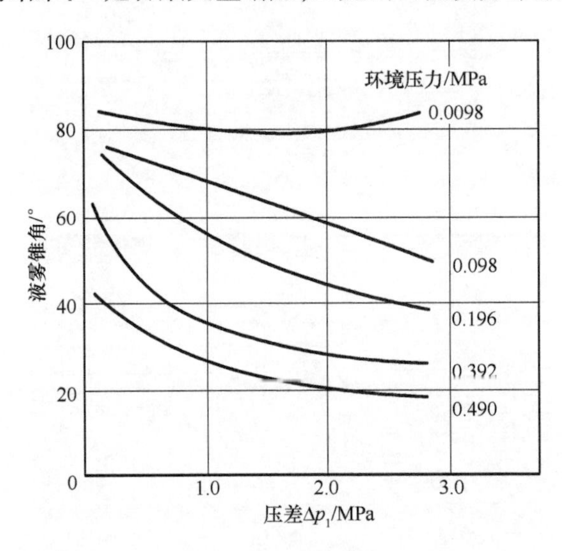

图 6－23　离心喷嘴喷雾锥角随环境压力变化规律

3）离心喷嘴的雾化粒度

影响离心喷嘴雾化粒度的主要因素有两个：一是燃油物性，如表面张力和黏性系数；二是燃油的工况，如燃油流量和燃油压力。实验证明：表面张力大，黏性系数大，雾化变差，SMD 增大；而燃油压力小，喷嘴流量大，则 SMD 增大，如图 6－24～图 6－26 所示。

大量实验研究结果和理论分析表明，离心喷嘴平均直径（SMD）可用如下经验关系式表达：

其中 Jasuja 给出的经验关系式为

$$SMD = 4.4\sigma^{0.6}\mu_l^{0.16}\dot{m}_l^{0.22}\Delta p_l^{-0.43} \tag{6-13}$$

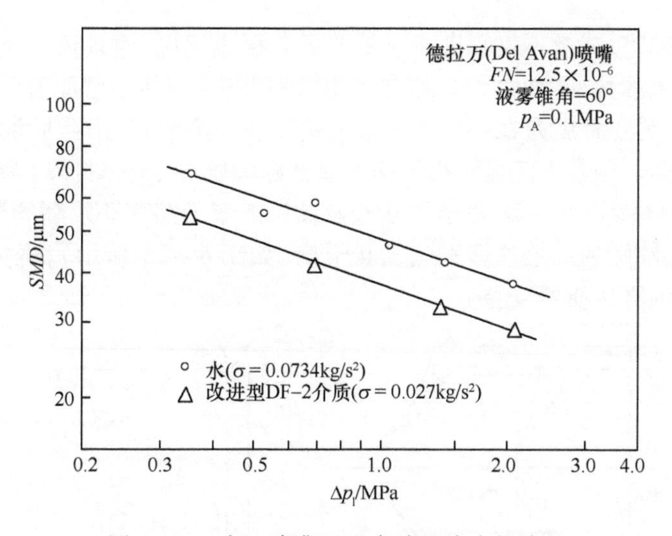

图 6-24　离心喷嘴 *SMD* 与表面张力的关系

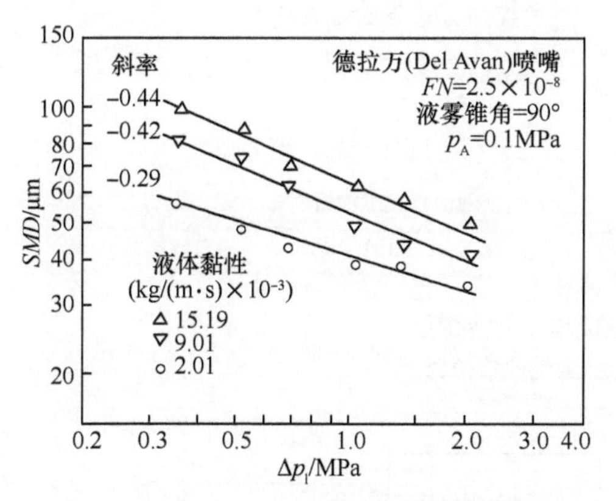

图 6-25　离心喷嘴 *SMD* 与燃油黏性的关系

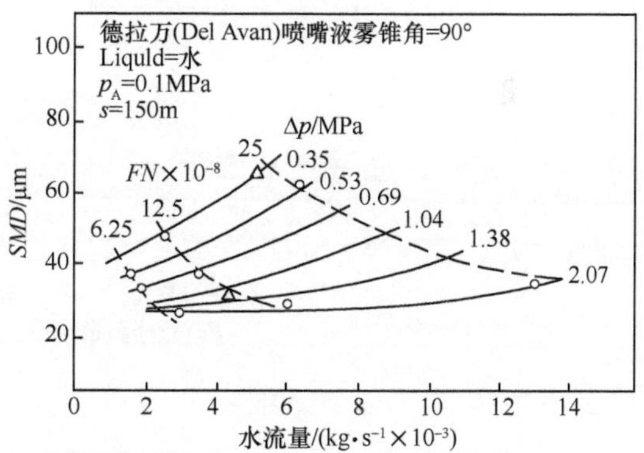

图 6-26　离心喷嘴 *SMD* 与工况和喷嘴流量数的关系

Lefebvre 考虑了环境空气的影响后给出的经验关系式为

$$SMD = 2.25\sigma^{0.25}\mu_l^{0.25}\dot{m}_l^{0.25}\Delta p_l^{-0.5}\rho_a^{-0.25} \tag{6-14}$$

式中，σ 为燃油表面张力系数、μ_l 为燃油动力黏度、$\dot{m}_l$ 为燃油流量、Δp_l 为供油压差、ρ_a 为环境空气密度。不同研究者给出的经验关系式大同小异，式(6-14)在空间分布上更合理。主要适用于具有旋流室的圆喷口离心喷嘴。

4）双油路离心喷嘴

从上述离心喷嘴的流量公式可知，在喷嘴喷口面积不变的情况下，喷嘴供油量与供油压差的平方根成正比。目前发动机在各种飞行条件和工作状态下，最大和最小供油量往往相差 20 倍以上，那么根据$\dot{m}_f^2 \propto \Delta p_f$ 关系，供油压差就相差 400 倍。为了保证喷油雾化质量，假设最低油压为 0.5MPa，则最高油压将为 200MPa，这么高的油压将不能为目前以至将来的发动机供油泵和油路系统所承受，这不仅带来供油系统的复杂性和危险性，而且从喷嘴喷出的油束具有很大的动能有可能把火焰筒击穿。因此，仅靠简单喷嘴用改变供油压力的方法来改变供油量远不能满足要求。所以，在航空发动机上发展了双油路喷嘴。

从流量公式知道，流量不仅和供油压差的平方根成比例，而且还和喷口的面积 Ac 成正比。为了增加供油量，需加大 Ac。通常采用两种办法：一种是增加喷头数，这在主燃烧室中几乎不可能；另一种就是在一个喷头上重叠地装两个喷口，由两股油路分别供油，一般称之为主副油路。图 6－27 显示出了两种双油路喷嘴的示意图：(a) 为双油路单喷口，(b) 为双油路双喷口。图 6－28 显示了某些发动机上双油路离心喷嘴的流量特性。一般来说，双油路离心喷嘴的两层油雾不应相互干扰（如图 6－29 所示），避免因主油路喷射油雾后使副油路的雾化质量变差。

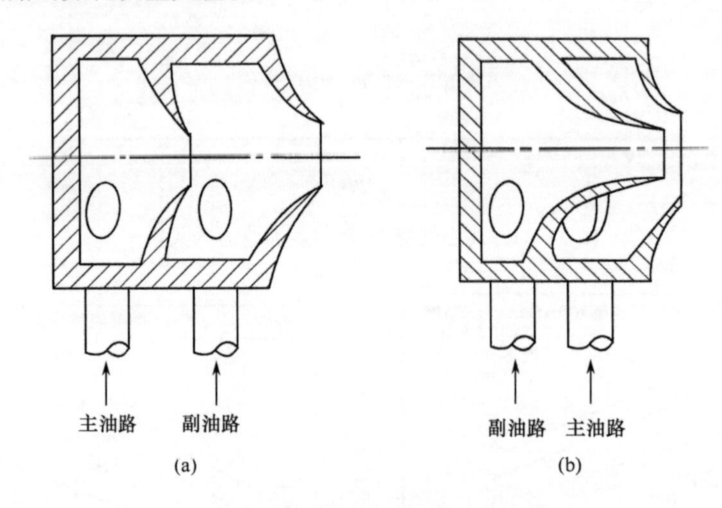

图 6－27　双油路喷嘴的示意图
(a) 双油路单喷口；(b) 双油路双喷口。

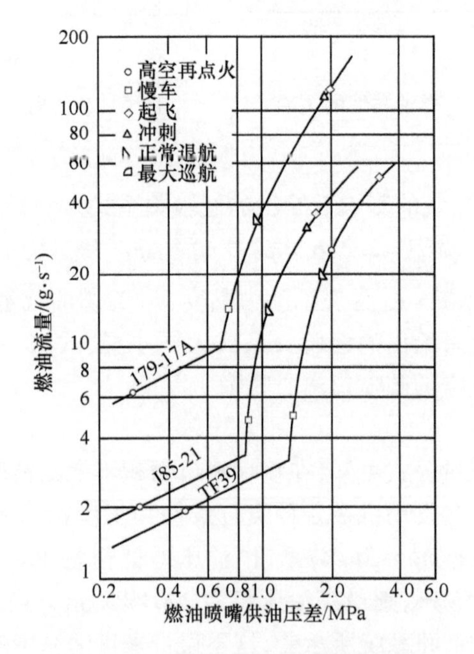

图 6－28　双油路离心喷嘴流量特性

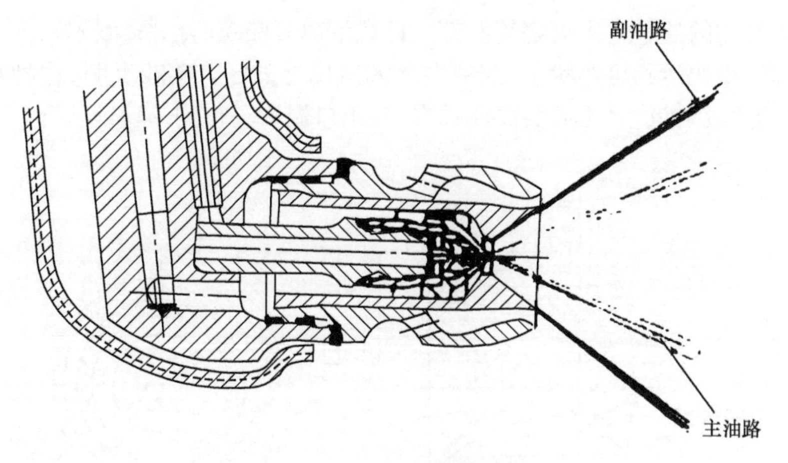

图 6-29　双油路喷嘴结构

6.4.3　空气雾化喷嘴

随着航空发动机燃烧室压比、温升的不断提高,离心式喷嘴使用中暴露出一些问题,比如,在高压下喷雾锥角度变小影响了主燃区的燃油分布,增加了冒烟和火焰辐射,也使燃烧室出口温度场品质变差。而且,由于燃气轮机的燃油规范放宽,燃烧室的冒烟、积碳和壁温高等问题尤为严重。与之相比,空气雾化喷嘴能够保证燃油和气流实现充分而又均匀地混合,并且具有低供油压力和出口温度场对燃油变化不太敏感等优点,因而取代了离心喷嘴在较高性能发动机中的地位。

一般来说,地面动力装置的气动雾化喷嘴都需要一套专门的供气系统,然而如果航空燃气轮机再另外配备一套供气系统,就会使质量增加,结构复杂。因此,航空燃气轮机燃烧室中的空气雾化喷嘴是利用火焰筒内外较大的压差,来形成空气雾化喷嘴内较高的空气流速,对燃油进行雾化。一般把工业上应用的有另外一套供气系统的喷嘴称为气动喷嘴,而利用燃烧室本身气流的称为空气雾化喷嘴或气碎式喷嘴。

空气雾化喷嘴也可根据燃油喷出方式和空气流相互作用区分为:液柱式、液膜式、扇片式、冲击式、溅锥式及组合式等。在航空发动机上主要采用的是液膜式空气雾化喷嘴和复合式(组合式)空气雾化喷嘴。下面举例来简要介绍这两种类型的喷嘴。

1）液膜式空气雾化喷嘴

在航空燃气轮机燃烧室中应用最为广泛的是液膜式空气雾化喷嘴。从 20 世纪 60 年代开始,国外进行大量试验研究,国内从 20 世纪 80 年代开始在基础性研究的基础上,又进行了大量应用研究。目前应用较多、效果较好的是双路进气的液膜式空气雾化喷嘴,RB211 发动机燃烧室喷嘴就是这类喷嘴的典型范例,如图 6-30 所示。工作时,燃油充满集油槽,然后经多个切向孔进入旋流室,在离心力作用下喷流在内环的外壁面上。由于供油压力不高(3～5bar),一般较少地喷至气流中,而是紧贴壁面形成一层油膜。这层旋转的油膜在内环腔中高速气流的吹动下,沿壁面向下游扩展,直到喇叭口的唇部。这里是个窄喉道,气流在此加速至 100m/s～150m/s,并且沿通道向约 45°方向吹出。同时外环空气经唇部向里切吹,与内环腔气流交叉,形成相剪切的冲击。油膜被吹至唇边,在这两股气流的剪切作用下碎裂成细小油滴,并经这两股气流形成的强湍流带动,较好地掺混于气流中，形成较均匀的油雾进入火焰筒头部。即燃油离开喷嘴时已雾化较好，不必再经过一般雾化的距离，很快达到可燃状态，避免主燃区出现过富区。实践表明，这种喷嘴可大大降低发烟度和热辐射量，且不需要高压油泵，使出口温度场也均匀稳定。

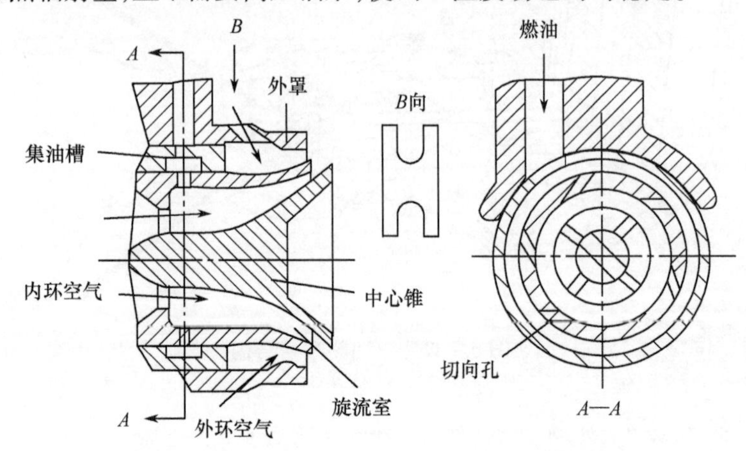

图 6－30　RB211 发动机用的空气雾化喷嘴

图 6－31 给出了 PW4000 发动机燃烧室所采用的空气雾化喷嘴，燃油也是在内、外两股高速气流作用下，形成与空气充分掺混的油雾，得到比较好的雾化效果。

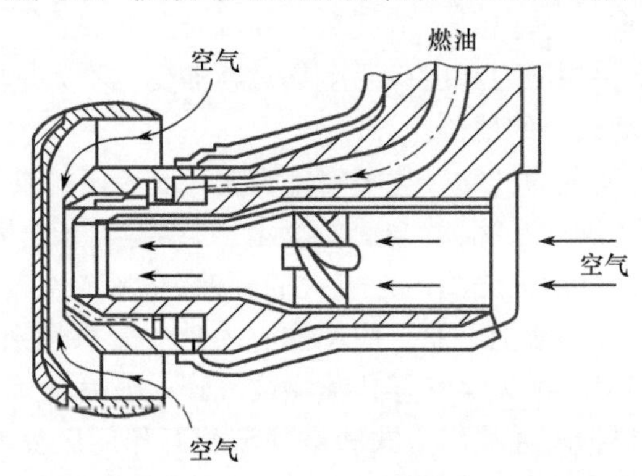

图 6－31　PW4000 发动机燃烧室的空气雾化喷嘴

2）复合式空气雾化喷嘴

随着当今及未来高性能发动机的不断发展，对燃油供给系统提出了一些更高要求：

（1）在更短的燃烧区内完全燃烧，以缩短燃烧室长度、减轻其重量；

（2）更好地组织主燃区浓度场；

（3）更高要求的点火性能及贫油熄火范围；

（4）更低的污染物排放，以满足未来航空燃气轮机低污染排放要求。

一般的液膜式空气雾化喷嘴对于上述要求是难以全面满足的，特别是点火性能差和贫油熄火范围窄，因此发展了喷嘴/旋流器组合式空气雾化喷嘴，它将喷嘴（直射式、离心式或空气雾化喷嘴）与旋流器进行组合，可以根据燃烧性能的需求进行灵活设计，并实现不同工况下燃油的分级调节，从而获得所需要的燃烧室头部气流结构和燃油浓度分布，以保证在宽广的工作状态下实现良好的点火性能、燃烧完全及宽广稳定的燃烧范围。

GE 公司为 GEnx 发动机发展了一种双环预混旋流器(TAPS)方案,从原理上讲它属于一种典型的复合式气动雾化喷嘴,如图 6-32 所示。其中,中心预燃级的燃油喷射采用离心式喷嘴或直射式喷嘴,燃油在预燃级文氏管处形成油膜,由预燃级两级旋流器气流进行雾化。外部的主燃级燃油通过小孔直接喷射到流过主燃级预混通道的高速气流中进行雾化及掺混。由于采用了多级旋流的方案,燃烧区流场的调节和控制参数增多。主燃级采用了多个小孔的直接喷射,可以灵活设置开孔数量和孔径,另外,主燃级燃油喷射的位置可根据回火和自燃的限制进行调整。TAPS 技术代表了当前航空燃气轮机燃烧室工程技术进展的成就与发展方向。

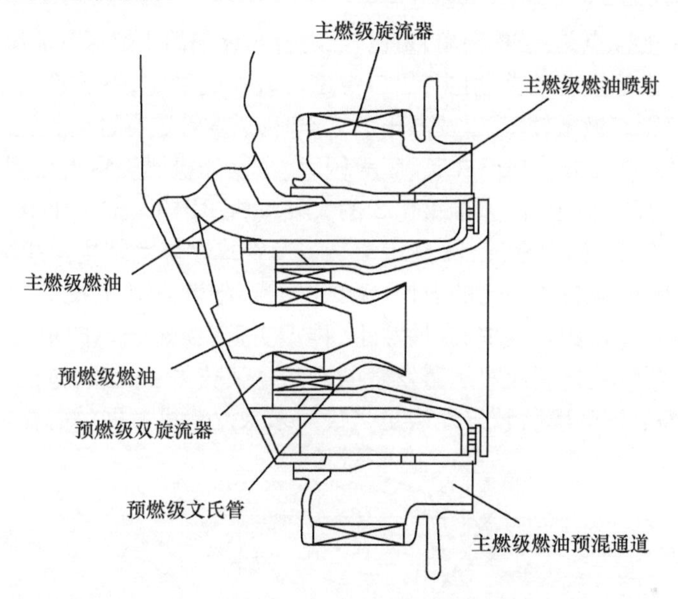

图 6-32　TAPS 复合式燃油喷射器

6.4.4　蒸发管

蒸发管喷嘴是由英国 RR 公司发展的,研制目的是利用已燃气的热量加快蒸发和掺混过程,缩短混气形成所占的燃烧室的长度。为了改善蒸发管的蒸发性能和减小长度,早期的蒸发管结构为"拐杖型",20 世纪 80 年代发展了"T 形"蒸发管,如图 6-33 所示。燃油通过位于蒸发管进口中间的油管用较低的压力以直射方式向里喷油,有些发动机预先对燃油进行加温(约达 420K),有些也并不加温。在燃油管的周侧有来自压气机的高温(约 870K)空气通入,初步使燃油蒸发并掺混。蒸发管内的空燃比很小,约在 3~5 范围内,为极富油油气混合物。燃油所以能在管中基本蒸发为气态,主要是蒸发管的底部位于火焰区,通过金属管壁传进大量的热,因此从蒸发管喷出的基本上是气态富油的混合气,然后经管外的气流吹向管后,再与主燃孔进来的大量空气形成接近化学恰当比的混气,因此很容易点燃。由于形成的混气基本上是气态,因此混气较为均匀,不致形成过分富油的区域。实际上,燃油在蒸发管内并未完全蒸发,有的情况下仍有一小部分以油珠形式喷出,并有部分进入火焰区,这虽然对燃烧效率有些影响,但可扩大稳定燃烧边界,故现在的蒸发管设计也不要求在管内全部蒸发。研究结果表明,蒸发管出口的燃油粒度一般小于 20μm。

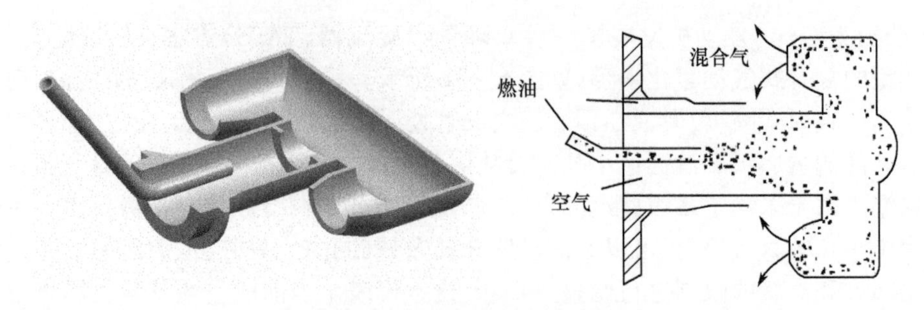

图 6-33　T 型蒸发管示意图

蒸发管燃烧室的优点是:结构简单,重量轻、适合与火焰筒主燃区气流结构相匹配、燃烧效率较高,不冒烟,火焰呈蓝色,辐射少,出口温度场较均匀稳定,不随燃油量的多少而变化等。其缺点是火焰稳定极限较窄,以及高压下工作时,蒸发管壁有过热及烧蚀的危险。

实际上,蒸发管供油方式早已在英、美等国大、小发动机燃烧室上得到了采用,且目前仍用在某些高性能发动机上,例如推重比 8 的大发动机 RB199,推重比 10 的 EJ200 等,高性能小发动机 RTM322 等。图 6-34 显示了某蒸发管式燃烧室结构。我国对蒸发管基本性能进行过一些研究,储备了一定的设计、调试经验。随着发动机技术的发展,对燃烧室性能提出了更高的要求,例如效率高、尺寸小、排烟少等,使燃烧室向短环型发展,离心式喷嘴已满足不了这些要求,因此对于蒸发管的研制重新获得了关注,包括气动雾化喷嘴和蒸发管在内的新型燃油喷嘴将较好地满足当代及未来发动机发展的需要。

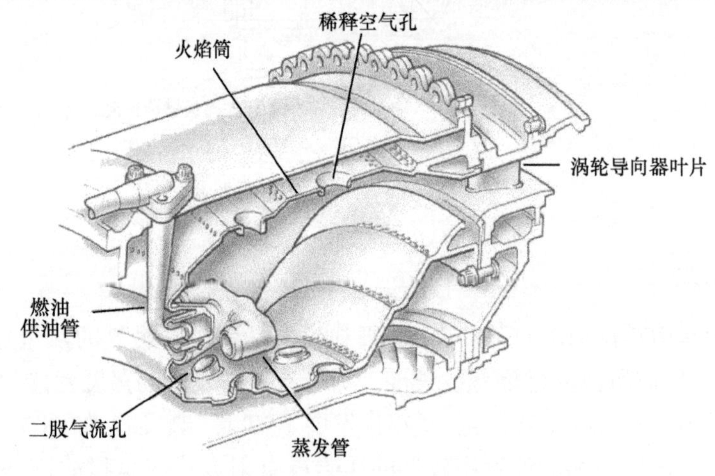

图 6-34　蒸发管式燃烧室

6.4.5　甩油盘

甩油盘是一种用于小型发动机的供油装置(图 6-35)。燃油通过发动机轴的中心供入轴上一个空心甩油盘,在甩油盘的圆周边上开有若干小孔,当发动机轴以高速旋转至 30000r/min 以上时,燃油从小孔中甩至环形燃烧室的头部(如图 6-36 所示),由于轴的高速旋转,燃油受到离心力的作用,动能很大,雾化质量也很好。从使用的效果看,燃烧效率较高,且对高速旋转的轴有冷却作用,也使燃油得到预热,从而对雾化、蒸发以及组织燃烧都有利。

图 6-35　甩油盘式喷嘴

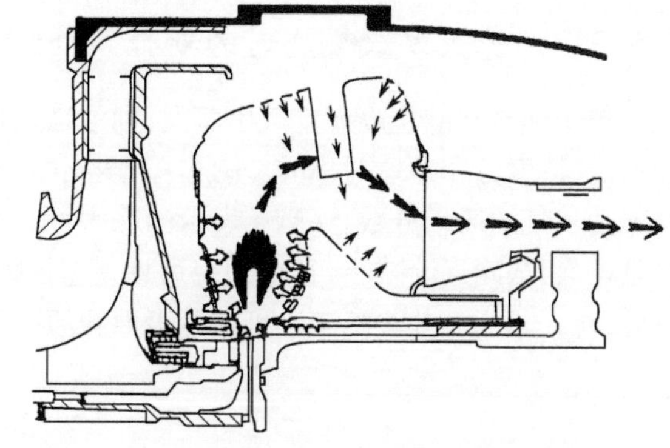

图 6-36　折流燃烧室中甩油盘式喷嘴安装

甩油喷嘴在高转速、小流量的折流环形燃烧室中得到采用。最著名的甩油盘是法国 Turbomeca 公司的甩油盘系统，WP11 发动机燃烧室也采用了这种供油装置。

6.5　单个油珠的蒸发与燃烧

如前所述油雾锥是由许多尺寸不同的单个油珠组成的。因此，掌握单个油珠在高温环境中的蒸发与燃烧规律，是研究油雾燃烧的基础。为此本节将着重讨论单个油珠的蒸发与燃烧的有关问题。

6.5.1　蒸发或燃烧时的油珠温度

油珠在高温环境中蒸发或燃烧时，通过辐射和对流接收外部热量，温度逐渐上升，如图 6-37 所示。由于燃油本身的热传导系数不是无限大，因此在开始阶段油珠表面的温度总是高于核心温度，随后共同趋向于某一恒值 T_{wb}，这个温度称为蒸发平衡温度或湿球温度。在此温度下，油珠从外部吸收的热量与油珠汽化所消耗的潜热相等，达到了能量平衡。当油珠在高温环境中蒸发或燃烧时，湿球温度接近于燃油的沸点，粗略计算时可取两者相等。

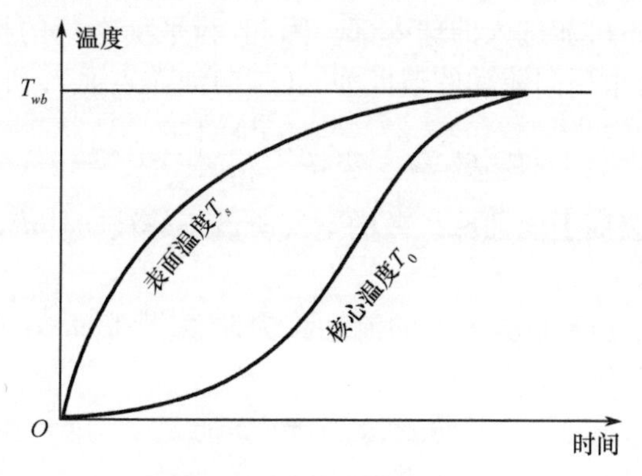

图 6-37　油珠加热过程

此外，油珠内部的温度分布对蒸发过程的影响不大。因此在计算时，常假定油珠内部温度是均匀的。这种情况相当于燃油导热系数为无限大。

6.5.2 油珠蒸发或燃烧时的斯蒂芬(Stefan)流

假定单个油珠在静止高温空气中蒸发,则油珠周围的气体将是由空气和燃油蒸气组成的混合物,其浓度分布是球对称的。图6-38表示浓度的变化趋势,其中 w_a 和 w_f 分别表示空气和燃油蒸气的质量分数,注脚 s 表示油珠表面。可见,燃油蒸气浓度在油珠表面最高。随着半径增大,浓度逐渐减小,直至无穷远处,$w_{f\infty}=0$。对于空气,浓度的变化正好相反,在无限远处,$w_{a\infty}=1.0$。并逐渐减小到油珠表面的值。显然,在任意半径处,有 $w_a+w_f=1.0$。

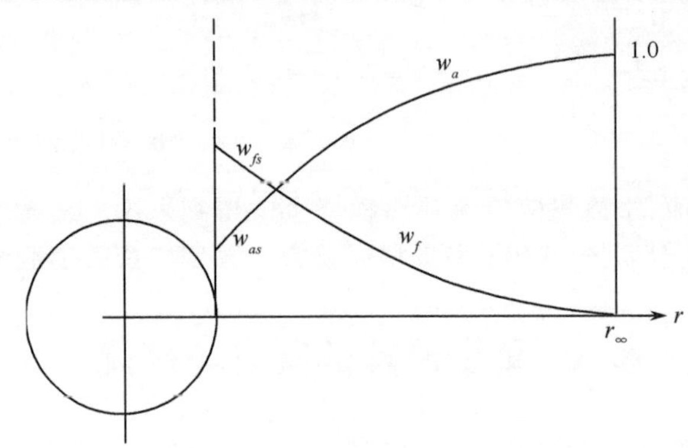

图6-38 油珠周围成分分布

由于浓度差的存在必然导致质量扩散。根据费克定律,质量扩散速度正比于浓度梯度,故有

$$\dot{m}_f' = -\rho D\frac{\mathrm{d}w_f}{\mathrm{d}r}\quad \mathrm{kg/(s\cdot cm^2)} \tag{6-15}$$

$$\dot{m}_a' = -\rho D\frac{\mathrm{d}w_a}{\mathrm{d}r}\quad \mathrm{kg/(s\cdot cm^2)} \tag{6-16}$$

式中,ρ 和 D 分别表示气相总密度和分子扩散系数。

可见,浓度梯度的存在,使燃油蒸气不断地从油珠表面向外扩散;相反地,空气则从外部环境不断地向油珠表面扩散。在油珠表面,空气分子力图向油珠内部扩散,但空气不溶于燃油,也就是说空气不可能进入油珠内部。因此,为平衡空气的扩散趋势,必然会产生一个反向的流动。若这个反向流动的速度为 v_s(指向油珠表面),则由质量平衡应有

$$\pi \mathrm{d}_s^2\rho v_s w_{as} - \pi \mathrm{d}_s^2\rho D\left.\frac{\mathrm{d}w_a}{\mathrm{d}r}\right|_s = 0 \tag{6-17}$$

上式表明,在油珠表面上向油珠扩散的空气质量正好被向外流动的空气质量所抵消,因此净空气流通量为零。

上述在油珠表面以速度 v_s 所表征的流动称为斯蒂芬(Stefan)流,这是以油珠中心为源的"点泉"流。因此应有

$$\pi d_s^2\rho v_s w_{as} = \pi d^2\rho v w_a \tag{6-18}$$

或

$$d^2\rho v w_a = \mathrm{const}$$

式(6-17)也可以写成对任何半径都适用的形式,即

$$\pi d^2\rho v w_a - \pi d^2\rho D\frac{\mathrm{d}w_a}{\mathrm{d}r} = 0 \tag{6-19}$$

或 $$\rho v w_a - \rho D \frac{\mathrm{d}w_a}{\mathrm{d}r} = 0$$

上式表明,在蒸发液滴外围的任一对称球面上,由 Stefan 流引起的空气质量迁移正好与分子扩散引起的空气质量迁移相抵消,因此空气的总质量迁移为 0。

6.5.3 高温环境中相对静止油珠的蒸发速率

单位时间内从油珠表面蒸发的液体质量,通过 Stefan 流动和分子扩散两种方式将燃油蒸气迁移到周围环境。若浓度分布为球对称,则有

$$\dot{m}_f = -\pi d_s^2 \rho D \left.\frac{\mathrm{d}w_f}{\mathrm{d}r}\right|_s + \pi d_s^2 \rho v_s w_{fs} \quad (\text{油珠表面})$$

或 $$\dot{m}_f = -\pi d^2 \rho D \frac{\mathrm{d}w_f}{\mathrm{d}r} + \pi d^2 \rho v w_f \quad (\text{任意半径}) \tag{6-20}$$

将式(6-19)与式(6-20)相加,并考虑到$\frac{\mathrm{d}w_a}{\mathrm{d}r} = -\frac{\mathrm{d}w_f}{\mathrm{d}r}$,可得

$$\dot{m}_f = \rho v \pi d^2 (w_a + w_f) = \rho v \pi d^2 \tag{6-21}$$

故式(6-20)可改写为

$$\dot{m}_f = -4\pi r^2 \rho D \frac{\mathrm{d}w_f}{\mathrm{d}r} + \dot{m}_f w_f$$

或 $$\dot{m}_f \frac{\mathrm{d}r}{r^2} = -4\pi \rho D \frac{\mathrm{d}w_f}{(1 - w_f)} \tag{6-22}$$

积分上式(注意$\dot{m}_f$与 r 无关),并取边界条件为

$$r = r_s \qquad w_f = w_{fs}$$

$$r = \infty \qquad w_f = w_{f\infty}$$

可得纯蒸发(不燃烧)条件下油珠的蒸发速率

$$\dot{m}_f = 4\pi r_s \rho D \ln(1 + B) \quad (\mathrm{kg/s}) \tag{6-23}$$

式中 B 称为物质交换数,并有

$$B = \frac{w_{fs} - w_{f\infty}}{1 - w_{fs}} \tag{6-24}$$

计算时通常可假定油珠表面的燃油蒸气压等于饱和蒸气压,因此只要已知油珠表面温度以及燃油的饱和蒸气压与温度的关系,即可求得 w_{fs},因而可确定交换数 B。

6.5.4 高温环境中相对静止油珠的能量平衡

在以油珠为中心,半径为 r 的球面上(图 6-39),假设温度为 T,由外部环境向内侧球体的导热量为 $-4\pi r^2 \lambda \frac{\mathrm{d}T}{\mathrm{d}r}$,该导入热量用于三个方面:

(1) 加热油珠,若油珠内部温度均匀,等于 T_l,如果 $T_l < T_{wb}$,则单位时间内加热所消耗的热量为$\frac{4}{3}\pi r_s^3 \rho_l C_l \frac{\mathrm{d}T_l}{\mathrm{d}\tau}$,当 $T_l = T_{wb}$时,油珠温度不变,此项为 0。

(2) 油珠蒸发消耗的潜热,其值为$\dot{m}_f \cdot h_{fg}$。此处 h_{fg}为气化潜热(kJ/kg)。

(3) 使燃油蒸气从 T_l 升温到 T 所需要的热量，其值为$\dot{m}_f C_p(T-T_l)$，即为蒸发出的燃油蒸气热焓的增加。于是蒸发油珠的热平衡方程为

$$-4\pi r^2\lambda\frac{\mathrm{d}T}{\mathrm{d}r}+\dot{m}_f C_p(T-T_l)+\dot{m}_f h_{fg}+\frac{4}{3}\pi r_s^3\rho_l C_l\frac{\mathrm{d}T_l}{\mathrm{d}\tau}=0 \tag{6-25}$$

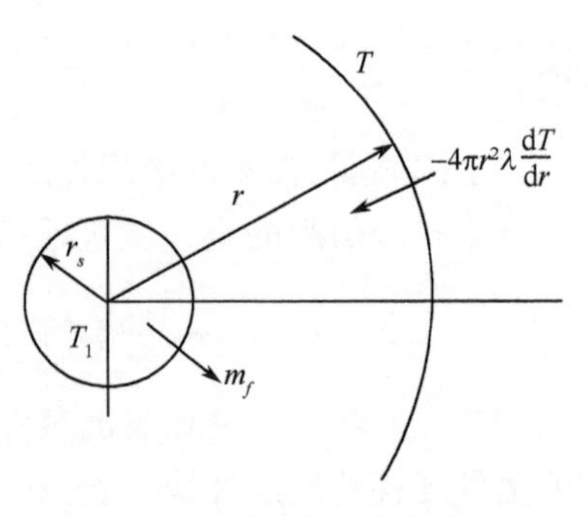

图 6-39　油珠能量平衡简图

在油珠达到蒸发平衡温度（$T_l=T_{wb}=\mathrm{const}$）后，有

$$\frac{\mathrm{d}T_l}{\mathrm{d}\tau}=\frac{\mathrm{d}T_{wb}}{\mathrm{d}\tau}=0$$

于是(6-25)式可简写为

$$\frac{\dot{m}_f}{4\pi\lambda}\frac{\mathrm{d}r}{r^2}=\frac{\mathrm{d}T}{C_p(T-T_{wb})+h_{fg}} \tag{6-26}$$

积分上式，并取边界条件

$$r=r_s,\quad T=T_{wb}$$
$$r=\infty,\quad T=T_\infty$$

可得

$$\dot{m}_f=4\pi r_s\frac{\lambda}{C_p}\ln\left(1+\frac{C_p(T_\infty-T_{wb})}{h_{fg}}\right) \tag{6-27}$$

由此可见，式(6-23)及式(6-27)均可用于计算油珠的纯蒸发速率，但两式的应用条件不同。式(6-27)仅适用于计算油珠已达蒸发平衡温度（$T_l=T_{wb}$）后的蒸发，而式(6-23)却不受这个条件的限制，是一个普遍适用的计算公式。但即使在油珠最不利于蒸发时，比如油珠粗大以及挥发性差时，油珠加温过程所占的时间也不超过总蒸发时间的10%，因此当缺乏饱和蒸汽压力数据时，也可用式(6-23)来近似计算蒸发的全过程。若油珠周围气体混合物的刘易氏数等于1，则有 $\lambda/c_p=\rho D$，并令

$$B_T=\frac{C_p(T_\infty-T_{wb})}{h_{fg}} \tag{6-28}$$

则有

$$\dot{m}_f=4\pi r_s\rho D\ln(1+B_T) \tag{6-29}$$

对比式(6-29)和式(6-23)可知，当蒸发平衡（即 $T_l=T_{wb}$）且刘易氏数等于1时，应有

$$B=B_T$$

或

$$\frac{w_{fs}-w_{f\infty}}{1-w_{fs}}=\frac{C_p(T_\infty-T_{wb})}{h_{fg}} \tag{6-30}$$

6.5.5　相对静止油珠的燃烧

相对静止的油珠燃烧时，油珠被一对称的球形火焰面包围，火焰面半径通常比油珠半径大得多（$r_f \gg r_s$）。这种情况下的油珠燃烧属于扩散燃烧，如图6-40所示。燃油蒸气从油珠表面向火焰面扩散，而空气则由外界向火焰面扩散。在火焰锋面 $r=r_f$ 处，油气组分的扩散速率之比为化学恰当比（$\phi=1$）。理想情况下，可假设火焰锋面的厚度为无限薄，亦即反应速率无限快，燃烧在瞬间完成。由此分析，可画出油珠扩散燃烧时组分及温

度的分布模型(图 6-40)。根据该模型,可以从质量平衡和能量平衡角度推导出油珠的燃烧速率。

1)从质量平衡角度入手进行推导

根据上述分析,可取边界条件

$$r = r_s \quad w_f = w_{fs}$$
$$r = r_f \quad (w_f)_f = 0 \quad (\text{理论上})$$

并对式(6-22)进行积分,可得油珠的燃烧速率为

$$\dot{m}_f = 4\pi\rho D \frac{1}{\frac{1}{r_s} - \frac{1}{r_f}} \ln(1 + B) \qquad (6-31)$$

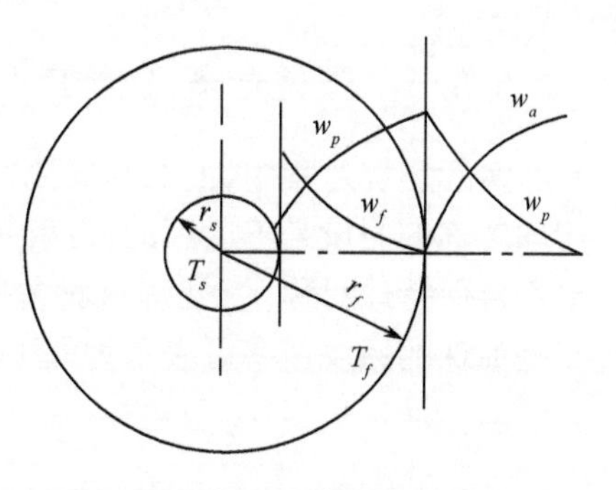

图 6-40 油珠的扩散燃烧模型

式中

$$B = \frac{w_{fs}}{1 - w_{fs}} \qquad (6-32)$$

油珠纯蒸发时,火焰面不存在,相当于 $r_f \to \infty$。又若 $w_{f\infty} = 0$,则式(6-31)和式(6-32)分别变为式(6-23)及式(6-24)。

2)从能量平衡角度入手进行推导

油珠燃烧时,可取 $T_{wb} = T_b$(燃油沸点温度),同理,若取边界条件

$$r = r_s \quad T = T_b$$
$$r = r_f \quad T = T_f \quad (\text{火焰温度})$$

并对式(6-26)积分,也可得到油珠燃烧速率的表达式

$$\dot{m}_f = \frac{1}{\frac{1}{r_s} - \frac{1}{r_f}} \frac{4\pi\lambda}{C_p} \ln\left(1 + \frac{C_p(T_f - T_b)}{h_{fg}}\right) \qquad (6-33)$$

油珠外围球面焰锋的半径 r_f 可采用如下方法推导得出。油珠燃烧所需的氧气(或空气)从远处向球面焰锋扩散,其扩散速率应等于式(6-33)确定的燃油消耗率 $\dot{m}_f$ 乘以氧气(或空气)对燃油的化学恰当配比 β,即

$$4\pi r^2 \rho D \frac{\mathrm{d}w}{\mathrm{d}r} = \beta\, \dot{m}_f \qquad (6-34)$$

式中,D 和 w 分别表示氧气(或空气)的扩散系数和浓度。

改写上式,从 r_f 积分到无穷远处,并考虑火焰锋面上的氧浓度为 0,则可得

$$\int_0^{Y_\infty} 4\pi\rho D \mathrm{d}w = \int_{r_f}^{\infty} \beta\, \dot{m}_f \frac{\mathrm{d}r}{r^2}$$

或

$$4\pi\rho D(w_\infty - 0) = -\beta\, \dot{m}_f \left(\frac{1}{\infty} - \frac{1}{r_f}\right)$$

于是,火焰锋面的半径为

$$r_f = \frac{\beta\, \dot{m}_f}{4\pi\rho D w_\infty} \qquad (6-35)$$

将 r_f 代入式(6-33),经整理可得

$$\dot{m}_f = 4\pi r_s \left\{ \frac{\lambda}{C_p} \ln\left[1 + \frac{C_p(T_f - T_b)}{h_{fg}}\right] + \frac{\rho D w_\infty}{\beta} \right\} \qquad (6-36)$$

6.5.6 强迫对流条件下油珠的蒸发或燃烧速率

实际燃烧过程中，油珠和气流间总是存在相对运动，如图 6－41 所示。这样，前面关于球对称的假设是不适用的，也就是说，在对称球面上，浓度、温度等不再相等，斯蒂芬流也不再保持球对称，为处理这种复杂得多的问题，工程上常用“折算薄膜”来近似处理。于是油珠的燃烧速率可表示为如下的简单形式：

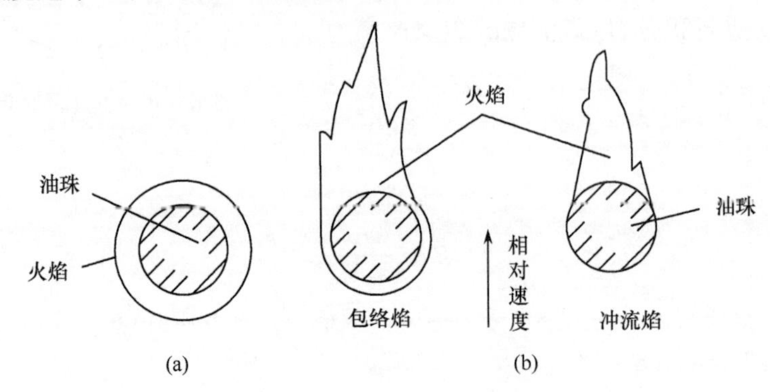

图 6－41　单个油珠的燃烧

（a）没有相对运动；（b）有相对运动。

$$(\dot{m}_f)_{Re\neq0}=\frac{Nu^*}{2}(\dot{m}_f)_{Re=0}\tag{6-37}$$

式中，Re 为油珠在气流中相对运动的雷诺数，其定义为

$$Re=\frac{u_R\rho_g d_s}{\mu_g}\tag{6-38}$$

式中，u_R 为油气间的相对速度；d_s 为油珠直径；ρ_g 和 μ_g 分别为气体的密度和黏性系数。

式（6－37）中，注脚 $Re=0$ 及 $Re\neq0$ 分别表示相对静止条件和强迫对流条件。它表明强迫对流条件下的油珠纯蒸发（或燃烧）速率等于相对静止条件下的相应速率乘以系数 $Nu^*/2$。而相对静止条件下纯蒸发或燃烧速率可分别按式（6－23）、式（6－27）、式（6－31）和式（6－33）求得。

式（6－37）中的 Nu^* 是强迫对流条件下固体小球表面的努氏数，可按下列经验公式求得

$$Nu^*=2+0.60Re^{0.5}Pr^{0.33}>2\tag{6-39}$$

式中，Pr 为气态混合物的普朗特数。

6.5.7 d^2 定律及油珠寿命

利用前面导出的油珠纯蒸发或燃烧速率表达式，可以进一步求出给定直径的油珠在一定条件下的生存期或寿命。在燃烧室设计中这是一个非常重要的参数。油珠纯蒸发或燃烧时，直径不断减小，其减小速率与前述的蒸发或燃烧速率 $\dot{m}_f$ 有关。设任一瞬间的油珠直径为 d，经过 $\Delta\tau$ 时间后，直径减小 Δd，则 $\dot{m}_f$ 可表示为

$$\dot{m}_f=-\pi d^2\rho_l\frac{\Delta d}{2}\frac{1}{\Delta\tau}$$

以相对静止条件下的纯蒸发为例,将式(6-23)代入得

$$\frac{\Delta d}{\Delta \tau}=\frac{-4\rho D}{d\rho_l}\ln(1+B) \tag{6-40}$$

可见,油珠直径越小,直径缩小率越大,也就是说,大油珠在蒸发(或燃烧)后期直径缩小得更快。若油珠的初始直径为 d_0,对式(6-40)积分可得

$$d^2=d_0^2-\left[\frac{8\rho D}{\rho_l}\ln(1+B)\right]\tau$$

或

$$d^2=d_0^2-K\tau \tag{6-41}$$

其中系数 $K=\frac{8\rho D}{\rho_l}\ln(1+B)$,称为蒸发常数。这就是广为应用的油珠蒸发的"直径平方"定律,如图6-42所示。

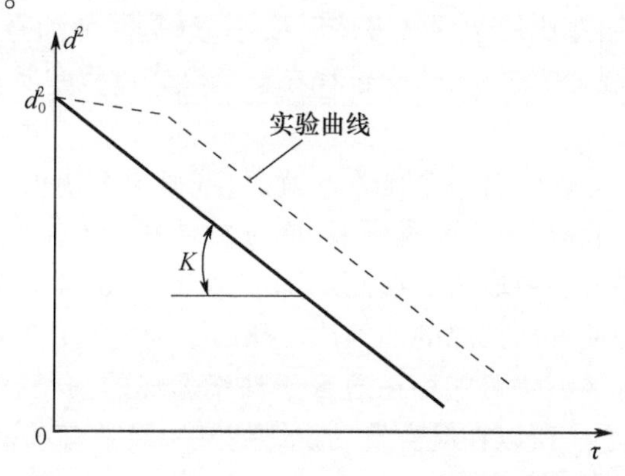

图6-42　油珠蒸发过程中直径平方随时间的变化

根据式(6-41),蒸发终了,油珠直径为0,则油珠寿命 $\tau=\frac{d_0^2}{K}$,可见:

(1) 油珠寿命与初始直径的平方成正比。

(2) 油珠寿命与蒸发常数 K 成反比。

(3) 由前述知识可知,强迫对流的蒸发常数 $K=\frac{8\rho D}{\rho_l}\frac{Nu^*}{2}\ln(1+B)$,显然强迫对流条件下 $Nu^*>2$,因此强迫对流条件下的 K 值增大,油珠寿命缩短。

同理可得燃烧时的直径平方定律,$d^2=d_0^2-K_f\tau$,其中 K_f 为燃烧常数,一般来说,$K_f>K$。

6.6　油雾燃烧

燃油经喷嘴雾化后,形成按一定直径分布的油滴群即油雾,在燃烧室内,油雾需要完成蒸发、混合及燃烧过程。这是一个十分复杂的过程,它不同于单个油滴在静止空气或气流中的蒸发与燃烧,因为此时油滴之间要发生相互作用,但这种相互作用又不能简单理解为很多单滴燃烧的简单叠加。实际上,影响油雾燃烧过程的因素很多,如油雾本身和来流空气的特性、油雾/空气之间的混合情况、油滴直径的分布规律、燃烧室内燃烧状况等。但总的来说,这种相互影响可以从两个主要方面来进行简要分析:一方面,油滴蒸发或燃烧

时蒸发、消耗或新生成的组分会对邻近油滴附近的物质浓度分布产生影响；另一方面，油滴蒸发或燃烧时所吸收或释放的热量对其临近油滴周围的温度分布会产生影响，这两方面因素最终影响油滴的蒸发和燃烧速率。

此外，如果油雾高度密集，则油滴之间的统计平均距离变得很短（即相互靠得很近）。当油滴之间的距离小于单个油滴所形成的火焰锋面的半径时，油滴就不可能再保持自己单独的球形火焰锋面，而只能在滴与滴之间的可燃混合气中进行气相燃烧，即所谓的滴间燃烧。相反，如果滴间平均距离很大，则燃烧时各油滴均可保持各自独立的球状火焰锋面，如同单滴燃烧一样，故称为滴状燃烧。一般雾化燃料的燃烧多数属于这种情况。

实验研究表明，在油雾燃烧时，油滴燃烧时间仍遵循着前述的直径平方定律，不过此时燃烧常数 K 比孤立单滴燃烧时略有增大。

油雾的燃烧速度一般总比均匀混气燃烧时要小，这是因为油雾中燃烧反应开始前需经过传热、蒸发、扩散和混合等过程，这一过程在整个燃烧过程中所占时间较长，以致所需总反应时间较长。

但值得注意的是，油雾燃烧有一个显著的特点，或者说突出的优点，就是其着火极限和稳定工作范围比均匀预混可燃气要宽得多，这对燃烧室的工作性能来说具有很实际的意义。这是因为，油雾燃烧主要取决于油滴周围的油气比，也即局部的混气浓度。因此，从燃烧室的整体来说，即使其内部总的油气比已超出了均匀混合的可燃极限范围，但是由于混合的不均匀性，局部区域仍可能存在适合于油滴燃烧的油/气比。这样，油雾燃烧的稳定工作范围显著扩大了。所以在航空发动机燃烧室中经常有意识地利用油雾燃烧的这一特点来扩大其稳定工作范围。

习题

（1）什么是燃油的闪点、燃点、着火点？

（2）什么是燃料的热值？它可分为哪两类？航空发动机中一般采用哪类热值，为什么？

（3）燃料的蒸发性能对于航空发动机燃烧室性能有哪些影响？

（4）燃料黏度对航空发动机燃烧室性能有哪些影响？

（5）航空燃气轮机对于燃料的热值和密度有何要求，为什么？

（6）We 数的物理意义是什么？其特征值约为多少？

（7）液柱的破碎雾化有哪几种模式？

（8）液膜的破碎雾化有哪几种模式？

（9）液体燃料雾化的特征参数有哪些？

（10）索太尔平均直径（SMD）是如何定义的？为什么燃烧学中广泛使用 SMD？

（11）航空发动机燃烧室常用的燃油喷嘴有哪几种？

（12）试简要推导直射式喷嘴的流量公式。

（13）在航空发动机燃烧室中为什么要采用双油路离心喷嘴？

（14）蒸发管燃烧室的优缺点是什么？

（15）试从质量守恒的角度推导高温环境中相对静止油珠的蒸发速率。

（16）试从能量平衡的角度推导高温环境中相对静止油珠的蒸发速率。

（17）试画图说明单个油滴燃烧时的组分及温度分布关系。

（18）什么是液滴蒸发的直径平方定律？影响液滴蒸发时间的主要因素有哪些？

（19）影响油雾燃烧的主要因素有哪些？

参考文献

[1] 廖传华,史勇春,鲍金刚．燃烧过程与设备[M]．北京:中国石化出版社,2008.

[2] 刘联胜,王恩宇,吴晋湘．燃烧理论与基础[M]．北京:化学工业出版社,2008.

[3] 许晋源,徐通模．燃烧学[M]．北京:机械工业出版社,2011.

[4] 岑可法,姚强,骆仲泱,等．高等燃烧学[M]．杭州:浙江大学出版社,2002.

[5] 彭泽琰等．航空燃气轮机原理[M]．北京:国防工业出版社,2008.

[6] 黄勇,林宇震,樊未军．燃烧与燃烧室[M]．北京:北京航空航天大学出版社,2009.

[7] A H 勒菲沃,D R 鲍拉尔.燃气涡轮发动机燃烧[M].刘永泉,等译.北京:航空工业出版社,2016.

[8] 徐旭常,周力行．燃烧技术手册[M]．北京:化学工业出版社,2008.

[9] 侯晓春,季鹤鸣,刘庆国,等．高性能航空燃气轮机燃烧技术[M]．北京:国防工业出版社,2002.

[10] 熊云,许世海,刘晓,等．储运油品学[M]．北京:中国石化出版社,2010.

[11] 许世海,熊云,刘晓．液体燃料的性质及应用[M]．北京:中国石化出版社,2010.

[12] 陈惠彦,梁成龙．油品储运操作工(高级)[M]．北京:化学工业出版社,2006.

[13] 顾恒祥.燃料与燃烧[M].西安:西北工业大学出版社,1993.

[14] 周力行.燃烧理论和化学流体力学[M].北京:科学出版社,1986.

[15] MellorA M. Design of modern turbine combustors[M]. Salt Lake City: Academic Press,1990.

[16] Lefebvre A H. Atomization and Sprays[M]. Florida: CRC Press, 1988.

[17] Lefebvre A H. Gas Turbine Combustion[M]. Florida: CRC Press,1998.

第 7 章 主燃烧室概述

7.1 燃烧室的功用

燃气轮机中，燃烧室位于压气机和涡轮之间，燃烧室中供入的燃油，与来自压气机的高压空气相混合，形成可燃烧混合气并进行充分有效的燃烧。经过燃烧过程，燃料中的化学能释放出来并转变为热能，使得燃气温度大大提高。这些高温、高压燃气首先流经涡轮，在涡轮中膨胀，推动涡轮做功，然后进一步在尾喷管中膨胀加速，从而产生推力。

图 7-1 为燃气轮机循环的 P-V 图，工作流体（空气）在压缩阶段（1-3）和膨胀阶段（4-5）之间存在一个等压膨胀的阶段（3-4）。这一等压膨胀过程就是通过在燃烧室中喷油燃烧实现的。发动机输出的有用功与 P-V 循环围成区域的大小有关。膨胀程度越大，例如，点 3 和 4 之间的水平间隔越大，输出的功就越多。虽然燃气可以通过加温膨胀，但膨胀程度受发动机部件所能承受的最高温度限制，尤其是涡轮部件。

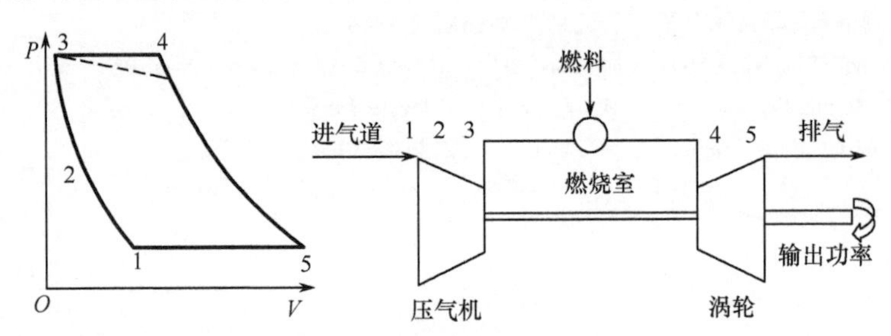

图 7-1 燃气轮机循环 P-V 图与系统示意图

7.2 燃烧室基本设计特征

实际燃烧室的设计发展必然受到其性能要求的支配，从设计一个最简单的燃烧室开始，后续的改进必须使燃烧室满足其不断提升的性能要求。

对于燃气轮机燃烧室，我们可以非常容易地设计出一种最简单的燃烧室结构形式——连接着压气机和涡轮的等截面直管燃烧室（如图 7-2（a）所示），燃油从直管燃烧室的中心向下游方向喷入，燃烧室内燃气的速度与压气机出口速度相等，约为 150m/s～200m/s。显然，这种设计方案是不切实际的，燃气在如此高速的气流中燃烧，将产生很大的基本压力损失（热阻损失）。加热条件下气流的压力损失可由下式计算得出

$$\Delta P_{fund} = \frac{1}{2}\rho v^2 \times \left(\frac{T_4}{T_3} - 1\right) \tag{7-1}$$

当气流速度 $v = 150\text{m/s}$ 时，对于典型的 T_3、T_4 和 ρ 的值，ΔP_{fund}约为进气总压的 25%，

可以看出,该方案的压力损失太大,实际中是不能接受的。

为了将压力损失降低到可以接受的水平,可以在燃烧室进口处安装一个扩张段(图7-2(b)),使主燃区的气流速度降低,使得ΔP_{fund}达到可以被接受的水平。假设气流速度可以减小到原来速度的$\frac{1}{5}$,基本压力损失将减少到原始损失的$\left(\frac{1}{5}\right)^2=\frac{1}{25}$,即约为1%,这是可以接受的。

然而,即使添加了一个扩张段,主燃区的气流速度相对于稳定燃烧来说仍然过高,高于大部分燃料基本火焰传播速度的量级,因而火焰在此情况下难以稳定。为了稳定火焰,最自然的想法就是在喷嘴后面加块挡板来产生回流,形成低速回流区来起到驻留火焰的作用(图7-2c)。在低压(高空)环境下这种装置尤其必要,以防止吹熄和方便再点火。

通过分析发现,图7-2(c)中所示的方案仍然不适合作为实用的燃气涡轮燃烧室。对于燃气轮机燃烧室,为了满足对其中气流加温的需求,必须在总空燃比60左右工作,但是烃类燃油和空气混合物可燃空燃比范围为8~30。因而只能允许一部分空气到达喷油嘴附近的主燃区,使得那里的空燃比接近最佳,或者在化学恰当空燃比15附近(化学恰当空燃比是指1kg燃油恰好完全燃烧生成二氧化碳和水所需要的空气量,15这个值适合绝大多数的航空燃气轮机燃料)。于是产生了图7-2(d)所示的结构,其中最显著的特征就是增加了一个连接到挡板的火焰筒,上面开有确定尺寸的通气孔来满足气流分配需求。一部分空气进入主燃区用于组织燃烧,大部分空气进入稀释区来降低从主燃区出来的高温燃气,使之适合涡轮的需求。稀释区一般没有燃烧,这个过程是纯粹的高低温气体进行湍流混合的物理过程。

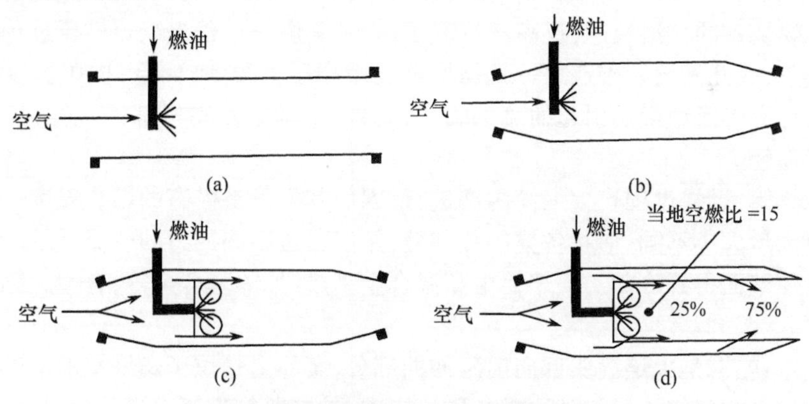

注:空燃比为燃烧室中空气与燃料质量之比

燃烧极限空燃比为8~30

化学恰当空燃比为15

实际燃烧室中的空燃比为50~60

图7-2 传统发动机燃烧室的发展示意图

7.3 燃烧室结构

以目前最广泛采用的环形燃烧室为例,航空燃气轮机燃烧室的主要结构如图7-3所示,包括扩压器、燃烧室机匣、帽罩、燃油喷嘴、旋流器、头部、点火器、火焰筒等。为了实现需要的气流量分配，火焰筒壁面上还开有各种进气孔和缝槽结构，如主燃孔、中间孔、掺混孔、气膜冷却孔以及冷却缝隙等。

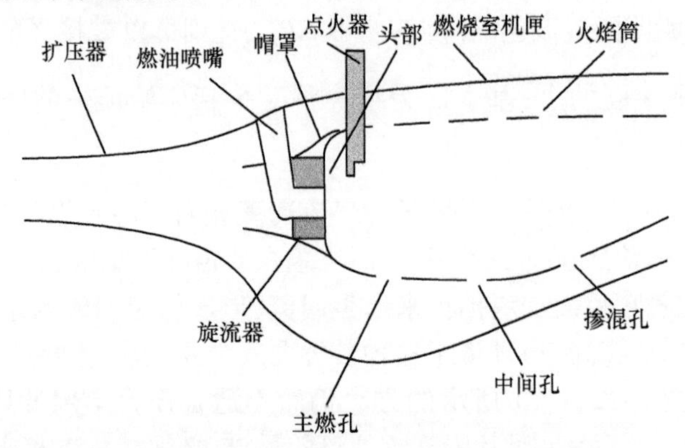

图7-3　燃烧室组成结构示意图

各结构部件的主要功能如下：

(1) 燃烧室机匣：机匣是燃烧室内、外两侧的壳体，包括内机匣和外机匣，在前部与压气机相连接，在后部与涡轮相连接，其结构非常简单。机匣与火焰筒一起，构成燃烧室内、外两侧环腔二股气流的通道。机匣基本上不需要维护，因为它不受其内部气流热载荷的影响，但它不得不承受燃烧室内外压差的作用，因而机械载荷(而非热载荷)是其设计过程中需要考虑的关键因素。

(2) 扩压器：扩压器是由燃烧室内外机匣和火焰筒头部构成的一个环形扩张通道，用来降低进入燃烧室的气流流速，提高气流静压，以利于燃烧过程组织。扩压过程必然会带来总压的损失，因此其设计难点之一就是尽可能减小压力损失；而且，扩压器设计必须限制由边界层分离等流动影响引起的流场畸变；此外，与其他发动机部件一样，扩压器也必须设计得短而轻。

(3) 火焰筒：燃烧过程在火焰筒内部进行，因而其要承受极高的燃烧温度。在火焰筒壁面上开有大量大小不同、形状各异的孔和缝，用以通过不同用途的气流，保证燃烧充分、掺混均匀并使壁面得到冷却。火焰筒由高温合金制成，如镍基合金等，有些火焰筒也使用了热障涂层。

(4) 帽罩：帽罩是火焰筒头部向前延伸的部分，实际上是位于燃烧室前部的气流流量分配器。它使得空气按流量设计要求分别流入内、外二股气流通道以及火焰筒内，并且不发生流动分离，以减小流动损失。

(5) 头部/旋流器：头部/旋流器是使燃烧室主燃气流进入燃烧区的部件。旋流器装在火焰筒头部中间，由多个以一定角度安装的叶片组成，使气流旋转，形成回流区，强化湍流、实现燃油与空气的快速掺混、并保证火焰稳定。

(6) 燃油喷嘴：用来向燃烧室中供入燃油、使燃油雾化、并与旋流器一同实现油气掺混及燃油的空间质量浓度分布。

(7) 点火器：用于火焰筒内油气混合物的点火，一般采用电火花点火器，就像汽车火花塞一样。点火器必须安装在燃烧区内燃油与空气已进行混合的位置，但又要远离燃烧室上游位置以避免其自身被燃烧区烧坏。一旦燃烧开始并能自持，点火器便不再使用。

单管燃烧室和环管燃烧室各火焰筒之间有联焰管来传播火焰和均衡压力,因此,在这两种类型的燃烧室中,并不是每个火焰筒上都安装了点火器。在有些飞机上,在高空再点火时,向点火区域喷入氧气助燃是一种极为有效的方法。

上述燃烧室结构部件为目前绝大多数航空燃气轮机燃烧室所采用,但随着技术的发展,在燃烧室中必然会有某些结构部件消失、演变及创生。比如,早期燃烧室头部用来稳定火焰的简单平板结构消失了,取而代之的是旋流器结构;从单管、环管燃烧室发展到环形燃烧室过程中联焰管结构不再需要了,等等。

7.4 燃烧室类型

燃烧室典型的类型主要有单管燃烧室、环管燃烧室和环形燃烧室三种,选择燃烧室结构主要从航空燃气涡轮发动机的性能要求和可以利用的空间两方面来考虑,环管燃烧室是介于单管燃烧室和环形燃烧室之间的一种过渡形式。

7.4.1 单管燃烧室

单管燃烧室用于离心压气机发动机和早期轴流压气机发动机中,比如 Whittle W2B、Jumo004、RR Nene、Dart、Derwent、涡喷 5 甲发动机等。单管燃烧室中,每一个管形火焰筒外侧都包有一个单独的燃烧室机匣,构成一个独立的燃烧室,如图 7 - 4 所示。在发动机周围环绕发动机轴线均匀地安装多个(通常 6 ~ 16 个)单管燃烧室,从压气机出口把气流分成均量的若干份进入各单管燃烧室,已燃烧完的高温燃气通过燃气导管组成环形通道与涡轮导向器联接,各燃烧室彼此间用“联焰管”联通,保证在起动时,将火焰从带有点火器的火焰筒传递到其他火焰筒,并使各火焰筒的压力趋于均衡。

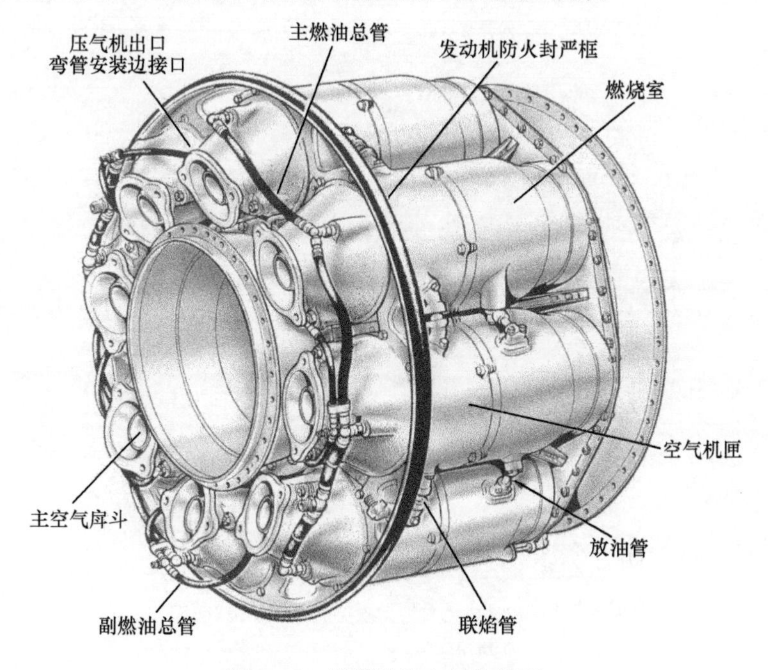

图 7 - 4　单管燃烧室结构简图

单管燃烧室的优点：

(1) 旋流进气与喷嘴配合较好,便于组织燃烧；

(2) 调试用气量少,装拆维护方便；

(3) 燃烧室本身强度和刚性好。

单管燃烧室的缺点：

(1) 总压损失大；

(2) 迎风面积大,使飞行阻力增加；

(3) 燃烧室出口温度分布不均匀；

(4) 冷却所需空气量多；

(5) 环形截面积的利用率低(仅 70% ~80%),因而燃烧室内气流平均速度大,对于稳定燃烧不利；

(6) 起动性能差,在高空依靠联焰管传递起动火焰；

(7) 长度长、结构质量大。

7.4.2 环管燃烧室

20 世纪 40 年代末期,随着发动机压比的提升,环管燃烧室逐渐受到欢迎。在环管燃烧室中,若干个(7 ~14 个)管式火焰筒沿圆周均匀安装在内、外机匣间的同一个环腔内,相邻火焰筒之间采用联焰管来联通火焰,如图 7 -5 所示。环管燃烧室兼有单管燃烧室易于维修调试以及环形燃烧室紧凑性的优点,同时也克服了它们的某些缺点,因此在 20 世纪 50 年代,这类燃烧室在大中型发动机中广为采用。多种燃气轮机中开始采用环管燃烧室,其中包括 Allison 501 - K、GE J73 和 J79、P&W J57 和 J75、RR Avon、Conway、Olympus、Tyne、Spey 以及我国涡喷 6 和涡喷 7 发动机等。

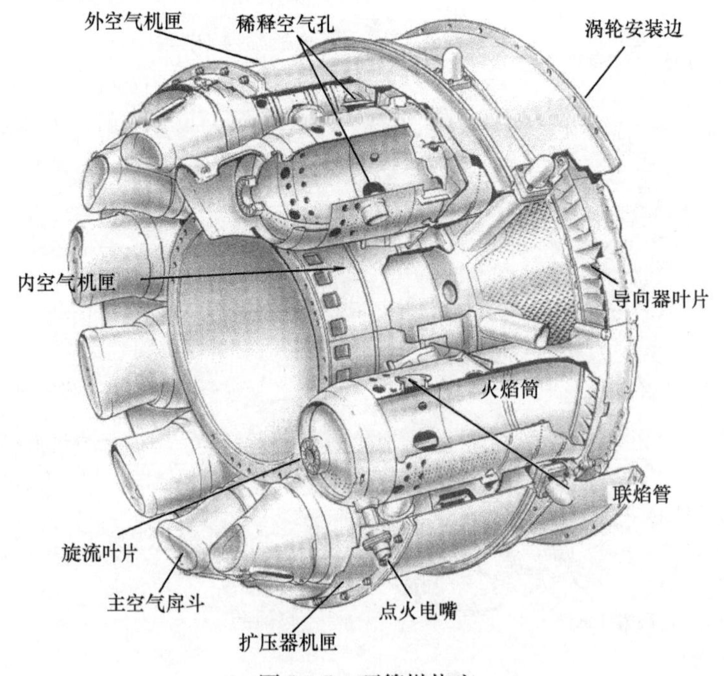

图 7 -5 环管燃烧室

环管燃烧室的优点：

(1) 迎风面积较小；

(2) 调试只用包含 1 ~3 个火焰筒的实验件即可,无需很大的气源；

(3) 油与气匹配较好；

(4) 发动机的强度和刚性较好。

环管燃烧室的缺点：

(1) 气动布局较差,扩压器设计较困难；

(2) 有联焰管,点火性能较差；

(3) 出口周向温度场不如环型燃烧室好；

(4) 比环型燃烧室结构重量大。

7.4.3 环形燃烧室

环形燃烧室实际上由四个同心圆筒组成,最内和最外的两个圆筒为燃烧室的内、外机匣,中间两个圆筒构成了火焰筒,如图 7-6 所示。环形燃烧室中不仅二股气流是相通的,用于燃烧的一股气流也是相通的,这种简洁的气动布局使其在相同的几何及气动条件下比其他类型的发动机具有更小的压力损失。但由于燃烧室及火焰筒刚性差,所以,在早期低压比发动机中并不使用环形燃烧室。到 20 世纪 60 年代,环形燃烧室主导地位确立,成为几乎所有航空燃气轮机的必然选择。在这段时期和整个 20 世纪 80 年代,主要的环形燃烧室安装在 GE CF6、P&W JT9D 和 RR RB211 上,这些发动机在技术性和经济性上都很成功。

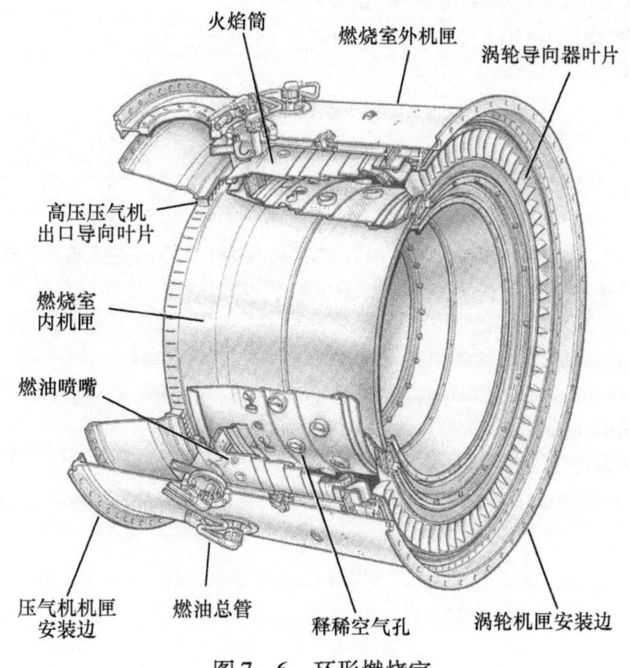

图 7-6 环形燃烧室

环形燃烧室的优点：

(1) 能够与压气机配合获得最佳的气动设计,压力损失最小；

(2) 结构紧凑,空间利用率最高,总体长度、质量和直径最小;
(3) 冷却空气量最少;
(4) 出口周向温度场均匀;
(5) 不需要联焰管,起动性能好。
环形燃烧室的缺点:
(1) 调试困难,需要大型气源;
(2) 燃油—气流结构配合不够好;
(3) 对进口流场敏感,易于引起出口温度场变化;
(4) 燃烧室及火焰筒刚性差;
(5) 装拆维修困难。

就上述三种燃烧室的发展而言,单管燃烧室已不再适合新的航空燃气轮机设计要求,但其对于工业燃气轮机仍然很有吸引力;环管燃烧室在一些中等压比的发动机中仍有应用;几乎所有现代的高压比航空燃气轮机中都使用了环形燃烧室。

习题

(1) 燃气轮机燃烧室的功能是什么?
(2) 燃烧室基本设计特征的发展思路是什么?
(3) 燃烧室由哪些部件组成? 各部件的功用是什么?
(4) 简述单管燃烧室的结构特点和优缺点。
(5) 简述环管燃烧室的结构特点和优缺点。
(6) 简述环形燃烧室的结构特点和优缺点。

参考文献

[1] 彭泽琰等. 航空燃气轮机原理[M]. 北京:国防工业出版社,2008.
[2] 黄勇,林宇震,樊未军. 燃烧与燃烧室[M]. 北京:北京航空航天大学出版社,2009.
[3] A H 勒菲沃,D R 鲍拉尔. 燃气涡轮发动机燃烧[M]. 刘永泉,等译, 北京:航空工业出版社,2016.
[4] 徐旭常,周力行. 燃烧技术手册[M]. 北京:化学工业出版社 2008.
[5] 侯晓春,季鹤鸣,刘庆国等. 高性能航空燃气轮机燃烧技术[M]. 北京:国防工业出版社,2002.
[6] 林宇震,许全宏,刘高恩. 燃气轮机燃烧室[M]. 北京:国防工业出版社,2008.
[7] MellorA M. Design of modern turbine combustors[M]. Salt Lake City: Academic Press,1990.
[8] Lefebvre A H. Gas Turbine Combustion[M]. Florida: CRC Press,1998.
[9] Rolls - Royce plc. The Jet Engine[M]. England:Rolls - Royce plc, 1986(4).
[10] Attingly Jack D,Heiser,William H,et al. Aircraft Engine Design[M]. California :American Institute of Aeronautics and Astronautics, 2002.

第8章　主燃烧室工作过程与性能

8.1　燃烧过程的组织

8.1.1　火焰筒分区概念

燃气轮机燃烧室总油气比是由发动机总体设计方案根据循环参数确定的。由于涡轮叶片的工作温度受材料和冷却技术的限制，因此设计工况总油气比明显偏离化学恰当空燃比，相应的空燃比一般为30～80。这种贫油混气实际上已明显超越了燃料的可燃范围，因此为了确保燃烧室的高效可靠运行，必须在结构上采取措施，由此发展了火焰筒分区概念。

如图8－1所示，火焰筒沿轴向从前向后依次划分为主燃区、中间区（或补燃区）和掺混区（稀释区）三个部分。通过火焰筒上的各种进气装置（包括旋流器、进气孔或缝槽）将全部空气按照设计的要求依次供入火焰筒，使空燃比沿轴向逐渐增高，这样既保证了燃烧室在各种工况下实现高效和稳定燃烧，又能保证要求的燃烧室出口温度分布。

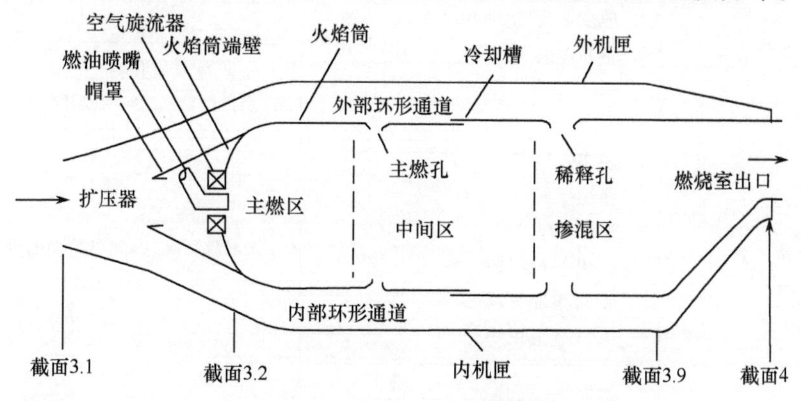

图8－1　主燃烧室的基本特征

1）主燃区

主燃区是指火焰筒头部至主燃孔的一段空间，燃油通过喷嘴直接喷入主燃区，与进入该区的空气进行混合及燃烧。主燃区的主要功能是驻定火焰和提供足够的时间、温度及湍流度以使进入的燃料空气混合物基本上达到完全燃烧。虽然不同类型的燃烧室在火焰筒头部采用了不同的流动模式，但一个共同特点是所有设计中都形成了一个回流区，回流的高温燃气能够连续点燃进入主燃区的空气和燃油。图8－2为主燃区空气流动形式。对于航空燃气轮机的燃烧室，通常要求巡航状态的主燃区油气比保持在化学恰当空燃比附近（而在起飞状态，主燃区油气比将变得略富些；相反地，在高空飞行时却变得略贫些）。这样一来，不仅可以使燃烧过程在最有利的油气比下进行，而且可使主燃区的气流速度明显降低,这对于获得高效和稳定燃烧是非常有利的。

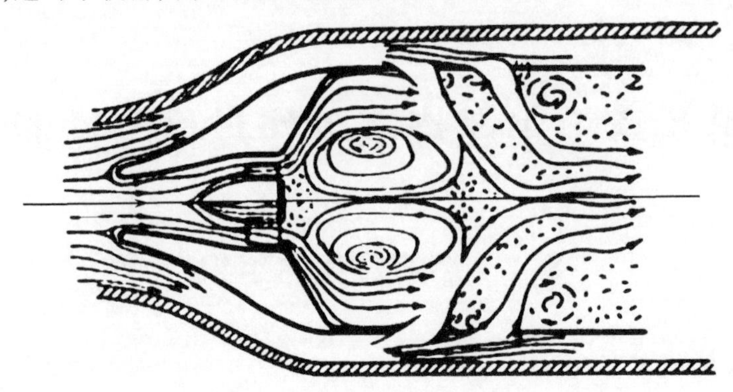

图 8-2　主燃区空气流动形式

表 8-1 给出了主燃区空燃比对燃烧室性能的影响。设计时应根据飞机的技术要求选定主燃区油气比的具体数值。例如对于机动性高的空中格斗机,往往要突出火焰稳定性要求,因此选用接近化学恰当比的主燃区;而对于民用飞机,则应有较高的燃烧效率和低的排气污染,因此宜选用偏贫油的主燃区。

表 8-1　主燃区空燃比对性能的影响

	优点	缺点
富油主燃区	1. 速度低,稳定性好 2. 容易点火	1. 燃烧“不干净” a. 产生烟 b. 产生发光火焰 c. 产生碳沉积物 2. 出口温度分布一般不好
化学恰当比主燃区	1. 燃烧效率高 2. 释热率高 3. 燃烧干净 a. 几乎没有烟 b. 非发光火焰 c. 无碳沉积物	火焰温度高,因此对壁面的换热率高
贫油主燃区	1. 燃烧非常干净 a. 无烟 b. 非发光火焰 c. 无碳沉积物 2. 火焰温度低,因此换热率低 3. 有良好的出口温度分布	气流速度高,对稳定性和点火性能有不利影响

2）中间区(补燃区)

中间区又称补燃区,位于主燃区下游。从中间区进入火焰筒的空气一般有两方面作用:一是使主燃区的未燃成分补充燃烧;二是促使主燃区的离解产物完成复合反应。主燃区温度通常超过2000K,离解反应会导致燃气中出现大量的一氧化碳(CO)和氢气(H_2)。如果这些气体直接进入稀释区,并迅速冷却,气体成分就会“冻结”,而 CO 是大气中重要的污染组分,也是低效燃烧的产物。因而需要在稀释区前加入少量空气使温度降低到一个中级水平,从而使 CO 和其他任何未燃烃(碳氢)进行完全燃烧。从中间区进入火焰筒的空气不宜过多,否则会导致燃气温度急剧降低,既不利于补燃,也可能使离解产物冻结,对复合反应有抑制作用。经验表明,对于航空发动机燃烧室,中间区末端的平均空燃比宜控制在 23 ~ 27 之间。在高温升短环燃烧室中,由于剩余空气量减少及长度缩短,通常可去掉中间区。

在早期的燃烧室设计中,中间过渡区带来了一个问题,当压比增加,燃料燃烧和火焰筒壁面冷却需要更多的空气,这样可用于中间级的空气量因此而减少。约在 1970 年,传统形式的中间级已基本消失。然而,中间级的设计思想得以保存;随着火焰筒壁面冷却技术的发展,冷却效率提高,壁面冷却用空气量减少,从而允许一些空气变得可以利用,中间级设计思想或许能够得以恢复。

3) 掺混区(稀释区)

主燃区和中间区统称为燃烧区。在满足燃烧和壁面冷却之后,剩余的空气进入火焰筒掺混区。用来稀释的空气量通常是燃烧室总气流量的 20% ~40% ,通过空气与燃烧产物的混合,获得要求的燃烧室出口温度及其分布。掺混区的空气量直接受中间区末端空燃比和燃烧室总空燃比的制约。随着燃烧室温升的提高,燃烧和冷却空气量增加,剩余的掺混空气量越来越少,中间区和掺混区的界线也变得模糊起来。理论上,可以通过一个长的稀释区或承受很高的进气压力损失来实现任何需要的燃烧室出口温度分布。然而,实践中发现,随着混合长度的增加,混合度最初迅速改善,但随后混合速度逐步放缓。因此掺混区的长径比一般只介于 1.5 ~ 1.8 的狭窄范围内。

8.1.2 空气流动的组织

气动过程在燃气轮机燃烧室的工作中起着至关重要的作用。燃烧室工作及性能的好坏,归根到底要看是否获得了适合于燃烧的气流流场和燃油浓度场。良好的气流结构能够促进燃料与空气的混合,并有利于在燃烧区内得到需要的燃油浓度场,这也是实现可靠点火和稳定燃烧的关键。

迄今为止,虽然各类不同尺寸、不同概念以及不同喷油方式的燃烧室已经被设计出来。然而,如果仔细分析就会发现所有这些燃烧室的空气动力特征是基本相同的:

(1) 在扩压器以及环形通道的设计中,主要的目的是降低气流速度,并且将空气流量按要求分布到燃烧室的各个区域中,同时保持气流均匀而不引起附加的流动损失。

(2) 在火焰筒的设计中,重点在于建立用于稳定火焰的回流区;并且对于燃烧产物进行有效的掺混降温;以及采用冷却空气对于火焰筒壁面进行有效冷却。

掺混过程在主燃区与掺混区中最为重要。在主燃区中,良好的掺混对于实现高燃烧速率以及降低碳烟和氮氧化合物的形成是非常必要的。在掺混区中,空气与燃烧产物的混合程度决定了是否能够获得良好的燃烧室出口温度分布。

下面分别讨论燃烧室中扩压器和环腔中的外部流动以及火焰筒中的内部流动的过程和设计特点。

1) 扩压器及其气流流动

在轴流式压气机中静压的升高与气流轴向速度紧密相关,为了在最小的级数下达到设计压比，高的轴向速度是至关重要的；在许多航空发动机中，压气机出口速度能达到170m/s以上，在如此高速的气流中燃烧燃料显然是不切实际的，而且高速引起的基本压力损失也会很大。当压气机出口马赫数在0.25~0.35时，动压头将会占到进口总压的4%~8%，目前高性能航空燃气轮机典型的数据是压气机出口动压头占来流总压的10%，扩压器的作用就是将高速气流的动压头尽可能大地恢复成静压，然后进入火焰筒。否则，燃烧过程中引起的过大压力损失最终将导致发动机燃油消耗的显著增大。

从设计者的角度来看，理想的扩压器应该能够在尽可能短的距离内以最小的总压损失实现所需的速度降低，并能够在其出口形成均匀稳定的流动。扩压器的具体性能要求如下：

(1) 压力损失低，一般而言，扩压器的损失要小于压气机出口总压的2%；

(2) 长度短，扩压器的长度应尽量短，以减小发动机的长度和质量；

(3) 出口气流在周向和径向都均匀；

(4) 在所有工况下运行稳定；

(5) 对压气机出口流场变化不敏感。

最朴素的设计思路当然是采用最简单的直壁扩压器来实现减速增压，这一转换过程的效率是至关重要的，因为该过程中任何损失都将导致扩压器中总压的减小。实践表明，对于航空发动机燃烧室而言，这种扩压器在任何条件下都是不切实际的。在小扩张角的长扩压器中，壁面摩擦导致总压损失高，而且因为长度太长，也会带来结构重量的显著增大，因此扩压需要在尽可能短的距离内完成。然而，增加扩张角度，扩压器长度和壁面摩擦损失都得到减小，但是由边界层分离将会引起较大的失速损失，如图8-3所示。理论上，直壁扩压器存在一个最佳扩张角，使得压力损失最小，通常这个角度介于6°和12°之间。

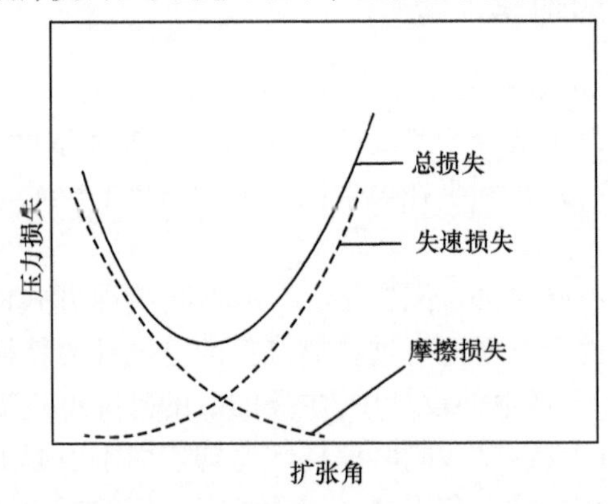

图8-3 扩张角对压力损失的影响

为了适应燃烧室技术的发展，工程中先后设计出了各种不同结构及形式的扩压器。截至目前，存在两种不同的扩压器设计理念，一种是流线型扩压器，另一种是突扩扩压器，如图8-4所示。流线型扩压器的设计思路是采用流线型扩张壁面平稳扩压压气机出口气流，在任何工作条件下都不出现流动分离，设计中硬性限制了整个扩压器的面积比以及扩压器壁面型面。流线型扩压器在压力损失方面具有极大的优势，总压损失比突扩型扩压器低30%~50%，然而，这个显著的优点几乎被以下缺点所抵消：

(1) 长度太长；

（2）性能及流动稳定性对入口速度分布过于敏感；

（3）性能非常容易受到热扭曲及制造公差的影响。

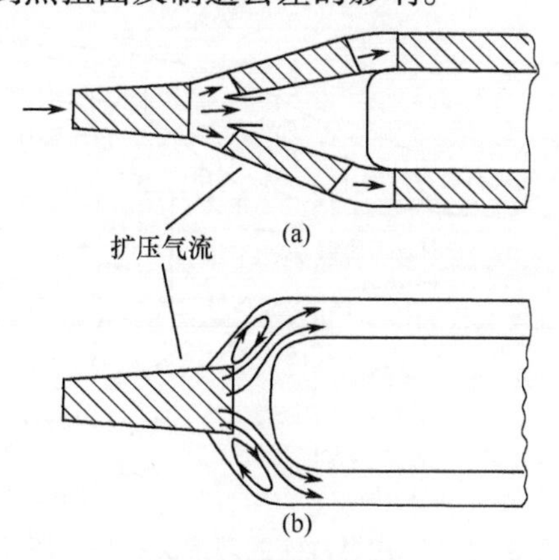

图 8-4 两种基本类型的环型扩压器

(a)流线型；(b)突扩型。

突扩型扩压器设计中，离开压气机的气流首先进入一个简短的前置扩压器中，在前置扩压器中，大部分动压头得到恢复，以减少进入其下游突扩扩压器中的压力损失。通常，在前置扩压器中气流速度可以降低60%左右。前扩压器需要进行仔细设计以避免出现流动分离，因此一般要遵循前述二维直壁扩压器设计中的准则，其扩张角度通常介于6°和12°之间，如果压气机出口马赫数很高，前置扩压器的面积比也要很高。在前置扩压器的下游是突扩扩压器，该部分扩压器的设计则完全抛弃了常规的扩压器设计准则。进入突扩型扩压器后流通面积发生了突然扩张，气流被火焰筒帽罩分成三份，外部两侧的气流分别进入内、外环腔通道，中心气流则流入燃烧室头部区域。由于面积的突然扩张，突扩型扩压器相对于流线型扩压器来讲具有更高的压力损失，通常高达50%左右。然而由于其结构长度和重量大幅降低，使其在飞机应用上具有巨大优势，完全弥补了压力损失大的缺点。突扩型扩压器的另一个优势是更易产生稳定流动，而且对制造公差、热膨胀及入口速度分布的变化不敏感。

流线型和突扩型扩压器已广泛应用于航空发动机燃烧室。然而，流线型扩压器的缺点已严重限制了其在现代航空发动机上的应用。与之相比，突扩型扩压器通常是现代环形燃烧室(图 8-5)设计的首选，因为它们更能适应不同入口速度条件和硬件尺寸。

2）环腔及其气流流动

环腔是指火焰筒壁面与燃烧室内、外机匣之间形成的环形气流通道，它的功用是作为气流进入火焰筒前的分布腔。环腔内的流动状况对于火焰筒内的气流流型具有实质性的影响，如果气流在环腔中分布合理，压力损失小，就可以为火焰筒内燃烧、掺混、壁面冷却创造良好的条件。图 8-6 为燃烧室中气流流动示意图。

一般希望设计时有较低的环腔气流速度。虽然气流速度高更有利于改善火焰筒壁的冷却效果，但低的气流速度优点更多一些：可以使得火焰筒上同一排孔的进气量相同，孔的流量系数较高，空气掺入火焰筒的深度较深，压力损失较小。

环腔中的气流流动主要有两个位置要特别注意：一是在上游火焰筒头部附近，当气流由扩压器进入环腔时，有时具有很厚的附面层，有时也会出现流动分离，这不但会影响向

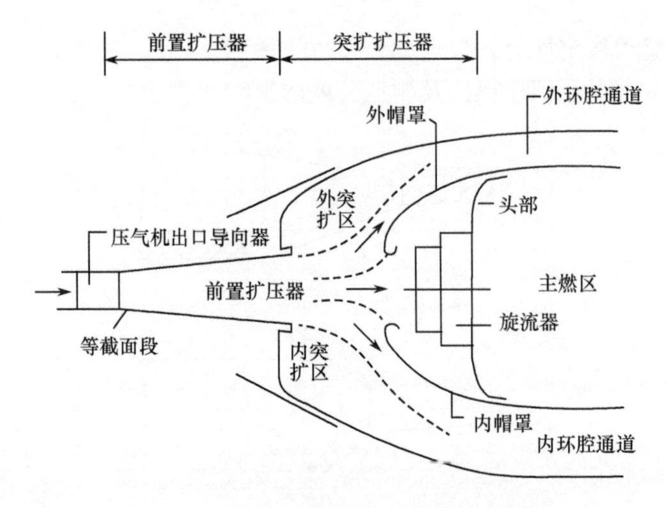

图 8-5　现代燃烧室的环形突扩型扩压器

火焰筒内部供气,也会对下游环腔的气流分布产生影响。二是在后面掺混孔附近,如果气流被没有限制地放入稀释孔下游的环腔空间,该位置环腔中的流动就会变得紊乱,在环腔内产生间歇的、随机的从掺混孔下游向前的回流现象,这将导致火焰筒上的某些孔吸入来自各个方向的气流,从而产生一种不仅扭曲而且随时间不规则变化的内部流动。改善这种不利流动的方法,就是在紧靠掺混孔的下游放置挡板,可以有效防止形成大的、随机的回流流动,如图 8-7 所示。

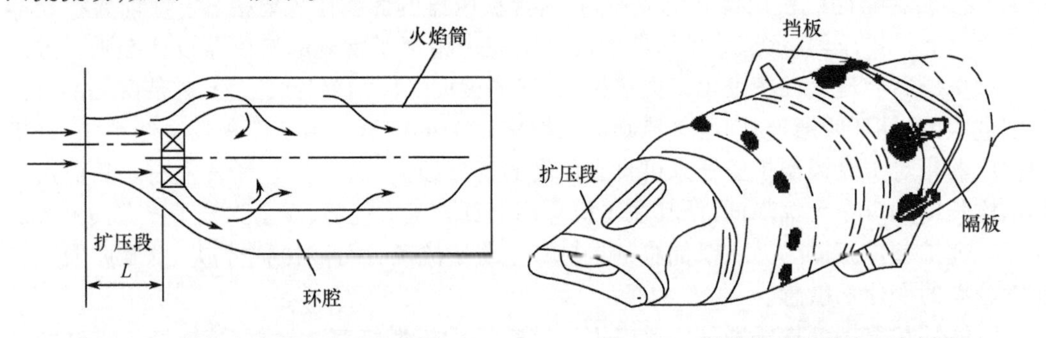

图 8-6　燃烧室中气流流动示意图

图 8-7　斯贝发动机燃烧室中加装挡板、隔板的情况

此外,当掺混孔的间距大于环腔的高度时,进入掺混孔的流动可以产生旋涡流,这样会改变掺混空气射流的混合和掺透特性。解决这个问题,一方面可控制环腔面积与掺混面积之比不要太小;另一方面可采取在掺混孔纵向位置的中间放置隔板来消除这种现象(图 8-8)。因此,在环腔掺混孔位置采取挡板和隔板的措施,对改善环腔后面的气流流动非常有效。

3) 经火焰筒壁面上孔、缝的气流流动

火焰筒上孔、缝的功用可分为两大类:一类是大尺寸孔,主要是用来分配燃烧及掺混用气;另一类是小尺寸孔、缝槽,主要是用来冷却和保护火焰筒壁面。

进入火焰筒的空气一部分是通过旋流器进入的,另一部分则通过这些孔、缝槽进入火焰筒。因此,要保证所需的空气流量按设计要求均匀进入火焰筒。火焰筒上的大尺寸孔

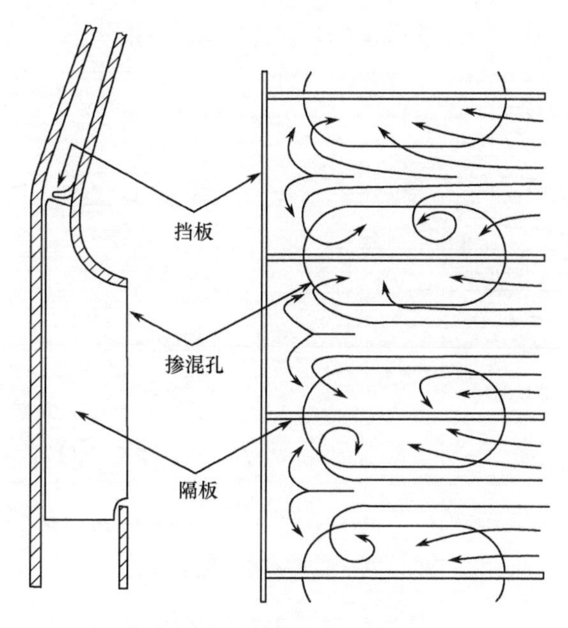

图 8-8　掺混孔的流动控制

主要可分为主燃孔、补燃孔和掺混孔。其中通过主燃孔的空气流量较大,使得射流有足够的湍流强度和穿透深度来强化燃烧过程。补燃孔是用作补燃的孔,进气量较少,因此流入的空气穿透深度也较小。通过掺混孔流入的掺混空气需要与高温燃气高效率地进行热量和动量交换,因此要有较大的穿透深度和较大的动量。一般来说,流量分配决定了火焰筒开孔面积,而穿透深度决定了孔径的大小,由此确定了孔的数目。并由强度条件确定了孔的边距和排数。

在火焰筒内,燃烧温度可达 1800~2500K,因此,为了延长火焰筒的使用寿命,除了采用耐高温合金材料外,还需要对火焰筒进行合理的冷却。解决冷却问题的途径有两个:一是在火焰筒内表面涂耐热、隔热涂层,可以有效地降低基体的工作温度,提高材料的热强度和热疲劳性能。二是通过冷却气流的作用,在火焰筒内表面形成一道冷却气膜及在火焰筒外表面加强气流散热。气膜冷却技术是燃烧室冷却的主要手段,因此,组织好经孔缝流动的冷却气流,对燃烧室的工作性能及火焰筒的保护至关重要。

用作壁面冷却的小孔、缝槽不要求穿透深度,而是希望通过这些孔、缝槽进入的气流能贴内壁壁面流动,在火焰筒内壁与燃气间形成一层均匀的冷却气膜保护层,使火焰筒壁温 $T_w^* \leqslant$ 允许值。冷却气膜随冷却气流与主流燃气的湍流掺混而逐渐衰减,因此在实际使用中,在大约每 40mm~80mm 的距离就要重新布置一道气膜。最常用的气膜冷却结构有波纹环带、堆叠环带、喷溅环带和机械加工环带,如图 8-9 所示。图 8-10 给出了 PW4000 发动机火焰筒壁面的冷却方案,在内壁涂有 PWA261 镁锌隔热涂层,冷却气流在涂层内壁形成气膜。这种进气结构可减少缝隙边缘的热应力,从而减小火焰筒的热变形。

短环形燃烧室的发展表明:这种比较均匀贴壁的、流量较大的冷却气膜流动,可以保证出口平均温度在 1500K~1700K 的燃烧室火焰筒壁温处于其寿命所允许的温度范围内。可以看出,这个出口温度范围正是推重比 8 一级发动机燃烧室出口温度。这种缝式贴壁气膜冷却方式需要大约 40% 的空气量进行冷却。当用于推重比 10 一级发动机燃烧

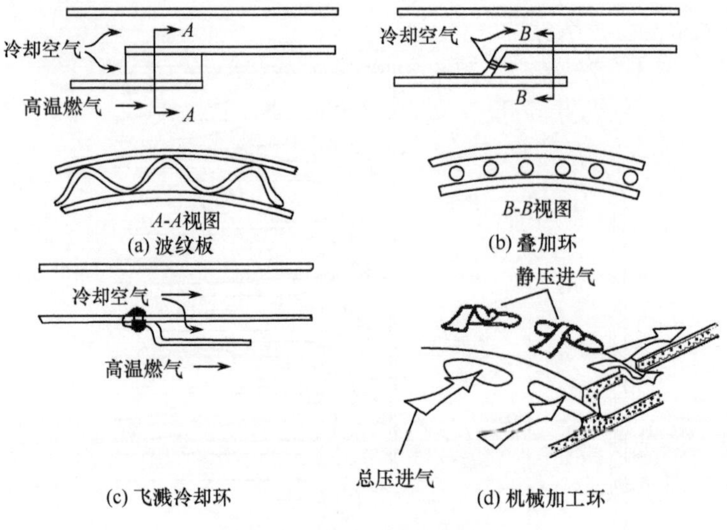

图 8-9　常见气膜冷却结构

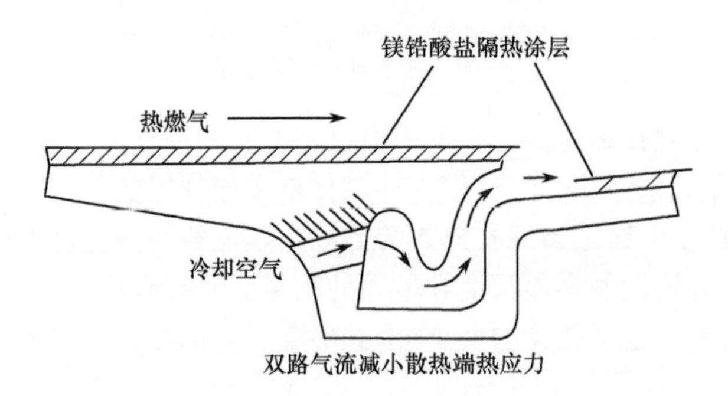

图 8-10　PW4000 发动机火焰筒壁面的气膜冷却结构

室时，由于燃烧室进口气流温度和燃烧室温升的提高，如果采用气膜冷却，则冷却空气量将增加到 60% ~70%，这与燃烧空气量需求的增加相矛盾。因此必须采取先进的冷却方式或材料，以减少冷却空气用量，保证燃烧空气用量。

4）燃烧区中的气流流动

燃烧区中的气流结构是组织有效燃烧的关键。图 8-11 给出了带旋流器的燃烧室前段的流动示意图。旋流器是航空发动机燃烧室内的重要部件，在火焰筒中起着“火焰稳定器”的作用。因此，旋流器工作性能的好坏对于燃烧室的性能具有最为直接的影响。

在燃烧室中一定量（在常规传统燃烧室中，约占总空气的 5% ~10%；随着燃烧室技术的发展，所占比例显著提高）的空气经旋流器进入火焰筒头部后，由于旋流叶片的导流作用而发生旋转，形成具有轴向、切向和径向三种分速的三维旋转气流。由于空气黏性及离心作用，旋转扩张着的进气气流把火焰筒中心附近的气体带走，使中心区气体变得稀薄，压力降低，在轴线方向形成逆主流方向的

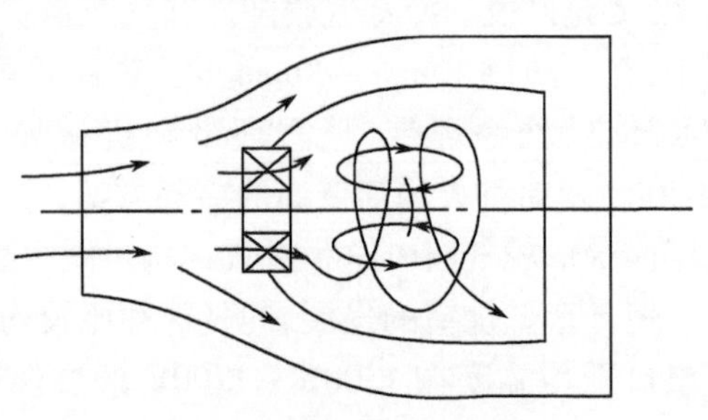

图 8-11　带旋流器的燃烧室前段的流动示意图

压力差。在此压差的作用下，下游一部分气体逆流过来补充，结果形成了气体的回流。回流气体在回流过程中不断与从旋流器进入的新鲜空气进行湍流掺混，然后从回流区外侧附近折向下游流去。这一连续的流动过程，为燃烧区提供了良好的气流结构，成为稳定火焰的手段。在航空燃气轮机上主要使用轴向叶片式旋流器、径向叶片式旋流器（图8－12）以及它们的组合形式——双旋流器（见图8－13）或三旋流器。为了衡量旋流器所形成旋流流动的强弱，通常采用旋流数概念，表示如下：

$$S_N = 2G_m/(D_{sw}G_t)$$

其中 G_m 是角动量的轴向通量，D_{sw} 是旋流器外径，G_t 是轴向推力。一般来说，当旋流数 $S_N < 0.4$ 时，不能得到回流流动，称为弱旋流；当旋流数 $S_N > 0.6$ 时，可以形成回流流动，称为强旋流。

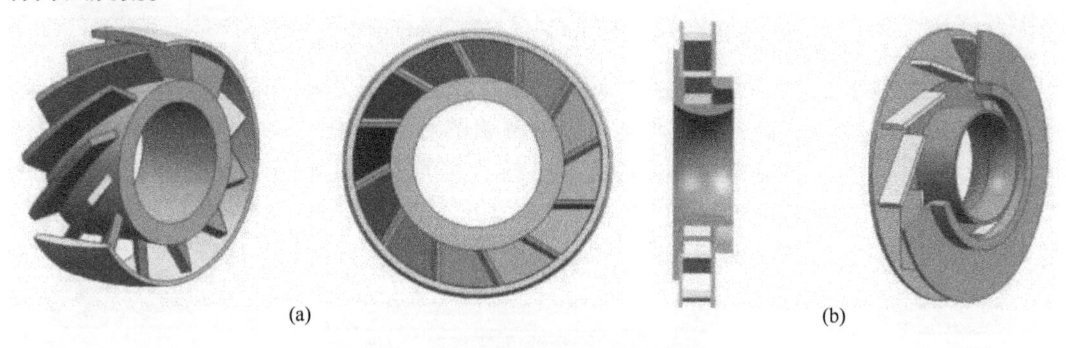

图8－12　旋流器的两种典型结构

（a）轴向叶片式旋流器；（b）径向叶片式旋流器。

图8－13　典型的双级旋流器结构

图8－14给出了火焰筒内气流轴向速度分布。由图可见，在火焰筒前部的每一截面上，壁面附近的气流轴向速度较高。因为是顺着主流方向的流动，故称为顺流区。在火焰筒轴线附近，气流是反向流动，称为逆流区。在这两者之间有一个气流从顺流方向转变为逆流方向的过渡区，即图中所示的虚线附近。在过渡区内，速度梯度大，湍流强度大，因此发生着强烈的湍流质量交换和热量交换。这对头部燃料蒸发和燃烧过程的发展有十分重要的影响。如果将头部各轴向速度为零的点用虚线连接起来，则在虚线以内是逆流区（或称回流区）。需要指出：在回流区边界上的各点，只是气流轴向速度为零，而切向和径向速度都不是零。

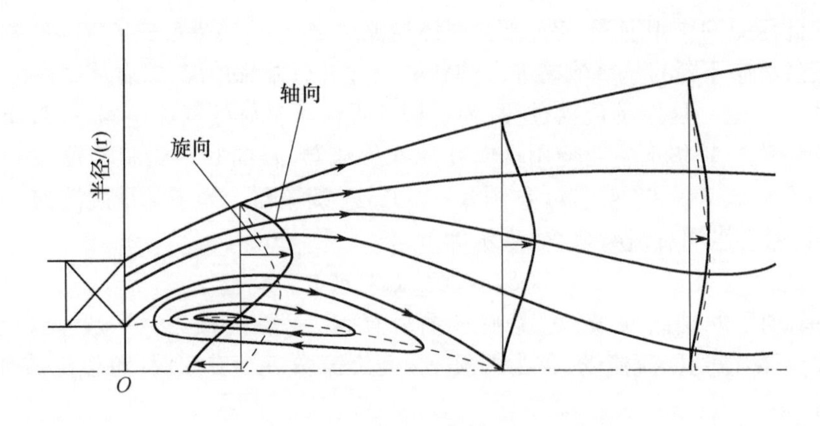

图 8－14　火焰筒内气流轴向速度分布

在实际燃烧过程中，还有二股空气经过主燃孔流入火焰筒参加燃烧。由于其流入的速度较高，因此在每一主燃孔处均形成一股气柱状的射流，如图 8－15 所示。大部分气流进入以后顺流而下，少部分气流卷入回流区。柱状射流一方面阻滞着旋流器下游气流的旋转，一方面压迫影响着回流区，使回流区可能截止在主燃孔所在的截面附近。每股射流的下游，由于与顺流区气流的相互影响又会在射流后面产生新的回流区。

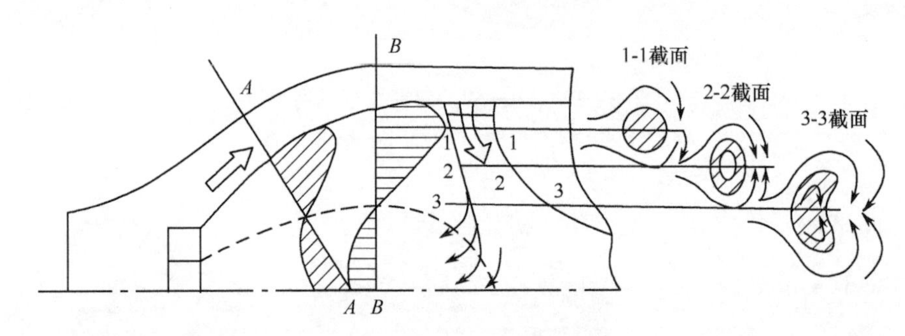

图 8－15　有主燃孔进气射流时火焰筒前段气流组织示意图

由此可以看出，上述气流结构中最主要的是形成回流区。由火焰稳定原理可知，火焰筒中回流区的存在，既能增强气流的湍流扰动，为改善燃料与一股空气的混合创造条件，而且在逆流区和顺流区之间的过渡区中，气流湍流度很高而流速较低，这就有利于创造气流速度等于火焰传播速度的条件，从而为燃料的连续点火和火焰的稳定，提供了良好基础。这种气流速度场的分布对于燃烧效率、火焰长度以及燃烧稳定性等特性都有决定性影响，是燃料在高速流动的气流中实现稳定和完全燃烧的重要条件。

气流结构的这些特性与许多因素有关，特别是旋流器的结构形式、一股空气的供应方式、燃烧温度和燃烧室的结构形式等。

8.1.3　燃油浓度场的组织

燃烧室中燃油浓度场是指过量空气系数或空燃比在燃烧室空间的分布。根据燃烧理论，可燃混气的着火及燃烧只能在一定的浓度范围内发生，因此为了确保燃烧室能在各种工况下维持稳定和高效燃烧，燃烧区的局部过量空气系数要适当，不宜过高或过低，因此需要合理组织燃烧室中燃油浓度场。这个要求是由燃油喷嘴特性和空气流动特性的合理配合实现的。

对于常规的离心喷嘴及预膜式气动雾化喷嘴,油雾为空心锥状,大部分燃油集中在锥体表面。在图 8-11 所示的流场中,这种油雾锥受高温回流气体的挤压,使大部分燃油沿回流区边界外侧运动,恰好与主流空气相遇混合。如图 8-16 所示,在主流区中油雾尚未完全蒸发和扩散,在油雾运动轨迹附近,局部燃油浓度最高,或过量空气系数最小。显然,燃料浓度场的这种分布特点是与前面讨论的气流分布特性相适应的。因为在旋流器的作用下,新鲜空气都分布在火焰筒的外缘部分,火焰筒的中心部分则是一些缺氧的燃烧产物。而喷嘴造成的中空的锥形燃料流,正好能把大部分燃料集中地分配到位于火焰筒外侧的新鲜空气中去,这就有利于形成燃料与空气的可燃混合物。此外,这种分布不均的浓度场对改善燃烧稳定性是有利的,因为当工况变化时,燃烧空间总存在处于可燃浓度之内的局部区域,正是这些局部可燃区的存在,火焰才能维持和发展。

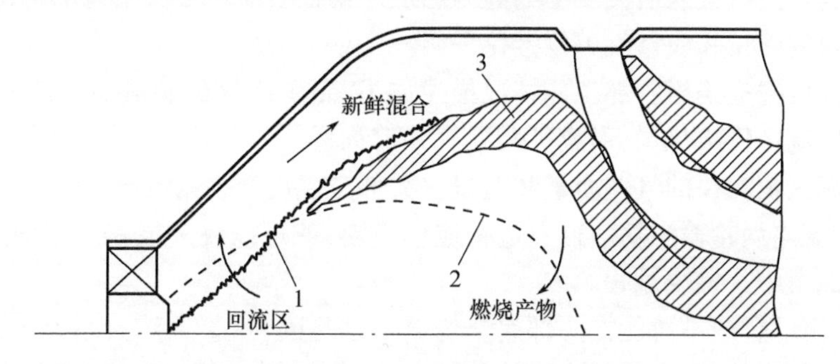

图 8-16　火焰筒头部燃烧过程示意图

1—油雾轨迹;2—回流区边界;3—火焰锋。

严格地说,燃油进入火焰筒后,在高温环境下蒸发很快,但不同尺寸的油珠,寿命差异很大,所以主流区中总是同时存在气液两相燃油。仅当气相油气比处于可燃范围时,着火和燃烧才能进行。此外,流动过程中气相燃油浓度不断提高,为了适应这个变化,一般应在火焰筒头部过渡锥上开孔,以便向主流区补给新鲜空气。通常情况下,火焰筒内的湍流度很高,油气混合过程剧烈,大部分燃油能够在主燃区内烧掉。

此外,在燃烧室中组织燃料浓度场时,还应注意合理地选择喷雾锥角。一般来说,希望在起飞等高负荷工况下喷雾锥角能够大些,这样对燃料与空气的充分混合有利,也能防止排气冒黑烟。但是,在慢车等低负荷工况下喷雾锥角则应该小些,这将有利于燃烧室的启动点火,并能改善燃烧稳定性。

8.1.4　燃烧过程的组织

在分析了火焰筒内气流的流动结构和燃料的浓度场后,下面来讨论燃烧区中燃烧过程的组织。根据燃烧理论可以推断:燃烧火焰必然发生在燃料浓度处于可燃范围,同时气流速度又较低的区域内。

当空气从火焰筒头部进入,燃油从喷嘴喷入后,空气与油雾迅速掺混,由安装在火焰筒头部的点火器对其点燃。火焰形成以后,按照稳定条件,火焰前锋的位置一般只能处在图 8-16 所示的回流区边界与油雾锥之间的空间范围内,即回流区顺流部分近零速线的某个区域。因为回流区内缺乏氧气，不可能发生燃烧现象；而回流区边界上气流的轴向速度等于零，它不可能满足火焰稳定所要求的 $u_n = v\cos\phi$ 的流动必要条件。

当混气基本燃烧完毕，有一部分燃烧产物进入回流区，另一部分则继续向下游流动，从燃烧室出口排出。进入回流区的高温燃气逆流到喷嘴附近，把刚刚喷入的油滴加热蒸发，形成燃油蒸气。燃油蒸气被带入顺流区中，与从旋流器进入的空气迅速掺混，进行扩散和湍流交换，经过短暂的着火感应期后着火、燃烧，并向周围的混气传播，不断地向外扩展，形成如图 8－16 中所示的火焰锋。作为点火源的混气团本身，则由于燃烧和向下游移动，而把它的位置和作用让位于一个来自上游的新混气团。这一过程周而复始，连续发生，在火焰筒头部保持着稳定燃烧。

已经着火的高温混气，有一部分在到达主燃孔射流处还没烧完，就和射流孔进入的新鲜空气混合，继续燃烧，使燃烧区扩大了。到达回流区尾部的燃烧着的混气，进入回流区时已基本烧完。这样，进入回流区中的高温燃烧产物在喷嘴附近被主流带走，在尾部得到补充，回流区内的能量和质量就可以维持平衡。

综上所述，可把火焰筒头部工作情况描述如下：新鲜空气经旋流器不断进入，燃油不断喷入，依靠回流区供给热量，形成可燃混气并着火燃烧。然后，小部分燃烧产物进入回流区，补充回流区消耗掉的气体质量和能量。大部分燃烧产物则流到火焰筒后段，并与二股空气掺混后流向涡轮输出功。这一过程连续不断，就可以使火焰在火焰筒头部保持稳定，从而可靠地组织了燃烧过程。

供入火焰筒的燃油不可能在头部完全烧尽。这是因为：①虽然火焰筒头部燃气温度很高，而且湍流强度也很大，但仍来不及使较大的油滴完成蒸发、充分掺混与燃烧等过程。②靠近壁面附近，气流速度很高，混气停留时间很短，所以很难在头部全部烧完。③由于考虑要有较宽的火焰稳定范围，火焰筒头部主燃孔之前设计得偏富油，使头部混气的平均过量空气系数 $\alpha = 0.8 \sim 1.0$。这往往使头部的燃油不能全部蒸发燃烧。此外，在火焰筒头部，燃气温度可达 2000K 以上，在这样的高温下，燃烧产物容易发生热离解。热离解是一种吸热反应，使燃烧效率下降。所以，从使燃油补充燃烧及消除热离解损失的角度，都要求在火焰筒设置补燃区。在补燃区上开有适当的进气孔，补充供气。新鲜空气供入后，既可以补充燃烧，又可以降低火焰筒内气体的温度，使离解物化合并把热量重新释放出来。在工作压力不高的发动机上，火焰筒补燃区的作用尤其重要，它对提高燃烧效率起相当重要的作用。实验研究表明：在低压燃烧室中，主燃区达到的燃烧完全系数约为 50%，而由于补燃区补燃，可提高到 80% 左右。在掺混段仍有相当数量的燃油在继续燃烧，从而使燃烧完全系数可提高到 95% 以上。在高压燃烧室中，火焰筒头部的燃烧条件很有利，燃烧完全系数可高达 90% 以上。再经过补燃等办法，燃烧完全度几乎可达到 100%。高的燃烧室压力有利于加速化学反应速度，使燃烧更加完全。有的燃烧室压力高达 40 个大气压，温度也很高。由于燃烧过程在主燃区几乎全部完成，因此补燃区很短或者取消了。

燃油经过补燃以后，大部分已燃烧完毕。火焰筒掺混段的基本任务是将环形气流通道内的二股空气引进火焰筒，并与高温燃烧产物掺混降温，以获得需要的燃烧室出口温度分布。

8.1.5 空气流量的分配

燃烧室设计点下的总油气比，是由航空燃气轮机的总体性能要求所决定的。在燃烧室设计过程中，必须根据上述参数、燃烧基本理论和燃烧室的其他性能要求来分配燃烧室（火焰筒）中的流量。

通过燃烧室的空气流量主要分为：通过旋流器空气$\dot{m}_{sw}$、雾化空气$\dot{m}_{at}$（对于空气雾化喷嘴，两者是一致的）、头部冷却空气$\dot{m}_{c,d}$、主燃孔射流空气$\dot{m}_{j,pz}$、火焰筒冷却空气$\dot{m}_{c,l}$和掺混空气$\dot{m}_{j,l}$，如图 8－17 所示。

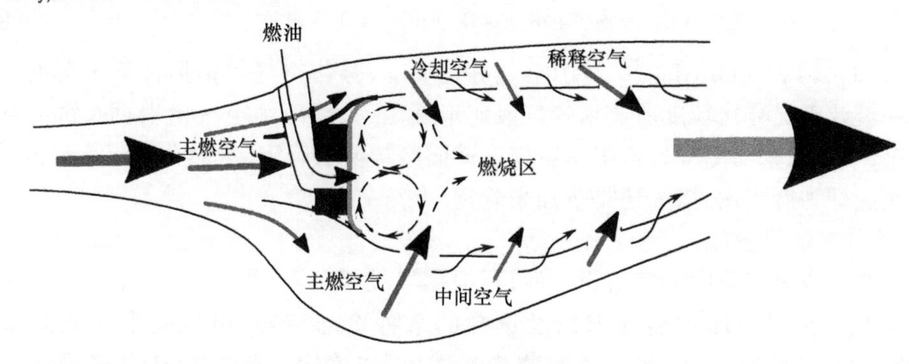

图 8－17　燃烧室气流分配示意图

按照火焰筒内的功能，可按区划分为主燃区流量$\dot{m}_{pz}$、中间区流量$\dot{m}_{in}$和掺混区流量$\dot{m}_{dil}$。其中，与燃烧有关的空气（即主燃区空气）包括旋流器空气或雾化空气、头部冷却空气、火焰筒在主燃区部分的冷却空气以及主燃孔射流的部分空气。

分配燃烧室空气流量时，主要的考虑因素是：高效、稳定的燃烧，适当的冷却保护火焰筒壁，以及适当的掺混气流调整出口温度场。因此，最为重要的是确定燃烧部分所用的空气流量分配、冷却空气流量分配和掺混空气流量分配。

1）主燃区空气流量分配

燃烧室空气流量分配首先考虑的是主燃区的流量分配。主燃区的划分通常认为是从火焰筒的头部到主燃孔截面。

从燃烧室性能要求来看，存在两大主要矛盾：一类是大工况下的燃烧性能要求，如排气冒烟、污染排放、燃烧效率、出口温度分布；另一类是小工况的燃烧性能要求，如稳定性和点火性能。这两类要求对常规燃烧室主燃区的设计而言，考虑的侧重点是完全不同的。例如，对于军机，需要其稳定性和高空再点火性能好；对于民机，则需要其低污染排放性能好。如何折中和协调这些矛盾，是主燃区设计首先需要考虑的问题。其中关键的问题是主燃区油气比的选择。

主燃区油气比选择对燃烧室的性能有很大影响。主要有三种主燃区的油气比选择方式：化学恰当比主燃区、富油主燃区和贫油主燃区，其性能特点如表 8－1 所列。针对不同的燃烧室用途，可以有不同的选择。对于民机燃烧室，可以选择贫油主燃区，因为其高空点火和贫油熄火边界没有军用发动机燃烧室要求严，而对污染排放有严格的要求。对于军机燃烧室，通常选择恰当比或略富油的主燃区，以折中考虑稳定性、点火性能和燃烧效率、冒烟及出口温度分布之间的性能要求。

主燃区的油气比较难确定，因为主燃区的空气流量难以精确计算，通常只能根据各自具体的研制经验确定。按照上述主燃区的定义，从工程上讲，空气雾化喷嘴燃烧室主燃区的流量计算方法为

$$\dot{m}_{pz} = \dot{m}_{at} + \dot{m}_{c,d} + 0.5\,\dot{m}_{j,pz} + 0.5\,\dot{m}_{c,pz} \tag{8-1}$$

式中下标的意义：pz 为主燃区；at 为雾化；d 为头部；j 为主燃孔射流；c 为冷却气流；后两项的系数 0.5 为工程经验值。

而对于采用离心喷嘴结构的燃烧室，主燃区流量计算公式如下：

$$\dot{m}_{pz} = \dot{m}_{sw} + \dot{m}_{c,d} + 0.5\,\dot{m}_{j,pz} + 0.5\,\dot{m}_{c,pz} \tag{8-2}$$

在式(8-1)和式(8-2)中，对于空气雾化喷嘴，雾化空气量根据慢车工况的熄火特性要求和设计工况雾化粒度所要求的气液比来确定，头部冷却空气量根据头部冷却结构设计确定，主燃区壁面冷却气流根据主燃区壁面冷却要求确定，主燃孔射流流量根据主燃区油气比选择为恰当比、富油还是贫油来确定。

2）冷却气流量分配

通常在完成火焰筒内的气流设计后，再根据发动机的尺寸，可大致确定火焰筒需要冷却的面积。按照冷却性能要求以及选择的某种冷却结构，可以确定火焰筒单位面积、单位压力下的冷却气流量。按照这个参数，可以确定火焰筒冷却空气量占总空气量的百分数。

3）掺混空气量分配

掺混空气量可按出口温度分布的要求，以及掺混孔的掺混效果来确定。

下面给出典型推重比 8 一级发动机燃烧室的气流分配结果。主燃区按照化学恰当比设计，燃烧室在设计点的总油气比为 0.025。

（1）雾化空气分配（旋流器空气分配）：18%；

（2）头部冷却空气分配：6%；

（3）主燃孔空气分配：18%；

（4）冷却气流分配：34%；

（5）掺混气流分配：24%；

（6）在主燃区部分的火焰筒冷却空气量为 4%，则主燃区流量分配：37%。

例 8.1 某燃烧室设计点的总油气比为 0.0272，若头部、主燃孔截面、掺混孔截面的过量空气系数分别为 0.5、1.0、1.8，请问各截面空气的相对流量分别是多少（假设航空煤油理论空气量为 $L_0 = 15\mathrm{kg}_{空气}/\mathrm{kg}_{燃油}$）？

解：根据公式 $\alpha = \dfrac{1}{fL_0}$ 可得，$\alpha_{总} = \dfrac{1}{0.0272 \times 15} = 2.45$

于是头部相对流量 $m_{头,r} = \dfrac{\alpha_{头}}{\alpha_{总}} = \dfrac{0.5}{2.45} = 0.204$

主燃孔截面相对流量 $m_{主,r} = \dfrac{\alpha_{主}}{\alpha_{总}} = \dfrac{1.0}{2.45} = 0.408$

掺混孔截面相对流量 $m_{掺,r} = \dfrac{\alpha_{主}}{\alpha_{总}} = \dfrac{1.8}{2.45} = 0.735$

8.2 燃烧室主要性能要求

航空燃气轮机燃烧室的性能要求如下：

(1) 燃烧效率高——燃料必须完全燃烧以保证所有的化学能都转变成热能。

(2) 燃烧稳定性好——燃烧室内可燃的空燃比范围较宽。

(3) 容易点火——在地面和高空都能很容易地点火。

(4) 压力损失低——P-V 图(图 7-1)中的虚线即为实际燃烧室中的压力损失。可以看出压力损失导致 P-V 循环围起来的面积减小,从而导致发动机输出功减少。

(5) 温度场分布均匀——燃烧室出口进入涡轮的高温燃气其温度场必须分布均匀。温度场不均匀会损害涡轮叶片,在实际应用中导致发动机性能降低。

(6) 排气清洁——基于舒适性、军方需求和效率的需求,排气必须不含烟尘、未燃燃料、一氧化碳和氮氧化物。

(7) 无不稳定燃烧——无压力脉动和其他燃烧诱发的不稳定现象。不稳定燃烧会使燃烧性能恶化,直接影响发动机性能,更有甚者招致发动机熄火以及重要零部件损坏,给发动机带来灾难。

(8) 可维护性好——现代燃烧室部件都是采用单元体设计,强调互换和通用,以便于维护。

(9) 寿命长——大修周期及总寿命长。

(10) 尺寸重量小——燃烧室的尺寸、形状要与发动机相匹配,重量轻。

(11) 易于加工、制造成本低——燃烧室部件应在当前制造技术条件下便于加工制造,并降低制造成本。

8.2.1 燃烧效率

航空发动机的燃烧效率直接影响飞机的航程、有效载荷、使用成本和污染排放。低水平的燃烧效率是不能被接受的,因为这不但代表着燃料的浪费,还代表着一系列污染物的排放,如未燃的碳氢化合物和一氧化碳。因此,设计点的燃烧效率尽可能接近 100%,但非设计点燃烧效率,特别是慢车效率可能低到 90%。随着航空污染排放法规的日趋严格,低功率状态下的燃烧效率变得相当重要。例如,为了低于 CO 和 UHC 的排放限制,非设计状态燃烧效率(如慢车)必须超过 98.5%。

燃烧效率实际上表示了燃料释放热量的利用程度,考虑了燃料的化学能转变成热能的完全程度和燃烧室壁面对外界环境的相对散热损失,共分为三类定义方法:焓增燃烧效率、温升燃烧效率及燃气分析法燃烧效率。

1) 焓增燃烧效率

燃烧室进出口工质的热焓增量与燃油理论放热量之比。

$$\eta_c = \frac{(\dot{m}_a + \dot{m}_f)\bar{c}_{p4}\bar{T}_4^* - \dot{m}_a\bar{c}_{p3}\bar{T}_3^* - \dot{m}_f\bar{c}_{pf}T_f}{\dot{m}_f LHV} \tag{8-3}$$

式中,$\dot{m}_a$ 为燃烧室进口空气质量流量(kg/s),$\dot{m}_f$ 为燃烧室进口燃油质量流量(kg/s),$\bar{c}_{p3}$ 为燃烧室进口空气平均定压比热(kJ/(kg·K)),$\bar{c}_{p4}$ 为燃烧室出口燃气平均定压比热(kJ/

$(\mathrm{kg}\cdot\mathrm{K}))$，$\overline{T}_3^*$ 为燃烧室进口空气平均总温(K)，$\overline{T}_4^*$ 为燃烧室出口燃气平均总温(K)，$\overline{c}_{pf}$ 为燃烧室进口燃油平均比热(kJ/(kg·K))，T_f 为燃烧室进口燃油温度(K)，LHV 为燃油低热值(kJ/kg)。

2）温升燃烧效率

燃烧室进出口工质的实际温升与理论计算温升的比值：

$$\eta_c = \frac{\overline{T}_{4pr}^* - \overline{T}_3^*}{\overline{T}_{4th}^* - \overline{T}_3^*} \tag{8-4}$$

式中，$\overline{T}_{4pr}^*$ 为燃烧室出口燃气实际平均总温(K)，$\overline{T}_{4th}^*$ 为燃烧室出口燃气理论平均总温(K)。

3）燃气分析法燃烧效率

通过燃气分析法测出燃烧室出口燃烧产物中的CO、UHC等组分的含量，按照下式确定燃烧效率：

$$\eta_C = 1 - \frac{EI_{\mathrm{CO}}LHV_{\mathrm{CO}} + EI_{\mathrm{CH_4}}LHV_{\mathrm{CH_4}}}{1000LHV} \tag{8-5}$$

式中，EI 为污染排放物指数，用每千克燃油燃烧后所排放的污染物质量来表示，其单位为g/kg。

现代燃烧室的燃烧效率范围：在海平面起飞和巡航状态下，大于99%；在慢车状态下，民机高于99%，军机可稍放宽。在高空再点火后的状态，大于75%。

燃烧效率定义的前两类方法都是建立在燃料理论发热量和理论温升的基础上。但是，由于燃料是一种非常复杂的化合物，虽然有国家标准的限制，燃油指标还是在一个范围内变化。所以，前面两种定义方法如果能够将所使用的燃油的热值和温升比较准确地确定，就会达到一定的精度，否则会带来误差。另外一方面，燃烧室出口温度很高，前两种方法都需要测量出口温度来确定燃烧室的效率，虽然采用了遮热罩等技术措施，但是高温测量本身的误差还是会很大。而最后一种方法是测量燃烧后气体的成分，据此来分析燃烧效率，它只与使用的仪器测量误差紧密相关，与使用的燃料基本无关，是最为准确的一种方法，也是目前世界上普遍采用的测量效率的方法。

燃烧效率特性一般是指燃烧效率随燃烧室总空燃比、进口气流速度、温度和压力等变化的规律。它一般是通过实验测得的，即在进口参数一定的情况下，通过改变供油量来获得不同的空燃比，并测得相应的燃烧效率值，把这些燃烧效率数据点连接起来，即可得到典型的燃烧效率曲线，如图8-18所示。大多数燃气轮机在海平面起飞状态下的燃烧效率几乎是100%，在高空巡航状态降低到98%。在气流状况一定的情况下，有个最高燃烧效率值，一般是发动机的设计点。当空燃比偏离设计点时，燃烧效率都将下降。

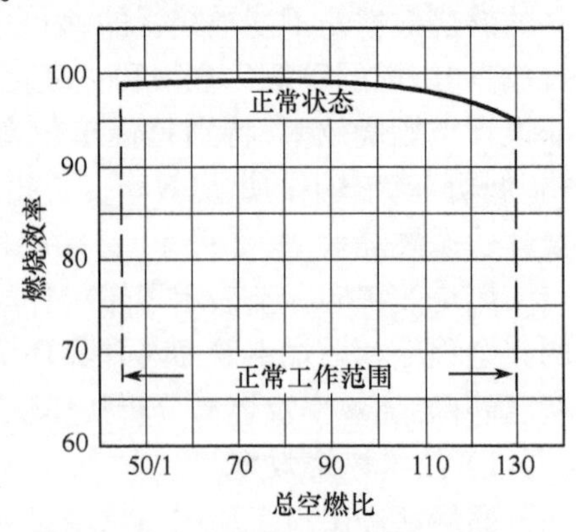

图8-18　燃烧效率随空/燃比变化

以上讨论了燃烧效率与总空燃比的关系，但从设计的角度来讲，一个重要的要求是将燃烧效率与相关工作参数联系起来，如空气压力、温度、质量流量以及燃烧室尺寸等。但是由于主燃区的燃烧过程极其复杂，目前还没有详细的理论方法来描述这一关系。然而，基于充足的数据资料,可以通过使用简化的模型来代表燃烧过程,从而建立并采用恰当的参数将燃烧效率与燃烧室尺度及工况联系起来。目前,工程中已经建立了一个得到了普遍认可的这种模型,该模型的核心思想是:液体燃料燃烧所需的总时间是燃料蒸发、混合以及化学反应所需时间的总和,而可用于燃烧的时间与空气流量成反比。于是基于这一理论,燃烧效率可表示如下:

$$\eta_c = f(\text{空气流量})^{-1}\left(\frac{1}{\text{蒸发速率}}+\frac{1}{\text{混合速率}}+\frac{1}{\text{反应速率}}\right)^{-1} \tag{8-6}$$

下面基于一种简单的燃烧模型来对燃烧效率进行分析,这种模型是基于湍流火焰传播的表面燃烧理论,即认为燃料在主燃区中是通过火焰前锋表面而被烧掉,只不过这时的火焰前锋已是被湍流高度皱曲了的。这时还认为,燃料之所以未能全部燃烧(燃烧效率低于100%),是由于火焰前锋不能充满整个燃烧区,以致总有一些燃料不能穿过火焰前锋的缘故。燃烧室的实际情况与此简化模型显然有差别,但根据这一模型导出的燃烧效率相似准则(即 θ 参数)能够很好地归纳燃烧效率曲线,因而在燃烧室试验和设计方面都是有价值的。

燃烧室中的湍流火焰传播速度(也即燃烧速度) u_t 要比层流火焰传播速度 u_n 大得多,而且是随湍流程度的增加而增大的。u_t 的增大意味着,在不变的空气和燃料流量下,燃烧效率 η_c 较高,因此可以说 $\eta_c \propto u_t$。另外还可以认为 $\eta_c \propto \frac{1}{v}$,这里 v 是随意适当选定的一个燃烧室截面上的气流速度,显然,v 增大将使燃料在火焰筒中的滞留时间缩短,从而降低燃烧效率。因此可得

$$\eta_c \propto \frac{u_t}{v}$$

在实际燃烧室中测定 u_t 和 v 是困难的,根据湍流火焰传播速度的影响因素可知,$u_t \propto T_3$,$u_t \propto P_3$,另外考虑到 $v \propto \frac{\dot{m}_a}{A_{\text{ref}}}$,于是可得

$$\eta_c = f\left(\frac{p_3 \cdot A_{\text{ref}} \cdot T_3}{\dot{m}_a}\right)$$

式中,$\dot{m}_a$——空气流量;

A_{ref}——燃烧室的参考截面积。

上式中表示 η_c 的各项都是可测量的量,根据在各种不同的 P_3、T_3、$\dot{m}_a$ 以至不同的 A_{ref} 下确定 η_c 的大量试验数据,求出能把 η_c 和工作参数以及几何尺寸关联起来的下列关系式:

$$\eta_c = f\left[\frac{P_3^{1.75} A_{\text{ref}} D_{\text{ref}}^{0.75} \exp(T_3/300)}{\dot{m}_a}\right] \tag{8-7}$$

研究表明,上式与一些不同类型燃烧室低压试验所得的燃烧效率数据吻合良好,式中方括号内的表达式即为燃烧效率相似准则参数 θ

$$\theta = \frac{P_3^{1.75} A_{\text{ref}} D_{\text{ref}}^{0.75} \exp(T_3/300)}{\dot{m}_a} \tag{8-8}$$

式中,$\dot{m}_a$——燃烧室空气流量,kg/s;

P_3、T_3——分别为燃烧室进口压力和温度,Pa · K;

A_{ref}——燃烧室参考截面积,m^2;

D_{ref}——燃烧室机匣的最大直径或宽度,m。

引入 θ 参数的最大优点在于它能够很好地综合不同工作状态下燃烧效率的试验数据。对于任一特定的燃烧室,式(8-7)简化为

$$\eta_c = f\left[\frac{P_3^{1.75}\exp(T_3/300)}{\dot{m}_a}\right]$$

我们只需在不同的空气流量 $\dot{m}_a$ 或进口压力 P_3 测定若干个 η_c 值,就可画出一条 $\eta_c = f(\theta)$ 的曲线。然后就可从图中读出对应于 P_3、T_3、$\dot{m}_a$(即任意飞行状态)的 η_c 值。图 8-19 给出了某燃烧室的 $\eta_c - f(\theta)$ 曲线,可以看出,用 θ 参数来综合数据,曲线与实验值(圆圈值)是比较吻合的。

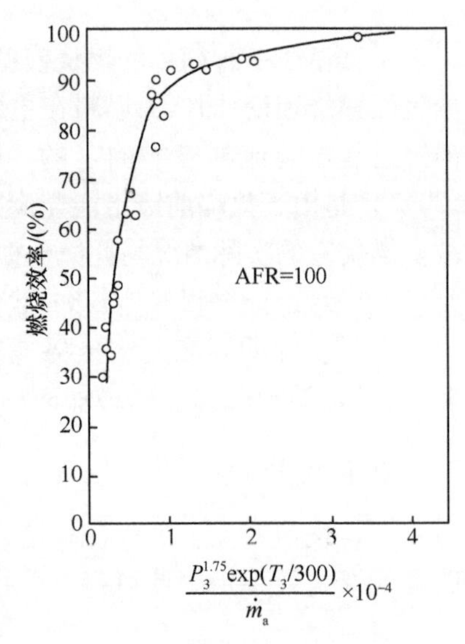

图 8-19　燃烧效率与 θ 参数的关系(AFR = 100)

图 8-20 中综合了一些现代发动机各型燃烧室(包括单管、环管和环形)燃烧效率的试验数据,图中的阴影线表明现有燃烧室的 $\eta_c = f(\theta)$ 范围。图中横坐标 θ 的表达综合公式 8-8 及大量不同类型燃烧室的研制经验。此图在设计中是有参考意义的:若新设计的燃烧室其效率特性线 $\eta_c = f(\theta)$ 落在阴影范围以内,则它的实现在技术上已有先例,原则上应不存在困难;但是,若试图使新燃烧室的 $\eta_c = f(\theta)$ 落在阴影范围的左上侧,即在相同的 θ 值下获得较高的 η_c 值,则必须要采用切实有效的新技术才可能实现。

实际上,总的燃烧过程是在整个燃烧室长度范围内完成的,根据各分区功能的不同,对于总的燃烧效率具有各自不同的贡献;而且,随着发动机工作状态的变化,各分区对于燃烧效率的贡献率也将发生变化。表 8-2 给出了一种设计空燃比为 60 的经典常规燃烧室各分区燃烧效率值及典型的燃气特性。

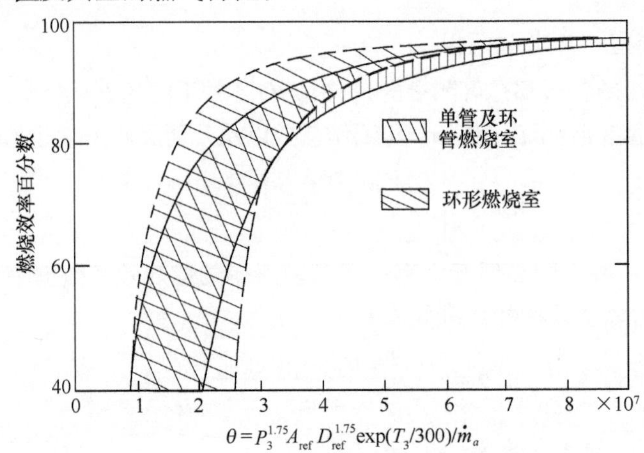

图 8-20　常规燃烧室燃烧效率范围

表 8-2　传统常规燃烧室各分区燃烧效率值及典型的燃气特性

各区出口截面特性	主燃区	中间区	掺混区
温度	2300K	1850K	1200K
空燃比(设计值)	15	25	60
燃烧效率(低空)	90%	95%	99% +
燃烧效率(高空)	50%	80% ~90%	95%
驻留时间	2~3ms	2ms	2~3ms

例 8.2　某推重比 10 一级燃烧室设计点进口空气压力为 2.6MPa,进口空气流量为 70kg/s,进口空气温度为 800K,燃烧室温升 1000K,煤油进入燃烧室前加热到 440K,假设煤油的分子式为 $C_{12}H_{23}$,低热值为 44000kJ/kg,燃烧室出口截面燃烧效率为 100%,燃烧过程无离解,混气的平均定压比热 $c_{pg}=1.42\text{kJ/(kg}\cdot\text{K)}$。该发动机每小时消耗多少燃油?该燃烧室的总油气比、空燃比、当量比和过量空气系数是多少?若主燃区截面、中间区截面的过量空气系数分别为 1.0、1.7,且主燃区和中间区的燃烧效率分别为 70% 和 95%,请问各截面混气的当量比和燃气温度分别是多少?

解:燃料与空气完全燃烧化学计量方程可表示如下:

$$C_xH_y+\left(x+\frac{y}{4}\right)\left[O_2+\frac{79}{21}N_2\right]\rightarrow xCO_2+\frac{y}{2}H_2O+\frac{79}{21}\left(x+\frac{y}{4}\right)N_2$$

采用当量比表示的一般化学反应计量方程可表示如下:

$$\phi C_xH_y+\left(x+\frac{y}{4}\right)\left[O_2+\frac{79}{21}N_2\right]\rightarrow 产物$$

则本例中煤油与空气反应的化学计量方程式可表示为:

$$\phi C_{12}H_{23}+17.75\left(O_2+\frac{79}{21}N_2\right)\rightarrow 产物$$

(1) 根据能量守恒方程简化形式,

$$\dot{m}_f\text{LHV}=(\dot{m}_a+\dot{m}_f)c_p\Delta T_{t34}$$

$$167\phi\times44000=(167\phi+17.75\times137.3)\times1.42\times1000$$

于是,燃烧室总当量比 $\phi=0.487$,总过量空气系数 $\alpha=2.05$

总油气比 $f=\dfrac{1}{\alpha L_0}=\dfrac{1}{2.05\times14.6}=0.033$

总空燃比 $A/F=\dfrac{1}{f}=30.3$

$$\dot{m}_f=\dot{m}_a f=70\times0.033=2.31\text{kg/s}=8316\text{kg/h}$$

(2) 主燃区截面 $\alpha=1.0$,则当量比 $\phi=1$,燃烧效率为 70%,该截面平均燃气温度为

$$167\phi\times44000\times70\%=(167\phi+17.75\times137.3)\times1.42\times(T-800)$$

$\phi=1$,则 $T=2191\text{K}$

中间区截面 $\alpha=1.7$,则当量比 $\phi=0.588$,该截面平均燃气温度为

$$167\phi\times44000\times95\%=(167\phi+17.75\times137.3)\times1.42\times(T-800)$$

$\phi=0.588$,则 $T=1940\text{K}$

8.2.2 燃烧稳定性

燃烧稳定性是指在一定的进口气流条件下，能够稳定燃烧不被吹熄的燃烧室油气比范围，一般用燃烧室进口空气质量流量(速度)与油气比(空燃比)的关系曲线来表示，良好的稳定性意味着能够燃烧的油气比范围很宽。

燃烧室稳定工作包线一般通过实验测得，图8-21给出了典型燃烧室稳定工作包线。该工作包线采用了如下实验方法获得：在温度和压力不变的情况下，固定空气流量，逐渐调节供油量，可得到一组贫富油熄火点；然后调整到另一个空气流量，可以得到另一组熄火点，这样反复实验即可得到一条完整的稳定工作包线。在曲线包围的范围内即认为可以进行燃烧，在此范围之外则不能维持燃烧。可以看出，随着空气流量的增大，在富油和贫油极限之间的油气比范围逐渐减小，最后当空气质量流量增加到超过一定的值后，无论油气比如何变化都无法燃烧。

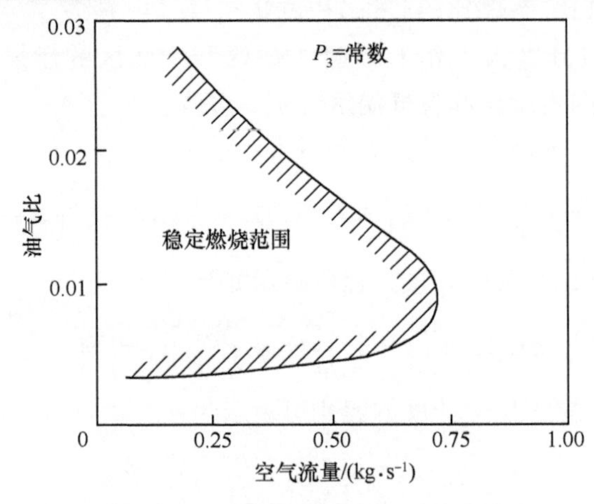

图8-21　典型燃烧室稳定工作包线

随着飞机飞行高度的变化，燃烧室内的工作压力也将发生明显的变化。因此，航空发动机燃烧室完整的稳定性能(即一系列稳定工作包线)通常需要在不同的压力下通过大量的熄火试验来确定，如图8-22所示。实际上，在燃烧室能够稳定燃烧的范围内，还需要考虑另外两个限制因素。一个因素是发动机总体性能对于燃烧室总压损失提出的限制要求，这就限制了燃烧室内参考截面的气流速度，给出了稳定工作范围的右边界或速度边界(图8-23中的竖直线)。另一个因素是燃烧室出口平均温度的限制。过高的火焰温度将导致火焰筒及燃烧室烧穿，同时会使涡轮叶片烧化、变形，以致使涡轮无法正常工作。因此，燃烧室的总油气比必须小于工程允许的油气比数值，这就给出了稳定工作范围的上边界(图8-23中的水平线)，而不必要做出前述理论上的燃烧室富油熄火边界。燃烧稳定工作范围的下边界

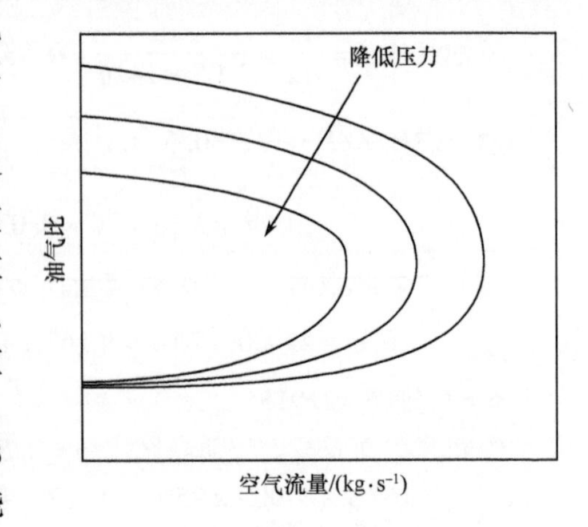

图8-22　压力对稳定工作包线的影响

就是贫油熄火边界。这个贫油熄火边界是发动机的最小稳定工作状态，即慢车状态的贫油熄火油气比。另外，当发动机特别偏离设计点状态（如设计转速）时，特别是当发动机转速很低时，参考速度太低，油气混合差，燃烧效率会大为降低，污染排放也会大幅增加。虽然此时能稳定燃烧，但一般要求发动机转速不低于某个临界值，这就给出了稳定工作范围的左边界。由此可见，燃烧室的稳定工作范围是由航空燃气轮机的性能要求及燃烧本身特性所决定的。

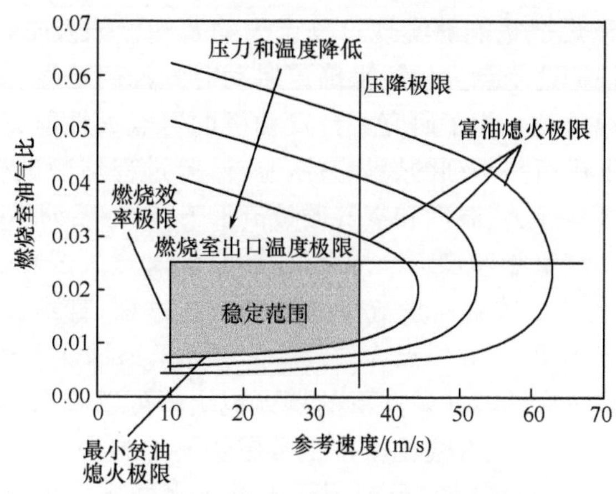

图 8－23　燃烧室稳定工作范围

上述确定的燃烧室稳定工作范围并未带来严重的缺陷或不完整性，因为实际上贫油熄火边界才是关注的重点。燃烧室慢车贫油熄火特性之所以受到更大的关注，是因为在发动机慢车状态下滑或俯冲期间极有可能出现熄火，这时的空气流量最大而又只有很小的燃油流量，即很贫的油气比，此时出现了发动机的最小稳定工作状态。这是因为，在发动机降工况时，需要减油门，而转子由于惯性，减速较慢，空气流量也就降低较慢，这样就出现了低于慢车工况油气比的燃烧室贫油工作状态。如果此时燃烧室稳定性不好，就出现了所谓的空中熄火，属重大事故。Lefebvre 认为，大气压下的贫油熄火极限空燃比应大于 250。

通常，在燃烧室的工作过程中，参考速度在 10～40m/s 之间的某个值基本维持不变。因此，燃烧室的稳定工作范围就可以表达成调节比，即设计点的油气比与慢车贫油熄火时的油气比之比：

$$\text{调节比} = \frac{F/A_{\mathrm{de}}}{F/A_{\mathrm{LBO,Idle}}} \tag{8-9}$$

经验表明，针对推重比 8 一级的发动机的燃烧室，调节比至少应在 5 以上，才能保证发动机不至于因减油门而熄火。

慢车贫油熄火指标：军用航空燃气涡轮发动机，$F/A_{\mathrm{LBO,Idle}} \leqslant 0.005$；民用航空燃气涡轮发动机，$F/A_{\mathrm{LBO,Idle}} \leqslant 0.007$。这是因为军机需要做大机动飞行，油门位置变化剧烈而频繁，要求在油门的各种位置均不熄火；相反，民机飞行相对比较平稳，且主要保证高效率，燃烧区在设计点相对贫油一些，油门位置变化柔和缓慢，因此，贫油熄火的要求相对宽松一些。

航空发动机对于燃烧室提出的另一项重要性能要求是，在地面和空中能够实现迅速可靠地起动点火,这也是燃烧室和发动机能否正常工作的关键。一般在地面工作时,由于大气压力和温度较高,点火起动比较容易。但是,当发动机高空熄火需要再点火时,此时发动机失去了燃烧释放的能量,涡轮不再做功,导致发动机进入风车状态。此时发动机空中停车,空气靠冲压作用流入发动机,燃烧室进口气流速度大,压力和温度低,要实现可靠地点火就很困难。

与稳定燃烧过程类似,点火过程也存在贫油和富油极限。在一定的进口气流参数(压力、温度和流速)下,燃烧室能够实现可靠点火的富油极限及贫油极限的范围大小称为点火包线。发动机根据这个点火包线来确定启动时的油门位置,确保在各种气候和地理条件下发动机可靠地启动。为了研究一台发动机的再点火性能,通常在模拟不同飞行工况的进口参数条件下进行一系列的燃烧室试验,试验过程与测试稳定工作包线非常相似。在给定的燃烧室进口压力、温度和空气质量流量下,对一系列不同的油气比进行点火试验。点火源关闭后燃烧室能够稳定维持燃烧,即意味着点火成功。每次点火尝试的最长时间为10s,最短可至3s。改变质量流量并重复上述过程,直到得出完整的点火包线。通常在不同压力水平下得出4~6组点火包线就能够完整地描述发动机的再点火特性。

图8-24给出了某一启动转速条件下的点火包线。可以看出,点火包线在稳定工作包线以内,因为在冷状态下建立燃烧比保持正常燃烧要困难得多。通常也用高空再点火的海拔高度来表示高空再点火特性,目前国际先进水平的高空再点火高度为8~12km。航空发动机点火方式可以采用电火花点火器、等离子体点火器、催化点火器等,目前主要采用的点火方式是高能电火花点火器。

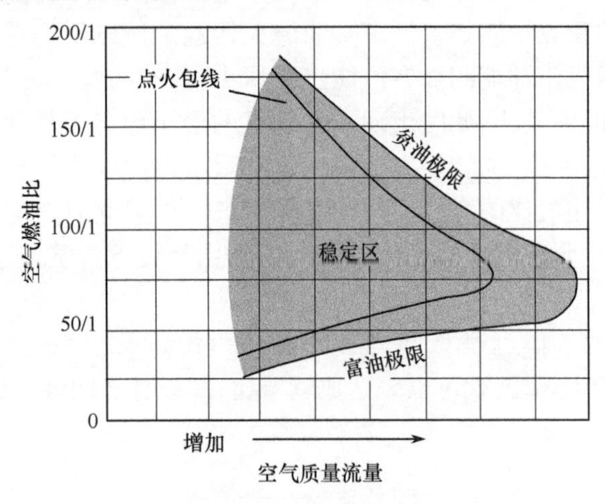

图8-24 典型的燃烧室点火包线

8.2.3 总压损失

气流流经燃烧室时,由于存在摩擦、扩压、进气、掺混以及燃烧加热等一系列物理化学过程,不可避免地会使气流的总压下降,因此,燃烧室出口总压必然低于进口总压。这些总压损失是不可避免的,但希望它尽可能小一些,因为任何总压损失都会降低气流在涡轮及尾喷管内膨胀作功的能力,使得发动机的推力及经济性下降。

燃烧室中的压力损失是由没有热释放情况下的"冷"损失及有热量释放过程中附加

的热阻损失组成的;其中冷损失是主要的组成部分,它由扩压损失和火焰筒损失两部分组成,即火焰筒外的损失(扩压损失)以及气流经过火焰筒的压力损失。其中,扩压引起的任何压力损失都对燃烧过程没有任何贡献,可称为无用损失;火焰筒的总压损失对于燃烧过程和稀释过程是有利的,可称为有用损失。总的来讲,希望总压损失尽可能小。然而火焰筒及旋流器等进气装置所引起的"有用损失"直接有利于改善燃烧和掺混过程,因此应当保持一定的数值,而并非越小越好,否则就可能无法满足所要求的燃烧室性能。因此,减小总压损失要把"有用的"损失合理地减少,更主要的是把无用损失减少到最低限度。

综上所述,燃烧室中总的压力损失由扩压损失、火焰筒损失和热阻损失三部分组成,即

$$\Delta P_{\text{total}} = \Delta P_{\text{diffuser}} + \Delta P_{\text{liner}} + \Delta P_{\text{hot}} \tag{8-10}$$

然而,为了简化分析过程,这里并不独立考虑各部分压力损失,而只采用燃烧室中总的压力损失来进行分析。

1) 描述总压损失的相关参数

燃烧室的总压损失是指燃烧室进出口截面平均总压的变化量,燃烧室总压损失与进口总压之比定义为总压损失系数,即

$$\xi_c = \frac{P_{t3} - P_{t4}}{P_{t3}} \tag{8-11}$$

式中,P_{t3}、P_{t4}分别为燃烧室进口截面和出口截面的平均总压。

一般情况下,总压损失系数每增加1%,单位燃油消耗率也将增加1%。燃烧室总压损失系数通常在4%~6%的范围内变化,其中扩压损失系数为2%~2.5%;火焰筒进气损失系数2%~3.5%。需要指出的是,一般情况下,总压损失系数并不包括热损失,即由燃烧引起的基本压力损失,对于温升适中的燃烧室,热损失ΔP_{hot}通常在P_{t3}的0.5%~1%之间。

实际中,也常采用总压恢复系数表示燃烧室总压损失,它是燃烧室出口截面平均总压与进口截面平均总压之比,即

$$\sigma_c = \frac{P_{t4}}{P_{t3}} \tag{8-12}$$

由前述总压损失系数的数值范围可知,主燃烧室的总压恢复系数约为94%~96%。在发动机的热力计算中,利用总压恢复系数σ_c可以方便地计算出相关压力参数。如已知P_{t3},给定σ_c,立即可以求出P_{t4}。但是σ_c不是一个定值,同一燃烧室的σ_c数值是随着流经燃烧室的空气流速不同而不同的。于是燃烧室在不同工况下就有不同的σ_c。因而,用σ_c来表示燃烧室压力损失的特征或比较不同燃烧室的流阻性能将不大方便。

因此,工程实际中提出了流阻系数来表示燃烧室的流阻特征。流阻系数定义为燃烧室中的总压损失与某一参考截面(通常为进口截面或最大截面)的动压头之比,即

$$\psi_c = \frac{P_{t3} - P_{t4}}{\frac{1}{2}\rho_{\text{ref}} v_{\text{ref}}^2} \tag{8-13}$$

不难看出,燃烧室流阻系数ψ_c实际上相当于流体力学中的欧拉相似准则数,即$E_u = \Delta P / \rho v^2$。当燃烧室内气流的$Re$数$\left(Re = \frac{\rho v D}{\mu}\right)$大于$10^5 \sim 10^6$时,流动进入自模态,根据气

体动力学知识，此时流体损失与流速的平方成正比，因此欧拉数或流阻系数成为一个定值，与燃烧室内的气体流速无关，只随燃烧室的结构不同而不同。可见，流阻系数反映了燃烧室结构在流体力学方面的完善性，而总压恢复系数则直接反映了燃烧室流体损失的大小。因此，可以利用流阻系数来对不同燃烧室的流阻性能进行比较。

流阻系数一般是在冷吹风状态下用试验方法确定的，在如前所述的条件下，它是一个定值。但是当进行燃烧时，还会引起额外的热阻损失，简化计算时若将这部分热阻折算进来，将会使燃烧室的流阻系数增大。此时，加温比 T_{t4}/T_{t3} 是重要的，加温比越大，流阻系数值也越大。不过在缺乏实验资料时，对于加温比不太大的涡轮喷气发动机主燃烧室，取冷态的数据用于热态，在大多数情况下不致引起过大的误差。燃烧室通常工作在湍流自模化范围，即流阻系数不随气流速度的增大而变化，它只与燃烧室结构有关。一般来说，主燃烧室的 ψ_c 为 20 ~ 30，而加力燃烧室的 ψ_c 为 3 ~ 4。

显然，即使对于同一燃烧室，选择的参考截面不同，流阻系数数值也将发生变化。所以，当给出流阻系数数值时，必须明确指明它是相对于哪一个基准截面的。通过简单推导，我们就可以建立流阻系数与总压恢复系数之间的关系。通常，可以近似认为燃烧室内的流动是不可压，因此利用气体状态方程及 Ma 数和声速定义，可以得到 σ_c 与 ψ_c 之间存在以下关系：

$$\psi_c = \frac{(1-\sigma_c)}{\frac{1}{2}kMa^2} \quad 或 \quad \sigma_c = 1 - \frac{k}{2}\psi_c Ma^2 \tag{8-14}$$

从式(8 - 14)可知，燃烧室总压恢复系数是燃烧室流阻系数和进口 Ma 数的函数。当进口马赫数较小时，可以允许有较大的 ψ_c 值，而不会造成很大的总压损失；但当进口马赫数增大时，其影响显著，这时即使采用不大的 ψ_c 值也会引起较大的总压损失。为了提高燃烧室的总压恢复系数 σ_c，必须降低 ψ_c 特别是降低 Ma 数。但降低 Ma 数要受到径向尺寸和压气机出口的限制，过分减小 ψ_c 则可能削弱燃烧及掺混过程，因此两方面的问题都要考虑到，以获得良好的燃烧和尽可能小的压力损失。对于给定的燃烧室结构及温升，要想减小压力损失，必须降低来流马赫数。

2）燃烧室流阻特性

燃烧室流阻特性可以通过多个相关参数之间的关系来表达，这些参数包括燃烧室总压损失 ΔP_{t34}、流阻系数 ψ_c、最大截面平均气流速度 v_{ref} 和最大截面横截面积 A_{ref} 等。这里取燃烧室的最大截面为参考截面，用下标“ref”表示，进出口截面分别以下标“3”和“4”表示。由流阻系数定义

$$\psi_{c,ref} = \frac{\Delta P_{t34}}{\frac{1}{2}\rho_{ref} v_{ref}^2} \tag{8-15}$$

最大截面的流量即燃烧室的流量为 $\dot{m}_a = \rho_{ref} v_{ref} A_{ref}$，由于燃烧室内气流的马赫数不大，可近似认为是不可压缩流，于是 $P_3 \approx P_{t3}$ 以及 $\rho_{ref} = \rho_3 = P_3/RT_3$，代入上式，得

$$\psi_{c,ref} = \frac{\Delta P_{t34}}{\frac{P_3}{2RT_3}\left(\frac{\dot{m}_a}{\rho_{ref}A_{ref}}\right)^2} = \frac{\Delta P_{t34}/P_{t3}}{\frac{R}{2}\left(\frac{\dot{m}_a\sqrt{T_3}}{P_3 A_{ref}}\right)^2} \tag{8-16}$$

所以

$$\frac{\Delta P_{t34}}{P_{t3}}=\frac{R}{2}\psi_{c,\mathrm{ref}}\left(\frac{\dot{m}_a\sqrt{T_3}}{P_3A_{\mathrm{ref}}}\right)^2 \tag{8-17}$$

上式给出了燃烧室总压损失、流阻系数、进口气流参数和最大截面面积之间的关系。主要是三组参数，一个是总压损失系数$\frac{\Delta P_{t34}}{P_{t3}}$；一个是流阻系数$\psi_{c,\mathrm{ref}}$；另一个是$\frac{\dot{m}_a\sqrt{T_3}}{P_3A_{\mathrm{ref}}}$，该参数可以看成是参考截面平均气流速度$v_{\mathrm{ref}}$的衡量尺度。这是因为

$$\frac{\dot{m}_a\sqrt{T_3}}{P_3A_{\mathrm{ref}}}=\frac{\dot{m}_a}{\frac{P_3}{RT_3}A_{\mathrm{ref}}}\frac{1}{R\sqrt{T_3}}=\frac{v_{\mathrm{ref}}}{R\sqrt{T_3}} \tag{8-18}$$

对于给定的燃烧室（A_{ref}一定），在一定的燃烧室进口状态下（$\dot{m}_a,P_3,T_3$一定），参数$\frac{\dot{m}_a\sqrt{T_3}}{P_3A_{\mathrm{ref}}}$与$v_{\mathrm{ref}}$成正比，表示了$v_{\mathrm{ref}}$的大小。如果$v_{\mathrm{ref}}$取得较大，则$A_{\mathrm{ref}}$较小，燃烧室外廓尺寸较小，这将导致总压损失的增大。为了减少总压损失，希望减小v_{ref}和具有较小的ψ_c。但这将使尺寸A_{ref}加大，而且流速较小，掺混不够剧烈，可能对燃烧过程不利。图8-25给出了三组参数之间的关系。

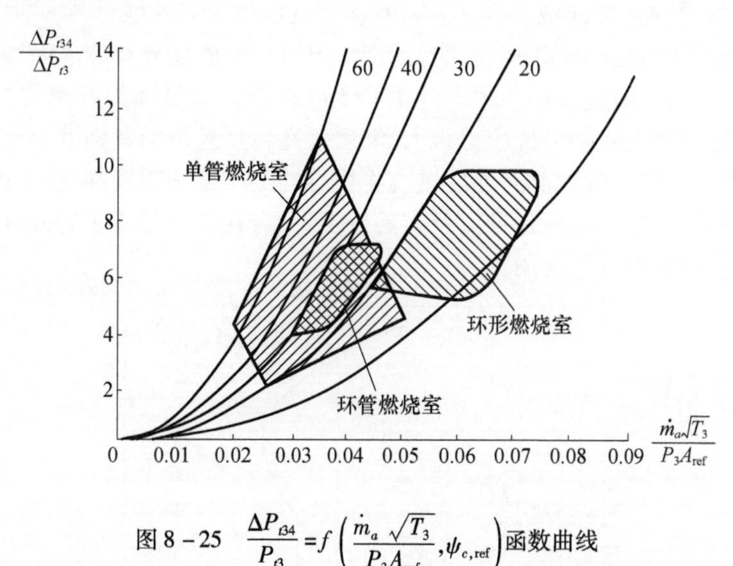

图8-25 $\frac{\Delta P_{t34}}{P_{t3}}=f\left(\frac{\dot{m}_a\sqrt{T_3}}{P_3A_{\mathrm{ref}}},\psi_{c,\mathrm{ref}}\right)$函数曲线

表8-3给出了不同类型燃烧室的这三组参数的典型数据。从表中可以看出，三类燃烧室的总压损失相差不多，但环形燃烧室的$\psi_{c,\mathrm{ref}}$最小，而$\frac{\dot{m}_a\sqrt{T_3}}{P_3A_{\mathrm{ref}}}$最大。这表明环型燃烧室具有更为优越的性能，$\frac{\dot{m}_a\sqrt{T_3}}{P_3A_{\mathrm{ref}}}$大意味着燃烧室内平均气流速度$v_{\mathrm{ref}}$大，$A_{\mathrm{ref}}$小，可减小飞机的迎风面积，但$\psi_{c,\mathrm{ref}}$反而减小，因此燃烧性能并未下降。这说明它充分利用了对燃烧及掺混有利的那部分压力损失，而又能把对燃烧没有直接用处的压力损失减到最低限度。

表 8-3　燃烧室压力损失

燃烧室类型	$\Delta p_{t34}^*/p_{t3}^*$	$\psi_{c,\mathrm{ref}}$	$\dfrac{\dot{m}_a\sqrt{T_3}}{P_3A_{\mathrm{ref}}}$
单管燃烧室	0.07	37	0.0036
环管燃烧室	0.06	28	0.0039
环形燃烧室	0.06	20	0.0046

8.2.4　出口温度分布

燃烧室出口高温燃气流向涡轮，考虑到高速旋转的涡轮叶片承受应力已经很大，再加上高温气流的冲击，工作条件十分恶劣。因此，燃烧室出口温度分布不仅关系到涡轮的工作环境，而且直接影响第一级涡轮导向叶片和工作叶片的寿命及其可靠性，是燃烧室的重要性能指标之一。在燃烧室设计时，既要限制燃烧室出口温度的平均值，也要给定要求的温度分布，使其符合涡轮叶片高温强度的要求，不要有局部过热点，以保证涡轮的正常工作和寿命。一般来说，对于燃烧室出口火焰及温度分布大体有如下要求：

（1）火焰除点火过程的短暂时间外，不得伸出燃烧室；

（2）燃烧室出口截面燃气温度尽可能均匀，整个出口环腔内最高温度与平均温度之差不得超过 100K ~ 120K；

（3）沿叶高（径向）方向应符合图 8-26 所示的温度分布曲线。

图 8-26 所示的温度分布曲线表明，燃烧室出口径向温度分布应遵循中间高，两端低的原则，其中温度最高值应安排在距离叶根 2/3 叶高处。这是因为叶根部分由于离心力的作用使得涡轮盘榫头连接部位应力很大，温度过高将严重影响其强度；叶尖部分叶片很薄，散热条件也差，很容易被烧坏，温度过高将使得叶尖刚度和强度都变弱，因此叶根和叶尖部分温度都不能过高。经理论分析及实验判定，只有在离叶根 2/3 处温度允许高些，这是等强度原则在这里的具体运用。

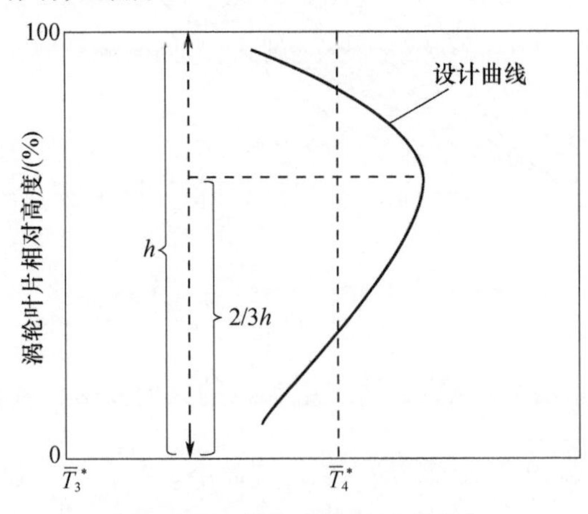

图 8-26　燃烧室出口温度分布

目前常用的燃烧室温度分布指标有以下两种。

1）出口温度分布系数（*OTDF*）

出口温度分布系数定义为：燃烧室出口温度最大值与平均值的差值与燃烧室温升之

比，称为出口温度分布系数，美国称之为 Pattern Factor，国内以及欧洲称之为 *OTDF*（Overall Temperature Distribution Factor），定义如下

$$OTDF=\frac{T_{4\max}^{*}-\overline{T}_{4}^{*}}{\overline{T}_{4}^{*}-\overline{T}_{3}^{*}} \tag{8-19}$$

其中 $T_{4\max}^{*}$ 是燃烧室出口截面最高总温，$\overline{T}_{3}^{*}$ 是燃烧室进口截面平均总温，$\overline{T}_{4}^{*}$ 是燃烧室出口截面平均总温。*OTDF* 数值常在 0.25～0.35 范围内，越低越好，工业燃机以天然气工作可以低于 0.2。实际上这个数值背后的含义是燃烧室出口的热斑温度，高压涡轮导叶的防热设计决定了热点系数的最大允许值。

2）出口径向温度分布系数（*RTDF*）

出口径向温度分布系数是指燃烧室出口截面同一半径上各点总温，按周向取算术平均值后求得的最高平均径向总温与出口平均总温之差与燃烧室温升的比值。中国和欧洲称之为 *RTDF*（Radial Temperature Distribution Factor，径向温度分布系数），美国称之为形状系数（Profile Factor），定义如下

$$RTDF=\frac{T_{4r\max}^{*}-\overline{T}_{4}^{*}}{\overline{T}_{4}^{*}-\overline{T}_{3}^{*}} \tag{8-20}$$

其中 $T_{4r\max}^{*}$ 是燃烧室出口截面最高平均径向总温。对于常规燃烧室，径向温度分布系数值通常要求不超过 0.15。高压涡轮动叶是运动部件，因此感受到的燃烧室出口温度是周向平均值，高压涡轮动叶的承温上限，决定了这个数值。随着未来高性能航空发动机技术的进一步发展，发动机总体设计导致燃烧室几何、组织燃烧模式及性能需求都出现一定程度的变化；并且涡轮叶片设计、冷却和材料技术也在进一步发展，因此对于上游燃烧室出口燃气的承受需求和能力也在不断改善，比如对于径向温度分布系数，目前的许多先进航空发动机燃烧室其数值都超过了 0.15。

燃烧室出口温度质量的评定要在发动机地面最大推力状态下，或对军用燃烧室在低高度、大马赫数平飞状态下进行，因为这时的燃烧室负荷最大，出口平均温度也最高。

8.2.5 容热强度

为了实现高功率输出，容积十分有限的航空燃气轮机燃烧室必须以极高的速率释放热量。例如，在起飞状态，一台 RR 公司的 RB211－524 发动机每小时消耗 9368kg 燃油，其热值大致为 43120kJ/kg，因此该燃烧室每秒释放将近 112208kJ 的热量，相当于约 150000hp。

燃烧室容积利用程度一般采用容热强度 Q_{vc} 来衡量。容热强度定义为：单位压力下、单位燃烧室（或火焰筒）容积内，单位时间（每小时）燃油燃烧所释放出的热量，单位是 kJ/（m^3 · Pa · h）。因此，燃烧室容热强度可表示为

$$Q_{vc}=\frac{3600\eta_{c}\,\dot{m}_{f}LHV}{P_{t3}V_{c}} \tag{8-21}$$

式中，η_c 为燃烧效率；$\dot{m}_f$ 为燃油流量；*LHV* 为燃料低热值；P_{t3} 为燃烧室进口总压；*Vc* 为燃烧室容积。

也可以按火焰筒体积 V_f 定义容热强度，

$$Q_{vf}=\frac{3600\eta_c\,\dot{m}_f LHV}{P_{t3}V_f} \tag{8-22}$$

显然,容热强度大意味着燃烧室容积利用程度高,可以在较小的燃烧室空间内释放出需要的热量,因而使得燃烧室尺寸小,重量轻。现代航空燃气轮机主燃烧室的容热强度一般为0.7~2MJ/(m^3 · Pa · h),火焰筒的容热强度一般为1.2~6.5MJ/(m^3 · Pa · h),而地面燃机的火焰筒的容热强度一般为0.07~0.2MJ/(m^3 · Pa · h)。

8.3 污染排放与控制机理

8.3.1 燃气轮机排放成分及危害

航空燃气轮机排放产物主要包括氧气(O_2)、氮气(N_2)、二氧化碳(CO_2)、水蒸气(H_2O)、硫氧化物(SO_x)、氮氧化物(NO_x)、未燃尽或部分燃烧碳氢化合物(UHC)、一氧化碳(CO)、微小颗粒以及其他微量化合物。上述燃烧产物主要分为四类:

(1) 空气中没有参加燃烧过程的部分:氧气和氮气;

(2) 理想燃烧过程的最终产品:二氧化碳、水;

(3) 燃烧反应的副产品:氮氧化物及二氧化硫;

(4) 不完全燃烧的产物:碳氢化合物、一氧化碳和微小碳烟颗粒。

航空燃气轮机污染排放量虽然仅占大气总污染量的2%以下,但其污染排放具有局部危害性大的特点。主要体现在两点上:①其对地面环境的污染主要集中在机场、航空工厂试车台及研究单位的试验区附近,在这些局部地区污染物浓度很大。②由于飞机大多飞行在9km~11km高度区间,造成对大气层的环境污染。下面简要介绍上述燃烧产物对于环境及人类健康造成的危害。

1) CO_2 和 H_2O

CO_2 及 H_2O 是"温室气体",会造成地球内的热量不平衡,使得接受辐射热量多、而向外太空辐射热量少,从而造成地球表面温度增高,产生所谓"温室效应"。虽然人类活动排放的二氧化碳仅占地球排放二氧化碳总量的6%,但二氧化碳是非常稳定的,将在大气中保存非常长的时间,这将会带来通过温室效应使得全球变暖的许多忧虑。

2) SO_2

SO_2 有毒且具有腐蚀性,会导致空气中硫酸的形成。大气中的 SO_2 会导致呼吸道炎症、支气管炎、肺气肿、眼结膜炎症等。同时还会使青少年的免疫力降低,抗病能力变弱。

3) NO_x

氮氧化物主要包括NO、NO_2。NO为无色无臭的气体,它与血红蛋白的结合能力比CO还强,容易造成人体缺氧。短时间(少于3h)处于高浓度 NO_2 污染环境中会引发呼吸问题,导致儿童呼吸系统发病率上升,降低呼吸系统免疫能力,引起传染病感染几率上升。而长期处于低浓度 NO_2 污染环境中,会导致机体免疫功能下降,引起肺部组织结构上的病变。

NO_x 还会生成酸破坏陆地和水的生态系统。在近地表氮氧化物的存在将会导致臭氧浓度的增加及光化学烟雾。在高空,飞机的 NO_x 排放会破坏臭氧层,从而增加太阳到达地面的紫外辐射，影响地面温度并引发皮肤癌。因此，航空对气候的影响中，NO_x 和 CO_2 排放同等重要。

4）CO

一氧化碳是无色、无臭、无味的气体，吸入体内后，会和血液中的血红蛋白结合，进而使血红蛋白不能与氧气结合，从而引起机体组织出现缺氧，导致人体窒息死亡，大气中的 CO 会存在长达几周。

5）UHC

在机场周围，未燃烃是气味的主要来源。在一定条件下，它会在阳光下和周围空气中的 NO_x 反应生成臭氧。长期暴露在与航空有关的 UHC 空气污染物中，会引发癌症或非癌症类疾病。与此相关的癌症类型主要是淋巴癌、白血病以及呼吸道癌症。非癌症类型疾病包括呼吸系统上皮细胞的病变、神经学上的影响、发育毒性、生殖毒性。短期暴露在某些 UHC 污染物的高浓度环境下，会引起眼睛和呼吸道的过敏、头疼、恶心和头昏眼花。

6）颗粒物

颗粒物（PM）是大量物理化学性质多样、以离散微粒形式（包括液滴和固体）存在、尺寸范围很宽的一类物质的总称。PM 可以直接排放，也可以由 NO_x、UHC 和 SO_2 等气体排放混合物转化形成。航空燃气轮机排放的颗粒物几乎所有直径都小于 2.5μm。所以，危害也更大，更复杂。

PM2.5 是直径小于等于 2.5μm 的一类细颗粒物。直径相当于人类头发的 1/20 大小，不易被阻挡。被吸入人体后会直接进入支气管，干扰肺部的气体交换，引发包括哮喘、支气管炎和心血管病等方面的疾病。每个人每天平均要吸入约 1 万升的空气，进入肺泡的微尘可迅速被吸收、不经过肝脏解毒直接进入血液循环分布到全身；并因此损害血红蛋白输送氧的能力，丧失血液。对贫血和血液循环障碍的病人来说，可能产生严重后果。例如可以加重呼吸系统疾病，甚至引起充血性心力衰竭和冠状动脉等心脏疾病。总之，这些颗粒可以通过支气管和肺泡进入血液，其中的有害气体、重金属等溶解在血液中，对人体健康的伤害很大。人体的生理结构决定了对 PM2.5 没有任何过滤、阻拦能力。

CO_2 及 H_2O 是碳氢燃料完全燃烧的产物。因此，任何限制策略必须围绕着使用更少的燃料为中心，因此只能通过提高燃气轮机的热效率，组合循环装置或者任何未来循环来解决。

航空发动机排气中公认对大气造成污染的物质有碳烟微粒、一氧化碳（CO）、碳氢化合物（UHC）、氮氧化物（NO_x）、二氧化硫（SO_2）等。由于燃料中几乎全部的硫都会被氧化形成 SO_x，唯一可行的限制策略是在燃料燃烧之前对燃料进行脱硫处理，通过这样的处理，燃料中含硫量少，因此 SO_x 生成量也小。因此，针对航空燃气轮机的排放，ICAO（International Civil Aviation Organization，国际民航组织）实际上对于其余三种气态污染物（CO、NO_x、UHC）及一种固态污染物（碳烟微粒）制定了排放标准。

8.3.2 排气污染物的生成机理及消除途径

人们发现，在实际燃烧装置的排气中，各种污染物的浓度与用按化学平衡状态计算的数值有较大差别，这表明在实际燃烧装置中各污染物的排放量与燃烧装置内所进行的物理—化学过程有关。例如，燃油与空气在贫油状态下燃烧，从化学平衡条件来看，不应在燃烧产物中出现 CO 和 UHC，但实际上，由于油气混合不均或燃油氧化反应过早冻结，均可导致排气中出现 CO 和 UHC；又如，在燃烧过程中，NO_x 的生成，不是简单地按下式进行

$$N_2 + O_2 \leftrightarrow 2NO$$

而是通过各个包括自由基在内的复杂化学反应而生成的，并且可有不同的生成机理。所以，要弄清影响各污染物排放量的因素，并采取技术措施来减少污染物排放量，以及发展污染物排放量预估的分析模型时，必须了解实际的燃烧过程。

1）CO 的生成

航空燃气轮机中，导致燃烧室产生 CO 的原因包括：

（1）在发动机低功率状态下，供油压力低，燃油雾化不良，燃烧室内空气压力和温度均较低，燃油与空气混合差，燃油蒸发掺混及燃烧反应速率变慢，使燃烧不充分，是 CO 大量产生的原因。

（2）燃烧室内出现局部富油区时，缺氧会导致 CO 生成 CO_2 的反应中断，产生大量的 CO；化学恰当比状态下燃烧时，CO_2 高温裂解也会生成一定量的 CO；此外，如果燃烧区中过早地有大量冷空气过深地掺入，会使燃气温度迅速降低，使生成 CO_2 的反应中断而生成 CO，严重时会产生局部淬熄，都会使 CO 增多。

（3）燃烧区火焰的末端进入火焰筒气膜中，由于气膜冷却气体的淬熄作用，导致 CO 生成 CO_2 的反应被冻结，导致大量的 CO 产生。

2）UHC 的生成

UHC 包括以液滴或蒸气形式从燃烧室出来的燃油，以及燃油热裂解而来的低分子烃。一部分是高沸点大分子烃，由于在燃烧室中停留时间短，来不及蒸发就排出去，另一部分是裂解后的烃，由于温度较低，未能与 O_2 化合而被排出室外。它通常和低雾化水平、不充分燃烧、壁冷空气因素或者以上几个因素的共同作用有关。未燃烃的生成规律类似于 CO，通常影响 CO 生成的因素同样会以相同的方式影响 UHC 的生成，但它的氧化比 CO 快，故含量比 CO 少，如图 8－27 所示。

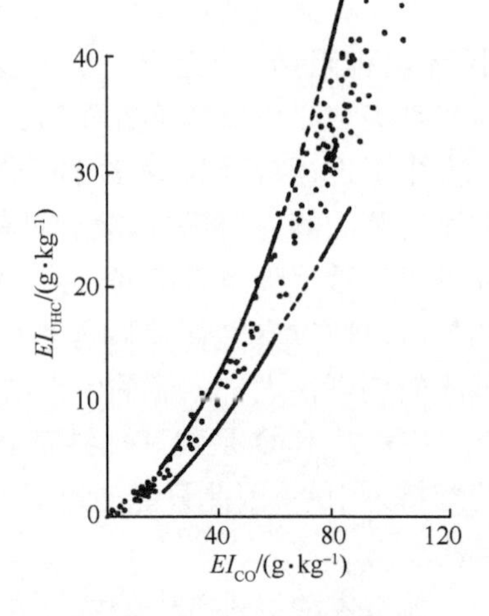

图 8－27　UHC 排放指数与 CO 排放指数的关系

（3）NO_x 的生成

NO_x 主要是指 NO、NO_2，它们是在高温燃烧区产生，在高温情况下，N_2 分子被离解为 N 原子，然后与氧反应生成 NO_x，生成 NO 的反应式为

$$O_2 \rightarrow 2O$$

$$O + N_2 \leftrightarrow NO + N$$

$$N + O_2 \leftrightarrow NO + O$$

$$N + OH \leftrightarrow NO + H$$

实际燃气轮机燃烧室中，影响 NO_x 生成的因素主要有以下 5 种：主燃区温度、进口空气温度、燃烧室压力、喷雾质量及停留时间。通常地，随着燃烧室进口温度、主燃区温度、燃烧室压力、雾化粒度、停留时间的增大，NO 的生成量也随之增大。

图 8-28 显示了 NO 生成量与温度和停留时间的关系，可以看出，随着火焰温度的升高及停留时间的增长，NO 质量分数逐渐增大，在一定的火焰温度和停留时间后就达到平衡，如果减小 N_2 在高温区的停留时间，NO 生成量就会少些，但这与 CO 的生成有矛盾，即若减少 NO 的生成，就意味着 CO 会增加。

当燃气离开发动机后，只要满足反应所需的低温，NO 将按照以下反应迅速被氧化成 NO_2。

$$2NO + O_2 \rightarrow 2NO_2$$

实际上，NO 到 NO_2 的转化在燃烧室中有大量空气过量的区域已开始进行。在大功率状态时，燃烧室中形成的 NO_2 含量很小，但是在发动机慢车状态下，NO_2 的含量可占到总氮氧化物 NO_x（$NO + NO_2$）排放量的 50%。这是由于在低温条件下 NO_2 比 NO 更稳定。

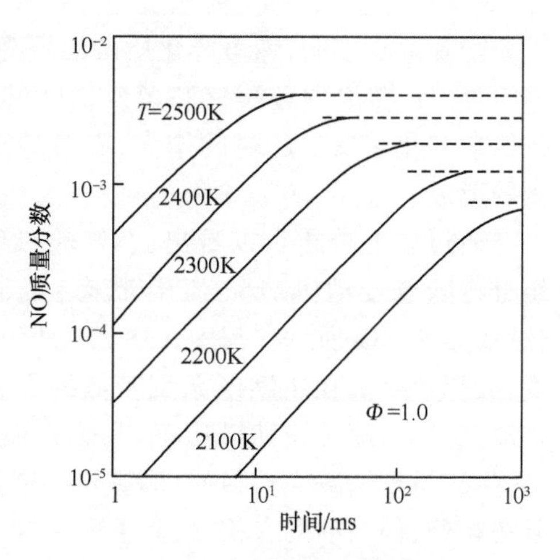

图 8-28　NO 生成量与温度和停留时间的关系

4）烟粒的生成

主燃区是碳烟的发源地，由于火焰筒头部喷嘴喷出的油雾尚未与旋流器的空气很好混合，形成局部富油区，此时旋流形成的回流区将高温的燃气带回到喷嘴的附近，在高温缺氧的条件下，燃油裂解生成碳粒。

冒烟生成的影响因素主要有燃烧室压力、燃料的种类、当量比以及燃油的雾化质量等。对于预混煤油/空气火焰，在压力低于 0.6MPa、当量比低于 1.3 下并没有出现碳烟。图 8-29 给出了不同压力下碳烟生成量与当量比的关系。从图中可以看出，当量比较小时，压力对冒烟的生成基本没有影响；当量比较大时，随着压力的增大，冒烟也急剧增大。原因是由于当压力增加时，油气混合物的可燃边界拓宽。这意味着燃烧发生得更早，而且更加靠近燃油喷嘴。该区域富油、温度高，因此压力的增加导致冒烟的生成增大。不同的燃料对冒烟的形成具有不同的作用，当氢含量增加时，冒烟排放的量减少。喷嘴雾化质量对冒烟形成也有重要的作用。离心式喷嘴如喷射时散播不广与穿透不深，形成燃油过分集中，容易冒黑浓烟。

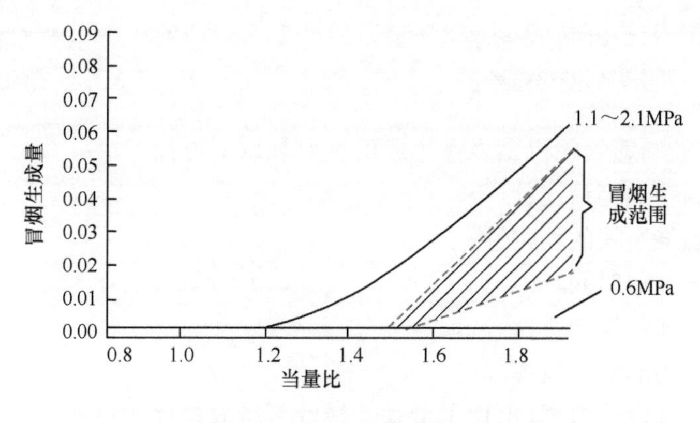

图 8-29　压力对冒烟生成的影响

图 8－30 表明，随着雾化质量的提高，喷雾的 *SMD* 减小，燃油颗粒雾化和蒸发的时间缩短，提供给参与化学反应的时间增大，有效地降低了冒烟的形成。

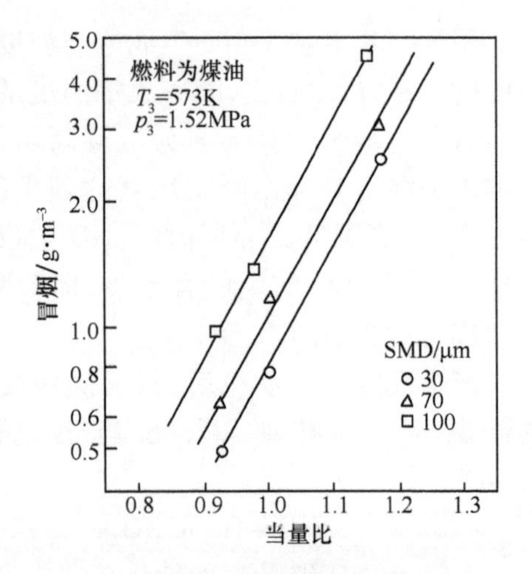

图 8－30 燃料雾化质量对冒烟的影响

通过以上分析可以看出，燃气轮机各种排气组分将随着发动机功率（工作状态）的变化而变化，如图 8－31 所示。其中，CO 和 UHC 生成量的变化趋势相似，在主燃区温度较低的低功率状态生成量最大，随着发动机功率（主燃区温度）的增大，生成量逐渐减小；而 NO_x 和碳烟生成量的变化趋势相似，但与前两者相反，其主要生成于主燃区温度较高的大功率状态，随着发动机功率的减小，生成量逐渐减小。图 8－32 为 CO 与 NO_x 生成量随主燃区温度的变化关系，从图中可看出，当燃烧室主燃区温度在图中 1700K $< T_{pz} <$ 1900K 的虚线窗口内，CO 和 NO_x 排放都低于规定的标准，此温度区间称为“低污染工作区”。因此，控制污染排放可以通过燃烧室结构和油气供应方式的改变，将燃烧室主燃区的温度控制在接近 1700K～1900K 的窗口内，以降低 4 种污染排放物的生成量。

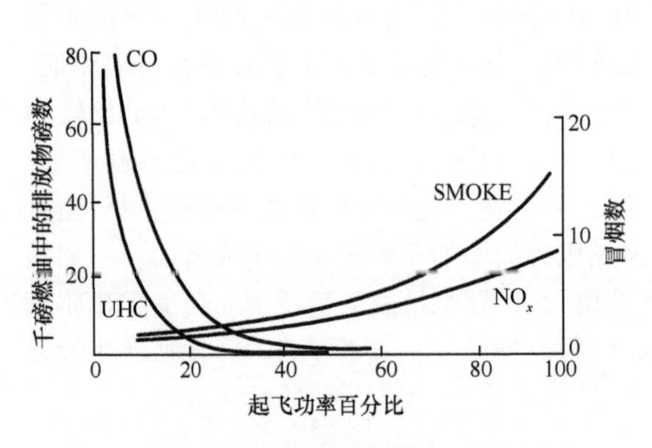

图 8－31 污染排放物生成量随发动机功率的变化趋势

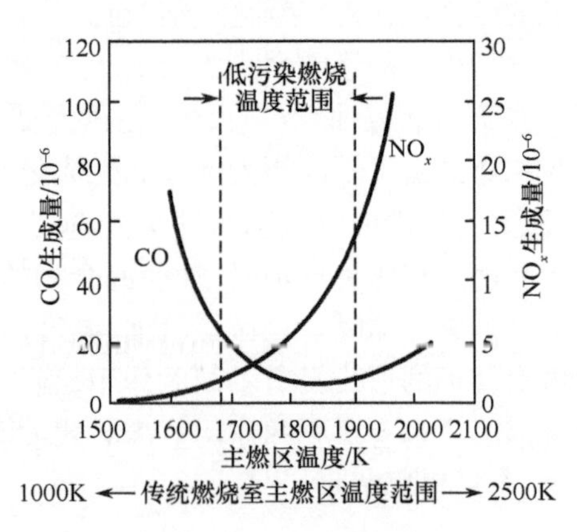

图 8－32 主燃区温度与 CO 及 NO_x 生成的关系

工程实际中，控制燃气轮机燃烧室排放可主要从以下方面考虑：

（1）主燃区温度和当量比；

（2）主燃区燃烧过程的均匀性；

（3）主燃区的驻留时间；

（4）火焰筒壁面的淬熄特性；

（5）中间区作用的恰当发挥。

基于以上机理和设计考虑，出现了型式多样的低排放燃烧室技术并不断发展改进，这将在后面章节中阐述。

习题

(1) 简述燃烧室主燃区空燃比对性能的影响。

(2) 燃烧室中为什么要设置中间区?

(3) 大多数燃烧室中具有哪些相似的空气动力特征?

(4) 扩压器的具体性能要求有哪些?

(5) 直壁扩压器扩张角范围是多少,扩张角太大或太小会产生哪些影响?

(6) 简述突扩扩压器的结构及工作原理。

(7) 试比较流线型扩压器和突扩扩压器的优缺点。

(8) 燃烧室中环腔的作用是什么?

(9) 燃烧室环腔中为什么要设置挡板和隔板?

(10) 火焰筒上的大尺寸孔有哪几种,各自的作用是什么?

(11) 解决火焰筒壁面冷却问题的方法有两种,各起什么作用?

(12) 火焰筒中最常用的气膜冷却结构有哪几种?

(13) 火焰筒中采用旋流器形成中心回流区的原理是什么?

(14) 常见的旋流器有哪些类型?

(15) 一般衡量旋流器所形成旋流流动强弱的参数是什么? 试写出其表达型式?

(16) 简要描述火焰筒头部工作情况。

(17) 航空燃气轮机燃烧室的性能要求有哪些?

(18) 什么是燃烧效率? 燃烧效率有哪几种定义方法? 目前国际上主要采用哪种方法?

(19) 试画出典型的燃烧效率曲线,并简要解释其变化趋势。

(20) 请画出典型燃烧室的稳定工作包线。

(21) 试画图说明燃烧室压力损失及燃烧温度对燃烧室稳定工作包线的影响。

(22) 用来表示燃烧室总压损失的参数有哪几种? 它们是如何定义的?

(23) 燃烧室出口温度分布系数 OTDF 和 RTDF 是如何表达的?

(24) 燃烧室和火焰筒的容热强度是如何定义的?

(25) 航空燃气轮机中,导致燃烧室中产生 CO 的原因有哪些?

(26) 工程实际中,控制燃气轮机燃烧室排放可主要从哪几方面考虑?

参考文献

[1] 彭泽琰,等. 航空燃气轮机原理[M]. 北京:国防工业出版社,2008.

[2] 黄勇,林宇震,樊未军. 燃烧与燃烧室[M]. 北京:北京航空航天大学出版社,2009.

[3] A H 勒菲沃,D R 鲍拉尔. 燃气涡轮发动机燃烧[M]. 刘永泉,等译. 北京:航空工业出版社,2016.

[4] 徐旭常,周力行. 燃烧技术手册[M]. 北京:化学工业出版社, 2008.

[5] 侯晓春,季鹤鸣,刘庆国,等. 高性能航空燃气轮机燃烧技术[M]. 北京: 国防工业出版社,2002.

[6] 林宇震,许全宏,刘高恩. 燃气轮机燃烧室[M]. 北京:国防工业出版社,2008.

[7] Mellor A. M. Design of modern turbine combustors[M]. Salt Lake City:Academic Press,1990.

[8] Lefebvre A. H. Gas Turbine Combustion[M]. Florida:CRC Press,1998.

[9] Rolls – Royce plc. The Jet Engine[M]. England: Rolls – Royce plc, 1986(4).
[10] Attingly Jack D., Heiser, William H, Pratt David T. Aircraft Engine Design [M]. California: American Institute of Aeronautics and Astronautics, 2002.

第9章　加力燃烧室

加力燃烧室是现代发动机的一个重要部件。它不仅普遍应用于歼击机、战斗机上，而且有在其他高速机种上逐渐推广采用之势。它的优越性将会超过它存在的某些缺点，这里对于加力燃烧室作简要介绍。

9.1　加力燃烧室功用

对于战斗机而言，要求发动机在短时间内提供最大推力，以满足起飞、爬升、加速、追击等工作要求，增强飞行机动性，因此提出了“加力”的概念。发动机加力的方法有多种，但广泛应用的是复燃加力燃烧室（如图9-1所示）。在这种概念中，加力燃烧室位于涡轮和尾喷口之间，由于空气经主燃烧室燃烧后还有大量剩余氧气（约占总量的2/3～3/4）未被利用（对涡轮风扇发动机来说，外涵道流过来的空气是纯新鲜空气），于是可以在涡轮后再喷油燃烧释放热量，显著提高燃气的温度和排气速度，从而提高发动机的单位推力和总推力。

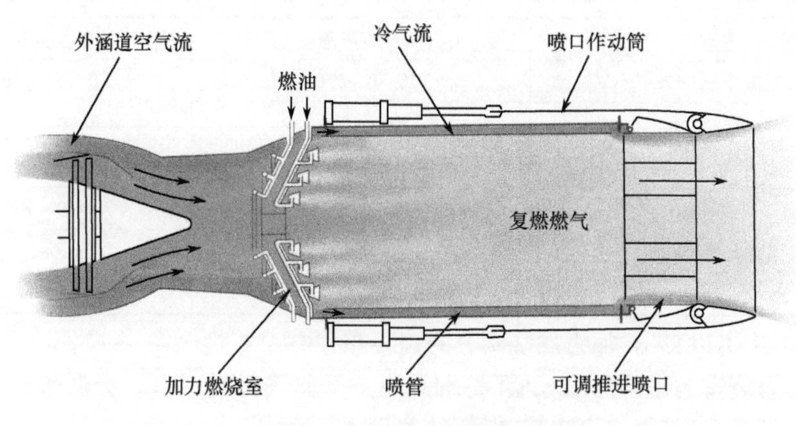

图9-1　加力燃烧室结构简图

对于大部分涡喷发动机，启动加力燃烧室后，总推力较原有最大状态推力可增加约50%，在高速或超音速飞行时增加更多，可达100%以上；对于涡扇发动机可增加推力70%以上，超音速飞行时可达150%以上。例如，美国F-15飞机上用的F-100发动机，其加力燃烧室内温度达2000K，启动后推力提高了70%。

然而，加力燃烧室发动机的经济性并不好，这是由于涡轮后的气流条件使得加力燃烧室中燃烧效率降低，仅为90%左右。此外，加力燃烧室工作时压力比p_5^*/p_0较主燃烧室工作时的压力比p_3^*/p_0低很多，因此它的热效率也低得多。所以当加力燃烧室工作时，整台发动机的热循环效率就降低了，从而使发动机的单位耗油率显著上升（增加2～3倍），经济性变差，使得一部分热能不能作功，白白排入大气而浪费了。因此，一般来说，加力燃烧室只在军机上用于起飞、爬升和战斗中急剧加速等短时间工作状态；然而，有些超音速飞机也在巡航状态下长时间开动加力。表9－1是典型的现役发动机的加力参数（其中耗油率单位为：kg/daN·h）。

表9－1 典型的现役发动机加力参数

参 数	F100－PW100	F100－GE100	E404－GE400	RB199	AL－31Φ
加力推力/kN	105.86	122.68	71.71	75.27	122.5
加力耗油率/(kg/daN·h)	1.036	2.05	1.86	2.25	1.99
不加力推力/kN	65.38	74.06	47.07	42.95	77.1
不加力耗油率/(kg/daN·h)	0.694	0.785	0.826	0.65	0.78
加力比	1.62	1.656	1.523	1.764	1.588
推重比	7.7	7.2	7.388	7.38	7.12
装备飞机型号	F15C、F16	F15E、F16C	F/A18	狂风	Su－27

9.2 加力燃烧室工作特点与性能要求

与主燃烧室不同，加力燃烧室位于涡轮出口下游，因此二者的工作条件存在很大差别。表9－2是加力燃烧室与主燃烧室工作参数的比较。

表9－2 涡喷加力燃烧室与主燃烧室工作参数比较（地面台架数据）

工作参数	主燃烧室	加力燃烧室
进口气流总压/MPa	0.80～3.0	0.10～0.40
进口气流总温/K	500～800	1000～1200
扩压段进口速度/($m \cdot s^{-1}$)	120～180	350～450
燃烧段进口速度/($m \cdot s^{-1}$)	30～60	120～180
气流含氧量/%	21	12～17
油气比范围	0.002～0.030	0.002～0.070

从表9－2中可以看出，加力燃烧室具有以下工作特点：

（1）加力燃烧室的进口总压较低（特别是高空低速飞行时），有时会低于0.1MPa，这将导致着火条件变坏，难以稳定火焰，燃烧效率显著下降。

（2）加力燃烧室进口气流速度高，流速高达350～450m/s，如何在低损失的前提下稳定火焰是一个重要问题。

（3）进入加力燃烧室的气流是已燃烧过的燃气流，含氧量较低，比纯空气减少约1/3～1/4（具体数值取决于主燃烧室的油气比），而惰性成分增加，这对点火、火焰稳定和燃烧效率都是非常不利的。

（4）加力燃烧室进口的气流温度很高，达到1000K～1200K，这对点火和燃烧是有利的。但喷入燃料燃烧后，燃气温度进一步提高，远高于燃烧室材料所能承受的温度，因此加力燃烧室需要精心冷却。

（5）加力燃烧室后只有可调喷口，已没有其他转动的部件（如涡轮叶片），温度无须过多限制，因此它的过量空气系数 $\alpha_{\phi}=1.5\sim2.0$ 左右($f=0.03$)或可更小些。在当前材料及冷却技术不断提高条件下，加力燃烧室出口总温 T_6^* 可达2100K 以上。

(6) 加力燃烧室工作状态变化小，一般不在巡航和慢车状态下工作，它仅在发动机最大状态或额定状态下为补充推力之不足时才开动，因此它的工作状态变化并不太悬殊，不会出现过渡状态下的极度贫油或富油现象。

对加力燃烧室的性能要求类似于对主燃烧室的要求，但由于其工作条件上的特点，亦有其特殊要求。

根据加力燃烧室的工作特点，设计时除了与主燃烧室有共同要求外，还有以下特殊要求：

(1) 减小流动阻力。由于加力燃烧室流速大，且巡航时供油、点火及稳定器部件不工作，这将会产生无效阻力损失。因此，在保证稳定燃烧的前提下，降低加力燃烧室各部件的流阻系数是需要解决的关键问题。

(2) 加力燃烧室气流速度高，燃油停留时间短，而且压力低，因此燃烧效率低。如何提高燃烧效率及降低耗油率是设计加力燃烧室面临的重要课题。

(3) 防止振荡燃烧。由于加力燃烧室一般呈长的圆筒形，且不像主燃烧室那样有火焰筒（特别是火焰筒壁面开有许多气孔，可起到减振作用)，因此，比较容易发生振荡燃烧。而剧烈的振荡燃烧会给整个发动机带来灾难，采取适当的措施，减少或消除振荡燃烧，也是加力燃烧室研究的主要课题之一。

(4) 出口温度场尽可能均匀，以减少推力损失。

(5) 点火和燃烧稳定性好，特别是在低压高速下的迅速点火和提高点火高度、火焰稳定，亦是加力燃烧室研究的重要课题之一。

9.3 加力燃烧室部件组成

加力燃烧室由混合/扩压器、供油装置、点火器、火焰稳定器、防振隔热屏和加力燃烧室筒体等部件组成。图9-2为典型加力燃烧室结构示意图。

9.3.1 混合/扩压器

加力燃烧室的扩压器是由中心鼓筒和外壳构成，其面积扩压比一般在2左右，其目的是将高速气流减速，并使压力有所提高，这将有利于组织燃烧及降低流动损失。中心鼓筒由若干个整流支板支承，支板有一定的偏斜度，以扭正涡轮排气的旋转流动，有利于使稳定器截面处的流场均匀。加力燃烧室扩压器一般做成大扩张比和小扩张角，这有利于减小压力损失，但这要受直径和长度的限制。为了减小可能产生的气流分离，扩张角一般不宜太大，为了简化加工工艺，中心鼓筒或外壳常做成直线截锥形，也有做成特型曲面的。

对于涡扇发动机加力燃烧室，通常采用混合/扩压器(混合器)将内外涵两股压力、温度、速度不同的气流在进入加力燃烧室之前进行混合，其作用是：使内外涵气流混合，使气流减速扩压，并改善加力燃烧室进口流场，从而利于燃烧过程的组织。此外，混合/扩压器还有降低噪声，减少红外辐射等功能，因此在加力燃烧室广泛使用。加力燃烧室混合器在结构上主要有三种形式：环形混合器、漏斗混合器和波瓣混合器，这里不作详细介绍。

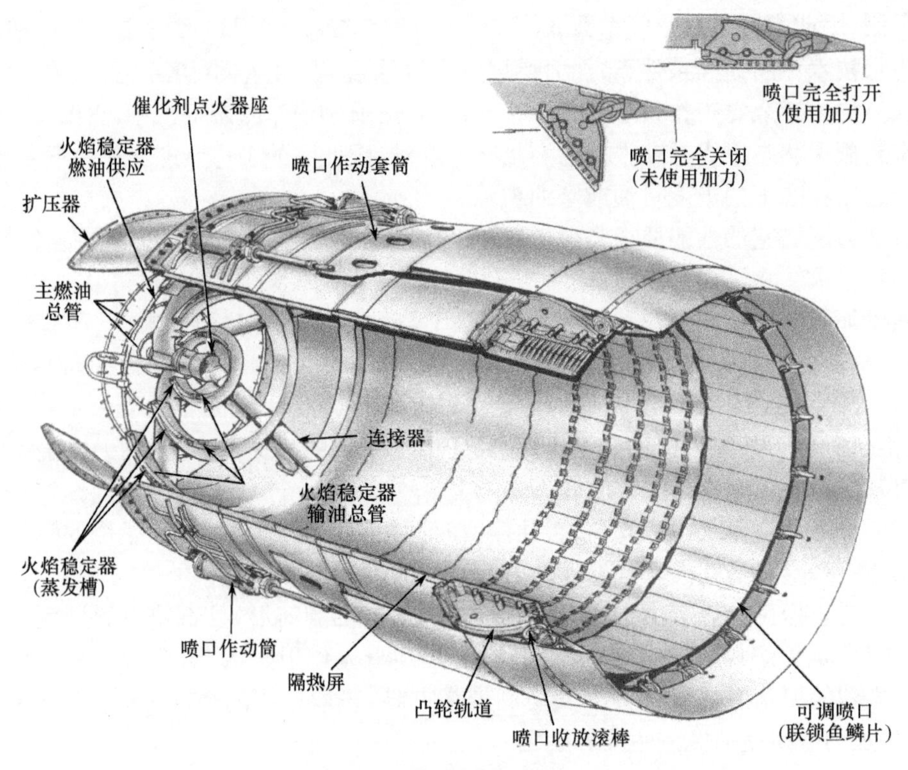

图 9－2　典型加力燃烧室结构示意图

9.3.2　火焰稳定器

加力燃烧室经扩压器扩压后的气流速度达到 120～180m/s(对应 Ma 数约 0.2),在如此高速的气流条件下仍能实现稳定燃烧是一个十分关键的问题。因此必须采用专门的火焰稳定器,以满足火焰稳定及流动阻力小(特别是冷态流动阻力)的要求。

火焰稳定器是加力燃烧室的关键部件之一。加力燃烧室对火焰稳定器的基本要求是:

(1) 在规定的飞行包线内能保证加力燃烧室稳定燃烧;

(2) 流阻小,火焰稳定器的总压恢复系数不低于 0.97～0.98。

衡量火焰稳定器的流动阻塞特性的常用参数为堵塞比。火焰稳定器堵塞比的定义为:火焰稳定器的迎风面积与加力燃烧室的横截面积之比。回流区的大小与堵塞比有直接关系:当堵塞比较小时,回流区过小,火焰不易稳定;当堵塞比逐渐增大时,回流区也随之增大,稳定火焰的作用明显加强。但若堵塞比过大,则流通截面积减小,流过稳定器边缘的气流速度加大。这不仅增大了阻力损失,而且容易把火焰吹走,对稳定火焰不利。因此,堵塞比存在最佳范围,在设计时应该综合火焰稳定效果、燃烧效率和总压损失三个方面的要求。目前,国内外各机种加力燃烧室火焰稳定器的阻塞比大多在 0.30～0.45 之间。

加力燃烧室最常用的火焰稳定器是 V 形槽火焰稳定器,其他还有蒸发式火焰稳定器、沙丘驻涡稳定器等。火焰稳定器的布局方案有三种:环形布局、径向布局、环形与径向组合布局。

1）V形槽火焰稳定器

V形槽是一种V形钝体结构，但是，当其头部采用小圆角半径和张角为25°～30°的结构时，其流体阻力接近于流线型，故获得了普遍应用。有的发动机上的V形槽火焰稳定器，其后缘还设计成带有波纹的裙边，这种结构既增加了火焰锋面，也解决了稳定器后缘的热膨胀问题。常规V形槽火焰稳定器的阻力系数并不高，但是它在流动马赫数较高的扩压器中工作时，总压损失就会变得很大。即使设计良好的V形槽火焰稳定器，其总压损失仍可达1.5%～2%。V形槽火焰稳定器的另一个缺点是其稳定工作范围窄，值班火焰稳定器的稳定工作范围扩大了很多，但其总压损失与常规V形槽火焰稳定器相当。加力燃烧室中V形槽火焰稳定器附近的流动结构如图9－3所示。

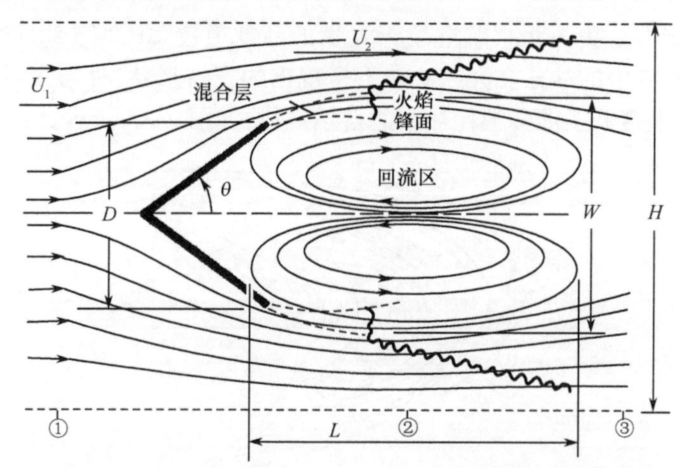

图9－3　加力燃烧室的V形槽火焰稳定器附近的流动结构

①为火焰稳定器前来流区域；②为回流区区域；③为回流区结束后流动恢复区；

U_1 为火焰稳定器前来流速度；U_2 为气流流经火焰稳定器后外侧主流速度；D 为火焰稳定器宽度；

θ 为火焰稳定器半角；L 为回流区长度；W 为回流区宽度；H 为通道高度。

2）蒸发式火焰稳定器

图9－4为斯贝发动机加力燃烧室中的蒸发式火焰稳定器。燃油流经位于燃气之中的蛇形管预热之后喷向溅油板（这部分燃油称为附加燃油），与进入蒸发管的小股空气掺混形成富油混气，从环形稳定器底部喷出。同时，从稳定器顶部均匀分布的长方形小孔进入稳定器内部的少量空气与蒸发管喷出的富油空气掺混，在稳定器内形成内回流区。由于这个回流区受到V形槽火焰稳定器的保护，因此基本上不受外部主流流动的干扰，并可单独控制附加燃油。无论附加燃油在贫油范围内如何变化，都能保证稳定器内的点火及燃烧，并保证点燃稳定器外的回流区。因此，这种稳定器起着值班火焰的作用，极大地扩展了加力燃烧室的点火和稳定燃烧的范围，特别是在来流温度低、流速高时，其优越性十分突出。蒸发式稳定器贫油点火油气比可小到0.003，而常规V形槽火焰稳定器则要大于0.025，扩大了贫油点火范围几乎近十倍。此外，蒸发式稳定器还可以在很小的加力比下实现软点火（软点火的概念是缓慢增加加力比，避免突然加力引起风扇或压气机喘振，涡扇发动机对此要求特别严格），例如斯贝发动机的加力比可在1.06～1.68间进行无级调节。F100、RB199、EJ200、M88、AJI－31Φ等涡扇发动机也都采用了蒸发式火焰稳定器。

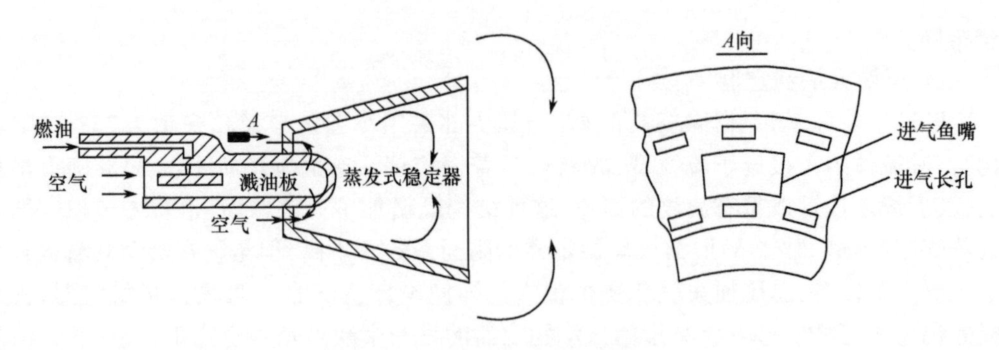

图 9-4　蒸发式火焰稳定器

3）沙丘火焰稳定器

沙丘火焰稳定器是我国北京航空航天大学的高歌教授 20 世纪 80 年代初的研究成果。它采用了自然界中的沙丘在大风吹袭下呈现出的奇特形状,外形大致如新月且很稳定,沙丘外形实际上遵循了能量消耗最小的自然规律,如图 9-5 所示。

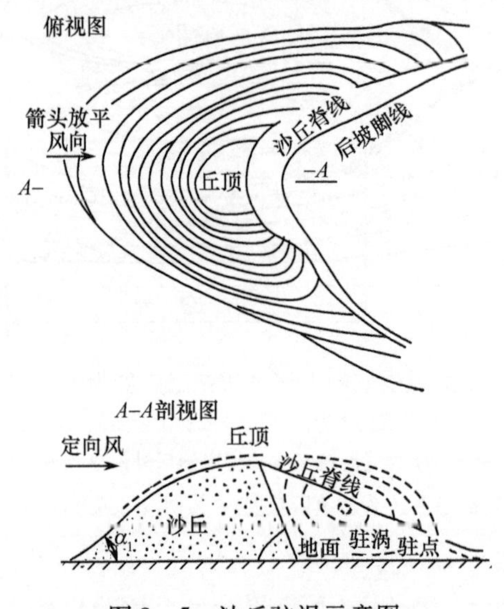

图 9-5　沙丘驻涡示意图

理论和试验研究表明:新月形沙丘(BD)火焰稳定器具有顽强的抗干扰性能。与同样堵塞比的 V 形槽火焰稳定器相比,它的阻力下降 75% ~80%,贫油稳定性得到大幅度扩展,点火性能也得到改善,可点燃风速比 V 形槽火焰稳定器高出 40% 左右,而且燃烧效率也得到提高,在低温和低压下仍能保持其原有的性能。

沙丘火焰稳定器主要是利用良好的自然气流结构,既保证了良好的热量和质量交换,又减弱了 V 形槽火焰稳定器尾缘漩涡的周期性脱落,增强了稳定火焰的能力,延长了可燃微团的停留时间,并在一定程度上防止了由于漩涡周期性脱落带来的振荡燃烧的激振因素。沙丘火焰稳定器已在我国的涡喷 6 和涡喷 7 等发动机上得到应用,使这些发动机的加力和非加力性能都有相当改进。

4）气动火焰稳定器

气动火焰稳定器采用较高压力的气体射入主气流形成回流区。图 9-6 示出了侧喷和逆喷的两种形式。而侧喷时，喷射角可以不同，喷口形状有扁平及侧面多孔等形式，气动火焰稳定装置有以下优点：

（1）是一种可调火焰稳定方式。改变射流气量或压力可调节回流区大小和强弱，改变喷射气体成分（如添加燃料或氧气），可达到改善回流区功能的目的。

（2）在非加力工作状态时，可减少阻力损失。

这种稳定方式的最大缺点是供气及调节系统复杂，而且喷射气体来自压气机，将影响核心机的性能，这也是它至今尚未广泛应用的原因。

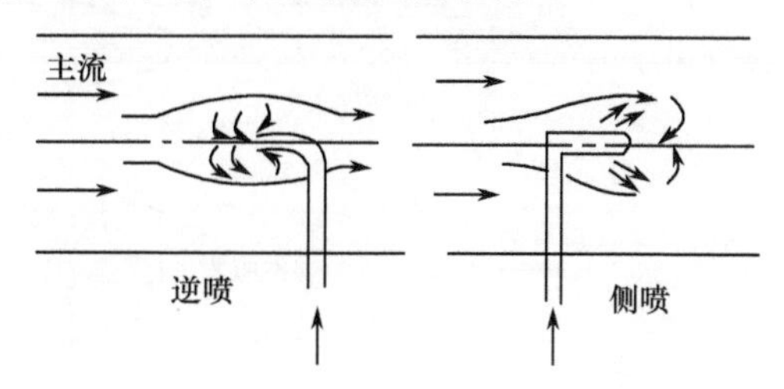

图9-6　气动火焰稳定器的回流示意图

5）值班火焰稳定器

对一台工作空燃比变化范围高达10倍的涡扇加力来说，为了在宽广的范围内工作，通常都采用分区供油技术，通常需要分成三区、五区或六区，甚至更多。即使如此，其最小工作油气比也难以与软点火所要求的油气比相当。这是因为常规的V形槽火焰稳定器其工作油气比范围很窄，在高空低压情况下，最大最小空燃比之比仅为2，特别是其贫油稳定工作特性很差。因此要扩大其贫油工作边界，使其能在加力油气比很小条件下成功点燃，最好的办法就是采用值班火焰稳定器。

所谓值班火焰稳定器实际上可粗略地看作是尺寸很小的环形燃烧室，与常规V形槽火焰稳定器相比，其头部引进了空气，并在V形槽背后的回流区中进行局部供油。它的特点是贫油工作边界很宽，在常压条件下，空燃比约等于150，低压条件下空燃比约为120～135。可以在很小的加力油气比（$f=0.002 \sim 0.003$）下点燃，并且一旦点火成功即长明不熄，故又称长明灯。图9-7中介绍了几种国外研制的值班火焰稳定器，这些值班火焰稳定器都可用作软点火的部件。

9.3.3　供油装置

燃油喷嘴的作用是向加力燃烧室中喷射雾化燃油，并与气流形成有利于组织燃烧的浓度场。为了便于在整个加力燃烧室中实现燃油的均匀分配，大多数加力燃烧室中使用了直射式喷嘴，即在喷油环和喷油杆上钻许多小孔（直径一般在0.4～1.0mm范围内），其数量可达上百个，这样可以保证燃油分布均匀。相对于来流方向，直射式喷嘴可分为顺喷、逆喷和侧喷等多种方式，如图9-8所示。直射式喷嘴结构简单、加工方便，易于实现供油与火焰稳定器的匹配及分区供油，因此使用最多。此外，有的加力燃烧室中也采用了离心式喷嘴，其优点是雾化粒度小，燃油易于蒸发，但由于离心喷嘴头部较大，在加力燃烧室不工作时迎风阻力过大，而且燃油分布也不均匀，因此较少采用。

加力喷嘴多置于扩压段通道中，这里湍流度大，有利于燃油蒸发和掺混。一般掺混段

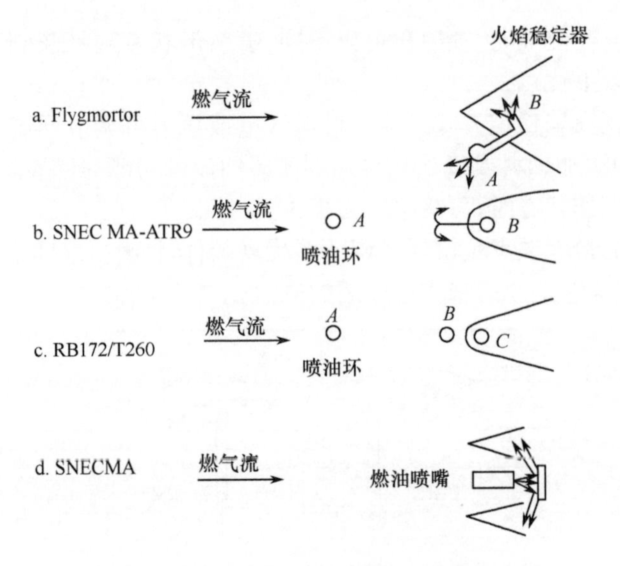

注:图中 A、B、C 为所采用的燃油喷射方式及其空间布局

图 9-7　值班火焰稳定器类型

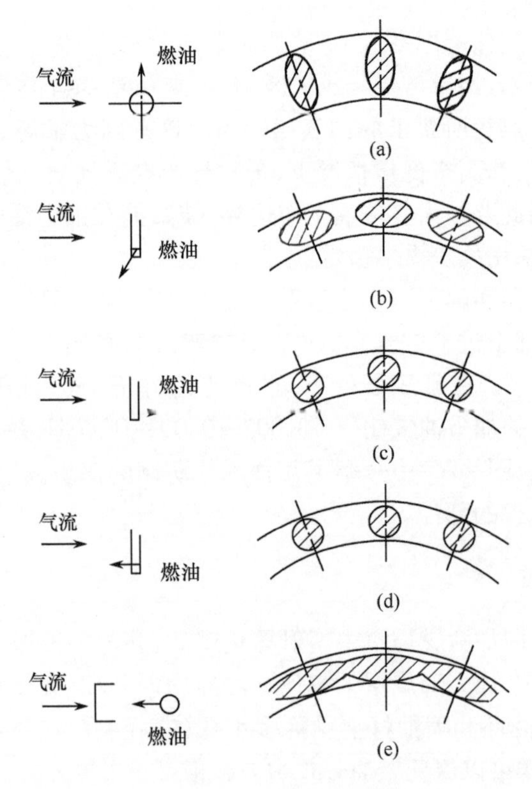

图 9-8　直射式喷嘴的布置方式

(a)喷油环径向侧喷;(b)喷油杆周向侧喷;(c)喷油杆顺喷;(d)喷油杆逆喷;(e)喷油环挡板。

(喷嘴至稳定器距离)较长,约 150~400mm,基本上可使加力燃烧室浓度分布达到合适程度。但涡扇发动机加力燃烧室由于进口温度过低,对燃油雾化蒸发不利,因此,一些燃油会喷在稳定器壁面上形成油膜,靠燃烧后稳定器上的热量把油膜蒸发,在稳定器后形成接近化学恰当比的混气进行燃烧。这实际上是一种两相燃烧,其火焰稳定边界要比均匀混气更宽一些。

通常,加力燃烧室从小加力状态到全加力状态(即发动机最大推力状态),供油量变化高达 8~10 倍。如果单纯采用油压控制的方法,相应的供油压力变化则高达 64~100 倍,这对航空发动机供油系统是很难实现的。因此,为了实现加力比的调节,燃油流量除了采用油压控制方法外,有些加力燃烧室中也采用了分区供油的方法进行调节,这种方法在涡扇发动机加力燃烧室中较多采用。

9.3.4 点火装置

加力燃烧室点火过程和主燃烧室相似,也是利用外加点火源先将局部混气点燃,然后火焰再传播扩展到整个燃烧室空间。加力燃烧室点火,有利的方面是气流温度高;但是气流速度大、压力低、含氧量少,这些因素也将造成点火困难。除了在起飞及爬升时启动加力外,在高空战斗等紧急状况下启动加力更为重要,因此要求加力点火迅速可靠,点火范围宽广。

目前使用的加力燃烧室点火方式主要有预燃室点火、热射流点火、催化点火和电嘴直接点火等四种。下面对于这四种方式进行简要介绍。

1)预燃室点火

如图 9-9 所示,预燃室本身就是一个小型燃烧室,一般涡轮喷气发动机将其置于鼓筒的中心部位(图 9-9(a)),涡扇发动机则置于旁路(图 9-9(b))。其工作原理是:从预燃室头部引入一股预先掺混好的混气,然后采用电火花将其点燃,从预燃室喷出一股热量较大的火舌,再点燃加力燃烧室。预燃室中混气速度较低,尽量使这股混气处于最有利的点火和稳定燃烧范围内,必要时可进行补氧。预燃室虽然点火可靠,但需要增加一套系统,结构复杂,体积、质量大。

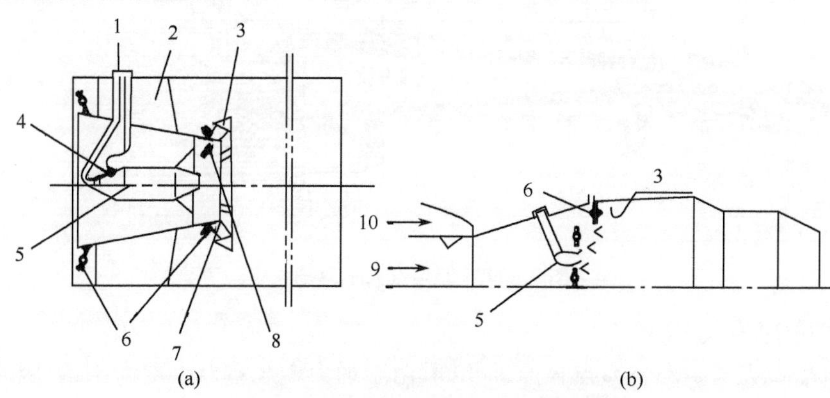

图 9-9 加力燃烧室的预燃室示意图

(a)中心预燃室;(b)一种涡扇发动机的旁路预燃室。

1—油气混气;2—整流支板;3—火焰稳定器;4—点火电嘴;5—预燃室;6—工作喷嘴;7—传焰槽;8—扩大火炬的喷嘴;9—涡轮后燃气流;10—外涵空气流。

2)热射流点火

如图 9-10 所示,在加力供油的同时,在主燃室中部适当位置定量挤入一股燃油。这股燃油被高温热燃气点燃成为一股强有力的两相燃烧的火舌。这股火舌穿过涡轮,在涡轮后再喷一股燃油接力,于是这股强大的瞬时火焰就能把加力燃烧室点燃。这种点火方式结构简单、工作可靠，能获得良好的高空点火性能，而且由于瞬时穿过涡轮，亦不致将涡轮叶片烧坏，因此已得到一定程度的推广应用，例如 AJI－31Φ 发动机加力燃烧室就采用这种点火方式。

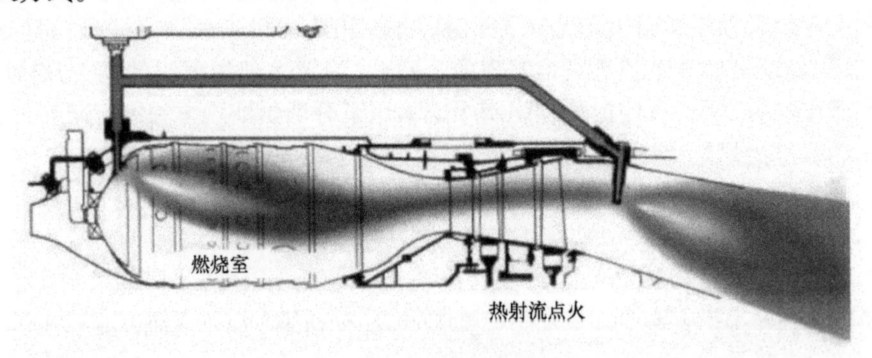

图 9－10　热射流点火示意图

3）催化点火

催化点火方式中（图 9－11），400℃～500℃的涡轮后高温燃气流过一个文氏管，并在文氏管喉部喷注燃油，经扩张段掺混后穿过由铂—铑丝编织的网（有 2～3 层），由于铂—铑丝表面在吸附燃油后产生电离现象，铂—铑产生催化作用，可燃气体会自发点火，于是形成的火舌从点火器喷出，将加力燃烧室点燃。这种点火方法简单，效果也好，只是在使用较久后，铂—铑丝表面被油垢污染覆盖，混气被阻隔，将影响可靠性。目前仅在英国斯贝军用涡扇发动机加力燃烧室中应用。

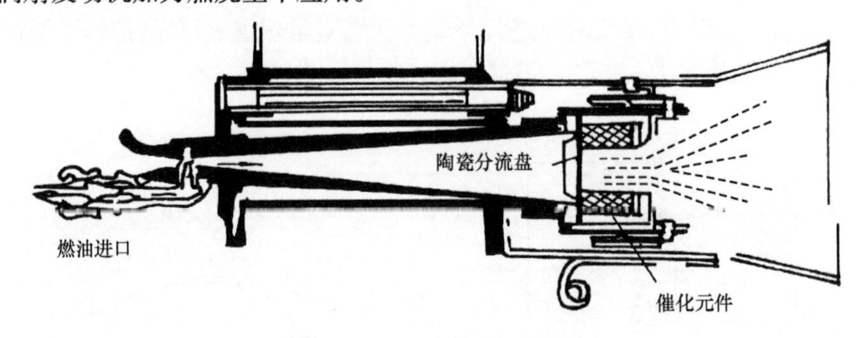

图 9－11　催化点火示意图

4）高能电嘴点火

高能电嘴点火与主燃烧室点火原理相同，由于加力燃烧室点火更为困难，因此需要更大的火花放电能量，有时对称放两只电嘴，以提高可靠性。电嘴本身需要冷却空气保护，目前已应用到一些航空发动机上，未来可能会获得更为广泛的应用。

上述这几种加力点火方法中，高能电嘴点火器和热射流点火器是应用最广的两种。其他还有供研究用的等离子点火器和光化学点火器。

9.3.5　防振/隔热屏

加力燃烧室的温度已接近 2200K，早已超过了金属材料的耐热极限，因此加力燃烧室筒体过热是一个关键技术问题，解决这一问题的常见方法是采用所谓的防振隔热屏。防振隔热屏实际上起到两个重要作用:其一,在其前段起到防振作用,通过隔热屏形状及结构设计,起到抑制振荡燃烧作用,防止加力燃烧室因振荡燃烧而无法正常工作;其二,在其后段起到隔热作用,隔离燃烧室高温气流与燃烧室筒体间的热传递。

防振隔热屏结构上有两种基本形式:一是沿周向呈波纹状而沿轴向直径不变,其断面波形又分全波和半波两种;二是沿轴向呈波纹状而沿周向直径不变。前段防振屏按声学消音设计要求开出各种不同孔径的圆孔,后段冷却衬套有多种冷却方式,有的冷却衬套还采用了隔热涂层或称热障涂层(TBC)。

9.4 涡扇加力燃烧室特点

9.4.1 涡喷加力与涡扇加力比较

涡喷和涡扇发动机都可以加装加力燃烧室,分别称为涡喷加力燃烧室和涡扇加力燃烧室。在涡轮之后,单流路的涡喷加力与双流路的涡扇加力是不同的。对于涡喷发动机,加力燃烧是在燃烧过的高温燃气中组织燃烧的。然而,双流路的涡扇加力按进气方式的不同可以分为四种:外涵加力、核心流加力、分流加力、混合流加力,这四种加力方式参见表9-3。其中,外涵加力相当于主燃烧室,核心流加力相当于涡喷加力,分流加力又称平

表9-3 涡扇加力燃烧室形式

形式			发动机名称/厂家/使用飞机
涡轮风扇发动机加力燃烧室	外涵加力	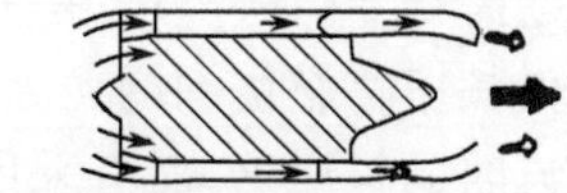	JTF-17/P&W/ 飞马/RR/鹞式
	核心流加力	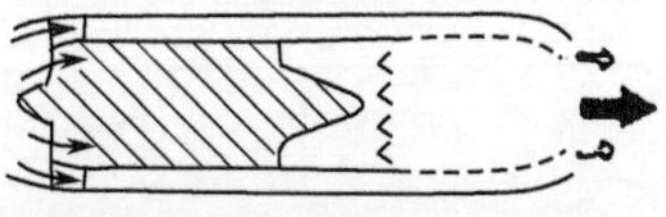	PW1120/P&W/"狮式"
	分流加力	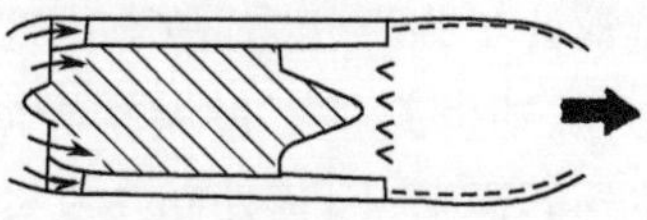	EJ200/英德意西/EF2000
	混合流加力	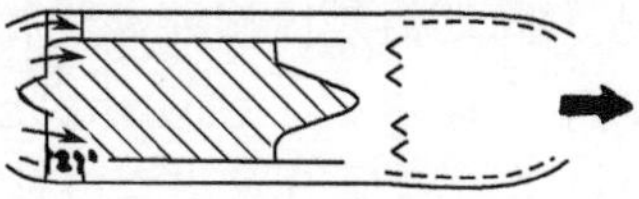	TF30/P&W/F-111F 阿杜尔/RR. 透博梅卡/美洲豹虎 F100/P&W/F-15,F-16 F401/P&W/F-14B M53/斯奈克玛/幻影 F1 F404/GE/F-18 RM8B/沃尔伏/雷式 JA-37 TFE1042/加雷特·沃尔伏/ F110/GE/F-14,F-16 PW1128/P&W/F-14s, F-15s,F-16s M88/斯奈克玛/阵风

行加力，是前述两者的叠加，这三种加力较少应用。目前普遍采用的是混合流加力，通常所说的涡扇加力就是指的这种混合流加力，这种加力方式是在外涵新鲜空气和流过涡轮的已燃气的混合气中组织燃烧的。表9－4给出了涡喷和涡扇加力台架状态进口参数和工作条件的比较。

表9－4 涡喷和涡扇加力台架状态进口参数和工作条件的比较

参数或条件＼类型	涡喷加力	涡扇加力	备注
扩压器进口 Ma 数	0.5～0.6	0.45～0.55	
最大截面处速度系数	0.21～0.34	0.20～0.23	
进口总温/℃	600～850	600～800 (60～200)	
加力比	1.5	1.75	RB199 最高达2.0
总工作油气比范围	0.02～0.067	0.002～0.067	
加温比	<2.3	3.2	
气流的含氧量/%	14	17	
进气流道	单涵	双涵	
进口条件	有节流	无节流	

涡扇加力由于是双涵进气，带来了以下问题：一是外涵无节流，没有临界截面，因此点火和启动不同于涡喷加力，压力扰动问题需要专门解决；二是外涵气流温度低，因此在低温环境中组织燃烧需要重点解决；三是低频振荡燃烧问题尤为突出。二者在结构上主要区别是进气部分不同，前者采用的是单流路的扩压器，后者采用的是双流路的混合/扩压器，其他部件基本相同。

9.4.2 硬点火与软点火

涡喷发动机加力点火时，涡轮通常处于临界状态，故点火对涡轮及其前面的零件没有影响，即使加力燃烧室里放炮，其压力脉动也逾越不过涡轮导向器，所以加力点火无所谓强弱和软硬。然而，涡扇发动机存在外涵通道，因其外涵在发动机全部工作状态下始终处于亚音速流动，所以当涡扇发动机加力燃烧室接通、切断加力或改变加力比时，所产生的任何压力脉动都可能从外涵道逆流向前传到风扇，并影响压气机，较大的压力脉动会激起风扇和压气机的失速、喘振、甚至造成全机振动，危及发动机安全。

根据以上分析，要解决涡扇加力燃烧室的点火和起动问题，首先要找到一个衡量尺度，这就是点火时的压力脉动值，此压力脉动值是风扇能承受得了的。然后以此作为衡量尺度，在此值以上为硬点火，在此值以下为软点火。在设计涡扇发动机加力燃烧室时，都要求在很小的点火油气比($f_{AB}\leqslant 0.003$)下点燃加力燃烧室以使得产生的压力突升小于该尺度，这称为加力燃烧室的“软点火”。此外，从以上分析可以看出，加力供油分区转换和切断加力时亦应确保不产生大的压力脉动。

为了实现涡扇发动机加力燃烧室的“软点火”，只用普通V形槽火焰稳定器是十分困难的。所以，往往需要设计各种类型的值班火焰稳定器，如英国斯贝发动机采用蒸发式火焰稳定器，而美国 F100 发动机则采用直射式的值班火焰稳定器。这些值班火焰稳定器具有宽广的点火范围和稳定燃烧范围，特别是贫油点火极限较宽，从而具有可靠的“软点火”性能。

9.5 加力燃烧室性能

9.5.1 加温比和加力比

加温比是加力燃烧室出口平均温度与进口平均温度之比，记为 θ，即

$$\theta=\frac{T_6^*}{T_5^*} \tag{9-1}$$

加力比是指主机状态相同（涡轮前温度相同）时，开加力后的发动机推力 F_{ab} 与不开加力时的推力 F 之比，它是加力燃烧的重要性能指标，记为 φ。即

$$\varphi=\frac{F_{ab}}{F} \tag{9-2}$$

如果不考虑加力时的压力损失，根据推力公式，并取喷口状态为临界时，则可以导出加力比：

$$\varphi=\frac{F_{ab}}{F}=\frac{\dot{m}_a v'}{\dot{m}_a v}=\frac{v'}{v}=\frac{Ma'\sqrt{kRT_6^*}}{Ma\sqrt{kRT_5^*}}\approx\sqrt{\theta} \tag{9-3}$$

式中 v' 为加力后喷管出口截面的平均气流速度，v 为加力前喷管出口截面的平均气流速度。可以看出，加力比等于加力前后喷管出口两个排气速度比，并近似与加温比的平方根成正比。

可以看出，当发动机转速一定时，其推力完全取决于排气温度，加力温度越高，则推力越大。因此，发动机设计中要追求高的推重比，首先追求的就是加力温度。随着发动机技术水平的提高，加力温度已经从 20 世纪 50 年代 1430 ~ 1600K 的水平显著提高，现役及在研发动机的最高加力温度在 2050 ~ 2100K 的水平，英国 RR 公司在发动机机匣允许条件下试验中曾达到过 2150K。然而通过理论计算可知，煤油的最高燃烧温度可达 2230 ~ 2250K，因此目前加力燃烧室燃烧温度要比计算值低，主要原因如下：

(1) 加力燃烧室中需要 7% ~8% 的空气量进行壁面冷却，这将限制加力燃烧室内总油气比的提高；

(2) 加力燃烧室内压力低、进入的燃气流中氧气含量低、较大空间范围内难以实现油气均匀混合，导致燃烧效率低；

(3) 当燃气温度超过 1800K 以后，热离解加剧，导致燃烧效率降低。

要继续提高加力温度，目前主要考虑的两种解决方案：一是取消冷却；二是在加力燃烧室中喷注氧化剂。前者有可能达到 2150K 或再高一点；后者如喷入足够的氧化剂，有可能达到 3000K 的量级。

为了保持发动机的主要工作参数（n，T_4^*，p_4^* 等）不变，在开动加力时，必须同时扩大尾喷口面积。在不考虑加力时的压力损失的情况下，根据流量公式，可以推出加力与未加力时的面积比：

$$\varphi = \frac{F_{ab}}{F} = \frac{A_{ab}}{A} \approx \sqrt{\theta} \tag{9-4}$$

上式表明，加力面积比直接与加温比的平方根成正比。加力面积比由自动调节系统控制，一般尾喷口用鱼鳞片式结构来完成。

加力比还与燃烧前（稳定器前）的流动马赫数密切相关，如图9－12所示。对于加力比很大的涡扇加力而言，应选用较低的流动马赫数，否则即使喷入了油量，推力也未必会增加或增加甚微，因为这时热阻增大了，这一点可以从热阻与加温比的关系看出来。选用较低的流动马赫数，应体现在扩压器或混合/扩压器的设计中，这也是设计的制约因素之一。

此外，加力比还与飞行马赫数直接相关。当飞行 Ma 数增加时，加力比迅速增大，尤其是超声速飞行时，如图9－13所示。例如，在 $H \geqslant 11\text{km}$ 同温层中，如果台架状态加力比为1.5，则当飞行 Ma 数为2.5时，加力比约为2.5，即增加到1.67倍。这是因为加力式涡喷发动机具有冲压发动机高速飞行时的飞行特性。因此，为了进一步利用和扩大这种效应，有的发动机在超声速飞行时，专门采取了放大喷口的调节措施。

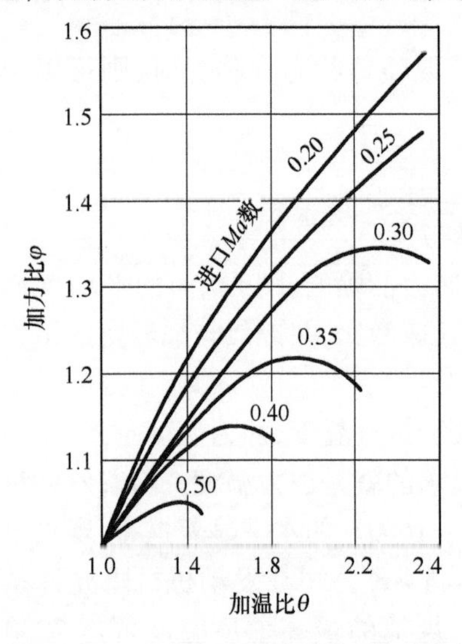

图9－12　加力比与进口马赫数的关系

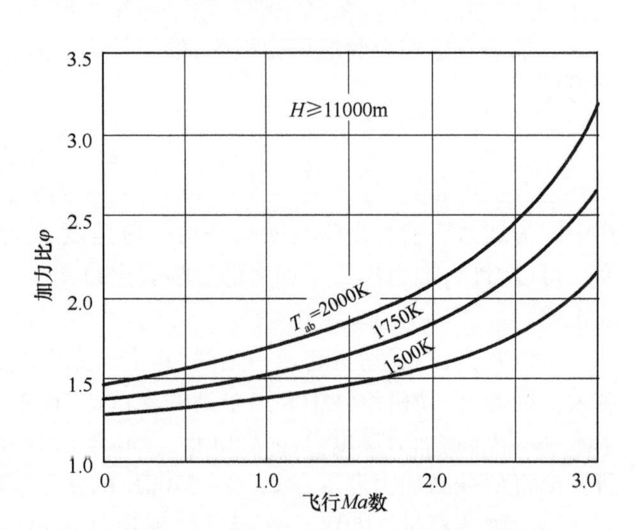

图9－13　加力比与飞行马赫数的关系

9.5.2　加力燃烧室的总压损失

加力燃烧室的总压损失也包括热阻损失和流阻损失两部分。其中特别要注意的是流阻损失，因为飞机在大多数情况下并不会启动加力，此时的阻力损失对发动机性能有很大影响，因而必须力争降低。流阻损失包括扩压损失、混合损失、火焰稳定器和燃油喷射装置引起的总压损失，以及摩擦损失等。这些损失都与加力燃烧室的流动马赫数有直接关系。

早期的燃气轮机因涡轮后排气总压低，为了扩压减速只有加大燃烧室的直径，而加大直径又受发动机最大迎风面积的限制；这样流动马赫数的选取只能首先满足燃烧稳定性的要求，而难以顾及流动马赫数对冷损失的影响。因此，冷损失难以降下来。第3代发动机涡轮后的排气总压已达到了0.3～0.35MPa，新一代发动机更高，可达0.4MPa量级。

这时发动机的最大迎风面已移到了风扇进口段，因此设计加力燃烧室的流动马赫数时可以把获得较高的总压恢复系数作为主要选择依据。目前此项系数有可能达到 0.95 或更高。

9.5.3 加力燃烧效率

加力燃烧效率定义为：加力燃烧室中，用于加热工质的实际热量与燃料完全燃烧的理论放热量之比，其中用于加热工质的实际热量为加力燃烧室进、出口截面工质热焓的增加。因此，加力燃烧效率可表示成

$$\eta_{ab}=\frac{H_6-H_5}{\dot{m}_f LHV} \tag{9-5}$$

式中，H_6 为加力燃烧室出口截面总的热焓；H_5 为加力燃烧室进口截面总的热焓；$\dot{m}_f$ 为加力供油量；LHV 为燃料低位热值。

早期的加力燃烧室因为流速较高、压力较低，复燃燃烧技术水平低，故燃烧效率一般都较低，大多为 0.85 左右，现在的加力燃烧效率随着燃烧室内的压力和燃烧技术的提高而提高，一般在 0.9 以上。其实在加力方案设计时，确定燃烧效率时只考虑燃烧段长度的影响。在火焰稳定器前的流动马赫数小于 0.2 的条件下，燃烧段长度取 1.2m 时，一般的加力燃烧室燃烧效率可达 0.9，取 1.5m 时可达 0.95 的量级。加力燃烧效率随着燃烧段长度的平方根而增加，因此在长度超过 1.5m 以后，燃烧效率增加很少。

9.6 振荡燃烧

9.6.1 振荡燃烧的类型和特点

振荡燃烧是加力燃烧室筒体内燃烧时气柱的脉动现象，其频率范围相当宽，从音频到亚音频都有，如图 9-14 所示常用压力示波图来表示振荡频率及强度。

图 9-14(a)为正常平稳燃烧的示波图，其特点是高频和小振幅，频率为 3000Hz 以上，压力脉动幅度 $\Delta p/p_0<10\%$，这种脉动非但对燃烧无害，反而会使火焰传播速度加快，燃烧效率提高。

图 9-14(b)为振荡燃烧波型，频率从数十赫到数千赫，可分为三种，200～3000Hz 之间者称为高频振荡燃烧，因伴随尖叫啸声，又称啸声燃烧，压力脉动幅度 $10\%<\Delta p/p_0<20\%$。高频振荡一般不会引起熄火，但可引起薄壁零件的颤振和筒体过热，而且噪声尖烈，引起人们不舒服的感觉。

频率 20～30Hz 之间的振荡燃烧为低频振荡燃烧，发出低沉的嗡鸣声，尤如滚雷，又称嗡鸣燃烧。介于低频和高频振荡之间的为中频振荡燃烧，低频和中频振荡燃烧波形有明显的周期性，压力脉动幅度较大，$\Delta p/p_0>20\%$ 或更大些，表现为不稳定的粗暴燃烧，可引起发动机转速摆动，加力燃烧室筒体过热，加力比下降，薄壁零件颤振、开裂，连接件振松、脱落，有可能很快导致熄火。

图 9-14(c)为间歇振荡燃烧，为无节拍地间歇"放炮"，每秒约几次至十几次。波形周期长短不同，在波峰上重叠有高频振幅的小波动。压力波动幅度很大，$\Delta p/p_0\geqslant 50\%$ ～

100%，甚至更大，燃烧非常粗暴，噪声十分强烈，有时几"炮"后招致熄火，振荡时破坏性很大，不仅将发动机振坏，严重时发生共振，往往将试车台、房屋、门窗玻璃等振破，应设法避免。

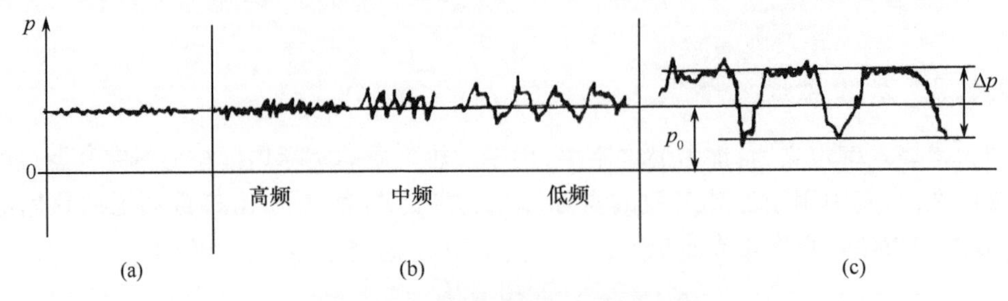

图 9-14　振荡燃烧压力脉动示波图

(a)正常燃烧；(b)振荡燃烧；(c)间歇振荡燃烧。

按照气体质点振动方向，振荡燃烧又可分纵向振荡、横向振荡、径向振荡三种基本类型，如图 9-15 所示。

(1) 纵向振荡

如图 9-15(a)所示，脉动气体质点是沿管道轴线运动。图中竖线代表瞬时等压面(压力波面)，纵向振荡的特征是压力波沿水平方向进行周期性交替变换。

(2) 横向振荡

如图 9-15(b)所示，右图中为质点运动方向，左图为等压面(压力波面)。因加力燃烧室为圆筒形，横截面内等压面一般不是平面而是曲面(通过直径那个等压面为平面)，气体在横截面内左右脉动。对于纯横向振荡，压力在壁面达到最大值，而在中心线处为零。在管道的另一侧，奇数阶振荡的压力波是反相的，对于偶数阶振荡则是同相的。

(3) 径向振荡

如图 9-15(c)所示，这种振荡也发生在燃烧室的横截面内，气体质点的脉动是沿半径方向(右图)。即在圆心和圆周之间来回脉动，而等压面则呈同心圆筒状。管道中心处的压力在奇数阶振荡时与壁面处的压力相位差 180°，在偶数阶振荡时二者同相位。

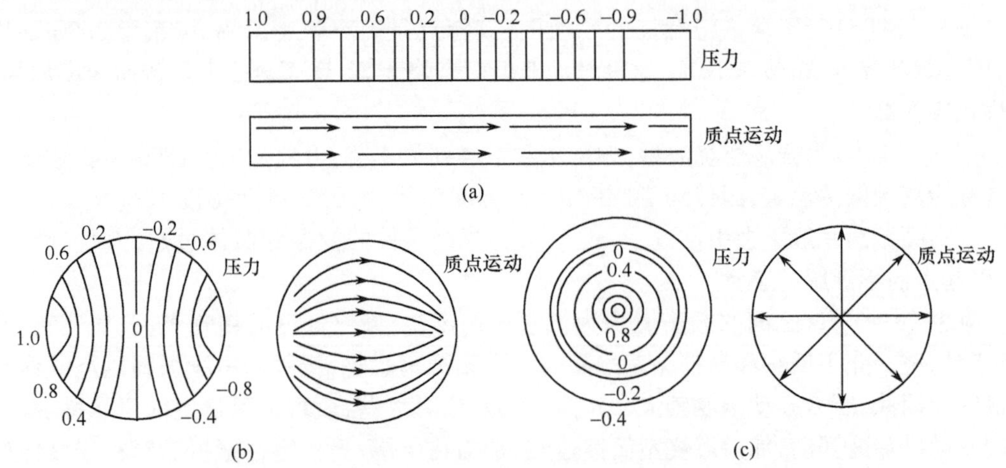

图 9-15　加力筒体内质点振荡的基本类型及压力脉动曲线

(a)一阶模纵向振荡($m=n=0, L=1$)；(b)一阶模横向振荡($n=L=0, m=1$)；

(c)一阶模径向振荡($m=L=0, n=1$)。

上述振荡都是最简单的一阶振荡,实际上的振荡要复杂得多。很可能有二阶或高阶成分,而且是上述三种基本形式的各种复合形式。

9.6.2 加力燃烧室产生振荡燃烧的原因

当某种频率的扰动波加到燃烧系统后,系统不能使其振幅逐渐变小,反而使其迅速增大,以致形成振荡燃烧。加力燃烧室振荡燃烧的原因和发展过程可简述如下:

(1) 存在着激发振荡的脉动源,如涡轮叶片旋转尾迹引起流动和压力脉动,气流流过加力燃烧室内障碍物(如整流支板、供油环及喷嘴、稳定器等)旋涡周期性脱落引起压力脉动。

(2) 当驱动源的压力脉动频率和加力燃烧室固有频率耦合时,产生共振,压力脉动增加。

(3) 压力脉动引起加力燃烧室内物理过程(包括供油、雾化、蒸发和掺混)的脉动以及化学反应过程的脉动,从而激发燃烧放热的脉动。

(4) 当放热脉动和压力脉动耦合时,气流脉动获得能量,压力脉动幅值增加。而压力脉动增加,又使放热脉动进一步增加。

(5) 随着压力脉动幅值增加,压力脉动机械能的损失也加大,直到激发振荡的能量与各种耗散的能量相等时,压力脉动的幅值不再增加,达到饱和状态(振荡燃烧)。

9.6.3 加力燃烧室抑制振荡燃烧的措施

由于振荡燃烧会使燃烧性能恶化,直接影响发动机性能,更有甚者招致发动机熄火以及重要零部件被损害给飞机带来灾难。因此在设计和调试加力燃烧室时,尽量做到防止、消除或减轻它的危害程度。减弱振荡燃烧的具体措施如下:

(1) 减弱原始的压力脉动,这就需要对扩压段及其间的障碍物进行精心设计,减弱旋涡强度,防止周期性脱落。

(2) 改善火焰稳定器的设计。如将单排改为多排,并加辐射形火焰槽,调整堵塞比等。沙丘稳定器具有良好的抗振性能。

(3) 设置阻尼装置。常用波纹多孔防振屏,它对消除横向的高频振荡比较有效,因为横向压力波遇到波纹板以后,就产生漫反射,大大地削弱了反射压力波的能量,并可改变其相位,起到阻尼作用。板上的小孔也可吸收振荡能量。所以,目前许多加力燃烧室装有多孔防振屏。防振屏一般用波纹形薄板做成,贴壁流过冷却气流,通过波纹板上的小孔流进燃烧室。

(4) 改善供油条件,用多孔直射式喷嘴分区供油,或调整喷油环至稳定器距离,亦能消减振荡。

习题

(1) 简述加力燃烧室的工作特点。

(2) 根据加力燃烧室的工作条件特点,对其提出了哪些性能要求?

(3) 加力燃烧室由哪些部件组成?各部件的主要作用是什么?

(4) 堵塞比的定义是什么？它对组织燃烧有何影响？

(5) 若主燃室过量空气系数为4,则进入加力燃烧室的气体中氧的含量约占百分之几？

(6) 在加力燃烧室试验中,测得火焰前锋与试验件的轴线夹角为12°,此时气流速度为100m/s,求火焰传播速度？

(7) 常用的加力燃烧室的点火方案有哪些？

(8) 涡扇发动机中,加力燃烧室有哪些型式？

(9) 涡扇加力燃烧室中为什么要采用软点火？

(10) 加力燃烧室中火焰稳定器有哪些类型？

(11) 什么是加力比？什么是加温比？二者有何关系？

(12) 除了加力温度外,加力比还受哪些因素影响？

(13) 当前加力燃烧室中燃烧温度低的主要原因是什么？可能解决的途径有哪些？

(14) 根据振荡频率及强度,加力燃烧室中的振荡燃烧可分为哪几种类型,各有什么特点？

(15) 根据质点运动方向,加力燃烧室中振荡燃烧可分为哪几种类型,各有什么特点？

(16) 加力燃烧室中的振荡燃烧是如何产生的？

(17) 消减振荡燃烧常用的措施有哪些？

参考文献

[1] 彭泽琰,等. 航空燃气轮机原理[M]. 北京:国防工业出版社,2008.

[2] 黄勇,林宇震,樊未军. 燃烧与燃烧室[M]. 北京:北京航空航天大学出版社,2009.

[3] 徐旭常,周力行. 燃烧技术手册[M]. 北京:化学工业出版社 2008.

[4] 侯晓春,季鹤鸣,刘庆国,等. 高性能航空燃气轮机燃烧技术[M]. 北京: 国防工业出版社,2002.

[5] Rolls - Royce plc. The Jet Engine[M]. England:Rolls - Royce plc, 1986(4).

[6] Attingly Jack D. ,Heiser,William H,Pratt David T. Aircraft Engine Design [M]. California :American Institute of Aeronautics and Astronautics,2002.

第10章　先进主燃烧室技术发展

为了满足21世纪先进飞机的性能要求，必须发展更先进的发动机。20世纪80年代以后，航空发动机的研制工作主要集中于：进一步提高各部件性能，扩大发动机的稳定工作范围，减少零组件数目，提高发动机工作的可靠性，延长发动机寿命，提高发动机的推重比，降低耗油率、减少污染排放等。为此，美国分别推出了“高效节能发动机(E3)计划”“综合高性能涡轮发动机技术(IHPTET)计划”以及高速民机(HSCT)计划等。其中IHPTET计划的目标是，到21世纪初使发动机推重比提高一倍，推出推重比为15~20的新一代发动机，耗油率下降40%。而HSCT计划的目标，则要求发动机在亚声速和超声速巡航时，分别达到NO_x排放指数低于10和5的目标，同时要求燃烧效率分别大于99%和99.9%。要实现这一目标，燃烧室的设计研究必须取得重大突破。未来先进航空发动机燃烧室的发展趋势，对于军用机是发展高温升乃至超高温升燃烧室，对于民用机是发展低污染燃烧室。

对军用发动机而言，飞行包线大，机动性能要求高，主要追求高推重比指标。20世纪80年代前后推出的推重比8一级的发动机如F100，F110，АЛ-31Ф和RB199等以及20世纪90年代发展的推重比10一级的发动机如F119，EJ200与M88，总增压比基本保持在23~30之间，而涡轮前温度从1600K~1700K提高到1800K~1900K，平均提高200K左右。IHPTET计划提出的2020年发动机的崭新结构，其推重比为20，而涡轮前温度高达2273~2473K，比推重比10一级发动机涡轮前温度高出300~400K。可以看出，为了增加推重比和降低油耗，军用发动机涡轮前温度需要显著提高。表10-1为不同推重比发动机燃烧室技术水平比较。

表10-1　不同推重比发动机燃烧室技术水平比较

推重比量级	8	10	12	15
进口温度(K)	~800	~850	~900	~1000
出口温度(K)	1650	1850	~2000	~2150
油气比	~0.025	~0.030	~0.035	~0.040
相对释热率	1	+10%	+20%	+30%
燃烧效率	≥0.99	≥0.99	≥0.99	≥0.98
出口温度分布系数	0.25	0.25	0.15~0.20	0.10~0.15
相对重量	1	-10%	-30%	-50%

对民航飞机来说，长时间工作在巡航点，要求发动机不断降低耗油率、排气污染和提高使用寿命。表10-2给出了近年来世界主要民用发动机的主要性能数据。从表10-2

中可以看出,20 世纪 80 年代前后投入使用的 CFM56、CF6 - 80/C2、V2500 和 RB211 - 524G/H 以及到 20 世纪 90 年代中期投入使用的 GE90、Trent800 和 PW4084,前者压比在 25 ~ 33 之间,而后者总增压比接近或达到 40,前者涵道比在 4 ~ 6 之间,后者涵道比在 6 ~ 9 之间,涡轮前温度变化不大,都在 1600 ~ 1700K 左右。可以看出,对民用发动机来说,为降低油耗,总增压比还会进一步提高,涵道比亦会进一步提高,但涡轮前温度不会有太大提高,主要是出自对排气污染物的考虑。因为燃烧室出口温度超过 1800K,NO_x 排放量就很难控制,所以民机燃烧室出口温度也就在 1800K 左右。

表 10 - 2　世界主要民用航空发动机性能数据

发动机型号	CFM56	CF6 - 80/C2	V2500	RB211 - 524	GE90	Trent800	PW4084
总增压比	24.7	30.4	29.4	33	40	36.41	36.0
涵道比	6	5.28	5.4	4.3	8.4	6.16	6.4
涡轮前温度	1620	1588	1700	1644	1703	—	1574
投入年代	1979	1986	1989	1976	1995	1995	1995

10.1　高温升燃烧室

燃烧室油气比与温升直接对应,根据目前发动机技术的发展,大体上推重比 8(第三代)的燃烧室总油气比 0.027,温升 850K;推重比 10(第四代)的燃烧室总油气比 0.033,温升大体上 1050K;推重比 12(下一代)一级的发动机,总油气比 0.040,温升大体 1250K;推重比 15(下一代)一级的发动机,总油气比 0.045 以上,温升 1400K 左右。目前,由于涡轮叶片的冷却限制,燃烧室出口平均温度即涡轮前温度范围为 1600 ~ 1950K,燃烧室油气比范围 0.025 ~ 0.033。下一代高温升燃烧室温升应在 1200K 以上(油气比在 0.038 以上),其典型技术特征与之前的燃烧室已经完全不同。

高温升燃烧室面临的技术挑战包括:扩宽稳定工作范围,解决低功率状态时的燃烧稳定性和高功率状态时的排气冒烟、出口温度分布系数难调整的问题等。此外,高温升燃烧室的冷却有特殊的要求。一方面是因为燃烧室的燃气温度及可能的火焰辐射高了,因而由火焰及燃气向壁面的传热量增大;而另一方面,因为要有更多的空气参与燃烧,冷却空气量非但不能增多,反而要减少,图 10 - 1 显示了参加燃烧空气量与燃烧室温升的关系。同时由于燃烧室壁处于更困难的条件下工作,燃烧室火焰筒壁温度的不均匀性会增大。但对燃烧室寿命的要求并不降低,这对燃烧室冷却及室壁也提出了特定的要求。

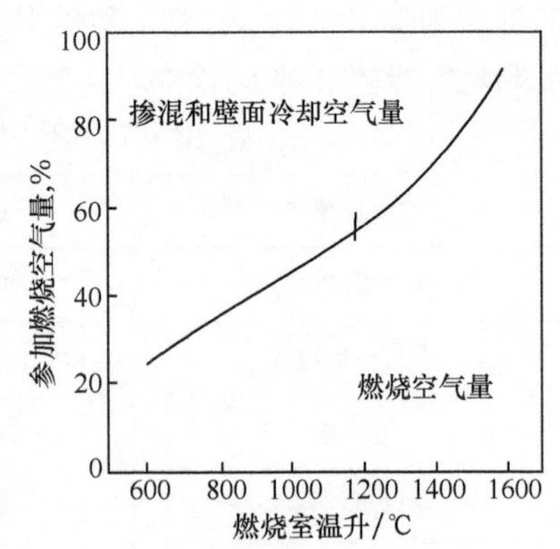

图 10 - 1　参加燃烧空气量与燃烧室温升的关系

分析高温升高热容燃烧室的工作环境和性能要求,发展先进的气动热力方案(燃烧组织技术)、结构设计方案和先进的耐高温材料和工艺方法将是研制高推重比发动机燃烧室的关键。

10.1.1 燃烧组织技术

高温升高热容燃烧室火焰筒头部燃烧组织是保证全面满足燃烧性能的关键，其设计思想与方法大体可分为以下三点：

1）分级分区组织燃烧思想

火焰筒头部分级分区燃烧，通常要求对燃油分级，使之与各燃烧区的气流结构相匹配。当低工况时，仅部分级或区供油燃烧，当高工况时，所有级或区都供油燃烧，从而解决高温升燃烧室在更宽的油气比范围内可靠工作问题。

有些燃烧室方案中也可能对空气分级，但这通常需要采用变几何结构来实现，额外增加了系统的复杂性。

2）多旋流和复合雾化技术

采用多旋流和复合雾化技术，保证燃烧室内获得合理的气流结构、良好的雾化，以及恰当的油气匹配，从而通过燃烧室内合理的燃料和空气组织方式实现燃烧性能要求和拓宽燃烧稳定工作范围。

3）非常规的燃烧室概念

采用与当前常规燃烧室结构及原理差别较大的非常规的燃烧室概念。美国空军 Whright－Patterson 基地近年来正在研发两种新的高温升燃烧室概念：驻涡燃烧室和超紧凑燃烧室。

下面对于当前发展的高温升燃烧室技术方案作简单介绍。

英国 Mellor 等人针对一个压比 32，推力 132kN 的发动机发展了一种高温升燃烧室方案，该燃烧室爬升时总油气比为 0.036（一般爬升时油气比比起飞时低 15%）。慢车条件下燃烧室贫油熄火极限 0.003，慢车时燃烧效率 99.5%，大工况的 EI_{NO_x} 小于 10g/kg 燃油，冒烟数小于 10。该燃烧室的燃烧组织方案和喷嘴结构如图 10－2 所示。该燃烧室设计特点：头部空气量占总空气量的 70%，主油路喷雾在中心，主燃烧区亦在中心，而用于小功率状态的副燃烧区位于头部与火焰筒的角落中，喷嘴由四个径向排列的气流通道组成，从内到外依次是内旋流器、轴向空气、中旋流器和外旋流器。轴向空气通道无旋流器，用于隔绝中心的主燃烧区和外围的副燃烧区。主油路用内旋流器雾化，副油路由中旋流器和外旋流器雾化。内旋流器的旋流数为 0.7，中旋流器和外旋流器的旋流数为 2.5，是非

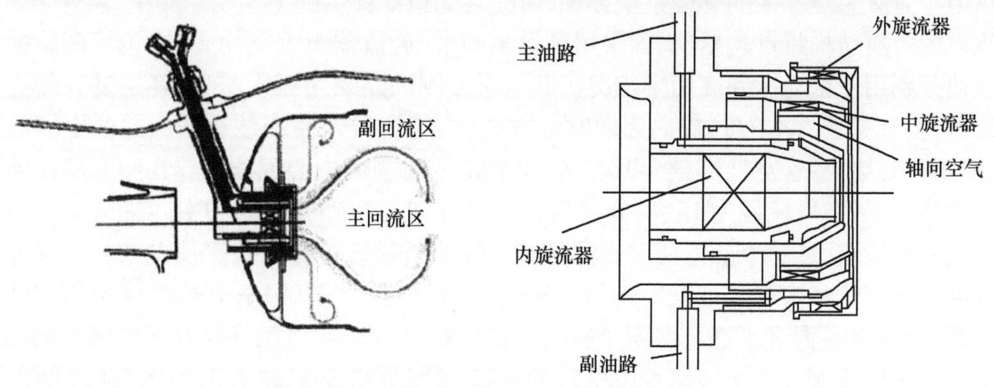

图 10－2　高温升燃烧室的燃烧组织方案和喷嘴结构

常强的旋流,并且旋流器的旋向相同。这样设计的目的是形成两个回流区,主回流区和副回流区。主回流区用于大工况条件下的燃烧,降低污染排放,副回流区用于小工况条件下改善点火和熄火性能。

国内林宇震等人发展了一种总油气比为 0.040 的高温升燃烧室方案,如图 10-3 所示。该燃烧室中采用了多旋流双液雾复合式头部来拓宽稳定工作范围,即小状态采用压力雾化喷嘴的扩散火焰燃烧方式,燃油直接喷射到回流区中,改善贫油熄火油气比;大状态采用空气雾化方式,主油路喷出的燃油打在收扩式文氏管上,在一、二级旋向相反的旋流器的旋流剪切下,较好地雾化并在第三级旋流器的旋流作用下强化油气混合,油气掺混得更均匀,改善了冒烟性能及燃烧室出口温度分布。该燃烧室中保留了主燃孔结构。采用单头部的试验件,在进口不加温的慢车条件下,进口压力 0.37MPa,温度为常温,贫油熄火油气比为 0.0048~0.0052。在进口压力 1.0MPa,温度为常温,总油气比为 0.04 时的冒烟数为 26。采用三头部的矩形试验件,在燃烧室进口压力 0.55MPa,进口温度 550K 条件下,总油气比 0.038 时,燃烧室出口温度分布系数为 0.13,在油气比范围 0.023~0.038 内燃烧效率 99.3% 以上。

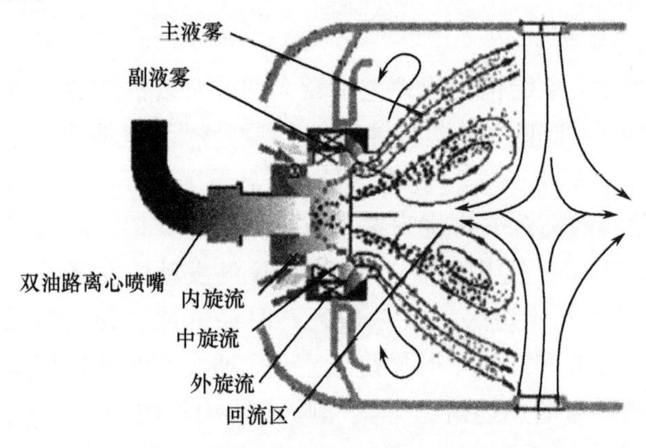

图 10-3　复合燃烧的高温升燃烧方案

美国普渡大学 Mongia 团队在 1979—1993 年期间研发了 6 个高温升燃烧室,燃烧室温升分别为 1100K、1200K、1300K、1650K,燃烧室最高油气比超过了 0.055,已接近化学恰当油气比,图 10-4 为温升 1100K 燃烧室结构。对于温升超过 1200K 的高温升燃烧室均采用中心分级燃烧分区的燃烧组织方式,所有性能指标都达到了预期。其中,温升 1650K 燃烧室的主要结构特点包括:头部采用了燃油喷嘴/旋流器组合结构,其中包括两路独立的燃油分别用于低功率和高功率工况。其中中心副油路采用压力雾化喷嘴,其外侧为内旋流器,空气流量为 4.7%,旋向为顺时针方向;内旋流器外侧安装有同旋向的中间旋流器,采用了高旋流数,空气流量为 10.3%,旨在形成常规的中心回流区。在中心旋流器外侧为外旋流器,空气流量为 15%,旋向为逆时针方向。在外旋流器和中间旋流器之间为预膜式主燃油路,这两个旋流器对于预膜式主燃油喷射进行雾化并实现燃油与空气的快速掺混。该燃烧室实现了极低的地面慢车熄火油气比,为 0.0012;火焰筒壁温均匀性显著提高,在 1650K 温升工况下实现了极高的燃烧效率,图 10-5 为不同温升燃烧室的燃烧效率。图 10-6 显示了温升分别为 1300K 和 1650K 燃烧室的头部喷嘴/旋流器组件照片。

图 10-4　温升 1100K 燃烧室结构

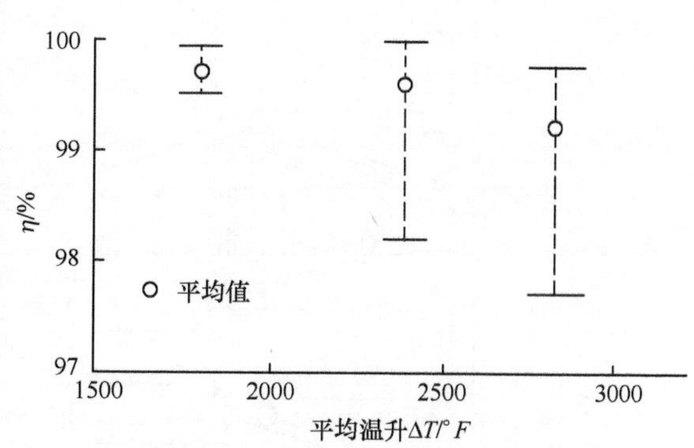

图 10-5　不同温升燃烧室的燃烧效率

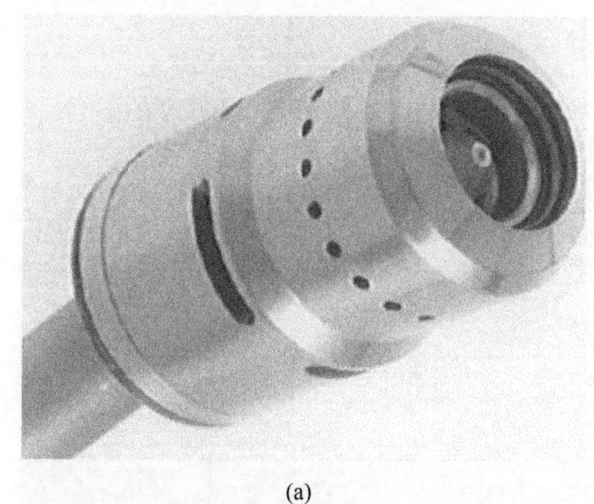

(a)

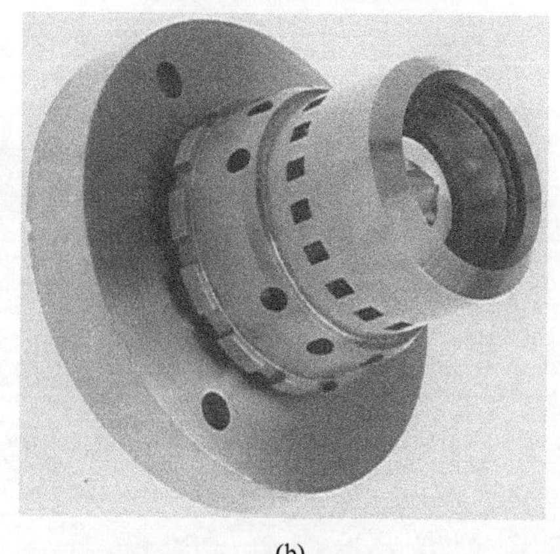

(b)

图 10-6　温升分别为 1300K 和 1650K 燃烧室的头部喷嘴/旋流器组件照片
(a)温升 1300K 燃烧室喷嘴/旋流器；(b)温升 1650K 燃烧室喷嘴/旋流器。

驻涡燃烧是国外在 20 世纪 90 年代中期发展的一种新的燃烧组织方式。图 10-7 是一个矩形驻涡燃烧室的结构和原理示意图,展示了结构特征和流动组织。驻涡燃烧室采用了分级分区燃烧的概念,预燃级由空腔组成,空腔内供入空气形成稳定的旋涡,同时供入燃油,由于预燃级的旋涡在空腔里驻定,因此称为驻涡燃烧室,使预燃级在各种工况下都能稳定燃烧。主燃级的火焰稳定采用一组横向分流片和径向支板构成的火焰稳定结构形成的小涡来完成,燃油喷入由稳定器形成的通道内,进入主燃烧区,由预燃级点燃,形成稳定、连续、充分的燃烧。

图 10-8 是驻涡燃烧室试验件和驻涡燃烧室燃烧状况,其中总共用于燃烧的空气分配占 80%。在低功率状态,空腔内形成富油燃烧,点火和熄火的边界可以大大改善,贫油熄火油气比能够达到 0.005 以下,同时可以在小功率状态维持很高的燃烧效率。在高功率状态,主燃级供油,加大供油量,并维持高效率的燃烧,在高温升条件下,进口压力 1.47MPa,进口温度 811K,温升 1669K 时,相当于油气比 0.059 时,燃烧效率 93% ~97%。在空腔和主级供油条件下出口温度分布系数为 0.2~0.4。

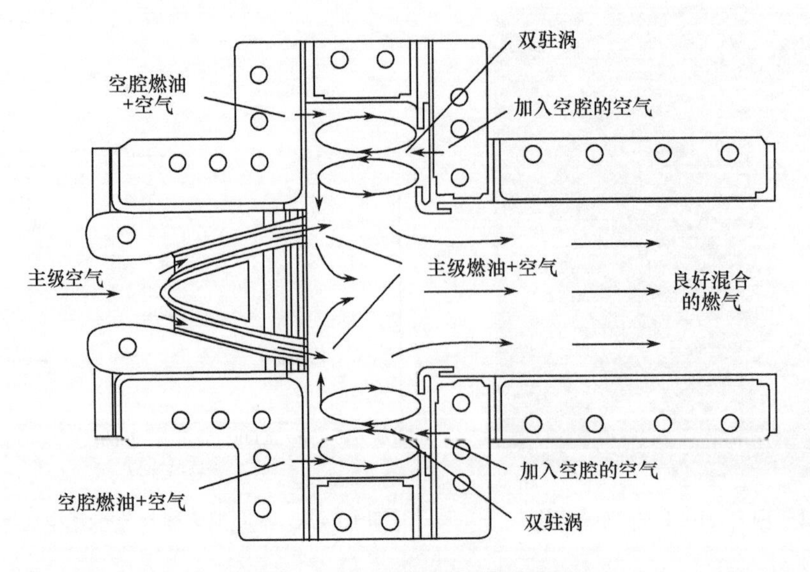

图 10-7 驻涡燃烧室结构和原理

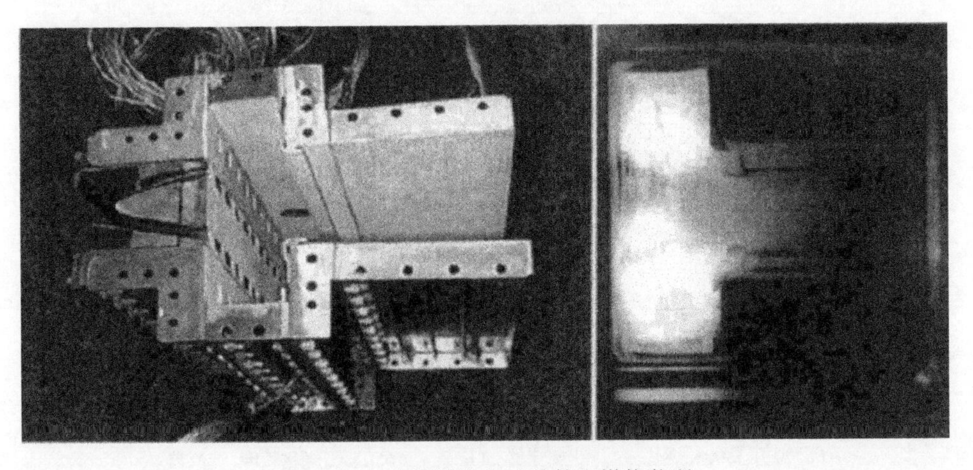

图 10-8 驻涡燃烧室试验件和燃烧状况

美国 GE 公司在海军和环境安全技术认证计划资助下发展了适用于现有发动机结构的 TVC 燃烧室，如图 10-9 所示。在 2007 年 4 月的全环燃烧室实验测试中，测得的高功率状态下的 NO_x 排放比现有发动机低 42%。图 10-10 显示了其在下一步研究中拟在发动机中采用的外机匣及扩压器设计方案。

超紧凑燃烧室，主要是应用在定温循环和涡轮级间燃烧器上，目的是为了补偿燃气在涡轮中膨胀做功驱动压气机而造成的推力损失，在不增加发动机尺寸和重量的情况下提高发动机性能。如图 10-11 所示是超紧凑燃烧室结构示意图。在涡轮静叶机匣外环上沿周向布置一圈空腔，在空腔内绕发动机轴线旋转流动燃烧，并通过叶片上的空腔将火焰传播到轴向主流中。空腔中绕轴线产生大的旋转流动，加强油气和燃气的掺混，由于旋转流动产生的离心加速度导致径向压力梯度的存在，也加强了径向上火焰传播。在周向空腔中的富油燃烧，并且作为稳定的点火源，燃烧产物通过径向空腔传输到主流中，在径向空腔中淬熄，主流中再贫油燃烧，减小了污染排放。

图 10 - 9　美国 GE 公司发展的全环 TVC 燃烧室

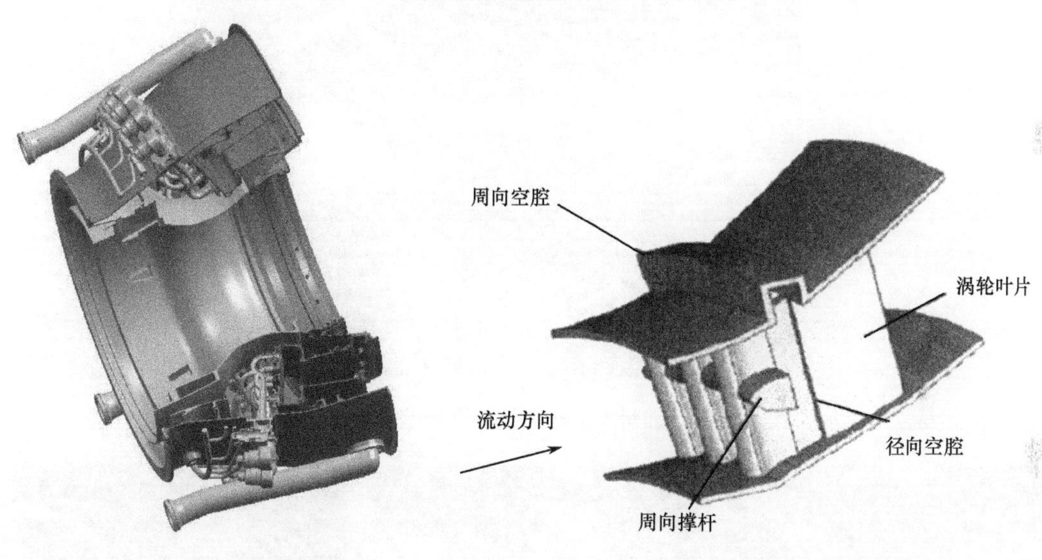

图 10 - 10　GE 公司设计的新型全环 TVC 燃烧室技术方案

图 10 - 11　超紧凑燃烧室结构示意图

根据上述原理,美国空军研究实验室(AFRL)展开了原理性概念研究,试验件如图 10 - 12所示。概念研究的试验都是在常压情况下进行的,实验结果表明,该超紧凑燃烧室在宽广的工作范围内燃烧效率均达 99%,贫油熄火油气比较常规燃烧室低 25% ~ 50%。此外,热量释放主要在低速的空腔内完成,释热率却是常规燃烧室的 2 倍。旋流空腔内的强旋流和离心力加快了反应进程,火焰长度只有常规火焰筒火焰的 50% ~70%。

加州大学欧文分校在国家科学基金、美国空军和加州能源委员会的支持下也发展了一种 UCC 燃烧室结构,该燃烧室中在叶片吸力面或压力面开凹腔,并向凹腔内喷入燃油进行燃烧。图 10 - 13 为加州大学欧文分校的 UCC 燃烧室结构。图 10 - 14 为加州大学欧文分校的 UCC 燃烧室试验照片。

UCC 技术将使得发动机总体布局产生较大改动,此外燃烧室内的燃烧有可能会在燃烧的过程中实现跨音速,对跨音速燃烧机理的不清楚也是级间燃烧的困难所在。因此,

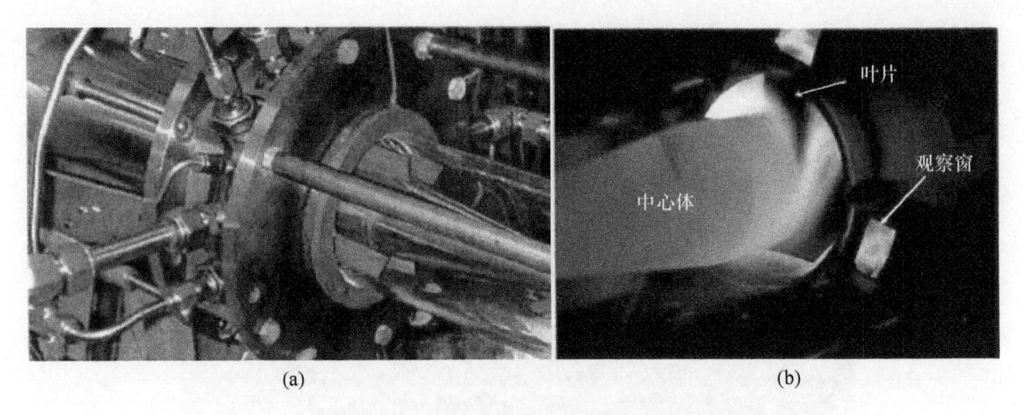

(a) (b)

图 10-12 美国空军研究实验室超紧凑燃烧室试验件和实验照片
(a) AFRL 的第一代 UCC 燃烧室实验装置；(b) AFRL 的第二代 UCC 燃烧室。

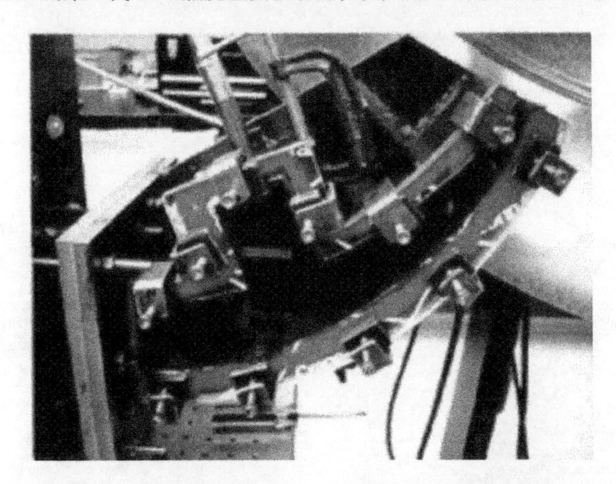

图 10-13 加州大学欧文分校的 UCC 燃烧室结构

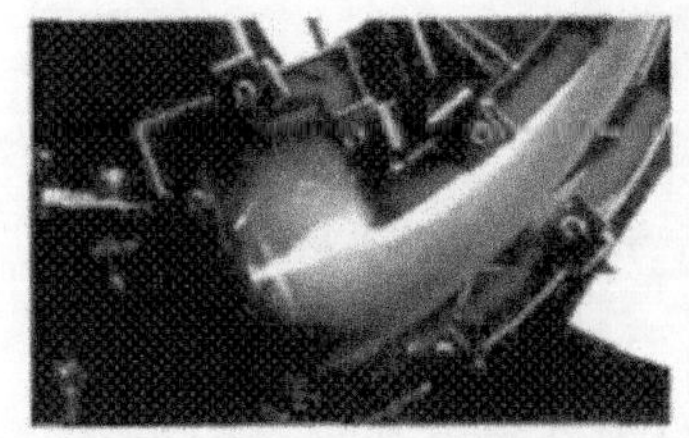

5000<Re>10000

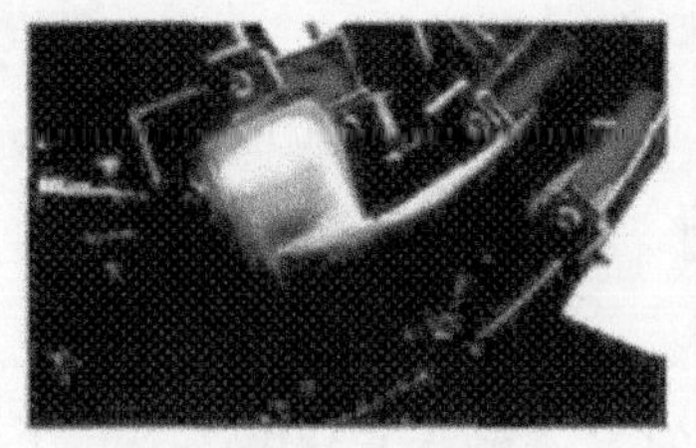

10000<Re>40000

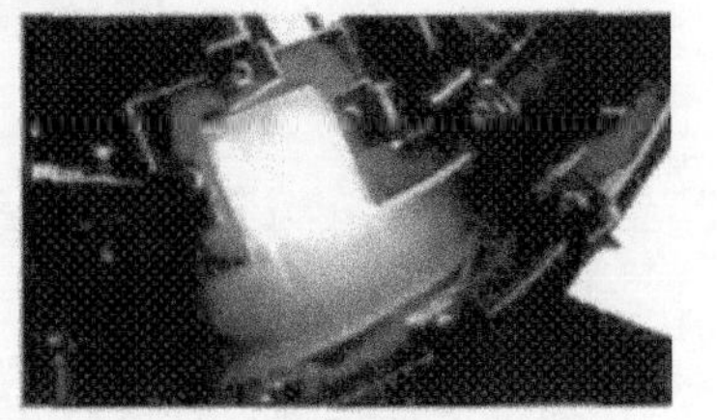

Re>40000

图 10-14 加州大学欧文分校的 UCC 燃烧室试验照片

UCC 能否真正用于高温升燃烧室，尚需进行大量的工作。

10.1.2 结构设计技术

燃烧室结构设计方面，既要燃烧性能好，又要求结构质量轻，冷却用气量少，热疲劳强度高。基于目前高温合金材料的主要途径是改变火焰筒冷却方式与室壁结构，发展高效先进的冷却技术。目前国内外的燃烧室火焰筒已由当初的纯气膜冷却发展到冲击、发散、气膜、层板等多种冷却方式的复合冷却形式。冷却结构也由最初的单层壁发展到双层壁、浮动壁等冷却结构形式。这里简要介绍较为典型的单层壁多斜孔冷却、双层壁冲击/多斜孔复合冷却、层板冷却以及浮动壁结构等。

1）单层壁多斜孔冷却

单层壁多斜孔气膜冷却又称全覆盖发散冷却，其原理是在火焰筒壁面上打出大量的发散小孔，通过小孔的冷却气在形成气膜前通过壁面内的对流换热使壁面冷却，接着又形成了连续不断覆盖在火焰筒热侧壁面的“气膜毯”，从而隔离高温燃气与火焰筒壁面，如图10－15所示。这种冷却方式和纯气膜冷却方式相比，冷却效率明显提高，火焰筒壁面温度梯度沿轴向明显减小。早期的小孔垂直壁面，但后来发现，小孔与壁面的夹角越小，气膜的保护效果就越好。

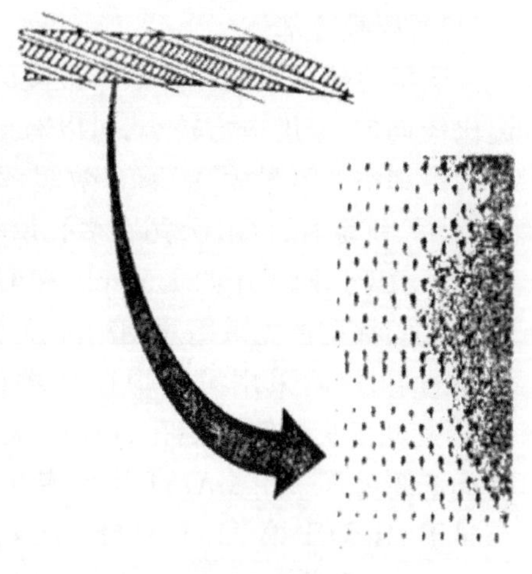

图10－15 单层壁多斜孔冷却结构

单层壁多斜孔气膜冷却结构简单，随着大型激光钻孔设备的发展而在军、民用航空发动机上得到广泛应用。20世纪90年代的YF120采用了多斜孔冷却，其冷却总效率达90%左右，最近将多斜孔发散冷却用于F414发动机燃烧室的改型，使火焰筒的寿命延长了3倍。世界上最大推力的航空发动机GE90主燃烧室火焰筒采用了发散冷却，其安全可靠性得到验证。此外，该结构能够降低火焰筒质量达30%。

2）双层壁冲击/多斜孔复合冷却

双层壁冲击/多斜孔复合冷却方式由两层壁组成，外侧为冲击壁，分布有众多垂直于壁面的小孔，内侧为多斜孔壁，壁面上分布有与壁面成一定角度的小孔。图10－16为冲击孔/多斜孔双层壁结构示意图。冷却气流从冲击壁上的小孔喷射进来，冲击多斜孔壁冷侧，形成冲击冷却。由冲击孔喷射出来的冷却空气在冲击点向四周贴壁流动，遇到多斜孔后，进入多斜孔，然后喷射在多斜孔壁燃气侧形成气膜，保护多斜孔壁燃气侧。可见，双层壁的流动过程是很复杂的。

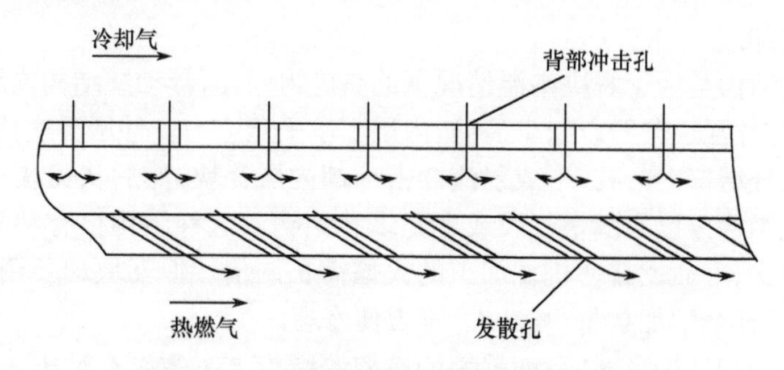

图10－16 双层壁冲击/多斜孔结构示意图

该冷却方式提高总冷却效率及降低温度分布梯度的技术途径是：冲击壁承受机械载荷，多斜孔壁承受热载荷，承热和承力分开，以提高火焰筒使用寿命；充分利用冲击冷却换热系数高的特点；多斜孔与壁面倾斜，增加了内对流换热面积，另外，发散孔入口处的附面层抽吸作用也加强了换热；恰当的双层壁间压力降分配可以使多斜孔壁热侧气膜贴壁良好，形成全气膜保护。冲击加多斜孔复合冷却方式在F－119发动机和V2500发动机上取得了很好的应用效果。

3）层板冷却

层板冷却是目前冷却效率最高的复合冷却技术方案之一。层板冷却结构的火焰筒壁温比较均匀，温度应力较小，可以有效提高燃烧室火焰筒的结构强度和寿命；层板冷却需要的冷却空气流量少，能够有效缓解高温升燃烧室冷却空气量少的矛盾。目前，英国的RR公司和美国的GE公司在多孔层板发散冷却的研究和应用上获得了成功。图10－17示出了RR公司采用的Transply和GE公司采用的Lamilloy这两种多孔层板发散冷却方式。它们都是首先采用照相刻蚀技术和激光打孔技术，在耐热金属板上加工出冷却气体流动通道，然后采用扩散焊接技术将这些金属板片焊接为一体。RR公司在新研制的"泰"发动机火焰筒掺混孔以前的壁面冷却段采用多孔层板结构。AADC公司先进的柔性火焰筒外环采用MA754材料多孔冷却层板（Lamilloy），使火焰筒耐温能力提高111K，满足了IHPTET第Ⅱ阶段性能、全寿命耐久性和寿命期成本的目标。

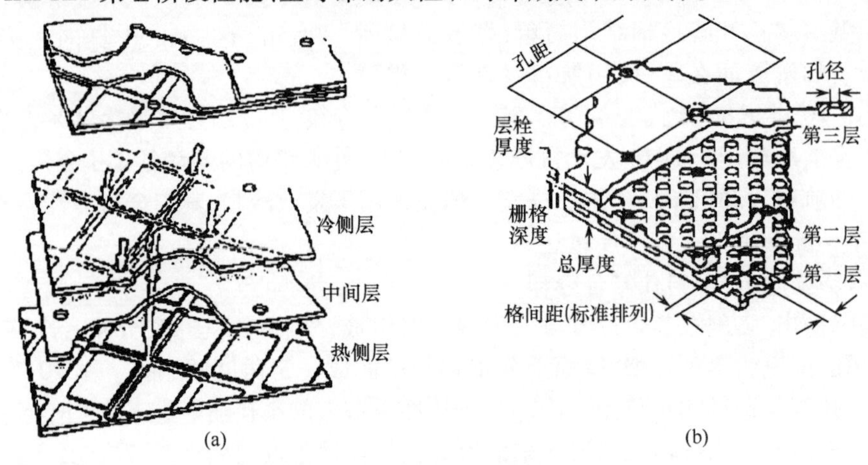

图10－17　燃烧室层板冷却方式

（a）Transply结构示意图；（b）Lamilloy结构示意图。

4）浮动壁结构

采用浮动壁结构是为了解决高温情况下的热应力问题，浮动壁结构内层温度高，周向不连成一块，一片片瓦块分开以减少裂缝，内层不承受压应力。外层温度低、承受压应力。冷却空气通过在外层壁上的孔，形成射流冲击冷却内层瓦块，然后从瓦块出来，形成气膜冷却。内层瓦块结构可以是缝槽气膜或者是多孔结构。这种结构很有利于减少裂缝，所需冷却空气量较少，寿命比普通机械加工的火焰筒长两倍。但瓦块却要用联接件装到外层支承结构上，这样会增加重量、复杂性，不方便修理。

针对浮动壁冷却结构形式，目前采用的典型的结构方案主要有冲击＋扰流柱对流和冲击＋致密孔发散两种冷却形式，国外对此开展了大量细致深入的研究工作，但出于技术封锁，公开的资料较少。美国在"发动机热端部件技术（HOST）计划""高效节能发动机（E3）研究计划"及"高性能涡轮发动机技术综合（IHPTET）计划"等研究计划中均对浮动壁火焰筒（或称分块式、瓦片式火焰筒）的结构可靠性、使用寿命以及设计分析技术进行了研究。HOST计划中采用冲击＋发散气膜复合冷却结构，将火焰筒疲劳裂纹和热应力降至最低，基本上消除了火焰筒的低循环疲劳寿命损伤模式，获得了满意的火焰筒寿命，其研究成果在 TF30 - P - 100 发动机火焰筒上进行了验证。E3 研究计划中,PW 公司和 GE 公司都研制了具有新型的复合冷却方式的第二代浮动瓦块结构的火焰筒。前者采用先进的逆向平行流翅壁技术,即冷却空气先在瓦块整体结构内部的微小通道(直径 1mm 的小孔)中进行对流换热,然后又流到其热侧表面上进行气膜冷却;后者的冷却形式是冲击 + 气膜复合冷却方式,冷却空气流经火焰筒整体外壳上的大量小孔,直接冲击瓦块冷侧表面,然后流至瓦块热侧表面形成气膜。目前这两种机构的火焰筒均已经过试验验证。IHPTET 计划主要对采用冲击 + 气膜冷却方式的浮动壁火焰筒在高温升和宽广油气比范围情况下采用极少冷却空气进行冷却的可行性进行了验证,取得了满意的进展。这些研究成果在 V2500、PW6000 和 F119 等军、民用航空发动机上成功应用(图 10 - 18),其燃烧室设计寿命达 9000h,翻修寿命更高达 18000h。图 10 - 19 给出了 V2500 火焰筒的浮动壁结构。国内各航空发动机研究院所和航空院校也针对浮动壁结构开展了大量的研究,取得了不少研究成果。

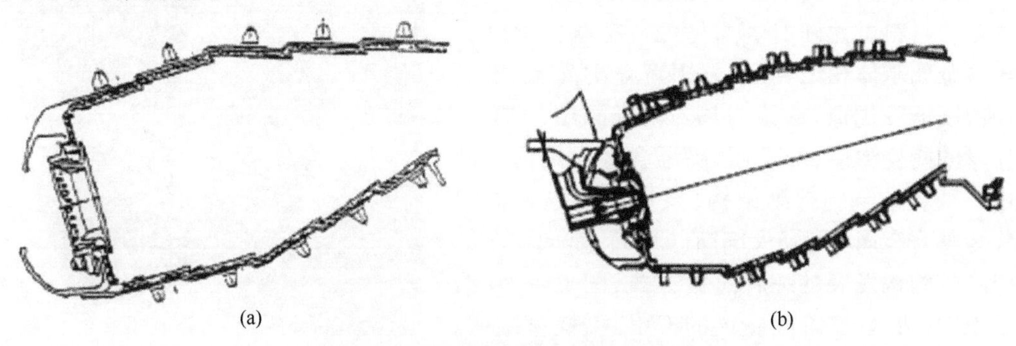

图 10 - 18 国外典型浮动壁火焰筒结构
(a)V2500 火焰筒;(b)PW6000 火焰筒。

图 10 - 19 V2500 火焰筒的浮动壁结构

10.1.3 火焰筒材料技术

一般认为推重比由 10 提高到 20,70% 要靠减轻发动机质量来完成,其余 30% 靠大幅度减少冷却空气量和提高燃烧室出口温度来解决。没有材料突破性的发展和与其相适应的结构设计的革新，推重比提高到20是不可能的。解决火焰筒耐热的问题，一方面是在已有的先进的冷却方式的基础上继续改进；另一方面是要采用新的耐高温材料。具有耐高温、强度高而质量轻特性的陶瓷基复合材料将是实现高性能、冷却空气量极少的燃烧室的主要结构材料之一。

目前燃烧室采用的典型的耐高温材料为GH536和GH188，性能较好的GH188长期工作耐温水平仅为950℃。当燃烧室出口燃气温度超过2000K后，上述的复合冷却技术也将难以满足材料的耐温水平限制。

随着发动机的推重比不断提高，主燃烧室进口温度与温升持续增加，复合材料在火焰筒上将得到广泛应用。目前陶瓷基复合材料的使用温度极限是1400℃，正在研究能在1650℃－2000℃下使用的陶瓷基复合材料。碳化硅纤维增强的碳化硅基复合材料可允许1500℃壁温。把陶瓷以涂层形式同金属基体相结合，以发挥陶瓷耐高温、耐腐蚀和密度低等优点，这称为热障陶瓷涂层（TBC）。而在厚的陶瓷涂层（TBC）和高温合金火焰筒之间使用一种烧结金属纤维结构（柔性层），这样的结构称为复合金属/陶瓷火焰筒（CMC），是向完全的陶瓷冷却结构发展的一种过渡方式，图10－20给出了IHPTET第二阶段验证的CMC燃烧室结构。能在极高温度下工作的最有希望的材料是增强碳－碳复合材料。这种材料在高温下仍有很高的强度，使用温度极限达2200℃以上。复合材料的比重仅为耐高温合金的40%，在燃烧室火焰筒上使用具有极大的潜力。

图10－20 IHPTET第二阶段验证的CMC燃烧室

10.2 低污染燃烧室

目前，美国和欧盟都已把航空燃气轮机作为重要的污染源，联合国国际民航组织（ICAO）为了控制民航中CO、UHC、NO_x和烟气的排放量制定了相应的法规，特别是对于NO_x排放量的限制更为严格。下一代航空发动机燃烧室的发展主要是由未来对于NO_x排放量的限制要求来推动的。此外，未来发动机循环要求将耗油率和CO_2排放量降到最低，这将使高度负载的核心机燃烧室进口压力和温度提高，并显著降低空/燃比，从而对燃烧系统的NO_x排放性能造成负担。因此，新发动机设计需要折衷考虑提高燃料效率（CO_2），降低噪音（通过降低风扇压比）和降低NO_x排放（通过降低总压比OPR）等多种因素。研究表明，在获得最低NO_x排放的设计和获得最低CO_2排放的设计中，LTO循环的NO_x排放量之间的差别可以高达30%。当前航空发动机循环的发展趋势是要求总压比（OPR）大于50和燃烧室进口温度小于1000K工况下的低排放燃烧技术，这就要求当前的富油或贫油燃烧室技术必须取得革命性的发展，无论是富油燃烧系统还是贫油燃烧系统，燃烧室的设计方案必须确保在从慢车到起飞状态的整个工作范围内，尽可能避免出现化学恰当比的状态，以便降低热力型 NO_x 的生成量。近三十年来，喷水、可变几何燃烧室、催化燃烧室、分级燃烧室、贫油预混预蒸发燃烧室、富油急冷贫油燃烧室、贫油直喷燃烧室成为最重要的低排放燃气轮机燃烧技术。然而，诸如喷水、可变几何燃烧室和催化燃烧室由于自身的缺点在实际的民航发动机中已不再采用。对于干式低排放燃烧技术，富油急冷贫油燃烧室、贫油预混预蒸发燃烧室、贫油直喷燃烧室是最值得关注的概念，同时这些燃烧概念通常也需要与分级概念结合使用。

10.2.1 富油燃烧

富油燃烧技术在过去的二十多年里不断优化，已经显著降低了 NO_x 的排放量，这些先进的富油低排放燃烧室几乎都遵循了富油—急冷—贫油燃烧室（Rich - Burn, Quick - Mix, Lean - Burn, RQL）的设计原理。在 RQL 概念中（图 10 - 21），燃油首先在良搅拌反应区的受控富油状态下燃烧，由于反应区温度较低并且氧气不足，NO_x 排放量是有限的；而后受控冷空气射流大量进入形成了淬熄区，在淬熄区中，富油区燃气与进入的冷却空气快速均匀混合；最后，混合物在极贫状态下进行燃烧。自 20 世纪 80 年代以来，NASA、PW 公司以及 RR 公司都对 RQL 燃烧室进行了研究。RR 公司已经将 RQL 燃烧室用于 RR Trent 发动机和 RRD BR700 发动机燃烧室上，这就是所谓的第五阶段燃烧室概念，图 10 - 22 显示了 RR Trent 900 燃烧系统。图 10 - 23 为 PW 公司发展的 TALONIII 燃烧室，该燃烧室 CO/UHC 排放量分别比 ICAO CAEP6 标准低 60% 和 95%。图 10 - 24 显示了 TALON 系列燃烧室与常规燃烧室比较，NO_x 排放量的大小。

主燃空气
稀释空气
雾化空气
主燃区
中间区
稀释区
燃油

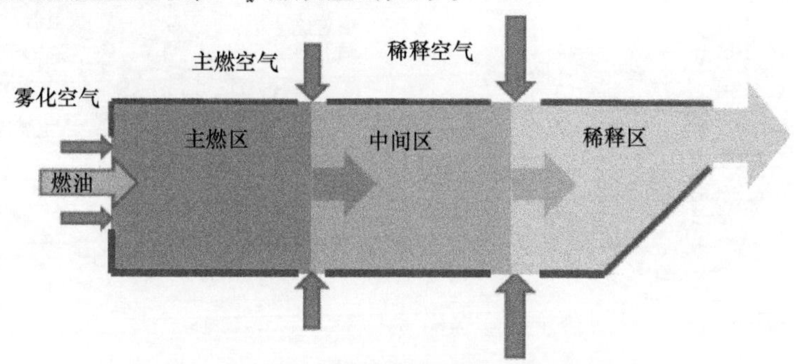

图 10 - 21 RQL 燃烧室工作原理图

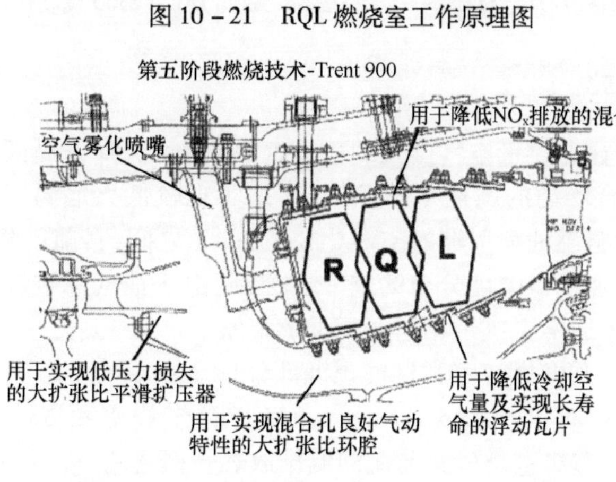

第五阶段燃烧技术-Trent 900
用于降低NOx排放的混合斜槽
空气雾化喷嘴
R
Q
L
用于实现低压力损失
的大扩张比平滑扩压器
用于实现混合孔良好气动
特性的大扩张比环腔
用于降低冷却空
气量及实现长寿
命的浮动瓦片

图 10 - 22 采用了 RQL 原理的 Trent 900 燃烧室

图 10-23　TALON III 燃烧室

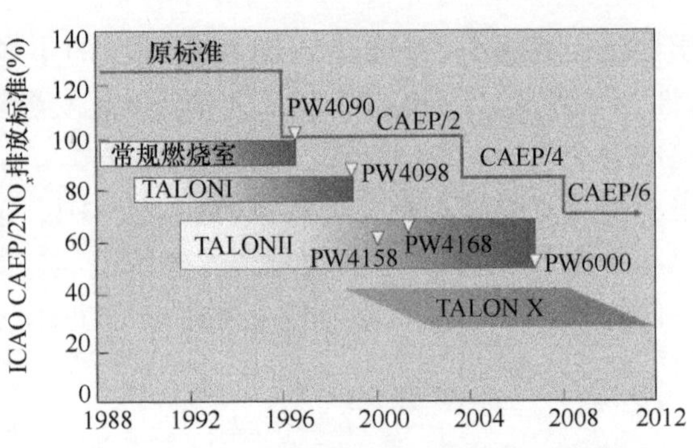

图 10-24　TALON 系列燃烧室 NO_x 排放量与常规燃烧室比较

另一种富油燃烧室概念采用了燃油分级的方式,即富油分级燃烧系统。富油分级燃烧系统中燃油被分流流向两倍数量的喷嘴,以便缩窄按空燃比控制的工作范围。在慢车状态只有部分燃油喷嘴工作以便在低功率状态下高效燃烧。当燃油流量增大时,开启的喷油嘴数量逐渐增多,在全功率状态,全部喷油嘴开启。富油分级燃烧系统可以做成双环腔燃烧室,如 CFM56 发动机双环腔燃烧室(图 10-25);也可以做成轴向分级燃烧室,如 IAE V2500 发动机燃烧室(图 10-26)。所有这些燃烧室都具有两个独立的燃烧区,即值班级和主燃级。主燃级是为了在高功率状态下缩短燃烧室的驻留时间,从而降低污染排放(NO_x,冒烟)。需要指出的是,分级燃烧室结构也可与贫油工作主燃级结合使用。

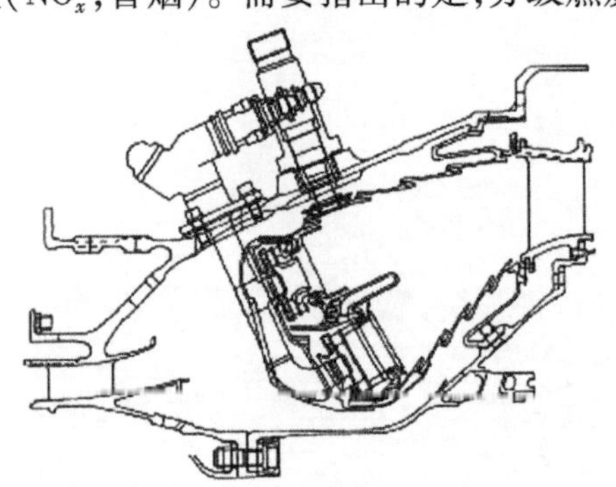

图 10-25　CFM56 发动机双环腔燃烧室

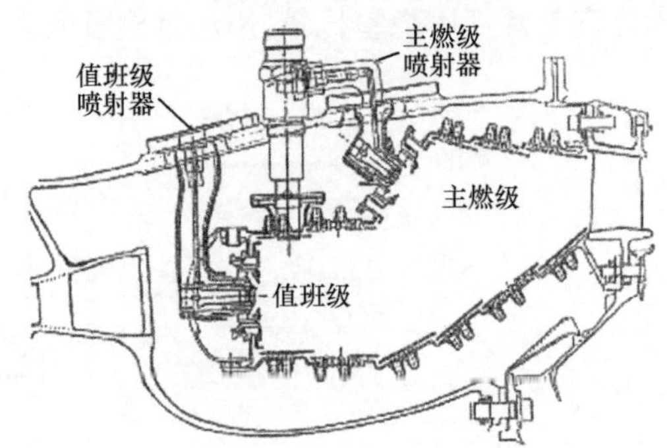

图 10-26　IAE V2500 发动机轴向分级燃烧室

10.2.2　贫油燃烧

贫油燃烧系统工作在有过量空气供入的主燃区,以便显著降低局部火焰温度并因而减少 NO_x 的生成量,混合均匀的燃油/空气混合物是实现较低火焰温度的关键因素。先进贫油燃烧室在起飞状态燃油喷射器的空燃比在 21～25 之间,目前已降到 30,未预混的空气流量用作壁面冷却及出口温度分布的进一步控制,由于油气总空燃比混合得更加均匀,因此其出口温度分布通常要优于相应的富油燃烧室。

1) 贫油预混预蒸发 LPP 燃烧室和贫油预混部分预蒸发 LP(P)燃烧室

贫油预混预蒸发(Lean Premixed Prevaporized,LPP)燃烧室和贫油预混部分预蒸发(LP(P),Lean Premixed)燃烧室是最有前途的低排放燃烧概念之一。在 LPP 概念中,燃油首先向上游喷入位于燃油喷射装置中的预混预蒸发管中,从而形成了完全混合的油气混合物。然后燃油蒸汽和空气进入燃烧区，在贫油状态以较低的火焰温度进行燃烧。LPP燃烧室的关键特点是在燃烧之前实现燃油的完全蒸发及燃油与空气的完全混合。通过避免液滴燃烧，以及在主燃区进行贫油燃烧，NO_x 排放量急剧降低。LPP 技术已经在几个主要的欧洲研究与技术创新计划资助下进行研究。在这些计划中所包含的 LPP 系统涵盖了宽广的总压比范围，从小发动机的 15 到大发动机的 40，在这些计划中也发展了轴向分级和径向分级的概念（小发动机除外）。图 10－27 显示了一个在 CLEAN（环境友好航空发动机部件验证）技术平台下的装有 LPP 主喷射器部件的轴向分级燃烧室结构。图 10－28 显示了不同预混预蒸发管长度的贫油预混器。LPP 的缺点是燃烧室的工作和稳定范围窄，易于引起不稳定燃烧；此外，还存在自动点火和回火问题，因此在飞机推进应用上受到限制。

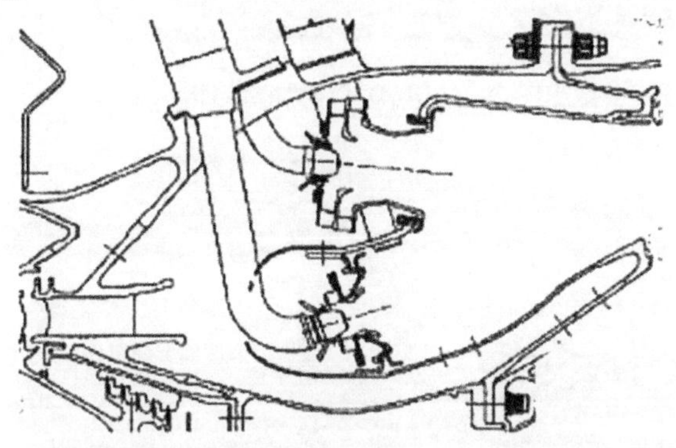

图 10－27　装有 LPP 主喷射器部件的 CLEAN 轴向分级燃烧室结构

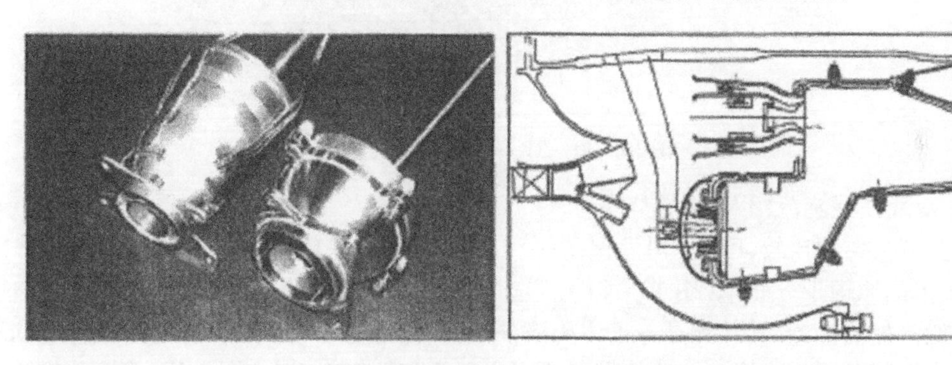

图 10－28　LPP 燃油喷射器及其所安装的轴向分级燃烧室

2）贫油直接喷射（LDI）燃烧室

贫油直接喷射（LDI）燃烧室（图 10－29）中，液态燃料直接喷入燃烧室中，并在燃烧室中以尽可能短的距离瞬间蒸发并与进入的燃烧空气进行混合。贫油的燃料/空气混合物以较低的火焰温度进行燃烧，因而降低了 NO_x 的排放。在 LDI 燃烧室中最大的挑战是在燃烧开始之前实现良好的雾化及燃料/空气的迅速混合，以避免形成能够产生大量 NO_x 的局部高温区。由于 LDI 燃烧室具有尺寸小、结构简单、燃烧效率高、无自动点火和回火现象等诸多优点，因而在航空发动机中应用具有极大的前景。罗罗公司在 ANTLE 计划（先进近期低排放计划）中也发展了一种单环 LDI（或 DLI）概念（图 10－30）。在这种燃烧室中，高达 70% 的空气流量通过气动雾化喷嘴进入以便用作燃料准备和点火，采用燃油分级来实现全部的燃烧室工作性能和典型的发动机调节比。

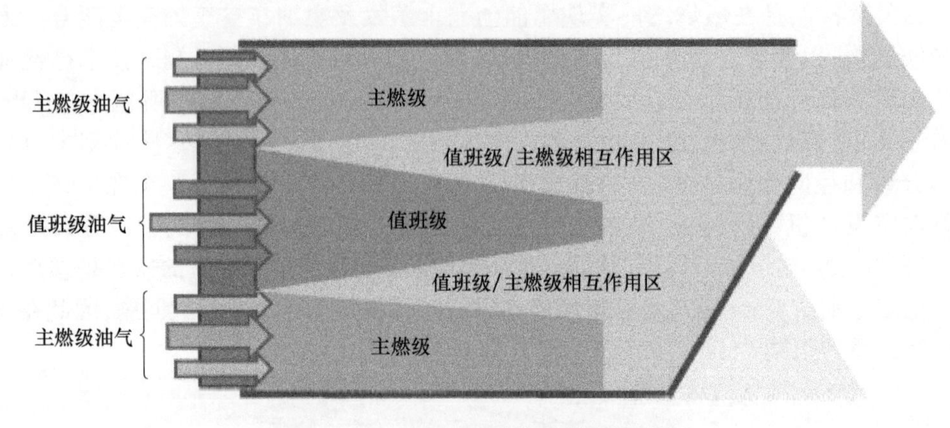

图 10－29　LDI(DLI)燃烧室结构示意图

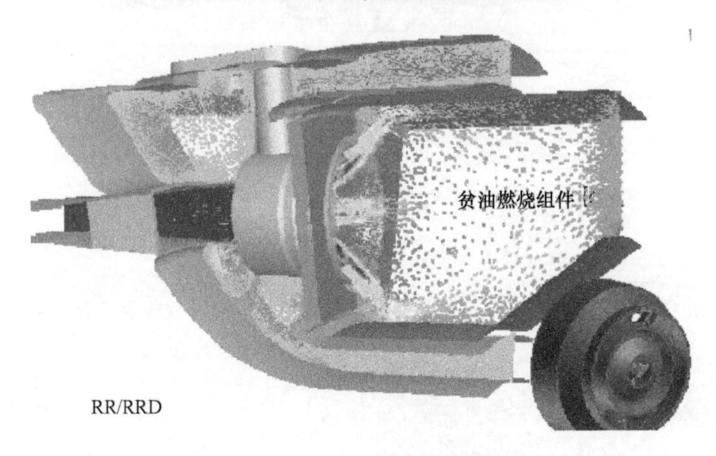

图 10－30　RR 单环 LDI 燃烧室

3）双环预混旋流(TAPS)燃烧室

与罗罗公司相比较,GE 公司发展了一种十分类似的双环预混旋流器技术(TAPS)。TAPS 技术的原理十分简单(图 10－31)。它是一个内部分级的燃油喷射器,其中心是一个值班旋流杯混合器,其外侧是一个主旋流预混器,通过这种结构燃料和空气进行预混,因而称为双环预混旋流器。该旋流器形成了十分均匀的燃料/空气混合物,能够在较低温度下燃烧,从而显著降低 NO_x 的排放。TAPS 技术的发动机试验验证表明 NO_x 的排放出现了实质性的降低,而未燃烃的排放并未增加。CFM 公司单环腔双环预混旋流(SAC TAPS)燃烧室(图 10－32)的 NO_x 排放量在总压比(OPR)为 33 时比 CAEP/4 标准规定的排放量低 50%,但却比 CAEP/6 排放标准高 50%;与之相比,在总压比高达 45 时,双环腔 DAC TAPS(图 10－33)排放量比 CAEP/6 排放标准低 50%,但后者的造价明显比前者要高,因而更希望针对 SAC TAPS 发展降低 NO_x 排放的技术。GE 公司 GEnx 发动机已发展了一种先进的单环腔 SAC TAPS 燃烧室(图 10－34),它将成为同一级别内燃烧最洁净的发动机,该燃烧室将严格遵守现有和即将实行的 NO_x 排放法规。然而,TAPS 燃烧系统仍然面临着很多挑战,例如,在可靠性、成本、寿命、重量和复杂性、主副油路之间的燃油分级、响应和可控性、喷嘴清洁方面等。

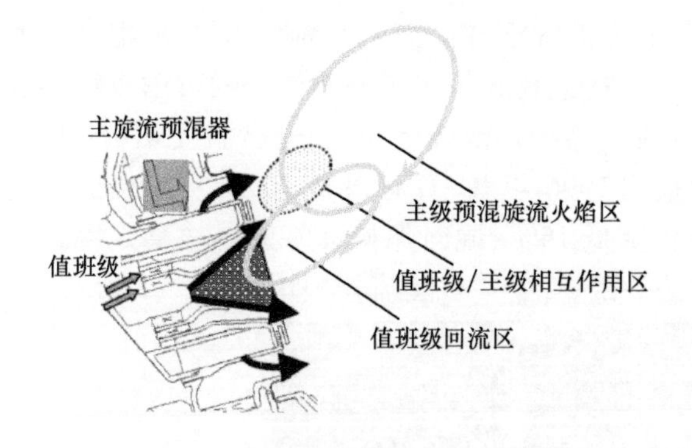

图 10-31 双环预混旋流器喷射器结构

图 10-32 CFM 公司 SAC TAPS 燃油喷嘴和燃烧室

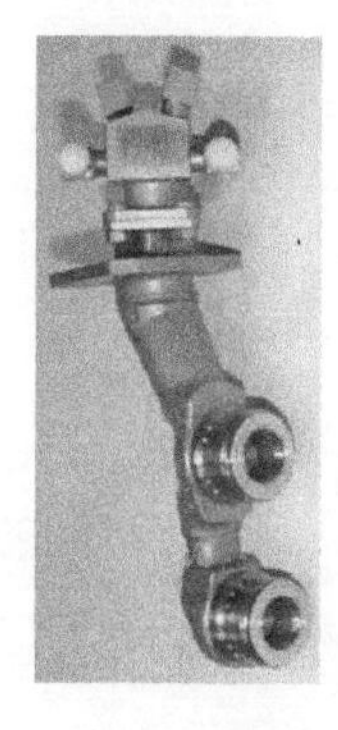

图 10-33 GE90 DAC TAPS 燃油喷嘴和燃烧室

图 10-34 GE GEnx 发动机 TAPS 燃烧室

4）多旋流器阵列贫油直喷(MSALDI)燃烧室

多旋流器阵列贫油直喷(Multi-Swirler Array Lean Direct Injection,MSALDI)燃烧概念,其原理性结构如图 10-35 所示。在 MSALDI 燃烧概念中,燃油通过大量喷点直接喷入燃烧室头部,在每个喷点的周围,采用小旋流器作为燃油/空气混合器和火焰稳定器,由于相邻旋流器之间的流动存在强烈的相互作用,因此将在整个主燃区建立强湍流从而促进燃油雾化及其与空气的均匀混合。MSALDI 燃烧室避免了预混燃烧中存在的回火、声

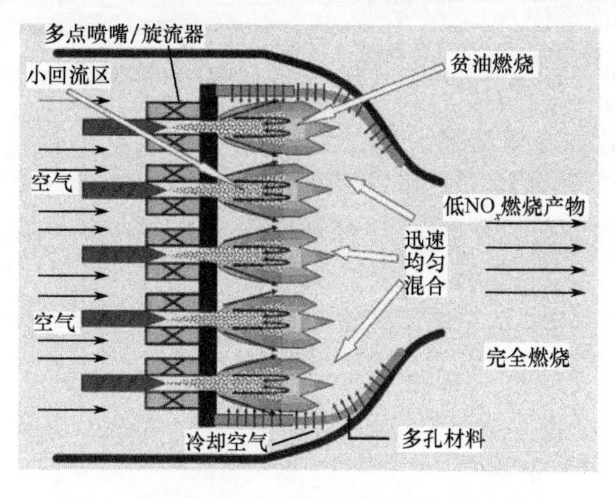

图 10-35 MSALDI 燃烧室原理性结构示意图

学不稳定、贫油条件下吹熄极限及振荡、调节比低等潜在缺点。目前,MSALDI 燃烧室还处于概念评估与论证阶段。美国 NASA Tacina 等人首先提出了多旋流阵列贫油直喷燃烧概念,先后设计了 3×3、5×5、6×6 和 7×7 旋流器阵列模块组件,在进口温度 810K、进口压力 2760kPa 的条件下,测试的 NOx 排放量比 1996 年 ICAO 标准低 70%,可以接近或达到 LPP 燃烧室的水平,耗油率比现役发动机降低 15%,同时保持良好的燃烧稳定性。图 10-36 为 NASA 提出的按 7×7 阵列排布的头部燃油/空气旋流器模块组件。

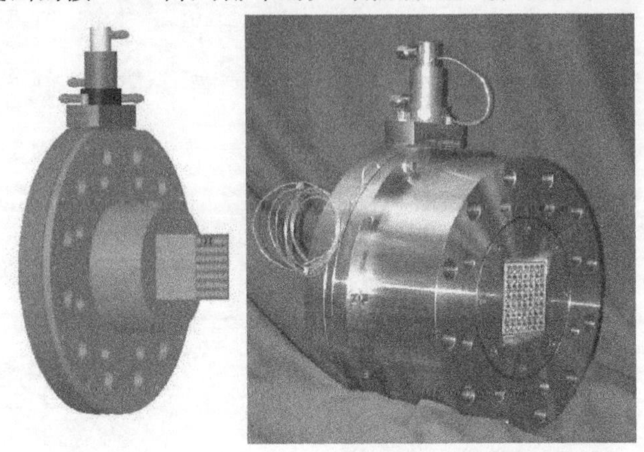

图 10-36　按 7×7 阵列排布的头部燃油/空气旋流器模块组件

10.2.3　可变几何

可变几何实际上是将局部空燃比保持在低排放范围内的另一种方法。与燃油分级不同,可变几何是将空气分级,因而从慢车状态提高到起飞状态时,燃烧区的空气需要进行分流。图 10-37 显示了可变几何燃烧室的工作原理,当功率提高时,气流逐渐从混合孔转移到燃油喷嘴,这确保了在慢车状态下的稳定工作以及最大功率状态下的贫油燃烧。理论上,可变几何燃烧室可以和预混预蒸发技术结合使用来避免促进 NO_x 生成的局部高温区和促进 CO 生成的局部低温区。可变几何概念提供了一种既能降低污染排放,而又不牺牲燃烧室性能的很具有吸引力的方法。同时,它还有几个其他的优点,比如在低功率状态能够提高燃烧效率、改善高空再点火性能、宽广的稳定性极限、燃烧室尺寸小、重量轻等。可变几何燃烧室的缺点主要是机械的复杂性和高温燃气环境中的控制问题,这又会引起成本和重量的增大及可靠性的降低。目前可变几何燃烧室技术仍然不成熟,不适合用于航空燃气轮机,因此航空发动机燃烧室的中期方案不会采用。

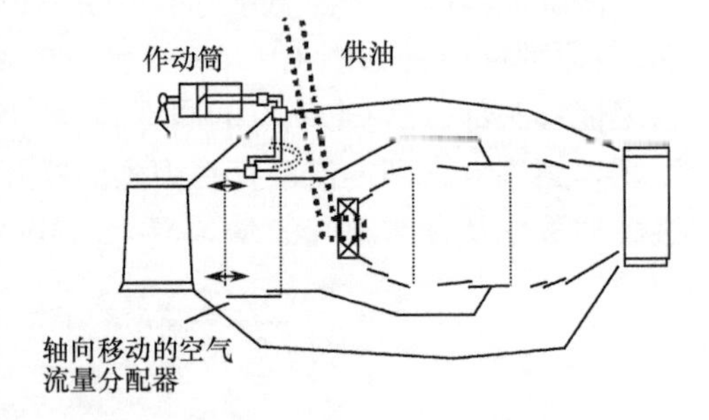

图 10-37　可变几何燃烧室结构简图

习题

（1）什么是高温升燃烧室?

（2）高温升燃烧室需要发展哪几个方面的关键技术?

(3) 高温升燃烧室燃烧组织技术目前从哪些方面考虑?

(4) 当前发展的高温升燃烧室有哪些型式?

(5) 简要阐述一种当前较先进的气膜冷却技术原理。

(6) 低污染燃烧室有哪些型式? 各有何优缺点?

(7) 试讨论未来低污染燃烧室的发展方向。

参考文献

[1] 彭泽琰等. 航空燃气轮机原理[M]. 北京:国防工业出版社,2008.

[2] 黄勇,林宇震,樊未军. 燃烧与燃烧室[M]. 北京:北京航空航天大学出版社,2009.

[3] A H 勒菲法,D R 鲍拉尔,燃气涡轮发动机燃烧[M]. 刘永泉,等译. 北京:航空工业出版社,2016.

[4] 徐旭常,周力行. 燃烧技术手册[M]. 北京:化学工业出版社 2008.

[5] 侯晓春,季鹤鸣,刘庆国,等. 高性能航空燃气轮机燃烧技术[M]. 北京:国防工业出版社,2002.

[6] 林宇震,许全宏,刘高恩. 燃气轮机燃烧室[M]. 北京:国防工业出版社,2008.

[7] 李继保,胡正义. 高温升高热容燃烧室设计技术分析[J]. 燃气涡轮试验与研究,2000(04):5-8.

[8] 金捷,钟燕. 先进航空发动机设计与制造技术综述[J]. 航空制造技术,2012(05):34-37.

[9] 程波. 航空发动机双层壁火焰筒冷却设计研究[D]. 成都:电子科技大学,2011.

[10] 毛艳辉. 航空燃气轮机涡轮级间燃烧技术研究[D]. 北京:中国科学工程热物理所,2013.

[11] MellorA M. Design of modern turbine combustors[M]. Salt Lake City: Academic Press,1990.

[12] Lefebvre A H. Gas Turbine Combustion[M]. Florida: CRC Press,1998.

[13] Rolls-Royce plc. The Jet Engine[M]. England:Rolls-Royce plc,1986(4).

[14] Attingly Jack D ,Heiser,William H,Pratt David T. Aircraft Engine Design [M]. California :American Institute of Aeronautics and Astronautics, 2002(2).

[15] Brundish K D, Miller M N, Morgan L C, et al. Variable Fuel Placement Injector Development [R]. California: ASME,2003.

[16] Tacina R, et a1. Experimental Investigation of a Multiplex Fuel Injector Module for Low Emission Combustors[R]. California :AIAA,2003.

[17] Barlow K ,et al. Trapped Vortex Combustor Development for Military Aircraft [R]. California :AIAA,2008.

[18] Mongia H C. Engineering Aspects of Complex Gas Turbine Combustion Mixers Part I: high Delta-T[R]. California : AIAA,2011.

附录 A　C－H－O－N 系统热力学性质

表 A－1　一氧化碳(CO),MW＝28.010,298K 时的生成焓＝－110,541kJ/kmol

T/K	$\bar{c}_p$ /(kJ/kmol·K)	$(\bar{h}^0(T)-\bar{h}_f^0(298))$ /(kJ/kmol)	$\bar{h}_f^0(T)$ /(kJ/kmol)	$\bar{s}^0(T)$ /(kJ/kmol·K)	$\bar{g}_f^0(T)$ /(kJ/kmol)
200	28.687	－2,835	－111,308	186.018	－128,532
298	29.072	0	－110,541	197.548	－137,163
300	29.078	54	－110,530	197.728	－137,328
400	29.433	2,979	－110,121	206.141	－146,332
500	29.857	5,943	－110,017	212.752	－155,403
600	30.407	8,955	－110,156	218.242	－164.470
700	31.089	12,029	－110,477	222.979	－173,499
800	31.860	15,176	－110,942	227.180	－182,473
900	32.629	18,401	－111,450	230.978	－191,386
1,000	33.255	21,697	－112,022	234.450	－200,238
1,100	33.725	25,046	－112,619	237.642	－209,030
1,200	34.148	28,440	－113,240	240.595	－217,768
1,300	34.530	31,874	－113,881	243.344	－226,453
1,400	34.872	35,345	－114,543	245.915	－235,087
1,500	35.178	38,847	－115,225	248.332	－243,674
1,600	35.451	42,379	－115,925	250.611	－252,214
1,700	35.694	45,937	－116,644	252.768	－260,711
1,800	35.910	49,517	－117,380	254.814	－269,164
1,900	36.101	53,118	－118,132	256.761	－277,576
2,000	36.271	56,737	－118,902	258.617	－285,948
2,100	36.421	60,371	－119,687	260.391	－294,281
2,200	36.553	64,020	－120,488	262.088	－302,576
2,300	36.670	67,682	－121,305	263.715	－310,835
2,400	36.744	71,354	－122,137	265.278	－319,057
2,500	36.867	75,036	－122,984	266.781	－327,245
2,600	36.950	78,727	－123,847	268.229	－335,399
2,700	37.025	82,426	－124,724	269.625	－343,519
2,800	37.093	86,132	－125,616	270.973	－351,606
2,900	37.155	89,844	－126,523	272.275	－359,661
3,000	37.213	93,562	－127,446	273.536	－367,684
3,100	37.268	97,287	－128,383	274.757	－375,677
3,200	37.321	101,016	－129,335	275.941	－383,639

（续）

T/K	$\bar{c}_p$ /(kJ/kmol·K)	$(\bar{h}^0(T)-\bar{h}_f^0(298))$ /(kJ/kmol)	$\bar{h}_f^0(T)$ /(kJ/kmol)	$\bar{s}^0(T)$ /(kJ/kmol·K)	$\bar{g}_f^0(T)$ /(kJ/kmol)
3,300	37.372	104,751	-130,303	277.090	-391,571
3,400	37.422	108,490	-131,285	278.207	-399,474
3,500	37.471	112,235	-132,283	279.292	-407,347
3,600	37.521	115,985	-133,295	280.349	-415,192
3,700	37.570	119,739	-134,323	281.377	-423,008
3,800	37.619	123,499	-135,366	282.380	-430,796
3,900	37.667	127,263	-136,424	283.358	-438,557
4,000	37.716	131,032	-137,497	284.312	-446,291
4,100	37.764	134,806	-138,585	285.244	-453,997
4,200	37.810	138,585	-139,687	286.154	-461,677
4,300	37.855	142,368	-140,804	287.045	-469,330
4,400	37.897	146,156	-141,935	287.915	-476,957
4,500	37.936	149,948	-143,079	288.768	-484,558
4,600	37.970	153,743	-144,236	289.602	-492,134
4,700	37.998	157,541	-145,407	290.419	-499,684
4,800	38.019	161,342	-146,589	291.219	-507,210
4,900	38.031	165,145	-147,783	292.003	-514,710
5,000	38.033	168,948	-148,987	292.771	-522,186

表 A-2　二氧化碳(CO_2),MW=44.011,298K 时的生成焓 = -393,546kJ/kmol

T/K	$\bar{c}_p$ /(kJ/kmol·K)	$(\bar{h}^0(T)-\bar{h}_f^0(298))$ /(kJ/kmol)	$\bar{h}_f^0(T)$ /(kJ/kmol)	$\bar{s}^0(T)$ /(kJ/kmol·K)	$\bar{g}_f^0(T)$ /(kJ/kmol)
200	32.387	-3,423	-393,483	199.876	-394,126
298	37.198	0	-393,546	213.736	-394,428
300	37.280	69	-393,547	213.966	-394,433
400	41.276	4,003	-393,617	225.257	-394,718
500	44.569	8,301	-393,712	234.833	-394,983
600	47.313	12,899	-393,844	243.209	-395,226
700	49.617	17,749	-394,013	250.680	-395,443
800	51.550	22,810	-394,213	257.436	-395,635
900	53.136	28,047	-394,433	263.603	-395.799
1,000	54.360	33,425	-394,659	269.268	-395,939
1,100	55.333	38,911	-394,875	274.495	-396,056
1,200	56.205	44,488	-395,083	279,348	-396,155
1,300	56.984	50,149	-395,287	283.878	-396,236
1,400	57.677	55,882	-395,488	288.127	-396,301
1,500	58.292	61,681	-395,691	292.128	-396,352

(续)

T/K	$\bar{c}_p$ /(kJ/kmol·K)	$(\bar{h}^0(T)-\bar{h}_f^0(298))$ /(kJ/kmol)	$\bar{h}_f^0(T)$ /(kJ/kmol)	$\bar{s}^0(T)$ /(kJ/kmol·K)	$\bar{g}_f^0(T)$ /(kJ/kmol)
1,600	58.836	67,538	-395,897	295.908	-396,389
1,700	59.316	73,446	-396,110	299.489	-396,414
1,800	59.738	79,399	-396,332	302.892	-396,425
1,900	60.108	85,392	-396,564	306.132	-396,424
2,000	60.433	91,420	-396,808	309.223	-396,410
2,100	60.717	97,477	-397,065	312.179	-396,384
2,200	60.966	103,562	-397,338	315.009	-396,346
2,300	61.185	109,670	-397,626	317.724	-396,294
2,400	61.378	115,798	-397,931	320.333	-396,230
2,500	61.548	121,944	-398,253	322.842	-396,152
2,600	61.701	128,107	-398,594	325.259	-396,061
2,700	61.839	134,284	-398,952	327.590	-395,957
2,800	61.965	140,474	-399,329	329.841	-395,840
2,900	62.083	146,677	-399,725	332.018	-395,708
3,000	62.194	152,891	-400,140	334.124	-395,562
3,100	62.301	159,116	-400,573	336.165	-395,403
3,200	62.406	165,351	-401,025	339.145	-395,229
3,300	62.510	171,597	-401,495	340.067	-395,041
3,400	62.614	177,853	-401,983	341.935	-394,838
3,500	62.718	184,120	-402,489	343.751	-394,620
3,600	62.825	190,397	-403,013	345.519	-394,388
3,700	62.932	196,685	-403,553	347.242	-394,141
3,800	63.041	202,983	-404,110	348.922	-393,879
3,900	63.151	209,293	-404,684	350.561	-393,602
4,000	63.261	215,613	-405,273	353.161	-393,311
4,100	63.369	221,945	-405,878	353.725	-393,004
4,200	63.474	228,287	-406,499	355.253	-392,683
4,300	63.575	234,640	-407,135	356.748	-392,346
4,400	63.669	241,002	-407,785	358.210	-391,995
4,500	63.753	247,373	-407,451	359.642	-391,629
4,600	63.825	253,752	-409,132	361.044	-391,247
4,700	63.881	260,138	-409,828	362.417	-390,851
4,800	63.918	266,528	-410,539	363.763	-390,440
4,900	63.932	272,920	-411,267	365.081	-390,014
5,000	63.919	279,313	-412,010	366.372	-389,572

表 A-3 氢(H_2),MW=2.016,298K 时的生成焓=0

T/K	$\bar{c}_p$ /(kJ/kmol·K)	$(\bar{h}^0(T)-\bar{h}_f^0(298))$ /(kJ/kmol)	$\bar{h}_f^0(T)$ /(kJ/kmol)	$\bar{s}^0(T)$ /(kJ/kmol·K)	$\bar{g}_f^0(T)$ /(kJ/kmol)
200	28.522	-2,818	0	119.137	0
298	28.871	0	0	130.595	0
300	28.877	53	0	130.773	0
400	29.120	2,954	0	139.116	0
500	29.275	5,874	0	145.632	0
600	29.375	8,807	0	150.979	0
700	29.461	11,749	0	155.514	0
800	29.581	14,701	0	159.455	0
900	29.792	17,668	0	162.950	0
1,000	30.160	20,664	0	166.106	0
1,100	30.625	23,704	0	169.003	0
1,200	31.077	26,789	0	171.687	0
1,300	31.516	29,919	0	174.192	0
1,400	31.943	33,092	0	176.543	0
1,500	32.356	36,307	0	178.761	0
1,600	32.758	39,562	0	180.862	0
1,700	33.146	42,858	0	182.860	0
1,800	33.522	46,191	0	184.765	0
1,900	33.885	49,562	0	186.587	0
2,000	34.236	52,968	0	188.334	0
2,100	34.575	56,408	0	190.013	0
2,200	34.901	59,882	0	191.629	0
2,300	35.216	63,388	0	193.187	0
2,400	35.519	66,925	0	194.692	0
2,500	35.811	70,492	0	196.148	0
2,600	36.091	74,087	0	197.558	0
2,700	36.361	77,710	0	198.926	0
2,800	36.621	81,359	0	200.253	0
2,900	36.871	85,033	0	201.542	0
3,000	37.112	88,733	0	202.796	0
3,100	37.343	92,455	0	204.017	0
3,200	37.566	96,201	0	205.206	0
3,300	37.781	99,968	0	206.365	0
3,400	37.989	103,757	0	207.496	0
3,500	38.190	107,566	0	208.600	0

（续）

T/K	$\bar{c}_p$ /(kJ/kmol·K)	$(\bar{h}^0(T)-\bar{h}_f^0(298))$ /(kJ/kmol)	$\bar{h}_f^0(T)$ /(kJ/kmol)	$\bar{s}^0(T)$ /(kJ/kmol·K)	$\bar{g}_f^0(T)$ /(kJ/kmol)
3,600	38.385	111,395	0	209.679	0
3,700	38.574	115,243	0	210.733	0
3,800	38.759	119,109	0	211.764	0
3,900	38.939	122,994	0	212.774	0
4,000	39.116	126,897	0	213.762	0
4,100	39.291	130,817	0	214.730	0
4,200	39.464	134,755	0	215.679	0
4,300	39.636	138,710	0	216.609	0
4,400	39.808	142,682	0	217.522	0
4,500	39.981	146,672	0	218.419	0
4,600	40.156	150,679	0	219.300	0
4,700	40.334	154,703	0	220.165	0
4,800	40.516	158,746	0	221.016	0
4,900	40.702	162,806	0	221.853	0
5,000	40.895	166,886	0	222.678	0

表 A-4　氢原子(H),MW=1.008,298K 时的生成焓=217,977kJ/kmol

T/K	$\bar{c}_p$ /(kJ/kmol·K)	$(\bar{h}^0(T)-\bar{h}_f^0(298))$ /(kJ/kmol)	$\bar{h}_f^0(T)$ /(kJ/kmol)	$\bar{s}^0(T)$ /(kJ/kmol·K)	$\bar{g}_f^0(T)$ /(kJ/kmol)
200	20.786	-2,040	217,346	106.305	207,999
298	20.786	0	217,977	114.605	203,276
300	20.786	38	217,989	114.733	203,185
400	20.786	2,117	218,617	120.713	198,155
500	20.786	4,196	219,236	125.351	192,968
600	20.786	6,274	219,848	129.351	187,657
700	20.786	8,353	220,456	132.345	182,244
800	20.786	10,431	221,059	135.121	176,744
900	20.786	12,510	221,653	137.569	171,169
1,000	20.786	14,589	222,234	139.759	165,528
1,100	20.786	16,667	222,793	141.740	159,830
1,200	20.786	18,746	223,329	143.549	154,082
1,300	20.786	20,824	223,843	145.213	148,291
1,400	20.786	22,903	224,335	146.753	142,461
1,500	20.786	24,982	224,806	148.187	136,596

（续）

T/K	$\bar{c}_p$ /(kJ/kmol·K)	$(\bar{h}^0(T)-\bar{h}_f^0(298))$ /(kJ/kmol)	$\bar{h}_f^0(T)$ /(kJ/kmol)	$\bar{s}^0(T)$ /(kJ/kmol·K)	$\bar{g}_f^0(T)$ /(kJ/kmol)
1,600	20.786	27,060	225,256	149.528	130,700
1,700	20.786	29,139	225,687	150.789	124,777
1,800	20.786	31,217	226,099	151.977	118,830
1,900	20.786	33,296	226,493	153.101	112,859
2,000	20.786	35,375	226,868	154.167	106,869
2,100	20.786	37,453	227,226	155.181	100,860
2,200	20.786	39,532	227,568	156.148	94,834
2,300	20.786	41,610	227,894	157.072	88,794
2,400	20.786	43,689	228,204	157.956	82,739
2,500	20.786	45,768	228,499	158.805	76,672
2,600	20.786	47,846	228,780	159.620	70,593
2,700	20.786	49,925	229,047	160.405	64,504
2,800	20.786	52,003	229,301	161.161	58,405
2,900	20.786	54,082	229,543	161.890	52,298
3,000	20.786	56,161	229,772	162.595	46,182
3,100	20.786	58,239	229,989	163.276	40,058
3,200	20.786	60,318	230,195	163.936	33,928
3,300	20.786	62,396	230,390	164.576	27,792
3,400	20.786	64,475	230,574	165.196	21,650
3,500	20.786	66,554	230,748	165.799	15,502
3,600	20.786	68,632	230,912	166.954	9,350
3,700	20.786	70,711	231,067	166.954	3,194
3,800	20.786	72,789	231,212	167.508	-2,967
3,900	20.786	74,868	231,348	168.048	-9,132
4,000	20.786	76,947	231,475	168.575	-15,299
4,100	20.786	79,025	231,594	169.088	-21,470
4,200	20.786	81,104	231,704	169.589	-27,644
4,300	20.786	83,182	231,805	170.078	-33,820
4,400	20.786	85,261	231,897	170.556	-39,998
4,500	20.786	87,340	231,981	171.023	-46,179
4,600	20.786	89,418	232,056	171.480	-52,361
4,700	20.786	91,497	232,123	171.927	-58,545
4,800	20.786	93,575	232,180	172.364	-64,730
4,900	20.786	95,654	232,228	172.793	-70,916
5,000	20.786	97,733	232,267	173.213	-77,103

表 A-5　氢氧基(OH),MW = 17.007,298K 时的生成焓 = 38.985kJ/kmol

T/K	$\bar{c}_p$ /(kJ/kmol·K)	$(\bar{h}^0(T)-\bar{h}_f^0(298))$ /(kJ/kmol)	$\bar{h}_f^0(T)$ /(kJ/kmol)	$\bar{s}^0(T)$ /(kJ/kmol·K)	$\bar{g}_f^0(T)$ /(kJ/kmol)
200	30.140	-2,948	38,864	171.607	35,808
298	29.932	0	38,985	183.604	34,279
300	29.928	55	38,987	183.789	34,250
400	29.718	3,037	39,030	192.369	32,662
500	29.570	6,001	39,000	198.983	31,072
600	29.527	8,955	38,909	204.369	29,494
700	29.615	11,911	38,770	208.925	27,935
800	29.844	14,883	38,599	212.893	26,399
900	30.208	17,884	38,410	216.428	24,885
1,000	30.682	20,928	38,220	219.635	23,392
1,100	31.186	24,022	38,039	222.583	21,918
1,200	31.662	27,164	37,867	225.317	20,460
1,300	32.114	30,353	37,704	227.869	19,017
1,400	32.540	33,586	37,548	230.265	17,585
1,500	32.943	36,860	37,397	232.524	16,164
1,600	33.323	40,174	37,252	234.662	14,753
1,700	33.682	43,524	37,109	236.693	13,352
1,800	34.019	46,910	36,969	238.628	11,958
1,900	34.337	50,328	36,831	240.476	10,573
2,000	34.635	53,776	36,693	242.245	9,194
2,100	34.915	57,254	36,555	243.942	7,823
2,200	35.178	60,759	36,416	245.572	6,458
2,300	35.425	64,289	36,276	247.141	5,099
2,400	35.656	67,843	36,133	248.654	3,746
2,500	35.872	71,420	35,986	250.114	2,400
2,600	36.074	75,017	35,836	251.525	1,060
2,700	36.263	78,634	35,682	252.890	-275
2,800	36.439	82,269	35,524	254.212	-1,604
2,900	36.606	85,922	35,360	255.493	-2,927
3,000	36.759	89,590	35,191	256.737	-4,245
3,100	36.903	93,273	35,016	257.945	-5,556
3,200	37.039	96,970	34,835	259.118	-6,862
3,300	37.166	100,681	34,648	260.260	-8,162
3,400	37.285	104,403	34,454	261.371	-9,457
3,500	37.398	108,137	34,253	262.454	-10,745

（续）

T/K	$\bar{c}_p$ /(kJ/kmol·K)	$(\bar{h}^0(T)-\bar{h}_f^0(298))$ /(kJ/kmol)	$\bar{h}_f^0(T)$ /(kJ/kmol)	$\bar{s}^0(T)$ /(kJ/kmol·K)	$\bar{g}_f^0(T)$ /(kJ/kmol)
3,600	37.504	111,882	34,046	263.509	-12,028
3,700	37.605	115,638	33,831	264.538	-13,305
3,800	37.701	119,403	33,610	265.542	-14,576
3,900	37.793	123,178	33,381	266.522	-15,841
4,000	37.882	126,962	33,146	267.480	-17,100
4,100	37.968	130,754	32,903	268.417	-18,353
4,200	38.052	134,555	32,654	269.333	-19,600
4,300	38.135	138,365	32,397	270.229	-20,841
4,400	38.217	142,182	32,134	271.107	-22,076
4,500	38.300	146,008	31,864	271.967	-23,306
4,600	38.382	149,842	31,588	272.809	-24,528
4,700	38.466	153,685	31,305	273.636	-25,745
4,800	38.552	157,536	31,017	274.446	-26,956
4,900	38.640	161,395	30,722	275.242	-28,161
5,000	38.732	165,264	30,422	276.024	-29,360

表 A-6　水(H_2O),MW = 18.016,298K 时的生成焓 = -241,845kJ/kmol,蒸发焓 = 44,010kJ/kmol

T/K	$\bar{c}_p$ /(kJ/kmol·K)	$(\bar{h}^0(T)-\bar{h}_f^0(298))$ /(kJ/kmol)	$\bar{h}_f^0(T)$ /(kJ/kmol)	$\bar{s}^0(T)$ /(kJ/kmol·K)	$\bar{g}_f^0(T)$ /(kJ/kmol)
200	32.255	-3,227	-240,838	175.602	-232,779
298	33.448	0	-241,845	188.715	-228,608
300	33.468	62	-241,865	188.922	-228,526
400	34.437	3,458	-242,858	198.686	-223,929
500	35.337	6,947	-243,822	206.467	-219,085
600	36.288	10,528	-244,753	212.992	-214,049
700	37.364	14,209	-245,638	218.665	-208,861
800	38.587	18,005	-246,461	223.733	-203,550
900	39,930	21,930	-247,209	228.354	-198,141
1,000	41,315	25,993	-247,879	232.633	-192,652
1,100	42.638	30,191	-248,475	236.634	-187,100
1,200	43.874	34,518	-249,005	240.397	-181,497
1,300	45.027	38,963	-249,477	243.955	-175,852
1,400	46.102	43,520	-249,895	247.332	-170,172

（续）

T/K	$\bar{c}_p$ /(kJ/kmol·K)	$(\bar{h}^0(T)-\bar{h}_f^0(298))$ /(kJ/kmol)	$\bar{h}_f^0(T)$ /(kJ/kmol)	$\bar{s}^0(T)$ /(kJ/kmol·K)	$\bar{g}_f^0(T)$ /(kJ/kmol)
1,500	47.103	48,181	-250,267	250.547	-164,464
1,600	48.035	52,939	-250,597	253.617	-158,733
1,700	48.901	57,786	-250,890	256.556	-152,983
1,800	49.705	62,717	-251,151	259.374	-147,216
1,900	50.451	67,725	-251,384	262.081	-141,435
2,000	51.143	72,805	-251,594	264.687	-135,643
2,100	51.784	77.952	-251,783	267.198	-129,841
2,200	52.378	83,160	-251,955	269.621	-124,030
2,300	52,927	88,426	-252,113	271.961	-118,211
2,400	53,435	93,744	-252,261	274.225	-112,386
2,500	53.905	99,112	-252,399	276.416	-106,555
2,600	54.340	104,524	-252,532	278.539	-100,719
2,700	54.742	109,979	-252,659	280.597	-94,878
2,800	55.115	115,472	-252,785	282.595	-89,031
2,900	55.459	121,001	-252,909	284.535	-83,181
3,000	55.779	126,563	-253,034	286.420	-77,326
3,100	56.076	132,156	-253,161	288.254	-71,467
3,200	56.353	137,777	-253,290	290.039	-65,604
3,300	56.610	143,426	-253,423	291.777	-59,737
3,400	56.851	149,099	-253,561	293.471	-53,865
3,500	57.076	154,795	-253,704	295.122	-47,990
3,600	57.288	160,514	-253,852	296.733	-42,110
3,700	57.488	166,252	-254,007	298.305	-36,226
3,800	57.676	172,011	-254,169	299.841	-30,338
3,900	57.856	177,787	-254,338	301.341	-24,446
4,000	58.026	183,582	-254,515	302.808	-18,549
4,100	58.190	189,392	-254,699	304.243	-12,648
4,200	58.346	195,219	-254,892	305.647	-6,742
4,300	58.496	201,061	-255,093	307.022	-831
4,400	58.641	206,918	-255,303	308.368	5,085
4,500	58.781	212,790	-255,522	309.688	11,005
4,600	58.916	218,674	-255,751	310.981	16,930
4,700	59.047	224,573	-255,990	312.250	22,861
4,800	59.173	230,484	-256,239	313.494	28,796
4,900	59.295	236,407	-256,501	314.716	34,737
5,000	59.412	242,343	-256,774	315.915	40,684

表 A-7　氮(N_2),MW=28.013,298K 的生成焓=0

T/K	$\bar{c}_p$ /(kJ/kmol·K)	$(\bar{h}^0(T)-\bar{h}_f^0(298))$ /(kJ/kmol)	$\bar{h}_f^0(T)$ /(kJ/kmol)	$\bar{s}^0(T)$ /(kJ/kmol·K)	$\bar{g}_f^0(T)$ /(kJ/kmol)
200	28.793	-2,841	0	179.959	0
298	29.071	0	0	191.511	0
300	29.075	54	0	191.691	0
400	29.319	2,973	0	200.088	0
500	29.636	5,920	0	206.662	0
600	30.086	8,905	0	212.103	0
700	30.684	11,942	0	216.784	0
800	31.394	15,046	0	220.927	0
900	32.131	18,222	0	224.667	0
1,000	32.762	21,468	0	228.087	0
1,100	33.258	24,770	0	231.233	0
1,200	33.707	28,118	0	234.146	0
1,300	34.113	31,510	0	236.861	0
1,400	34.477	34,939	0	239.402	0
1,500	34.805	38,404	0	241.792	0
1,600	35.099	41,899	0	244.048	0
1,700	35.361	45,423	0	246.184	0
1,800	35.595	48,971	0	248.212	0
1,900	35.803	52,541	0	250.142	0
2,000	35.988	56,130	0	251.983	0
2,100	36.152	59,738	0	253.743	0
2,200	36.298	63,360	0	255.429	0
2,300	36.428	66,997	0	257.045	0
2,400	36.543	70,645	0	258.598	0
2,500	36.645	74,305	0	260.092	0
2,600	36.737	77,974	0	261.531	0
2,700	36.820	81,652	0	262.919	0
2,800	36.895	85,338	0	264.259	0
2,900	36.964	89,031	0	265.555	0
3,000	37.028	92,730	0	266.810	0
3,100	37.088	96,436	0	268.025	0
3,200	37.144	100,148	0	269.203	0
3,300	37.198	103,865	0	270.347	0
3,400	37.251	107,587	0	271.458	0
3,500	37.302	111,315	0	272.539	0

（续）

T/K	$\bar{c}_p$ /(kJ/kmol·K)	$(\bar{h}^0(T)-\bar{h}_f^0(298))$ /(kJ/kmol)	$\bar{h}_f^0(T)$ /(kJ/kmol)	$\bar{s}^0(T)$ /(kJ/kmol·K)	$\bar{g}_f^0(T)$ /(kJ/kmol)
3,600	37.352	115,048	0	273.590	0
3,700	37.402	118,786	0	274.614	0
3,800	37.452	122,528	0	275.612	0
3,900	37.501	126,276	0	276.586	0
4,000	37.549	130,028	0	277.536	0
4,100	37.597	133,786	0	278.464	0
4,200	37.643	137,548	0	279.370	0
4,300	37.688	141,314	0	280.257	0
4,400	37.730	145,085	0	281.123	0
4,500	37.768	148,860	0	281.972	0
4,600	37.803	152,639	0	282.802	0
4,700	37.832	156,420	0	283.616	0
4,800	37.854	160,205	0	284.412	0
4,900	37.868	163,991	0	285.193	0
5,000	37.873	167,778	0	285.958	0

表 A－8　氮原子(N)的原子量＝14.007,298K 时的生成焓＝472,629kJ/kmol

T/K	$\bar{c}_p$ /(kJ/kmol·K)	$(\bar{h}^0(T)-\bar{h}_f^0(298))$ /(kJ/kmol)	$\bar{h}_f^0(T)$ /(kJ/kmol)	$\bar{s}^0(T)$ /(kJ/kmol·K)	$\bar{g}_f^0(T)$ /(kJ/kmol)
100	20.790	－2,040	472,008	144.889	461,026
200	20.786	0	472,629	153.189	455,504
300	20.786	38	472,640	153.317	455,398
400	20.786	2,117	473,258	159.297	449,557
500	20.786	4,196	473,864	163.935	443,562
600	20.786	6,274	474,450	167.725	437,446
700	20.786	8353	475,010	170.929	431,234
800	20.786	10431	475,537	173.705	424,944
900	20.786	12510	476,027	176.153	418,590
1,000	20.786	14589	476,483	178.343	412,183
1,100	20.792	16668	476,911	180.325	405,732
1,200	20.795	18747	477,316	182.134	399,243
1,300	20.795	20826	477,700	183.798	392,721
1,400	20.793	22906	478,064	185.339	386,171
1,500	20.790	24985	478,411	186.774	379,595

(续)

T/K	$\bar{c}_p$ /(kJ/kmol·K)	$(\bar{h}^0(T)-\bar{h}_f^0(298))$ /(kJ/kmol)	$\bar{h}_f^0(T)$ /(kJ/kmol)	$\bar{s}^0(T)$ /(kJ/kmol·K)	$\bar{g}_f^0(T)$ /(kJ/kmol)
1,600	20.786	27064	478,742	188.115	372,996
1,700	20.782	29142	479,059	189.375	366,377
1,800	20.779	31220	479,363	190.563	359,740
1,900	20.777	33298	479,656	191.687	353,086
2,000	20.776	35376	479,939	192.752	346,417
2,100	20.778	37453	480,213	193.766	339,735
2,200	20.783	39531	480,479	194.733	333,039
2,300	20.791	41610	480,740	195.657	326,331
2,400	20.802	43690	480,995	196.542	319,622
2,500	20.818	45771	481,246	197.391	312,883
2,600	20.838	47853	481,494	198.208	306,143
2,700	20.864	49938	481,740	198.995	299,394
2,800	20.895	52026	481,985	199.754	292,636
2,900	20.931	54118	482,230	200.488	285,870
3,000	20.974	56213	482,476	201.199	279,094
3,100	21.024	58313	482,723	201.887	272,311
3,200	21.080	60418	482,972	202.555	265,519
3,300	21.143	62529	483,224	203.205	258,720
3,400	21.214	64647	483,481	203.837	251,913
3,500	21.292	66772	483,742	204.453	245,099
3,600	21.378	68905	484,009	205.054	238,276
3,700	21.472	71048	484,283	205.641	231,447
3,800	21.575	73200	484,564	206.215	224,610
3,900	21.686	75363	484,853	206.777	217,765
4,000	21.805	77537	485,151	207.328	210,913
4,100	21.934	79724	485,459	207.868	204,053
4,200	22.071	81924	485,779	208.398	197,186
4,300	22.217	84139	486,110	208.919	190,310
4,400	22.372	86368	486,453	209.431	183,427
4,500	22.536	88613	486,811	209.936	176,536
4,600	22.709	90875	487,184	210.433	169,637
4,700	22.891	93155	487,573	210.923	162,730
4,800	23.082	95,454	487,979	211.407	155,814
4,900	23.282	97,772	488,405	211.885	148,890
5,000	23.481	100,111	488,850	212.358	141,956

表 A-9　一氧化氮(NO),分子量 MW=30.006,298K 的生成焓=90,297kJ/kmol

T/K	$\bar{c}_p$ /(kJ/kmol·K)	$(\bar{h}^0(T)-\bar{h}_f^0(298))$ /(kJ/kmol)	$\bar{h}_f^0(T)$ /(kJ/kmol)	$\bar{s}^0(T)$ /(kJ/kmol·K)	$\bar{g}_f^0(T)$ /(kJ/kmol)
200	29.374	-2,901	90,234	198.856	87,811
298	29.728	0	90,297	210.652	86,607
300	29.735	55	90,298	210.836	86,584
400	30.103	3,046	90,341	219.439	85,340
500	30.570	6,079	90,367	226.204	84,086
600	31.174	9,165	90,382	231.829	82,828
700	31.908	12,318	90,393	236.688	81,568
800	32.715	15,549	90,405	241.001	80,307
900	33.498	18,860	90,421	244.900	79,043
1,000	34.076	22,241	90,443	248.462	77,778
1,100	34.483	25,669	90,465	251.729	76,510
1,200	34.850	29,136	90,486	254.745	75,241
1,300	35.180	32,638	90,505	257.548	73,970
1,400	35.474	36,171	90,520	260.166	72,697
1,500	35.737	39,732	90,532	262.623	71,423
1,600	35.972	43,317	90,538	264.937	70,149
1,700	36.180	46,925	90,539	267.124	68,875
1,800	36.364	50,552	90,534	269.197	67,601
1,900	36.527	54,197	90,523	271.168	66,327
2,000	36.671	57,857	90,505	273.045	65,054
2,100	36.797	61,531	90,479	274.838	63,782
2,200	36.909	65,216	90,447	276.552	62,511
2,300	37.008	68,912	90,406	278.195	61,243
2,400	37.095	72,617	90,358	279.772	59,976
2,500	37.173	76,331	90,303	281.288	58,771
2,600	37.242	80,052	90,239	282.747	57,448
2,700	37.305	83,779	90,168	284.154	56,118
2,800	37.362	87,513	90,089	285.512	54,931
2,900	37.415	91,251	90,003	286.824	53,667
3,000	37.464	94,995	89,909	288.093	52,426
3,100	37.511	98,774	89,809	289.322	51,178
3,200	37.556	102,498	89,701	290.514	49,934
3,300	37.600	106,255	89,586	291.607	48,693
3,400	37.642	110,018	89,465	292.793	47,456
3,500	37.686	113,784	89,337	293.885	46,222

(续)

T/K	$\bar{c}_p$ /(kJ/kmol·K)	$(\bar{h}^0(T)-\bar{h}_f^0(298))$ /(kJ/kmol)	$\bar{h}_f^0(T)$ /(kJ/kmol)	$\bar{s}^0(T)$ /(kJ/kmol·K)	$\bar{g}_f^0(T)$ /(kJ/kmol)
3,600	37.729	117,555	89,203	294.947	44,992
3,700	37.771	121,330	89,063	295.981	43,776
3,800	37.815	125,109	88,918	296.989	42,543
3,900	37.858	128,893	88,767	297.972	41,325
4,000	37.900	132,680	88,611	298.931	40,110
4,100	37.943	136,473	88,449	299.867	38,900
4,200	37.984	140,269	88,238	300.782	37,693
4,300	38.023	144,069	88,112	301.677	36,491
4,400	38.060	147,873	87,936	302.551	35,292
4,500	38.093	151,681	87,755	303.407	34,098
4,600	38.122	155,492	87,569	304.244	32,908
4,700	38.146	159,305	87,379	305.064	31,721
4,800	38.162	163,121	87,184	305.686	30,539
4,900	38.171	166,938	86,984	306.655	29,361
5,000	38.170	170,755	86,779	307.426	28,187

表 A-10 二氧化氮(NO_2),分子量 MW=46.006,298K 的生成焓=33,098kJ/kmol

T/K	$\bar{c}_p$ /(kJ/kmol·K)	$(\bar{h}^0(T)-\bar{h}_f^0(298))$ /(kJ/kmol)	$\bar{h}_f^0(T)$ /(kJ/kmol)	$\bar{s}^0(T)$ /(kJ/kmol·K)	$\bar{g}_f^0(T)$ /(kJ/kmol)
200	32.936	-3,432	33,961	226.061	45453
298	36.881	0	33,098	239.925	51291
300	36.949	68	33,085	240.153	51403
400	40.331	3,937	32,521	251.259	57602
500	43.227	8,118	32,173	260.578	63916
600	45.373	12,569	31,974	268.686	70285
700	47.931	17,255	31,885	275.904	76679
800	49.762	22,141	31,880	282.427	83079
900	51.243	27,195	31,938	288.377	89476
1,000	52.271	32,357	32,035	293.834	95864
1,100	52.989	37,638	32,146	298.850	102242
1,200	53.625	42,970	32,267	303.489	108609
1,300	54.186	48,361	32,392	307.804	114966
1,400	54.679	53,805	32,519	311.838	121313
1,500	55.109	59,295	32,643	315.625	127651

（续）

T/K	$\bar{c}_p$ /(kJ/kmol·K)	$(\bar{h}^0(T)-\bar{h}_f^0(298))$ /(kJ/kmol)	$\bar{h}_f^0(T)$ /(kJ/kmol)	$\bar{s}^0(T)$ /(kJ/kmol·K)	$\bar{g}_f^0(T)$ /(kJ/kmol)
1,600	55.483	64,825	32,762	319.194	1333981
1,700	55.805	70,390	32,873	322.568	140303
1,800	56.082	75,984	32,973	325.765	146260
1,900	56.318	81,605	33,061	328.804	152931
2,000	56.517	87,247	33,134	311.698	159238
2,100	56.685	92,907	33,192	334.460	165542
2,200	56.826	98,583	32,233	337.100	171843
2,300	56.943	104,271	33,256	339.629	178143
2,400	57.040	109,971	33,262	342.054	184442
2,500	57.121	115,679	33,248	344.384	190742
2,600	57.188	121,394	33,216	346.626	197042
2,700	57.244	127,116	33,165	348.785	203344
2,800	57.291	132,843	33,095	350.686	209648
2,900	57.333	138,574	33,007	352.879	215955
3,000	57.371	144,309	32,900	354.824	222265
3,100	57.406	150,048	32,776	356.705	228579
3,200	57.440	155,791	32,634	358.529	234898
3,300	57.474	161,536	32,476	360.279	241221
3,400	57.509	167,285	32,302	362.013	247549
3,500	57.546	173,038	32,113	363.680	253883
3,600	57.584	178,795	31,908	365.302	260222
3,700	57.624	184,555	31,689	366.880	266567
3,800	57.665	190,319	31,456	368.418	272918
3,900	57.708	196,088	31,210	369.916	279276
4,000	57.750	210,861	30,951	371.378	285639
4,100	57.792	207,638	30,678	372.804	292010
4,200	57.831	231,419	30,393	374.197	298387
4,300	57.866	219,204	30,095	375.559	304772
4,400	57.895	224,992	29,783	376.889	311163
4,500	57.915	230,783	29,457	378.190	317562
4,600	57.925	236,575	29,117	379.464	323968
4,700	57.922	242,367	28,716	380.709	330381
4,800	57.902	248,159	28,389	381.929	336803
4,900	57.862	253,947	27,998	383.122	343232
5,000	57.798	259,730	27,586	384.290	349670

表 A-11　氧气(O_2),分子量 MW=31.999,298K 的生成焓=0kJ/kmol

T/K	$\bar{c}_p$ /(kJ/kmol·K)	$(\bar{h}^0(T)-\bar{h}_f^0(298))$ /(kJ/kmol)	$\bar{h}_f^0(T)$ /(kJ/kmol)	$\bar{s}^0(T)$ /(kJ/kmol·K)	$\bar{g}_f^0(T)$ /(kJ/kmol)
200	28.473	-2836	0	193.518	0
298	29.315	0	0	205.043	0
300	29.331	54	0	205.224	0
400	30.210	3,031	0	213.782	0
500	31.114	6,097	0	220.620	0
600	32.030	9,254	0	226.374	0
700	32.927	12,503	0	213.379	0
800	33.757	15,838	0	235.831	0
900	34.454	19,250	0	239.849	0
1,000	34.936	22,721	0	243.507	0
1,100	35.270	26,232	0	246.852	0
1,200	35.593	29,775	0	249.935	0
1,300	35.903	33,350	0	252.796	0
1,400	36.202	36,955	0	255.468	0
1,500	36.490	40,590	0	257.976	0
1,600	36.768	44,253	0	260.339	0
1,700	37.036	47,943	0	262.577	0
1,800	37.296	51,660	0	264.701	0
1,900	37.546	55,402	0	266.724	0
2,000	37.778	59,169	0	268.656	0
2,100	38.023	62,959	0	270.506	0
2,200	38.250	66,773	0	272.280	0
2,300	38.470	70,609	0	273.985	0
2,400	38.684	74,467	0	275.627	0
2,500	38.191	78,346	0	277.210	0
2,600	39.093	82,245	0	278.739	0
2,700	39.289	86,164	0	280.218	0
2,800	39.480	90,103	0	281.651	0
2,900	39.665	94,060	0	283.039	0
3,000	39.846	98,036	0	284.387	0
3,100	40.023	102,029	0	285.697	0
3,200	40.195	106,040	0	286.970	0
3,300	40.362	110,068	0	288.209	0
3,400	40.526	114,112	0	289.417	0
3,500	40.686	118,173	0	290.594	0

（续）

T/K	$\bar{c}_p$ /(kJ/kmol·K)	$(\bar{h}^0(T)-\bar{h}_f^0(298))$ /(kJ/kmol)	$\bar{h}_f^0(T)$ /(kJ/kmol)	$\bar{s}^0(T)$ /(kJ/kmol·K)	$\bar{g}_f^0(T)$ /(kJ/kmol)
3,600	40.842	122,249	0	291.742	0
3,700	40.994	126,341	0	292.863	0
3,800	41.143	130,448	0	293.959	0
3,900	41.287	134,570	0	295.029	0
4,000	41.429	138,705	0	296.076	0
4,100	41.566	142,855	0	297.010	0
4,200	41.700	147,019	0	298.104	0
4,300	41.830	151,195	0	299.087	0
4,400	41.957	155,384	0	300.050	0
4,500	42.079	159,586	0	300.994	0
4,600	42.197	163,800	0	301.921	0
4,700	42.132	168,026	0	302.829	0
4,800	42.421	172,262	0	303.721	0
4,900	42.527	176,510	0	304.597	0
5,000	42.627	180,767	0	305.457	0

表 A-12　氧原子(O),分子量 MW=16.000,298K 的生成焓=249,197kJ/kmol

T/K	$\bar{c}_p$ /(kJ/kmol·K)	$(\bar{h}^0(T)-\bar{h}_f^0(298))$ /(kJ/kmol)	$\bar{h}_f^0(T)$ /(kJ/kmol)	$\bar{s}^0(T)$ /(kJ/kmol·K)	$\bar{g}_f^0(T)$ /(kJ/kmol)
200	22.477	-2,176	248,439	152.085	237,374
298	21.889	0	249,197	160.945	231,778
300	21.890	41	249,211	161.080	231,670
400	21.500	2,209	249,890	167.320	225,719
500	21.256	4,345	250,494	172.089	219,605
600	21.113	6,463	251,033	175.951	213,375
700	21.033	8,570	251,516	179.199	207,060
800	20.986	10,671	251,949	182.004	200,679
900	20.952	12,768	252,340	184.474	194,246
1,000	20.915	14,861	252,698	186.679	187,772
1,100	20.898	16,952	253,033	188.672	181,263
1,200	20.882	19,041	253,350	190.490	174,724
1,300	20.867	21,128	253,650	192.160	168,159
1,400	20.854	23,214	253,934	193.706	161,572
1,500	20.843	25,229	254,201	195.145	154,966

（续）

T/K	$\bar{c}_p$ /(kJ/kmol·K)	$(\bar{h}^0(T)-\bar{h}_f^0(298))$ /(kJ/kmol)	$\bar{h}_f^0(T)$ /(kJ/kmol)	$\bar{s}^0(T)$ /(kJ/kmol·K)	$\bar{g}_f^0(T)$ /(kJ/kmol)
1,600	20.834	27,383	254,454	196.490	148,342
1,700	20.827	29,466	254,692	197.753	141,702
1,800	20.822	31,548	254,916	198.943	135,049
1,900	20.820	33,630	255,127	200.069	128,384
2,000	20.819	35,712	255,325	201.136	121,709
2,100	20.821	37,794	255,512	202.152	115,023
2,200	20.825	39,877	255,687	203.121	108,329
2,300	20.831	41,959	255,852	204.047	101,627
2,400	20.840	44,043	256,007	204.933	94,918
2,500	20.851	46,127	256,152	205.784	88,203
2,600	20.865	48,213	256,288	206.602	81,483
2,700	20.881	50,300	256,416	207.390	74,575
2,800	20.899	52,389	256,535	208150	68,027
2,900	20.820	54,480	256,648	208.884	61,292
3,000	20.944	56,574	256,753	209.593	54,554
3,100	20.970	58,669	256,852	210.210	47,812
3,200	20.998	60,769	256,945	210.947	41,068
3,300	21.028	62,869	257,032	211.593	34,320
3,400	21.061	64,973	257,114	212.221	27,570
3,500	21.095	67,081	257,192	212.832	20,818
3,600	21.132	69,192	257,265	213.427	14,063
3,700	21.171	71,308	257,334	214.007	7,307
3,800	21.212	73,427	257,400	214.572	548
3,900	21.254	75,550	257,462	215.123	-6,212
4,000	21.299	77,678	257,522	215.662	-12,974
4,100	21.345	79,810	257,579	216.189	-19,737
4,200	21.392	81,947	257,635	216.703	-26,501
4,300	21.441	84,088	257,688	217.207	-33,267
4,400	21.490	86,235	257,740	217.701	-40,304
4,500	21.541	88,386	257,790	218.184	-46,802
4,600	21.593	90,543	257,840	218.658	-53,571
4,700	21.646	92,705	257,889	219.123	-60,342
4,800	21.699	94,872	257,938	219.580	-67,113
4,900	21.752	97,045	257,987	220.028	-73,886
5,000	21.805	99,223	258,036	220.468	-80,659

标准参考状态（$T=298.15\text{K}, P=1\text{atm}$）下理想气体 $CO, CO_2, H_2, H, OH, H_2O, N_2, N, NO, NO_2, O_2, O$ 的$\bar{c}_p(T)$、$\bar{h}^0(T)-\bar{h}^0_{f,\text{ref}}$、$\bar{h}^0_f(T)$、$\bar{s}^0(T)$、$\bar{g}^0_f(T)$。混合物的生成焓和生成吉普斯函数由元素的生成焓和生成吉普斯函数按下式计算

$$\bar{h}^0{}_{f,i}(T) = \bar{h}^0_i(T) - \sum_{jelements} v'_j \bar{h}^0_j(T)$$

$$\bar{g}^0{}_{f,i}(T) = \bar{g}^0_i(T) - \sum_{jelements} v'_j \bar{g}^0_j(T) = \bar{h}^0{}_{f,i}(T) - T\bar{s}^0_i(T) - \sum_{jelements} v'_j[-T\overline{s^0_j}(T)].$$

数据来源：表由 R. J. Kee，F. M. Rupley，J. Miller 根据“The Chemkin Thermodynamic Data Base”（Sandia Report，SAND87－8215B，March 1991）曲线拟合的系数。

附录B 燃料性质

表 B-1 碳氢燃料某些性质:(298.15K 和 1atm)

分子式	燃料	分子量 MW /(kg/kmol)	生成焓 $\bar{h}_f^0$ /(kJ/kmol)	Gibbs 函数 $\bar{g}_f^0$ /(kJ/kmol)	熵,$\bar{s}^0$ /(kJ/kmol·K)	高热值 HHV^+ /(kJ/kg)	低热值 LHV^+ /(kJ/kg)	沸点 Boiling pt. /℃	蒸发潜热 h_{fg} /(kJ/kg)	等压绝热火焰温度 $T_{ad}^{\ddagger}$/K	液体密度 ρ_{liq}^* /(kg/m³)
CH_4	Methane	16.043	-74,831	-50,794	186.188	55,528	50,016	-164	509	2,226	300
C_2H_2	Acetylene	26.038	226,748	209,200	200.819	49,923	48,225	-84	—	2,539	—
C_2H_4	Ethene	28.054	52,283	68,124	219.827	50,313	47,161	-103.7	—	2,369	—
C_2H_6	Ethane	30.069	-84,667	-32,886	229.492	51,901	47,489	-88.6	488	2,259	370
C_3H_6	Propene	42.080	20,414	62,718	266.939	48,936	45,784	-47.4	437	2,334	514
C_3H_8	Propane	44.096	-103,847	-23,489	269.910	50,368	46,357	-42.1	425	2,267	500
C_4H_8	1-Butene	56.107	1,172	72,036	307,440	48,471	45,319	-63	391	2,322	595
C_4H_{10}	n-Butane	58.123	-124,733	-15,707	310.034	49,546	45,742	-0.5	386	2,270	579
C_5H_{10}	1-Pentene	70.134	-20,920	78,605	347.607	48,152	45,000	30	358	2,314	641
C_5H_{12}	n-Pentane	72.150	-146,440	-8,201	348.402	49,032	45,355	36.1	358	2,272	626
C_6H_6	Benzene	78.113	82,927	129,658	269.199	42,277	40,579	80.1	393	2,342	879
C_6H_{12}	1-Hexene	84.161	-41,673	87,027	385.974	47,955	44,803	63.4	3335	2,308	673

（续）

分子式	燃料	分子量 MW /(kg/kmol)	生成焓 $\overline{h}_f^0$ /(kJ/kmol)	Gibbs 函数 $\overline{g}_f^0$ /(kJ/kmol)	熵, $\overline{s}^0$ /(kJ/kmol · K)	高热值 HHV^+ /(kJ/kg)	低热值 LHV^+ /(kJ/kg)	沸点 Boiling pt. /℃	蒸发潜热 h_{fg} /(kJ/kg)	等压绝热火焰温度 $T_{ad}^{\ddagger}$/K	液体密度 ρ_{liq}^* /(kg/m³)
C_6H_{14}	n – Hexane	86.177	–167,193	209	386.911	48,696	45,105	69	335	2,273	659
C_7H_{14}	1 – Hepene	98.188	–62,132	95,563	424.383	47,817	44,665	93.6	—	2,305	—
C_7H_{16}	n – Heptane	100.203	–187,820	8,745	425.262	48,456	44,926	98.4	316	2,274	684
C_8H_{16}	1 – Octene	112.214	–82,927	104,140	462.792	47,712	44,560	121.3	—	2,302	—
C_8H_{18}	n – Octane	14.230	–208,447	17,322	463.671	48,275	44,791	125.7	300	2,275	703
C_9H_{18}	1 – Nonene	126.241	–103,512	112,717	501.243	47,631	44,478	—	—	2,300	—
C_9H_{20}	n – Nonane	128.257	–229,032	25,857	502.080	48,134	44,686	150.8	295	2,276	718
$C_{10}H_{20}$	1 – Decene	140.268	–124,139	121,294	539.652	47,565	44,413	170.6	—	2,298	—
$C_{10}H_{22}$	n – Decane	142.284	–249,659	34,434	540.531	48,020	44,602	174.1	277	2,277	730
$C_{11}H_{22}$	1 – Undecene	154.295	–144,766	129,830	578.061	47,512	44,360	—	—	2,296	—
$C_{11}H_{24}$	n – Undecane	156.311	–270,286	43,012	578.940	47,926	44,532	195.9	265	2,277	740
$C_{12}H_{24}$	1 – Dodecene	168.322	–165,352	138,407	616.471	47,468	44,316	213.4	—	2,295	—
$C_{12}H_{26}$	n – Dodecane	170.337	–292,162	—	—	47,841	44,467	216.3	256	2,277	749

注：+基于气体燃料；‡为与空气(79% N_2,21% O_2)化学恰当空燃比燃烧；* 为对于20℃液体，液化气沸点的气体数据来源：

1. Rossini, F. D., et al., Selected Values of Physical and Thermodynamic Properties of Hydrocarbons and Related Compounds, Carnegie Press, Pittsburgh, PA, 1953.
2. Weast, R. C. (ed.), Handbook of Chemistry and Physics, 56th En., CRC Press, Cleveland, OH, 1976.
3. Obert, E. F., Internal Combustion Engines and Air Pollution, Harper&Row, New York, 1793
4. Calculated using HPFLAME(Appendix F).

表 B-2　燃料在 298. 15K, 1atm 元素的焓为零参考状态下定压比热和焓的曲线拟合系数

$$\overline{C}_P(\text{kJ/kmol}-\text{k}) = 4.184(a_1 + a_2\theta + a_3\theta^2 + a_4\theta^3 + a_5\theta^{-2})$$

$$\overline{h}^\circ(\text{kJ/kmol}) = 4184(a_1\theta + a_2\theta^2/2 + a_3\theta^3/3 + a_4\theta^4/4 - a_5\theta^{-1} + a_6)$$

这里 $\theta \equiv T(\text{K})/1000$

分子式	燃料	MW	a_1	a_2	a_3	a_4	a_5	a_6	a_8[1]
CH_4	甲烷	16. 043	-0. 29149	26. 327	-10. 610	1. 5656	0. 16573	-18. 331	4. 300
C_3H_8	丙烷	44. 096	-1. 4867	74. 339	-39. 065	8. 0543	0. 01219	-27. 313	8. 852
C_6H_{14}	己烷	86. 177	-20. 777	210. 48	-164. 125	52. 832	0. 56635	-39. 836	15. 611
C_8H_{18}	异辛烷	114. 230	-0. 55313	181. 62	-97. 787	20. 402	-0. 03095	-60. 751	20. 232
CH_3OH	甲醇	32. 040	-2. 7059	44. 168	-27. 501	7. 2193	0. 20299	-48. 288	5. 3375
C_2H_5OH	乙醇	46. 07	6. 990	39. 741	-11. 926	0	0	-60. 214	7. 6135
$C_{8.26}H_{15.5}$	汽油	114. 8	-24. 078	256. 63	-201. 68	64. 750	0. 5808	-27. 562	17. 792
$C_{7.76}H_{13.1}$		106. 4	-22. 501	227. 99	-177. 26	56. 048	0. 4845	-17. 578	15. 232
$C_{10.8}H_{18.7}$	柴油	148. 6	-9. 1063	246. 97	-143. 74	32. 329	0. 0518	-50. 128	23. 514

数据来源：Heywood, J. B., Internal Combustion Engine Fundamentals, McGraw-Hill, New York, 1988, by permission of McGraw-Hill, Inc.

1. 为了获得 0K 参考状态下的焓，需要将 a_8 加入 a_6.

表 B－3 蒸气的导热系数、黏性系数及定压比热的曲线拟合系数

$$\left.\begin{array}{l} k(\mathrm{W/m-k}) \\ \mu(\mathrm{N\cdot s/m^2})\cdot 10^6 \\ C_P(\mathrm{J/kg\cdot K}) \end{array}\right\} = a_1 + a_2T + a_3T^2 + a_4T^3 + a_5T^4 + a_6T^5 + a_7T^6$$

分子式	燃料	温度范围(K)	性质	a_1	a_2	a_3	a_4	a_5	a_6	a_7
CH_4	Methane 甲烷	100－1,000	k	－1. 34014990E－2	3. 66307070E－4	－1. 82248608E－4	5. 93987998E－9	－9. 14055050E－12	－6. 78968890E－15	－1. 95048736E－18
		20－1,000	μ	2. 96826700E－1	3. 71120100E－2	1. 21829800E－5	－7. 02426000E－8	7. 54326900E－11	－2. 7231660E－14	0
			C_P	See Table B. 2						
C_3H_8	Propane 丙烷	200－500	k	－1. 07682209E－2	8. 38590325E－5	4. 22059864E－8	0	0	0	0
		270－600	μ	－3. 54371100E－1	3. 08009600E－2	－6. 99723000E－6	0	0	0	0
			C_P	See Table B. 2						
C_6H_{14}	n－Hexane 己烷	150－1,000	k	1. 28775700E－3	－2. 00499443E－5	2. 37858831E－7	－1. 6094455E－10	7. 71027290E－10	0	0
		270－900	μ	1. 54541200E＋0	1. 15080900E－2	2. 72216500E－5	－3. 26900000E－8	1. 2454900E－11	0	0
			C_P	See Table B. 2						
C_7H_{16}	n－Heptane 庚烷	250－1,000	k	－4. 60614700E－2	5. 95652224E－4	－2. 98893153E－6	8. 44612876E－9	－1. 22927E－11	9. 0127E－15	－2. 62961E－18
		270－580	μ	1. 545009700E＋0	1. 09515700E－2	1. 80066400E－5	－1. 36379000E－8	0	0	0
		300－755	C_P	9. 46260000E＋1	5. 86099700E＋0	－1. 98231320E－3	－6. 99699300E－8	－1. 93795260E－10	0	0
		755－1,365	C_P	－7. 40308000E＋2	1. 08935370E＋1	－1. 26512400E－2	9. 84376300E－6	－4. 3282960E－9	7. 86366500E－13	0
C_8H_{18}	n－Octane 辛烷	250－500	k	－4. 01399140E－3	3. 38796092E－5	8. 19291819E－8	0	0	0	0
		300－650	μ	8. 32435400E－1	1. 40045000E－2	8. 79376500E－6	－6. 84030000E－9	0	0	0
		275－755	C_P	2. 14419800E＋2	5. 35690500E＋0	－1. 17497000E－3	－6. 99115500E－7	0	0	0
		755－1,365	C_P	2. 43596760E＋3	－4. 46819470E＋0	－1. 66843290E－2	－1. 78856050E－5	8. 64282020E－9	－1. 61426500E－12	0
$C_{10}H_{22}$	n－Decane 癸烷	250－500	k	－5. 88274000E－3	3. 72449646E－5	7. 55109624E－8	0	0	0	0
			μ	Not available						
		300－700	C_P	2. 40717800E＋2	5. 09965000E＋0	－6. 29026000E－4	－1. 07155000E－6	0	0	0
		700－1,365	C_P	－1. 35345890E＋4	9. 14879000E＋1	－2. 20700000E－1	2. 91406000E－4	－2. 15307400E－7	8. 38600000E－11	－1. 34404000E－14
CH_3OH	Methanol 甲醇	300－550	k	－2. 02986750E－2	1. 21910927E－4	－2. 23748473E－4	0	0	0	0
		250－650	μ	1. 19790000E＋0	2. 45028000E－2	1. 86162740E－5	－1. 30674820E－8	0	0	0
			C_P	See Table B. 2						
C_2H_5OH	Ethanol 乙醇	250－550	k	－2. 46663000E－2	1. 55892550E－4	－8. 22954822E－8	0	0	0	0
		270－600	μ	－6. 33595000E－2	3. 20713470E－2	－6. 25079576E－6	0	0	0	0
			C_P	See Table B. 2						

附录 C 空气、氮气和氧气的常用性质

表 C-1 1atm 下空气的常用性质

T/K	ρ /(kg/m^3)	C_P /(kJ/kgK)	$\mu\cdot10^7$ /(Ns/m^2)	$\nu\cdot10^6$ /(m/s^2)	$k\cdot10^3$ /(W/mK)	$\alpha\cdot10^6$ /(m^2/s)	Pr
100	3.5562	1.032	71.1	2.00	9.34	2.54	0.786
150	2.3364	1.012	103.4	4.426	13.8	5.84	0.758
200	1.7458	1.007	132.5	7.590	18.1	10.3	0.737
250	1.3947	1.006	159.6	11.44	22.3	15.9	0.720
300	1.1614	1.007	184.6	15.89	26.3	22.5	0.707
350	0.9950	1.009	208.2	20.92	30.0	29.9	0.700
400	0.8711	1.014	230.4	26.41	33.8	38.3	0.690
450	0.7740	1.021	250.7	32.39	40.7	56.7	0.684
500	0.6964	1.030	270.1	38.79	40.7	56.7	0.684
550	0.6329	1.040	288.4	45.57	43.9	66.7	0.683
600	0.5804	1.051	305.8	52.69	46.9	76.9	0.685
650	0.5356	1.063	322.5	60.21	49.7	87.3	0.690
700	0.4975	1.075	338.8	68.10	52.4	98.0	0.695
750	0.4643	1.087	354.6	76.37	54.9	109	0.702
800	0.4354	1.099	369.8	84.93	57.3	120	0.709
850	0.4097	1.110	384.3	93.80	59.6	131	0.716
900	0.3868	1.121	398.1	102.9	62.0	143	0.720
950	0.3666	1.131	411.3	112.2	64.3	155	0.723
1,000	0.3482	1.141	424.4	121.9	66.7	168	0.726
1,100	0.3166	1.159	449.0	141.8	71.5	195	0.728
1,200	0.2902	1.175	473.0	162.9	76.3	224	0.728
1,300	0.2679	1.189	496.0	185.1	82	238	0.719
1,400	0.2488	1.207	530	213	91	303	0.703
1,500	0.2322	1.230	557	240	100	350	0.685
1,600	0.2177	1.248	584	268	106	390	0.688
1,700	0.2049	1.267	611	298	113	436	0.685
1,800	0.1935	1.286	637	329	120	482	0.683
1,900	0.1833	1.307	663	362	128	534	0.677
2,000	0.1741	1.337	689	396	137	589	0.672
2,100	0.1658	1.372	715	431	147	646	0.667
2,200	0.1582	1.417	740	468	160	714	0.655
2,300	0.1513	1.478	766	506	175	783	0.647
2,400	0.1448	1.558	792	547	196	869	0.630
2,500	0.1389	1.665	818	589	222	960	0.613
3,000	0.1135	2.726	955	841	486	1,570	0.536

数据来源：Incropera, F. P. and DeWitt, D. P., Fundamentals of Heat and Mass Transfer, 3rd Ed.

表 C－2　1atm 下氮气和氧气的常用性质

T/K	ρ /(kg/m^3)	C_P /(kJ/kgK)	$\mu \cdot 10^7$ /(Ns/m^2)	$\nu \cdot 10^6$ /(m/s^2)	$k \cdot 10^3$ /(W/mK)	$\alpha \cdot 10^6$ /(m^2/s)	Pr
Nitrogen(N_2)							
100	3.4388	1.070	68.8	2.00	9.58	2.60	0.768
150	2.2594	1.050	100.6	4.45	13.9	5.86	0.759
200	1.6883	1.043	129.2	7.65	18.3	10.4	0.736
250	1.3488	1.0425	154.9	11.48	22.2	15.8	0.727
300	1.1233	1.041	178.2	15.86	25.9	22.1	0.716
350	0.9625	1.042	200.0	20.78	29.3	29.2	0.711
400	0.8425	1.045	220.4	26.16	32.7	37.1	0.704
450	0.7485	1.050	239.6	32.01	35.8	45.6	0.703
500	0.6739	1.056	257.7	38.24	38.9	54.7	0.700
550	0.6124	1.065	274.7	44.86	41.7	63.9	0.702
600	0.5615	1.075	290.8	51.79	44.6	73.9	0.701
700	0.4812	1.098	321.0	66.71	49.9	94.4	0.706
800	0.4211	1.22	349.4	82.9	54.8	446	0.715
900	0.3743	1.146	375.3	100.3	59.7	139	0.721
1,000	0.3368	1.167	399.9	118.7	64.7	165	0.721
1,100	0.3062	1.187	423.2	138.2	70.0	193	0.718
1,200	0.2807	1.204	445.3	158.6	75.8	224	0.707
1,300	0.2591	1.219	466.2	179.9	81.0	256	0.701
Oxygen(O_2)							
100	3.945	0.962	76.4	1.94	9.25	2.44	0.796
150	2.585	0.921	114.8	4.44	13.8	5.80	0.766
200	1.930	0.915	147.5	7.64	18.3	10.4	0.737
250	1.542	0.915	178.6	11.58	22.6	16.0	0.723
300	1.284	0.920	207.2	16.14	26.8	22.7	0.711
350	1.100	0.920	233.5	21.23	29.6	29.0	0.733
400	0.9620	0.942	258.2	26.84	33.0	36.4	0.737
450	0.8554	0.956	281.4	32.90	36.3	44.4	0.741
500	0.7698	0.972	303.3	39.40	41.2	55.1	0.716
550	0.6998	0.988	324.0	46.30	44.1	63.8	0.726
600	0.6414	1.003	343.7	53.59	47.3	73.5	0.729
700	0.5498	1.031	380.8	69.26	52.8	93.1	0.744
800	0.4810	1.054	415.2	86.32	58.9	116	0.743
900	0.4275	1.074	447.2	104.6	64.9	141	0.740
1,000	0.3848	1.090	477.0	124.0	71.0	169	0.733
1,100	0.3498	1.103	5050.5	144.5	75.8	196	0.736
1,200	0.3206	1.15	53205	166.1	81.9	229	0.725
130	0.2960	1.125	588.4	188.6	87.1	262	0.721

数据来源：Incropera, F. P. and DeWitt, D. P., Fundamentals of Heat and Mass Transfer, 3rd Ed.

附录 D　双分子扩散系数及其估算方法

表 D－1　一些物质双分子扩散系数[1,2]

物质 A	物质 B	T/K	$D_{AB}\cdot10^5/(m^2/s)$
Benzene	Air	273	0. 77
Carbon dioxide	Air	273	1. 38
Carbon dioxide	Nitrogen	293	1. 63
Cyclohexane	Air	318	0. 86
n－Decane	Nitrogen	363	0. 84
n－Dodecane	Nitrogen	399	0. 81
Ethanol	Air	273	1. 02
n－Hexane	Nitrogen	288	0. 757
Hydrogen	Air	273	0. 611
Methanol	Air	273	1. 32
n－Octane	Air	273	0. 505
n－Octane	Nitrogen	303	071
Toluene	Air	303	0. 88
2,2,4－Trimethyl pentane（Isooctane）	Nitrogen	303	0. 705
2,2,3－Trimethyl heptane	Nirtogen	363	0. 684
Water	Air	373	2. 2

注:1. 数据来源：Perry, R. H., Green, D. W. and Maloney, J. O., Perry's Chemical Engineers' Handbook, 6th Ed., McGraw－Hill, New York, 1984.

2. 用 $D_{AB}\alpha T^{3/2}/P$ 估计双分子扩散系数与压力及温度的关系，假设是理想气体

双分子扩散系数的理论预测方法

双分子扩散系数的估计是根据以下理论进行的：本方法是基于 Chapmen－Enskog 关于气体双分子 A 和 B 混合物的理论描述

$$D_{AB}=\frac{3}{16}\frac{(4\pi k_BT/MW_{AB})^{1/2}}{(P/R_uT)\pi\sigma_{AB}^2\Omega_D}f_D \tag{D-1}$$

式中 k_B 是玻耳兹曼常数；T(K)是热力学温度；P(Pa)是压力；R_u 是通用气体常数；f_D 是理论修正因子，其值非常接近 1。其余的项定义如下：

$$MW_{AB}=2[(1/MW_A)+(1/MW_B)]^{-1}, \tag{D-2}$$

式中 MW_A 和 MW_B 分别是物质 A 和 B 的分子量；

$$\sigma_{AB}=(\sigma_A+\sigma_B)/2, \tag{D-3}$$

式中 σ_A 和 σ_B 分别是物质 A 和 B 的刚球的直径，燃烧中涉及的物质的值见表 D-2。碰撞积分 Ω_D 是无因次量，用下式计算：

$$\Omega_D=\frac{A}{(T^*)^B}+\frac{C}{\exp(DT^*)}+\frac{E}{\exp(FT^*)}+\frac{G}{\exp(HT^*)} \tag{D-4}$$

式中 $A=1.06036, B=0.15610, C=0.19300, D=0.47635, E=1.03587, F=1.52996, G=1.76474, H=3.89411$。

这里的无因次温度 T^* 用下式定义，

$$T^*=k_BT/\varepsilon_{AB}=k_BT/(\varepsilon_A\varepsilon_B)^{1/2} \tag{D-5}$$

Lennard－Jones 特征能量，ε_i，列于表 D-2。

将方程(D-1)中的常数值代入，得

$$D_{AB}=\frac{0.0266T^{3/2}}{PMW_{AB}^{1/2}\sigma_{AB}^2\Omega_D} \tag{D-6}$$

式中变量的单位：D_{AB}(m^2/s)，T(K)，P(Pa)，σ_{AB}^2(Å)

表 D-2　某些物质的 Lennard－Jones 参数

物质	σ/Å	ε/k_B/K	物质	σ/Å	ε/k_B/K
Air	3.711	78.6	$n-C_5H_{12}$	5.784	341.1
Al	2.655	2750	C_6H_6	5.349	412.3
Ar	3.542	93.3	C_6H_{12}	6.182	297.1
B	2.265	3331	$n-C_6H_{14}$	5.949	399.3
BO_2	2.944	596	H	2.708	37.0
B_2O_3	4.158	2092	H_2	2.827	59.7
C	3.385	30.6	H_2O	2.641	809.1
CH	3.370	68.7	H_2O_2	4.196	389.3
CH_3OH	3.626	481.8	He	2.551	10.22
CH_4	3.758	148.6	N	3.298	71.4
CN	3.856	75	NH_3	2.900	558.3
CO	3.690	91.7	NO	3.492	116.7
CO_2	3.941	195.2	N_2	3.798	71.4
C_2H_2	4.033	231.8	N_2O	3.828	232.4
C_2H_4	4.163	224.7	O	3.050	106.7
C_2H_6	4.443	215.7	OH	3.147	79.8
C_3H_8	5.118	237.1	O_2	3.467	106.7
$n-C_3H_7OH$	4.549	576.7	S	3.893	847
$n-C_4H_{10}$	4.687	531.4	SO	3.993	301
$ios-C_4H_{10}$	5.278	330.1	SO_2	4.112	335.4

注：1. Reid R C, Prausnitz J M, Poling B E. The Properties of Gases and Liquids[M]. New York: McGraw－Hill, 1987(4).

2. Svehla R A. Estimated Viscosities and Thermal Conductivities of Gases at High Temperatures [R]. Washington D－C.: NASA, 1962.

附录 E 一些物质的物性参数

表 E－1 各物质的生成热 H_i^0,101.3kPa,298.15K

状态:s—固态,l—液态,g—气态

名 称	公式(状态)	生成热/(kal/mol)
氧化铝	Al_2O_3	－373.36
溴原子	Br(g)	26.74
炭	C(石磨)	0.00
碳	C(g)	170.89
四氯化碳	CCl_4(g)	－22.94
甲醛	CH_2O(g)	－27.70
甲酸	CH_2O_2(1)	－97.80
亚硝基甲烷	CH_3NO_2(g)	－17.86
硝基甲烷	CH_3NO_3(g)	－28.80
甲醇	CH_3OH(g)	－57.02
甲烷	CH_4(g)	－17.89
一氧化碳	CO(g)	－26.42
二氧化碳	CO_2(g)	－94.05
乙炔	C_2H_2(g)	54.19
乙二酸	$C_2H_2O_4$(s)	－197.60
乙烯	C_2H_4(g)	12.54
乙醛	C_2H_4O(g)	－39.76
乙酸	$C_2H_4O_2$(l)	－116.40
乙醇	C_2H_5OH(1)	－66.36
乙烷	C_2H_6(g)	－20.24
乙醚	C_2H_6O(g)	43.99
丙炔	C_3H_4(g)	44.32
丙烯	C_3H_6(g)	4.88
丙烷	C_3H_8(g)	－24.82
1－2 丁二烯	C_4H_6(g)	38.77
1－3 丁二烯	C_4H_6(g)	26.33
异丁烷	C_4H_{10}(g)	－31.45
正丁烷	C_4H_{10}(g)	－29.81

（续）

名　称	公式(状态)	生成热/(kal/mol)
异戊烷	C_5H_{12}(g)	-36.92
正戊烷	C_5H_{12}(g)	-35.00
苯	C_6H_6(g)	19.82
环己烷	C_6H_{12}(g)	-29.43
正己烷	C_6H_{14}(g)	-39.96
正庚烷	C_7H_{16}(g)	-44.89
正辛烷	C_8H_{18}(g)	-49.82
正十六烷	$C_{16}H_{34}$(l)	-108.62
氧化钙	CaO(s)	-151.80
碳酸钙	$CaCO_3$(s)	-289.50
氯原子	Cl(g)	28.92
氢原子	H(g)	52.10
溴化氢	HBr(g)	-8.71
氯化氢	HCl(g)	-22.06
碘化氢	HI(g)	6.30
水蒸气	H_2O(g)	-57.80
过氧化氢	H_2O_2(g)	-32.53
氧化汞	HgO(s)	-143.70
氮原子	N(g)	112.97
氨	NH(g)	-10.97
氧原子	O(g)	59.56
羟基	OH(g)	9.43
臭氧	O_3(g)	34.00
二氧化硫	SO_2(g)	-70.95
三氧化硫	SO_3(g)	-94.47

表 E-2　空气中某些可燃物的最低着火温度值

可燃物质	最低着火温度/℃	可燃物质	最低着火温度/℃
甲烷	537	异辛烷	415
乙烷	472	氨	651
丙烷	432	乙烯	450
丁烷	287	丙烯	455
戊烷	260	聚氯乙稀	530 以上
己烷	223	栎木	445
庚烷	204	红松	430
辛烷	260	榉木	426

（续）

可燃物质	最低着火温度/℃	可燃物质	最低着火温度/℃
甲醇	385	甲醛	424
乙醇	363	聚乙烯	350
1-丙醇	412	聚苯乙烯	495
1-甲醇	343	乙炔	305
氢气	500	环已烷	245
一氧化碳	609	苯	498
氧化乙烯	429	甲苯	480
醋酸	463		

表 E-3　可燃性气体与空气混合气的着火界限值(一个大气压、室温)

可燃性气体	下限		上限	
	Vol%	燃气比	Vol%	燃气比
甲烷	5.0	0.50	15.0	1.69
乙烷	3.0	0.52	12.5	2.39
丙烷	2.1	0.51	9.5	2.51
丁烷	1.6	0.50	8.4	2.85
戊烷	1.5	0.58	7.8	3.23
已烷	1.1	0.50	7.5	3.66
庚烷	1.05	0.56	6.7	3.76
辛烷	1.0	0.60	6.5	4.27
异辛烷	1.1	0.66	6.0	3.80
乙烯	2.7	0.40	36.0	8.04
丙烯	2.0	0.44	11.1	2.67
环乙烷	1.30	0.57	8.00	3.74
苯	1.30	0.49	7.1	2.74
甲苯	1.2	0.52	7.1	3.27
甲醇	6.0	0.46	36.0	4.03
乙醇	3.3	0.49	19.0	3.36
1-丙醇	2.2	0.48	13.7	3.40
1-丁醇	1.4	0.41	11.2	3.60
氢气	4.0	0.10	75.0	7.17
一氧化碳	12.5	0.34	74.0	6.80
氧化乙烯	3.6	0.44	100.0	∞
醋酸	4.0	0.40	19.9	2.37
甲醛	7.0	0.36	73.0	12.9
氨	16.0	/	25.0	/

表E-4 可燃性气体与空气混合的层流火焰传播速度最大值及相应的浓度值(一个大气压、室温)

可燃性气体	最大层流火焰传播速度/(cm/s)	可燃性气体浓度值	
		Vol%	燃气比
甲烷	3.70	9.98	1.06
乙烷	40.1	6.28	1.14
丙烷	43.0	4.56	1.14
丁烷	37.9	3.52	1.13
戊烷	38.5	2.92	1.15
已烷	38.5	2.51	1.17
庚烷	38.6	2.26	1.21
二甲基丙烷	34.9	3.48	1.12
二甲基丁烷	36.6	2.89	1.14
乙烯	75.0	7.43	1.15
丙烯	43.8	5.04	1.14
乙炔	154.0	9.80	1.30
环乙烷	38.7	2.65	1.17
苯	40.7	3.34	1.24
甲醇	55.0	12.40	1.01
一氧化碳	43.0	52.00	2.57
氢气	291.2	43.00	1.80

表E-5 初温25℃,初压1个大气压下C-J爆震特性值

可燃性混合气	速度/(m/s)	压力101.3kPa	温度/℃
H_2 29.5% +空气	1967	15.6	2678
CH_4 9.5% +空气	1801	17.2	2510
C_3H_8 4.0% +空气	1795	18.2	2546
C_2H_4 6.5% +空气	1819	18.3	2649
C_2H_2 7.7% +空气	1863	19.1	2838
$2H_2+O_2$	2834	18.8	3409
CH_4+2O_2	2392	29.4	3454
$C_3H_8+5O_2$	2360	36.3	3557
$C_2H_4+3O_2$	2376	33.5	3665
$C_2H_2+2.5O_2$	2426	33.9	3942
$C_2H_2+O_2$	2936	45.8	4239

表E-6 某些可燃性气体的爆炸界限(与空气混合)

可燃物	下线 Vol%	上限 Vol%	可燃物	下线 Vol%	上限 Vol%
氢气	4.0	75	一氧化碳	12.5	74
甲烷	5.3	14.0	乙炔	2.5	81
轻质汽油	1.3	7.0	苯	1.4	7.1
乙醇	4.3	19	四乙醚	1.9	48
二硫化碳	1.3	44	甲醇	7.3	6.7
甲苯	1.4	6.7	氨	16	25

表 E－7　若干燃料在空气中的物理和燃烧性质

燃料	分子量	比重	T 沸点 /℃	蒸发热 (cal/g)	燃烧热 /(kcal/g)	化学计量比 % 体积 f		可燃极限 (% 化学计量比) 贫	富	自然温度 /℃	最大火焰速度时的燃料百分数(% 化学计量比)	最大火焰速度 /(cm/s)	最大火焰速度时的火焰温度 /K	点火能 /(10^{-5}cal) 化学最小	计量比	熄火距离 /mm 化学最小	计量比
乙醛	44.1	0.783	−56.7	136.1	—	0.0772	0.1280	—	—	—	—	—	—	8.99	—	2.29	—
丙酮	58.1	0.792	56.7	125.0	7.36	0.0497	0.1054	59	233	561.1	131	50.18	2121	2.748	—	3.81	—
乙炔	26.0	0.621	−83.9	—	11.52	0.0772	0.0755	31	—	305.0	133	155.25	—	0.72	—	0.76	—
丙稀醛	56.1	0.841	52.8	—	—	0.0564	0.1163	48	752	277.8	100	61.75	—	4.18	—	1.52	—
丙稀腈	53.1	0.797	78.3	—	—	0.0528	0.1028	87	—	481.1	105	46.75	2461	8.60	3.82	2.29	1.52
氨	17.0	0.817	−33.3	328.3	—	0.2181	0.1645	—	—	651.1	—	—	2600	—	—	—	—
苯胺	93.1	1.022	184.4	103.4	—	0.0263	0.0872	—	—	593.3	—	—	—	—	—	—	—
苯	78.1	0.885	80.0	103.2	9.56	0.0277	0.0755	43	336	591.7	108	44.60	2365	13.15	5.38	2.79	1.78
苯甲醇	108.1	1.050	205.0	—	—	0.0240	0.0923	—	—	427.8	—	—	—	—	—	—	—
丁二烯－[1,2] (methylallene)	54.1	0.658	11.1	—	10.87	0.0366	0.0714	—	—	—	117	63.9	2419	5.60	—	1.30	—
正丁烷	58.1	0.584	−0.5	92.2	10.92	0.0312	0.0649	54	330	430.6	113	41.60	2256	18.16	6.21	3.05	1.78
丁酮	72.1	0.805	79.4	106.1	—	0.0366	0.0951	—	—	—	100	39.45	—	12.67	6.69	2.54	2.03
(甲基.乙基甲酮)																	
乙烯－[1]	55.1	0.601	−6.1	93.3	10.82	0.0377	0.0678	53	353	443.3	116	47.60	2.319	—	—	—	—
d－樟脑	152.2	0.990	203.4	—		0.0153	0.0818	—	—	466.1	—	—	—	—	—	—	—
二硫化碳	76.1	1.263	46.1	83.9	—	0.0652	0.1841	18	1120	120.0	54.46	102	—	0.36	—	0.51	—
一氧化碳	28.0	—	−190.0	50.6	—	0.2950	0.4064	34	676	608.9	42.88	170	—	—	—	—	—
环丁烷	56.1	0.703	12.8	—	—	0.0377	0.0678	—	—	—	62.18	115	2308	—	—	—	—

（续）

燃料	分子量	比重	T 沸点 /℃	蒸发热 (cal/g)	燃烧热 /(kcal/g)	化学计量比 % 体积 f		可燃极限 (% 化学计量比) 贫富		自然温度 /℃	最大火焰速度时的燃料百分数(% 化学计量比)	最大火焰速度 /(cm/s)	最大火焰速度时的火焰温度 /K	点火能 /(10^{-5} cal) 化学最小计量比		熄火距离 /mm 化学最小计量比	
环己烷	84.2	0.783	80.6	85.6	10.47	0.0227	0.0678	48	401	270.0	42.46	117	2250	32.98		4.06	
环己烯	82.1	0.810	82.8	—	—	0.0240	0.0701	—	—	—	44.17	—	—	20.55		3.30	
环戊烷	70.1	0.751	49.4	92.8	10.56	0.0271	0.0678	—	—	385.0	41.17	117	2264	19.84		3.30	
环丙烷	42.1	0.720	-34.4	—	—	0.0444	0.0678	58	276	497.8	52.32	113	2328	5.76		1.78	
正萘烷	138.2	0.874	187.2	—	—	0.142	0.0692	—	—	271.1	33.88	109	2222	—	—	—	—
正癸烷	142.3	0.734	174.0	86.0	10.56	0.0133	0.0666	45	356	231.7	40.31	105	2286	—	—	2.06	
二乙醚	74.1	0.714	34.4	83.9	—	0.0337	0.0896	55	2640	185.6	43.74	115	2253	11.71		2.54	
乙烷	30.1	—	-88.9	116.7	11.34	0.0564	0.0624	50	272	472.2	44.17	112	2244	10.04		2.29	
醋酸乙酯	88.1	0.901	77.2	—	—	0.0402	0.1279	61	236	486.1	35.59	100	—	33.94		4.32	
乙醇	46.1	0.789	78.5	200.0	6.40	0.0652	0.1115	—	—	392.2	—	—	—	—	—	—	—
乙胺	45.1	0.706	16.7	146.1	—	0.0528	0.0873	—	—	—	—	—	57.36	—		—	—
环氧乙烷	44.1	1.965	10.6	138.9	—	0.0772	0.1280	—	—	428.9	100.35	125	2411	2.51		1.27	
呋喃	68.1	0.936	32.2	95.6	—	0.0444	0.1098	—	—	—	—	—	—	5.40		1.78	
正庚烷	100.2	0.688	98.5	87.1	10.62	0.0187	0.0661	53	450	247.2	122	42.46	2214	27.49		3.81	
正已烷	26.2	0.664	68.0	87.1	10.69	0.0216	0.0659	51	400	260.6	117	42.46	2239	22.71		2.56	
氢	2.0	—	-252.7	107.8	28.65	0.2950	0.0290	—	—	571.1	170	291.1	2380	0.36	0.36	0.51	
异丙醛	60.1	0.785	82.2	158.9	—	0.0444	0.0969	—	—	455.6	100	38.16	—	15.54	—	2.79	
煤油	154.0	0.825	250.0	69.05	10.30	—	—	—	—	—	—	—	—	—	—	—	—
甲烷	16.0	—	-161.7	121.7	11.95	0.0947	0.0581	46	164	632.2	106	37.31	2236	7.89	6.93	2.54	
甲醇	32.0	0.793	64.5	263.0	4.47	0.1224	0.1548	48	408	470.0	101	52.32	—	5.14	3.35	1.78	
甲酸甲酯	60.1	0.975	31.7	112.8	—	0.0947	0.2181	—	—	—	—	—	—	14.82	—	2.79	

（续）

燃料	分子量	比重	T 沸点/℃	蒸发热(cal/g)	燃烧热/(kcal/g)	化学计量比		可燃极限(%化学计量比)		自然温度/℃	最大火焰速度时的燃料百分数(%化学计量比)	最大火焰速度/(cm/s)	最大火焰速度时的火焰温度/K	点火能/(10^{-5}cal)化学最小计量比		熄火距离/mm化学最小计量比	
						%体积	f	贫	富								
正壬烷	128.3	0.772	150.6	68.9	10.67	0.0147	0.0665	47	434	238.9	—	—	—	—	—	—	—
正辛烷	114.2	0.707	125.6	71.7	10.70	0.0165	0.0633	51	425	240.0	—	—	2251	—	—	—	—
正戊烷	72.1	0.631	36.0	87.1	10.82	0.0255	0.0654	54	359	284.4	115	42.16	2250	19.60		3.30	
戊烯-[1]	70.1	0.646	34.0	—	10.75	0.0271	0.0678	47	370	298.3	114	46.75	2314	—	—	—	—
丙烷	44.1	0.508	-42.2	101.7	11.07	0.0402	0.0640	51	283	507.4	114	42.89	2250	7.29	—	2.03	
丙烯	42.1	0.522	-47.7	104.5	10.94	0.0444	0.0678	48	272	557.8	114	48.03	2339	6.74	—	2.03	
正丙醇	60.1	0.804	97.2	163.9		0.0444	0.0969			433.3	—	—	—	—	—	—	—
甲苯	92.1	0.872	110.6	86.7	9.78	0.0227	0.0743	43	322	567.8	105	38.60	2.344	—	—	—	—
二乙胺	101.2	0.723	89.4	—	—	0.0210	0.0753	—	—	—	—	—	27.48	—	3.81	—	—
松节油	—	—	—	—	—	—	—	—	—	252.2	—	—	—	—	—	—	—
二甲苯	106.0	0.870	130.0	80.0	10.30	—	—	—	—	—	—	—	—	—	—	—	—
汽油 73 辛烷	120.0	0.720	155.0	81.0	10.54	—	—	—	—	298.9	—	—	—	—	—	—	—
汽油 100 辛烷	—	—	—	—	—	—	—	—	—	468.3	106	37.74	—	—	—	—	—
喷气燃料 JP1	150.0	0.810	—	—	10.28	0.0130	0.0680	—	—	248.9	107	36.88	—	—	—	—	—
JP3	112.0	0.760	—	—	10.39	0.0170	0.0680	—	—	—	—	—	—	—	—	—	—
JP4	126.0	0.780	—	—	10.39	0.0150	0.0680	—	—	261.1	107	38.17	—	—	—	—	—
JP5	170.0	0.830	—	—	10.28	0.0110	0.0690	—	—	242.2	—	—	—	—	—	—	—

附录 F　多组分输运特性

燃烧过程涉及很多组分,如燃料、氧化剂、燃烧产物、如短寿命的中间基等的质量和能量输运。通过质量输运形成所要求的可燃混合物成分分布、为组织燃烧建立必要的条件。多组分质量输运就是研究因分子的和湍流的相互扩散而使混合物成分发生变化的规律。图 F-1 表示通过一维预混火焰的温度分布和反应剂分布。沿轴向可以分为4个区:冷态反应物区,预热区,反应区及燃烧产物区。首先在预热区开始反应,然后由链分支反应在反应区建立链载体池。在反应区右边界复合反应提供大部分反应热和稳定燃烧产物。由于组分浓度梯度和温度梯度很大,通过质量输运和能量输运把能量和链载体带进预热区,把反应剂带进反应区,把链载体带进燃烧产物区,因此输运过程在火焰结构分析中起重要作用。几乎在燃烧的所有现象中都包含输运过程。本附录将介绍描述气相火焰结构,液体燃料和固体燃料在含氧气体中的燃烧速率所必须的有关宏观质量输运机理的知识。

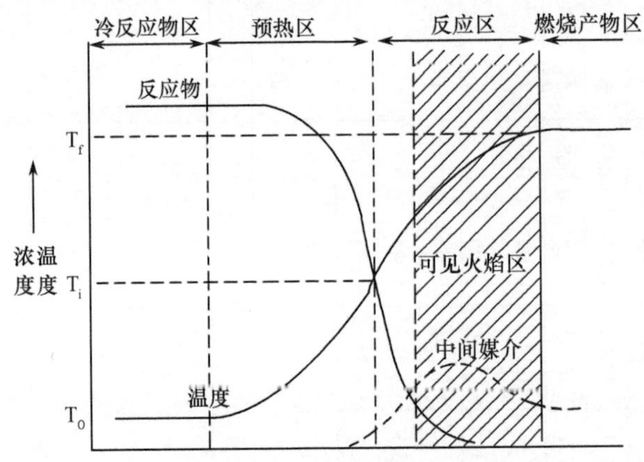

图 F-1　通过一维预混火焰的温度分布和浓度分布

F-1　定　义[1-3]

一、质量输运速度

从广义说,有两种基本形式的质量输运机理:(1)对流过程通过流体运动使混合物中的成分重新分布;(2)由分子碰撞驱动的布朗运动,其运动的速率与浓度、温度、压力的梯度或体积力成正比。通常、大量的输运现象是同时发生的,因此,我们首先定义一个参考系来估计其相对重要性。

在多组分混合物中、各组分的速度是不同的。根据整个流动的平均速度来表征这些不同是很有用的,然后再分解每个组分的速度来估计单个组分的输运速率。组分的速度并不意味着该组分单个分子的速度，而是在一个小单元内该组分所有分子的算术平均速度。我们的输运表达式仅用于流体连续介质。

关于平均流速度、有两种最常用的平均方法：质量平均和摩尔平均。质量平均定义为

$$v = \frac{\sum_{i=1}^{N} \rho_i v_i}{\sum_{i=1}^{N} \rho_i} = \sum_{i=1}^{N} Y_i v_i \tag{F-1}$$

式中求和扩展到混合物中所有组分 i，ρ，v 分别是密度和速度；Y_i 是质量分数，其定义为 ρ_i/ρ。注意质量平均速度表示质量流量垂直流过单位面积表面的速度，它可以用皮托管测量。摩尔平均速度 v^* 的定义为

$$v^* = \frac{\sum_{i=1}^{N} C_i v_i}{\sum_{i=1}^{N} C_i} = \sum_{i=1}^{N} X_i v_i \tag{F-2}$$

式中 C 表示摩尔浓度，X_i 表示摩尔分数，其定义为 C_i/C。注意摩尔平均速度表示摩尔流量垂直流过单位面积表面的速度，它可以用当地混合物分子量，由质量平均速度算出。

平均速度是求解布朗运动的一种方法，用这种方法可以把扩散过程叠加到平均流。每一种组分速度 v_i 按下式分解为平均分量和扩散（或布朗）分量 V_i 或 V_i^*。

$$v_i = v + \boldsymbol{V}_i \quad 于是 \quad V_i = v_i - v \tag{F-3}$$

或

$$v_i = v^* + V_i^* \quad 于是 \quad V_i^* = v_i - v^* \tag{F-4}$$

注意以质量或摩尔为基础的组分速度 v_i 是相同的。但平均分量和扩散分量是不同的。尽管与基无关，但这些分量的意义很重要，有必要详细考虑如图 F-2 所示的理想系统

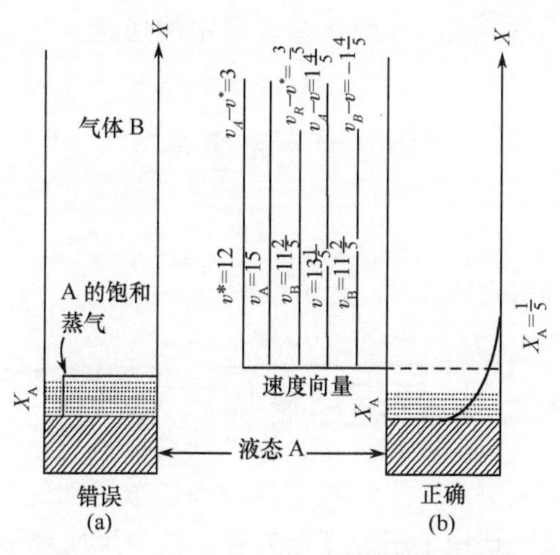

图 F-2　在特定时刻扩散系统中的浓度分布

在此系统中，液体 A 蒸发并向上游最初充满纯蒸气 B 的管子扩散。随着液体 A 蒸发，它向上游取代蒸气 B。纯蒸气 A 和 B 之间没有如图 F-2(a)所示的清晰界限，而是如图 F-2(b)所示，这两种蒸汽混合。正确的观察表明：由于逆向扩散，在管中任一点蒸汽

A 的移动速度比上游方向平均运动快得多，而蒸气 B 的移动较慢。可以证实图 F－2(b)中速度矢量是与以下情况一致的：$X_A = 1/6$，$v^* = 12$，及 $v_A - v^* = 3$；质量平均值基于以下关系：$M_A = 5M_B$。

二、根据速度分量定义的通量[1-3]

在质量输运分析中的主要量是单位时间单位垂直面积的质量通量或摩尔通量。在单个组分守恒表达式中可以看到它的重要作用。对于化学反应速率为 w_i 稳态流动系统，守恒关系是与通过控制体内由于化学反应生成或消失的组分通量的净变化相平衡的。如下式所示：

$$\nabla \cdot \dot{m}_i = \nabla \cdot \{\rho Y_i v_i\} = \nabla \cdot \{\rho Y_i (v + V_i)\} = w_i \tag{F-5}$$

式中，$\dot{m}_i$ 是静止坐标系中质量通量；Y_i 组分 i 的质量分数。反应速率用质量表示，它等于质量/体积－时间。注意包括质量平均速度和扩散速度的形式如何揭示流体整体运动和相对平均流的扩散运动的贡献。记住我们将沿着同样的思路对通量进行定义。因此，在通量的定义中，浓度（质量浓度或摩尔浓度）必须是显式的，在不同的参考系中，通量的定义如下表所列。

表 $F-1$　通量定义表

	参考系		
	静止	质量平均速度	摩尔平均速度
质量	$\dot{m}_i = \rho_i v_i$	$J_i = \rho_i (v_i - v)$	$j_i = \rho_i (v_i - v^*)$
摩尔	$N_i = C_i v_i$	$j_i^* = C_i (v_i - v)$	$J_i^* = C_i (v_i - v^*)$

$\dot{m}_i$，N_i，J_i 及 J_i^* 经常使用。它们之间的关系如下式所示：

$$J_i^* = C_i (v_i - v^*) = C_i v_i - \frac{C_i}{C} \sum_{j=1}^{N} C_j v_j = N_i - X_i \sum_{j=1}^{N} N_j \tag{F-6}$$

将上式重新整理，由下式看到：在静止参考系中的通量是分量 j_i^* 与平均运动的通量之和。

$$N_i = J_i^* + X_i \sum_{j=1}^{N} N_J \tag{F-7}$$

后一个关系式意味着：

$$\sum_{i=1}^{N} J_i^* = 0 \tag{F-8}$$

F－2　根据浓度场定义通量[3]

前一节关于通量的定义决定了平均对流运动和扩散运动的影响。从概念上看，如此处理是有用的。但此定义不适用于组分守恒方程。因为反应速率是组分浓度（可以用质量分数或摩尔分数表示）的函数，而不是质量通量或摩尔通量的函数。很清楚，如果组分守恒方程是由单个变量，如质量分数或摩尔分数表示，那么它们的解就是唯一的。对于非反应流动，很容易用通量表示组分守恒，解组分守恒方程，对通量积分，从而确定浓度分布。

对反应流问题，必须首先根据浓度场描述质量输运，然后将浓度的定义引入组分守恒方程，从而得到控制质量分数或摩尔分数的方程。关于布朗扩散过程，通量是根据各种质量输运驱动力定义。在下一节，将给出适用于双组分系统普通质量扩散的关系。在这以后，将把通量与浓度、压力、温度及体积力等梯度联系起来。

一、双组分系统

在实践中双组分混合物不多见，但在本节却很重要，因为它是定义多组分输运系数的基础，也是服从菲克第一扩散定律的唯一系统。菲克扩散定律把相对于平均通量的摩尔通量与浓度梯度连系起来。由于分子扩散而产生的组分通量与浓度梯度之间的关系式可以从气体运动学理论导出。考虑静止的、等温的、低密度气体，它由组分 B 和在其中稀释的组分 A 组成，在气体中存在浓度梯度。如图 F－3 所示。

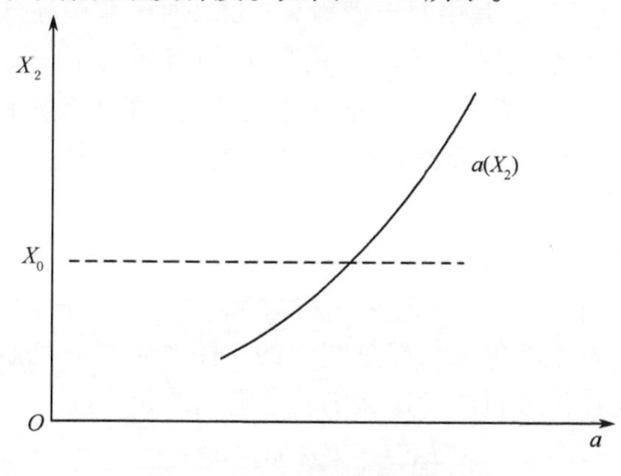

图 F－3　组分扩散输运情况

由于分子输运，出现粒子通过平面 x_0 的连续通量。根据气体运动学理论，粒子的单向通量 $\Gamma(\mathrm{cm}^{-3}\mathrm{s}^{-1})$ 可以表示为：

$$\Gamma = (n\bar{c})/4$$

式中 n = 粒子数密度（粒子数/cm^3），$\bar{c}$是粒子相对整个静止气体的平均速度（cm/s）。每个穿过平面的粒子携带粒子的特性，由于分子运动产生穿过该平面的粒子特性梯度。如果指定该特性为 a，则特性 a 的单向通量 Λ_a 可以表示为

$$\Lambda_a = \Gamma a(x_0 \pm \delta x)$$

式中 δx 是离 x_0 平面上（正）或下（负）距离。在此平面粒子与另一粒子经受最后一次碰撞。将 $a(x_0 \pm \delta x)$ 按幂级数展开，并略去高阶项，得：

$$a(x_0 \pm \delta x) = a(x_0) \pm [da(x_0)/dx]dx_2$$

由于粒子通量有正负方向，则特性 a 通过平面的净通量是正负通量之和。

$$\Lambda_a = -(n\bar{c})/2[da(x_0)/dx_2]\delta x_2$$

发生最后一次碰撞的平面上或下的平均距离与平均自由程 λ 成正比

$$\delta x_2 = (2/3)\lambda$$

因此，

$$\Lambda_a = -(n\bar{c}\lambda)/3[da(x_0)/dx_2]$$

为决定组分由于分子布朗运动而产生的净输运量，定义特性 a 是组分 A 的粒子总通

量的分数。即 $a=(n_a/n)=X_A$，于是

$$\Lambda_A=-[\bar{c}\lambda/3]n[dX_A/dx_2]=A\ \text{的净扩散通量} \tag{F-9}$$

认定输运系数(即双组分扩散系数或质量扩散率)D_{AB}(cm^2/s)为首项，则

$$\Lambda_A=J_A=-D_{AB}n[dX_A/dx_2] \tag{F-10}$$

这就是菲克第一扩散定律。更一般的形式为

$$J_A^*=-D_{AB}C\,\nabla x_A \tag{F-11}$$

式中 C 是总的摩尔浓度。

$$\text{因为}\sum J_i^*=0\text{，所以}\ J_A^*=-J_B^*,\quad D_{AB}=D_{BA} \tag{F-12}$$

对于气体，在标准温度和压力范围内，扩散系数的典型值为 0.1 到 $1cm^2/s$。气体双组分扩散系数通常与成分无关，是温度与压力的函数。它与温度的关系可以从分子运动论导出，它与温度的 T^n 成正比，其中对于硬球 $n=3/2$，对于非极性分子 $n=1.8$，对于极性分子 $n\geqslant 2.0$。气体扩散系数随压力增加而下降；在中等压力下，与压力成反比。可以由分子运动论确定扩散系数，但仅对非极性组分才在可接受的不确定范围内。相反，液体和固体的扩散系数与浓度有很强的函数关系，这意味着违反菲克定律。它们的扩散系数随温度增加而增加，与压力几乎无关。

菲克定律也可以用质量分数表示：

$$J_A=-\rho D_{AB}\nabla y_A \tag{F-13}$$

质量扩散系数用质量或摩尔表示都是相同的。注意到在菲克定律，热传导的傅里叶定律以及黏性的牛顿定律的各自数学定义中发现它们的相似性。

质量通量 $$J_{Ay}=-D_{AB}\,\partial\rho_A/\partial y \tag{F-14}$$

能量通量 $$q_y=-\lambda\ \partial(\rho C_P T)/\partial y \tag{F-15}$$

动量通量 $$\tau_{yx}=-\nu\ \partial(\rho v_x)/\partial y \tag{F-16}$$

在以上每种情况中，通量正比于扩散系数乘以质量或能量、动量的梯度。然而，这种相似性通常并不能扩展到多组分质量输运。

由于菲克定律相对平均速度显式定义了通量，它也可分解按实验室坐标定义的通量。

$$N_A=-D_{AB}C\,\nabla x_A+x_A C v^* \tag{F-17}$$

$$m_A=-\rho D_{AB}\nabla y_A+\rho_i v \tag{F-18}$$

菲克的贡献是给出相对于平均流的组分输运方程，其中第二项考虑了平均流的输运。上面第二个方程称为“斯蒂芬流”。通常使用菲克定律定义扩散速度，并将 $\boldsymbol{m}_A$ 上述定义变为 $v_A=v+V_A$ 形式(通过除以 ρ_i)，因此得

$$v_A=v-D_{AB}\nabla\ln y_A\ \text{和}\ V_A=-D_{AB}\nabla\ln y_A \tag{F-19}$$

二、斯蒂芬流问题[3]

在本节，我们考虑一个从物理上评估斯蒂芬流问题。看一看如何从数学上表现它的基本原理。系统由部分充满易蒸发的纯液体 A 的长管组成。开始，蒸气空间充满非凝聚气体 B，它在液体 A 中不溶解(见图 F-2)。我们的目的是定义蒸气中浓度分布与时间及位置的关系。由于管长比其宽度大得多，我们可以忽略在半径方向的输运，将分析集中在轴向 z，轴向坐标原点设在液体与蒸气界面处。

对所述问题,我们知道:

$$X_A(z,0)=0 \text{ 和 } X_B(z,0)=1$$

式中 X_i 是组分的摩尔浓度,从适当的控制体分析,蒸气中质量浓度仅是积累与输运之间的平衡。方程如下所示:

$$\frac{\partial C_A}{\partial t}=\frac{-\partial \dot{N}_A}{\partial z} \quad \text{和} \quad \frac{\partial C_B}{\partial t}=\frac{-\partial \dot{N}_B}{\partial z}$$

式中 C_i 是组分摩尔浓度,N_i 是组分摩尔浓度。将以上两个方程相加,确定总的质量通量的有用特性。当压力和温度一定时,总的蒸气浓度是稳定的,因而,摩尔通量和与位置无关。

$$\frac{\partial(C_A+C_B)}{\partial t}=\frac{\partial C}{\partial t}=0=\frac{-\partial(\dot{N}_A+\dot{N}_B)}{\partial z}$$

式中 C 是蒸气总的摩尔浓度。以上关系意味着通量总和仅决定于时间,而与位置无关。因此,在任何位置的通量和可以按其在某一已知位置的值来表达,即不同时刻界面处的通量和可按下式确定每一点的值。

$$\dot{N}_A(0,t)+\dot{N}_B(0,t)=\dot{N}_A(z,t)+\dot{N}_B(z,t)=\dot{N}_A(0,t)$$

最后一个等式是由仅仅液体 A 蒸发这样事实而得到的。所以$\dot{N}_A(0,t)=0$。

现在摩尔通量可以从下式开始,显式地加以定义,

$$\dot{N}_A(z,t)=-CD\frac{\partial}{\partial z}X_A(z,t)+X_A(z,t)\sum_{j=1}^{2}\dot{N}_j(z,t) \tag{F-20}$$

式中 D 是 A 在 B 中的双组分扩散系数。这个定义也可以应用于界面,如下式所示。

$$\dot{N}_A(0,t)=-CD\frac{\partial}{\partial z}X_A(0,t)+X_A(0,t)\sum_{j=1}^{2}\dot{N}_j(0,t) \tag{F-21}$$

特别注意到 $\sum_{j=1}^{2}\dot{N}_j(0,t)=\dot{N}_A(0,t)$,可以对蒸发通量的显式定义加以整理,得

$$\dot{N}_A(0,t)=\frac{-CD}{1-X_A(0,t)}\frac{\partial}{\partial z}X_A(0,t)=\sum_{j=1}^{2}\dot{N}_j(0,t)=Cv^*\tag{F-22}$$

界面处的摩尔分数可以按常数处理,因为它的值相应于饱和蒸气压力(除非蒸发速率很高),并且仅是温度的函数。

$$X_A(0,t)=X_A^{SAT}(T)=P_{SAT}(T)/P_0 \tag{F-23}$$

我们现在按表面蒸发通量表示斯蒂芬流。这总是可以做的,因为斯蒂芬流(对流)的起因是蒸发增加蒸气的摩尔数。因而,将此结果代入摩尔通量的定义,得

$$\dot{N}_A(z,t)=-CD\frac{\partial}{\partial z}X_A(z,t)+X_A(z,t)Cv^* \tag{F-24}$$

将以上定义式代入守恒方程,得

$$\frac{\partial^2 X_A}{\partial t^2}=\frac{D\,\partial^2 X_A}{\partial z^2}+v^*\frac{\partial X_A}{\partial z} \tag{F-25}$$

式中

$$v^*=\frac{D}{(1-X_A^{SAT})}\frac{\partial X_A}{\partial z}(0,t) \tag{F-26}$$

对于这个问题的边界条件和初始条件为

$$X_A(0,t)=X_A^{SAT}(T);\quad \lim_{z\to\infty}X_A(z,t)=0;\quad X_A(z,0)=0.$$

这种形式暗示具有相似变换解。相似变量为 $Z=z/(4Dt)^{1/2}$。一旦通过数学模型求出瞬时浓度分布,就可以估算界面处作为时间函数的浓度梯度。进而确定对流摩尔速度 v^* 值。在以下结果里,解是用无因次摩尔平均速度 $\phi=v^*(t/D)^{1/2}$ 表示的。蒸发速率定义为

$$R_{EVAP}=\dot{N}_A(0,t)(Area)=v^*C(Area)=(Area)C\phi(4Dt)^{1/2}$$

解及相关量由下式估计。

$$X_A(Z,\phi)=\frac{1-\mathrm{erf}(Z-\phi)}{1+\mathrm{erf}(\phi)} \tag{F-27}$$

对给定的温度,X_A^{SAT} 已知,通过以下超越函数关系将它与 ϕ 联系起来,得

$$X_A^{SAT}=\frac{1}{1+[\sqrt{\pi}(1+\mathrm{erf}(\phi))\phi\exp(\phi^2)]^{-1}} \tag{F-28}$$

典型的 ϕ 值如表 F-2 所示。表中第 3 列给出计算的包括斯蒂芬流的蒸发速率与任意忽略斯蒂芬流的蒸发速率之比。该比值可表示为:

$$\Psi=\frac{\phi\sqrt{\pi}}{X_A^{SAT}} \tag{F-29}$$

由表可见,随着界面处 A 的摩尔分数增加,斯蒂芬流的影响就变得很重要。同样的性质在图 F-4 中也看得很明显。参考条件基于菲克定律给定的通量,忽略了斯蒂芬流,用标记 $\chi=1-\mathrm{erf}(Z)$ 表示。随着 A 的挥发性提高,斯蒂芬流的作用变强。

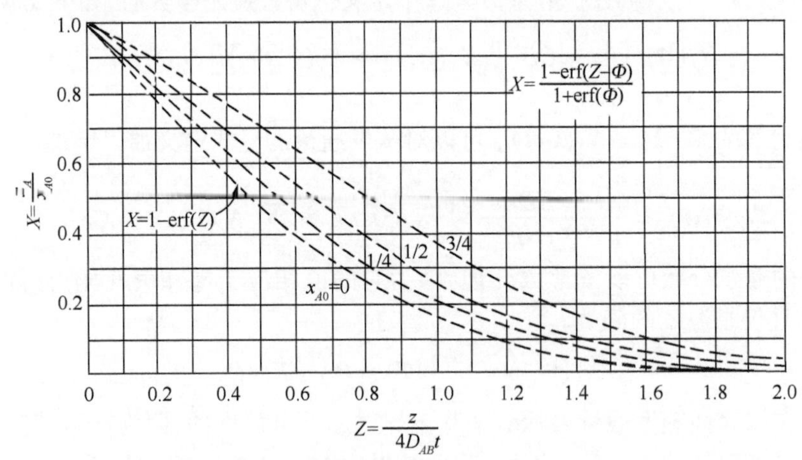

图 F-4　在蒸发系统中摩尔分数分布

从这个例子可以得到第二个启发,就是斯蒂芬流总是可以根据支持它的物理过程来表示。在本系统中,过程是蒸发,我们可以预期用蒸发通量表示通量和。更广义地说,在界面处的化学反应、凝聚、烧蚀等也可以诱导斯蒂芬流,因为它们把质量或摩尔加给过程流。

图 F-4 表示蒸发系统中摩尔分数分布,表明随着液体 A 挥发性增加,偏离菲克定律越大。

表 F-2 ϕ 和 ψ 与 X_A^{SAT} 的函数关系

X_A^{SAT}	Φ	$R_{\mathrm{EVAP}}^{SF}/R_{\mathrm{EVAP}}=\Phi\sqrt{\pi}/X_A^{SAT}$
0	0.0000	1.000
1/4	0.1562	1.108
1/2	0.3578	1.268
3/4	0.6618	1.564
1	∞	∞

例 F.1 如右图所示，理想气体 A 以稳定的状态在 z 方向上扩散通过厚度为 δ 的平面气膜。在 $z=\delta$ 处有一个催化表面，气体 A 在此处发生如下不可逆反应：

$$A \rightarrow pP+qQ$$

其反应速率 $RR=k_f x_A$。已知 $x_P=x_{P0}$，$x_Q=x_{Q0}$，并假设在气膜中温度和压力不变，利用史蒂芬·麦克斯韦(Stefan - Maxwell)关系式确定 x_P 和 x_Q 必须满足的微分方程。

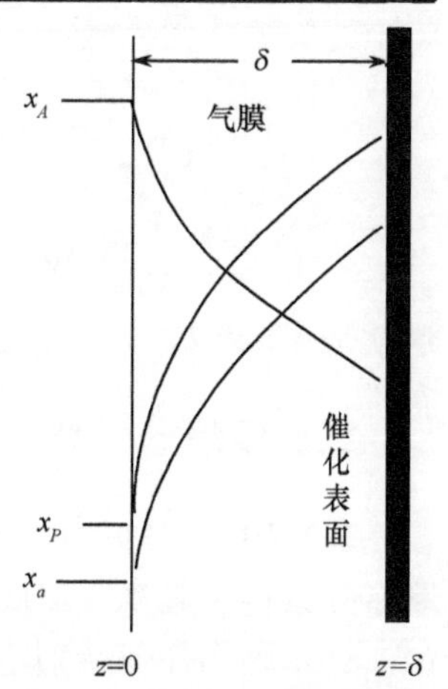

解：

由史蒂芬·麦克斯韦关系式

$$\nabla X_i = \sum_{j=1}^{N} \frac{X_i X_j}{D_{ij}}(\vec{V}_j - \vec{V}_i)$$

其中 X_j 是组分 j 的摩尔分数，D_{ij} 为组分 i 和 j 的扩散系数，$\vec{V}_j$ 是组分 j 相对摩尔平均速度的扩散速度，即 $\vec{V}_j=\boldsymbol{v}_j-\boldsymbol{v}^*$。那么史蒂芬·麦克斯韦关系式也可以写成

$$\nabla X_i = \sum_{j=1}^{N} \frac{X_i X_j}{D_{ij}}(\vec{\boldsymbol{v}}_j - \vec{\boldsymbol{v}}_i) = \sum_{j=1}^{N} \frac{1}{CD_{ij}}(X_i \dot{n}_j - X_j \dot{n}_i) \qquad (\text{F}-30)$$

其中 C 为系统的总摩尔浓度，$\dot{n}_j$ 为组分 j 的摩尔流量。

在一维条件下，上式可改写成

$$\frac{\mathrm{d}X_i}{\mathrm{d}z} = \sum_{j=1}^{N} \frac{1}{CD_{ij}}(X_i \dot{n}_j - X_j \dot{n}_i) \qquad (\text{F}-31)$$

于是针对组分 P，Q 有下列关系式，

$$\frac{\mathrm{d}X_P}{\mathrm{d}z} = \frac{1}{CD_{PA}}(X_P \dot{n}_A - X_A \dot{n}_P) + \frac{1}{CD_{PQ}}(X_P \dot{n}_Q - X_Q \dot{n}_P) \qquad (\text{F}-32)$$

$$\frac{\mathrm{d}X_Q}{\mathrm{d}z} = \frac{1}{CD_{QA}}(X_Q \dot{n}_A - X_A \dot{n}_Q) + \frac{1}{CD_{QP}}(X_Q \dot{n}_P - X_P \dot{n}_Q) \qquad (\text{F}-33)$$

整理得

$$\frac{\mathrm{d}X_P}{\mathrm{d}z} = \left[\frac{1}{CD_{PA}}\left(X_P - X_A\frac{\dot{n}_P}{\dot{n}_A}\right) + \frac{1}{CD_{PQ}}\left(X_P\frac{\dot{n}_Q}{\dot{n}_A} - X_Q\frac{\dot{n}_P}{\dot{n}_A}\right)\right]\cdot \dot{n}_A \quad (\text{a}) \qquad (\text{F}-34)$$

$$\frac{\mathrm{d}X_Q}{\mathrm{d}z} = \left[\frac{1}{CD_{QA}}\left(X_Q - X_A\frac{\dot{n}_Q}{\dot{n}_A}\right) + \frac{1}{CD_{QP}}\left(X_Q\frac{\dot{n}_P}{\dot{n}_A} - X_P\frac{\dot{n}_Q}{\dot{n}_A}\right)\right]\cdot \dot{n}_A \quad (\text{b}) \qquad (\text{F}-35)$$

由图可知各组分浓度分布不随时间变化，扩散过程处于稳态，因此任何一种组分通过任意一个垂直于 z 轴的面的摩尔流量相等。另外在 $z=\delta$ 处，组分 A 被消耗，组分 P，Q 产

生,组分A在此处消耗的速率也等于它通过任意垂直于z轴的面的摩尔流量相等,同理组分P,Q产生的速率也等于它通过任意垂直于z轴的面的摩尔流量相等。

所以

$$\dot{n}_A = k_f x_A, \dot{n}_P = -pk_f x_A, \dot{n}_A = k_f x_A \text{ 以 } z \text{ 轴的正方向为正}$$

$$\Rightarrow \frac{\dot{n}_P}{\dot{n}_A} = -p, \quad \frac{\dot{n}_Q}{\dot{n}_A} = -q$$

再者,$X_A = 1 - X_P - X_Q$

将上述关系式代入式(a)和(b)得

$$\frac{dX_P}{dz} = \left\{ \frac{1}{CD_{PA}}[X_P + p(1 - X_P - X_Q)] + \frac{1}{CD_{PQ}}[-qX_P + pX_Q] \right\} \cdot k_f(1 - X_P - X_Q)$$

$$\frac{dX_Q}{dz} = \left\{ \frac{1}{CD_{QA}}[X_Q + q(1 - X_P - X_Q)] + \frac{1}{CD_{QP}}[-pX_Q + qX_P] \right\} \cdot k_f(1 - X_P - X_Q)$$

这就是X_P和X_Q必须满足的微分方程。

三、多组分系统质量通量[3]

对双组分系统,费克第一定律把普通(浓度)扩散的布朗通量J_i或J_i*与质量分数或摩尔分数连系起来。然而,对多组分系统的相似定义要复杂得多,即使只考虑普通的扩散。这是因为任何特别组分的扩散通量决定于系统中其它组分的浓度场。我们提出的显式定义基于以下关系式(公式的推导见Bird,Stewart和Lighfoot《输运现象》一书):

$$J_i = \frac{C^2}{\rho RT} \sum_{j=1}^{N} M_i M_j D_{ij} \left\{ X_j \sum_{\substack{k=1 \\ k \neq j}}^{N} \left[\frac{\partial G_j}{\partial X_k} \right]_{\substack{T,p,X_s \\ S \neq j,k}} \nabla X_k \right\} \tag{F-36}$$

式中C是总的摩尔浓度,M_k是组分分子量,G_k是偏摩尔吉布斯自由能。实际上,根据扩散梯度,上式可反过来求浓度梯度。但这种求逆只限于混合物是理想解的情况。这将导致多组分质量输运的中心定义,斯帝芬-马克斯维尔(Stefan-Maxwell)关系,

$$\nabla X_i = \sum_{j=1}^{N} \frac{X_i X_j}{D_{ij}} (V_j - V_i) = \sum_{j=1}^{N} \frac{1}{CD_{ij}} (X_i \dot{N}_j - X_j \dot{N}_i) \tag{F-37}$$

注意对每一对组分就出现双组分扩散系数。一个极复杂的表达式必须仔细考虑所有浓度分布之间的耦合。我们将从双组分系统开始慢慢推导这一公式。

$$D_{ij} = D_{ji} = D$$

$$DC\nabla x_1 = X_1 \dot{N}_2 - X_2 \dot{N}_1$$

$$= X_1 \dot{N}_2 + X_1 \dot{N}_1 - (X_1 + X_2) \dot{N}_1$$

因此,经过重新整理,如预期的那样,得

$$N_1 = -DC \nabla X_1 + X_1 \sum_{i=1}^{2} \dot{N}_i$$

进而,假设所有组分的扩散系数相同,上式在多组分混合物中得以恢复。即

$$N_i = -DC \nabla X_i + X_i \sum_{j=1}^{N} \dot{N}_j \tag{F-38}$$

此式的重要特点是它显式地把通量分解为扩散分量(费克项)和对流分量(含求和)。后

者是“史斯帝芬流”。

但是，当扩散系数不相等时，如下例所示，通量表达式将变得更加复杂。设有三组分混合物，

$$D_{23} = D_{32} = D, \text{但}$$
$$D_{12} = D_{21} = D_{31} = D_{13} = fD$$

式中，$f<1$。你必须证实，由斯帝芬 - 马克斯维尔（Stefan - Maxwell）关系式所定义该系统的通量是：

$$\dot{N}_1 = -fDC\nabla X_1 + X_1 \sum_{j=1}^{N} \dot{N}_j$$

$$\dot{N}_2\{1 + X_1(1/f - 1)\} = -DC\nabla X_2 + X_2\left\{1/(f-1)\dot{N}_1 + \sum_{j=1}^{N} \dot{N}_j\right\}$$

$$\dot{N}_3 = -fDC\nabla X_3 + X_3\left\{\dot{N}_2(f-1) + \sum_{j=1}^{N} \dot{N}_j\right\}$$

当$\dot{N}_1$以最简单的形式定义时，它仅在斯帝芬流项中与其他摩尔分数耦合，在$\dot{N}_2$和$\dot{N}_3$的定义式中浓度分布出现很强的耦合。很明显，多组分系统中不相似的扩散系数数目增加，这种耦合就会变得更紧密，从而使获得质量输运问题解析解的企图难以实现，只能用数值的方法求解。

但是，下面将采用基于斯帝芬 - 马克斯韦尔另一种表达式的简化策略。不引入附加的限制，迫使多组分系统的通量服从以下简单形式：

$$\dot{N}_i = -D_{im}C\nabla X_i + X_i \sum_{j=1}^{N} \dot{N}_j$$

假设混合物的扩散系数D_{im}，按下式决定于所有组分的通量：

$$\frac{1}{CD_{im}} = \frac{\sum_{j=1}^{N}\left(\frac{1}{CD_{ij}}\right)(X_j\dot{N}_i - X_i\dot{N}_j)}{\dot{N}_i - X_i\sum_{j=1}^{N}\dot{N}_j} \tag{F-39}$$

一般讲，D_{im}决定于位置，因为通量间耦合，这一形式并不比上面斯帝芬 - 马克斯韦尔关系式的形式简单。但是，在以下情况下这种包括混合物扩散的形式将变得特别简单：

（1）在接近纯组分1中存在微量成分$2,3,\cdots,n$，使$D_{im} = D_{i1}$

（2）所有双组分扩散系数D相同，即$D_{im} = D$

（3）组分$2,3,\cdots,n$以相同的速度运动，

$$\frac{1 - X_1}{D_{im}} = \sum_{j=2}^{N}\frac{X_j}{D_{ij}} \tag{F-40}$$

通过将完全的模拟与近似公式比较，对典型的燃烧情况，基于混合物扩散系数的方法得到简化。下式通常最为可靠，对组分输运速率没有限制。

$$D_{im} = \frac{1 - Y_i}{\sum_{j\neq i}^{N} X_j/D_{ij}} \tag{F-41}$$

注意在以上近似公式中中含有摩尔分数和质量分数。此法很方便，精度几乎与完全耦合公式相同。

F-3 对其他布朗输运机理扩展[3]

实际上普通的质量扩散只是四种布朗输运现象中的一种。仅在一定情况下,其他三种现象才是重要的。本附录将对其通量进行定义。最普通的情况,组分的总通量是普通的扩散、压力扩散、强迫扩散、热扩散通量之和,它们可以相加,即

$$J_i = J_i^{(x)} + J_i^{(p)} + J_i^{(g)} + J_i^{(T)} \tag{F-42}$$

式中上标表示各种模式。仅 $J_i^{(x)}$ 表示普通的扩散通量,它由斯帝芬-马克斯韦尔(Stefan-Maxwell)关系式定义。压力扩散通量 $J_i^{(p)}$ 用下式定义:

$$J_i^{(p)} = \frac{C^2}{\rho RT}\sum_{j=1}^{N} M_i M_j D_{ij}\left\{X_j M_j\left(\frac{Vm_j}{M_j} - \frac{1}{\rho}\right)\nabla p\right\} \tag{F-43}$$

式中 Vm_j 是分摩尔体积。对于这种输运现象,要对总通量起很大的作用需要极大的压力梯度。

由强迫扩散产生的质量通量由下式表示:

$$J_i^{(g)} = -\frac{C^2}{\rho RT}\sum_{j=1}^{N} M_i M_j D_{ij}\left\{X_j M_j\left(g_i - \sum_{k=1}^{N}\frac{\rho_k}{\rho}g_k\right)g_k\right\} \tag{F-44}$$

当重力只提供外力时,这一通量同时消失。但是,当在等离子体中存离子时,在不同组分中外力不同(因为,外力是离子负荷和当地场强度之乘积)。

最后一种输运现象,热扩散或载热体在燃烧系统中可能是重要的。其通量定义为:

$$j_I^{(T)} = -D_i^T \nabla \ln T \tag{F-45}$$

式中 D_i^T 是热扩散或载热扩散系数。对于轻的组分,特别是氢原子,在大的温度梯度下具有很大的输运速率。当然,在火焰中共同的是轻的组分和大的温度梯度。这个同样的定义应用于小的粒子如烟炱降低大的温度梯度。粒子输运称为蓄热,而不是热扩散。当我们分析守恒律时,作为权宜之计,通常忽去热扩散。实际上,这一机制能产生比普通质量输运大得多的输运。

有关多组分反应流体的输运性质的计算方法和程序可参考文献[4]

参考文献

[1] F A Williams. Combustion Theory[M]. Massachusetts :Addison - Wesley Publishing Company,1965.

[2] R B Bird,W E Stewart,E N Lightfoot. Transport Phenomena [M]. New York:John Wiley & Sons,1960.

[3] Reginald Mitchell. Combustion Fundamentals[M]. California :University of Stanford Press,1999

[4] S Gordon,B J McBride,F J Zeleznik. Computer Program for Calculation of Complex Chemical Equilibrium Compositions and Applications. Supplement I - Transport Properties[R]. Washington D. C:NASA ,1984.

附录 G　多组分反应流体守恒方程推导

燃烧现象包含流体流动、传热、传质和化学反应以及它们之间的相互作用。燃烧过程是一种综合的物理化学过程。本章我们将介绍控制燃烧过程的基本方程组：混合物质量守恒方程、组分质量守恒方程、动量守恒方程以及能量守恒方程。采取先易后难的原则，首先介绍多组分反应流体一维流动的守恒方程，然后再介绍多组分反应流体多维流动的守恒方程，以便为分析各类火焰现象奠定基础。

G－1　多组分反应流体守恒方程的一般形式

一、守恒原理

设想多组分气体中取一控制体 CV，控制体的表面积为 CS，其中各组分均占同一体积 CV。该控制体内某一物理量 ϕ（总的质量、组分质量、动量、能量）因运动而发生的随时间的变化率，即物质导数，等于单位时间内，控制体内所含物理量 ϕ 的增量与通过控制体表面 CS 流出的相应物理量之和，这就是描述守恒原理的 Reynolds 输运定律。它可以用下式表示：

$$\frac{D}{Dt}\iiint_{CV}\Phi \mathrm{d}V=\iiint_{CV}\frac{\partial \Phi}{\partial t}\mathrm{d}V+\iint_{CS}(\boldsymbol{v}\cdot n)\Phi \mathrm{d}A \tag{G-1}$$

考虑固定于惯性参考系的控制容积。组分 i 速度 v_i 可以表示为质量平均（对流）速度 v，组分 i 的扩散速度 V 之和。

二、混合物质量守恒方程

质量守恒表示控制体内混合物质量的变化率等于从外界进入控制体的净质量的流率。它可以用积分形式表示。由 $\phi=\rho$，质量守恒要求：$\frac{D}{Dt}\iiint_{CV}\Phi \mathrm{d}V=0$，于是式（G－1）可写成：

$$\iint_{CS}\sum_i \rho_i(\vec{v}+V_i)\cdot n\mathrm{d}A+\iiint_{CV}\partial/\partial t\left(\sum_i \rho_i\right)\mathrm{d}V=0 \tag{G-2}$$

在表面积分中将两个输运项分开，注意到 $\sum\rho_i=\rho$ 和 $\sum\rho_i V_i=\sum J_i=0$（分子扩散不会产生净的质量通量）

$$\iint_{CS}\rho v\cdot n\mathrm{d}A+\iiint_{CV}(\partial \rho/\partial t)\mathrm{d}V=0 \tag{G-3}$$

利用数学中将面积分变为体积分的散度原理 $\left(\iint_{CS}B\cdot n\mathrm{d}A=\iiint_{CV}(\nabla\cdot B)\mathrm{d}V\right)$，得

$$\partial\rho/\partial t+\nabla\cdot(\rho\boldsymbol{v})=0 \qquad (G-4)$$

这是混合物质量守恒微分形式。

在稳态假设下，$\partial\rho/\partial t=0$，因此

$$\nabla\cdot(\rho\vec{v})=0 \qquad (G-5)$$

三、动量守恒方程

动量守恒表示控制体动量的变化率等于作用于该控制体外力的总和，这就是牛顿第二定律。

控制体动量的变化率为

$$\frac{D}{Dt}\iiint_{CV}\rho\boldsymbol{v}\mathrm{d}V$$

作用于控制体的力有表面力

$$\iint_{CS}P\cdot n\mathrm{d}A=\iiint_{CV}\nabla\cdot P\mathrm{d}V$$

和体积力

$$\iiint_{CV}\rho\sum Y_i f_i\mathrm{d}V$$

由式（G－1）得：

$$\frac{D}{Dt}\iiint_{CV}\rho\vec{v}\mathrm{d}V=\iiint_{CV}(\nabla\cdot P+\rho\sum Y_i f_i)\mathrm{d}V \qquad (G-6)$$

它的微分形式为：

$$\rho(\partial\boldsymbol{v}/\partial t)+\rho\boldsymbol{v}\cdot\nabla\boldsymbol{v}=-\nabla\cdot P+\rho\sum Y_i f_i \qquad (G-7)$$

式中　$\boldsymbol{P}$＝应力张量＝$[P+(2/3)(\mu-\kappa)(\nabla\cdot\boldsymbol{v})]\delta-\mu[\nabla\boldsymbol{v}+(\nabla\boldsymbol{v})^{\mathrm{T}}]$

f＝作用在组分 i 上单位质量的体积力

μ,κ＝分别是动力黏性和体积力

方程（G－7）左端的项表示整个流动的动量瞬态加速和对流。方程右端第一项是应力张量 $\boldsymbol{P}$ 的散度。它由两部分组成：第一部分是静压力 P 和黏性正应力与单位张量 δ 的乘积；第二部分是黏性切应力。方程右端第二项是作用在组分 i 上单位质量的体积力。方程（5－44）就是所谓的 Navier－Stokes 方程。

对稳态流动和没有体积力和黏性力的情况，方程（G－7）可以写成以下形式，称之为欧拉方程。

$$\nabla P+\rho\boldsymbol{v}\cdot\nabla\boldsymbol{v}=0 \qquad (G-8)$$

四、组分质量守恒方程

组分守恒方程是质量守恒方程（G－4）的变形，其中化学反应作为组分 i 的源或潭。如果组分 i 的生成率等于 RR_i，则

$$\partial\rho/\partial t+\nabla\cdot(\rho_i\boldsymbol{v}_i)=RR_i \qquad (G-9)$$

式中 $\rho_i=Y_i\rho$，Y_i 是组分 i 质量分数。将组分 i 速度 $v_i=v+V_i$ 代入式（G－9）得：

$$\partial\rho_i/\partial t+\nabla\cdot[\rho_i(\boldsymbol{v}+V_i)]=RR_i \qquad (G-10)$$

式中括号中第一项代表组分 i 对流整体输运,常称为 Stefan 流。括号中第二项代表组分 i 扩散产生的组分输运,它不限于费克扩散。我们还记得在第三章中 RR_i 可以由含有组分 i 的 N_R 个基元反应的化学计量系数 $\nu_{i,k}$ 和 $\nu'_{i,k}$ 表示。

$$RR_i = M_i \sum_{k}^{N_R} (\nu'_{i,k} - \nu_{i,k}) A_k T^{BK} \exp(-E/RT) \prod_j [A_j]^{\nu j,k} \tag{G-11}$$

对每组分有形如(G-10)的方程。引入质量守恒方程(G-5),方程(G-10)的稳态形式变为:

$$\nabla \cdot [\rho \boldsymbol{v} Y_i - \rho V_i Y_i] = RR_i \tag{G-12}$$

五、能量守恒方程

能量守恒遵循热力学第一定律。它表示控制体内能和动能的变化率等于控制体获得的热能总和(导热、热辐射等)和对外界做功的总和(包括体积力和黏性力做的功、重力功等)。

如果忽略体积力、黏性力、重力,能量守恒可以表示如下:

$$\partial (\rho e)/ \partial t + \nabla \cdot \left[\sum_i \rho_i v_i e_i \right] + \nabla \cdot \left[\sum_i P_i v_i \right] + \nabla \cdot q = 0 \tag{G-13}$$

式中 $e_i = u_{i,sensible} + e_{i,chem} + 1/2V^2$。方程左端第一项代表控制体内能变化率;第一个括号项是整个流动的能量输运和扩散输运;第二个括号项是流体静压力做的功;方程左端最后一项表示热通量,其中 q 是热通量矢量。因为在 e_i 中已经包含化学能,所以方程的源项为零。

因为 $v_i = v + V_i$,上式可写成:

$$\partial (\rho e)/ \partial t + \nabla \cdot \left[\rho v(e + P/\rho) + \sum_i \rho_i V_i (e_i + P/\rho_i) \right] + \nabla \cdot q = 0 \tag{G-14}$$

引入焓的定义,$h = u + P/\rho$,上式变成;

$$\partial (\rho h)/ \partial t - \partial P/ \partial t + \nabla \cdot \left[\rho v h + \sum_i \rho_i V_i h_i \right] + \nabla \cdot q = 0 \tag{G-15}$$

对稳态流动,方程(G-15)可以写成:

$$\nabla \cdot \left[\rho \boldsymbol{v} h + \sum_i \rho_i V_i h_i \right] + \nabla \cdot q = 0 \tag{G-16}$$

G-2 Shvab-Zeldovich 公式

利用前面介绍的费克定律和傅里叶定律,

$$J_i = \rho_i V_i = -\rho D_{ij} \nabla Y_i \tag{G-17}$$

$$q = -k \nabla T \tag{G-18}$$

代替方程(G-12)和方程(G-16)中扩散速度 V_i 与热通量 q,得

$$\nabla \cdot [\rho \boldsymbol{v} Y_i - \rho D_{ij} \nabla Y_i 2] = RR_i \tag{G-19}$$

$$\nabla \cdot \left[\rho \boldsymbol{v} h - \rho \sum_i h_i D_{ij} \nabla Y_i - k \nabla T \right] = 0 \tag{G-20}$$

在此,我们将方程(G-20)中显式能和化学能分开,记得

$$h = \sum_i Y_i h_i = \sum_i Y_i [h_{i,sens} + \Delta H_{fi}(T_{\mathrm{ref}})] = h_{sens} + \sum \Delta H_{fi} D_{ij} \nabla Y_i \quad (G-21)$$

代入方程(G－20),得

$$\nabla \cdot \left[\rho \boldsymbol{v} h_{sens} - \rho \sum_i h_{i,sens} D_{ij} \nabla Y_i - k \nabla T\right] = - \nabla \cdot \left[\rho \boldsymbol{v} \sum_i Y_i \Delta H_{fi} - \rho \sum_i \Delta H_{fi} D_{ij} \nabla Y_i\right] \quad (G-22)$$

用 ΔH_{fi} 乘方程(G－19),并对 i 求和,得

$$\nabla \cdot \left[\rho \boldsymbol{v} \sum_i Y_i \Delta H_{fi} - \rho \sum_i \Delta H_{fi} D_{ij} \nabla Y_i\right] = \sum_i RR_i \Delta H_{fi} \quad (G-23)$$

将最后两个方程联合起来,得

$$\nabla \cdot \left[\rho \boldsymbol{v} h_{sens} - \rho \sum_i h_{i,sens} D_{ij} \nabla Y_i - k \nabla T\right] = - \sum_i RR_i \Delta H_{fi} \quad (G-24)$$

下面采用单步不可逆反应:

$$\sum_i \nu_i A_i \rightarrow \sum_i \nu'_i A_i \quad (G-25)$$

对于这种情况,RR_i 可以用基于摩尔分数的反应速率表示。

$$RR_i = (\nu_i' - \nu_i) RRM_i \quad (G-26)$$

式中 $RR = k \prod [A_i]^{vi}, k = A\exp(-E_{ov}/RT)$。单位质量表生成热用下式表示

$$\Delta H_{fi} = \Delta H_{fi} / M_i \quad (G-27)$$

于是

$$RR_i \Delta H_{fi} = (\nu_i' - \nu) RR \Delta H_{fi} \quad (G-28)$$

$$\sum_i RR_i \Delta H_{fi} = RR \sum_i (\nu'_i - \nu) \Delta H_{fi} = RR(\Delta H_R) \quad (G-29)$$

因此,组分守恒和能量守恒方程变成

组分守恒方程: $\nabla \cdot [\rho \boldsymbol{v} Y_i - \rho D_{ij} \nabla Y_i] = (\nu_i' - v_1) RRM_i \quad (G-30)$

能量守恒方程: $\nabla \cdot [\rho \boldsymbol{v} h_{sens} - \rho \sum_i h_{i,sens} D_{ij} \nabla Y_i - k \nabla T] = - RR(\Delta H_R) \quad (G-31)$

为了得到一组能解析求解的方程,对以上方程作进一步简化。设 $D_{ij} = D =$ 双组分平均扩散系数,所以

$$\rho \sum_i h_{i,sens} D_{ij} \nabla Y_i = \rho D \sum_i \nabla Y_i \quad (G-32)$$

现在,

$$\nabla h_{i,sens} = \nabla \left(\sum_i Y_i h_{i,sens}\right) = \sum_i \nabla (Y_i h_{i,sens}) = \sum_i h_{i,sens} \nabla Y_i + \sum_i Y_i \nabla h_{i,sens} \quad (G-33)$$

对于理想气体,

$$h_{i,sens} = h_i(T) \Rightarrow \nabla h_{i,sens} = (\mathrm{d}h_i / \mathrm{d}T) \nabla T = c_p(T) \nabla T \quad (G-34)$$

因而,

$$\sum_i h_{i,sens} \nabla Y_i = \nabla h_{sens} - \sum_i Y_i c_p(T) \nabla T = \nabla h_{sens} - c_p(T) \nabla T \quad (G-35)$$

将上式代入能量方程,得

$$\nabla \cdot [\rho \boldsymbol{v} h_{sens} - \rho D(\nabla h_{sens} - c_p(T) \nabla T - k \nabla T = - RR(\Delta H_R) \quad (G-36)$$

重新整理此方程,得

$$\nabla \cdot \{\rho \boldsymbol{v} h_{sens} - \rho D \nabla h_{sens} + k \nabla T[\rho D c_p / k) - 1]\} = -RR(\Delta H_R) \qquad (G-37)$$

式中，$k/\rho c_p$ = 热扩散系数 α。$\rho D c_p / k = D/\alpha = 1/Le$，其中 Le = Lewis 数，它等于 α/D。注意只要热扩散系数和质量扩散系数相等，$Le = 1$，能量方程可以写成：

$$\nabla \cdot (\rho \boldsymbol{v} h_{sens} - \rho D \, \nabla h_{sens}) = -RR(\Delta H_R) \qquad (G-38)$$

比较方程（G-30）和（G-38），注意到（当 $D_{ij} = D$ 时）方程左端形式上相同，即组分和能量的输运速率用完全相同的方式表示，但这两个方程的源项不同。我们现在对这两个方程进行变换，使其右端相同。为此，定义

$$\begin{aligned} \eta_i &= [Y_i / (\nu_i' - \nu_i) M_i] \\ \eta_T &= h_{sans} / (-\Delta H_R) \end{aligned} \qquad (G-39)$$

代入方程（G-30）和式（G-38），得

组分守恒方程 $$\nabla \cdot [\rho \boldsymbol{v} \eta_i - \rho D \nabla \eta_i] = RR \qquad (G-40)$$

能量守恒方程 $$\nabla \cdot [\rho v \eta_T - \rho D \, \nabla \eta_T] = RR \qquad (G-41)$$

这两个方程左端具有相同的线性输运算子，即 $L(\,) = \nabla \cdot [\rho v(\,) - \rho D \nabla(\,)]$，所以组分和能量守恒方程具有完全相同的形式，如下

$$L(\eta) = RR \qquad (G-42)$$

将上述输运方程变成相似形式的变换称为 Shvab - Zeldovich 变换，这是以第一次进行这一变换的两位俄罗斯科学家名字命名的。Shvab - Zeldovich 变换的优点是很明显的。将一组方程两个变量相减，就可消去非线性项，得到齐次线性微分方程。例如，如果 $\beta_{Ti} = \eta_T - \eta_i$，则 $L(\beta_{Ti}) = 0$。用此相减方法定义的新变量 β 称为耦合函数。按定义，耦合函数受没有源或潭的输运方程控制，即耦合函数通过对流和扩散输运，从而使净通量 = 0。这意味着此函数是守恒的，人们通常将“守恒变量”用于函数 β。

Shvab - Zeldovich 变换使燃烧分析的计算量大大减低。但在使用时须记着由于所作的假设带来的限制。其中包括：忽略体积力、Soret（热扩散）效应和 Dufour（浓度梯度与热通量互易）效应、压力梯度扩。散、黏性效应、热辐射等。该模型不能对反应流流场进行准确的定量描述。它的主要用途是能揭示火焰结构和火焰传播的主要方面。

G-3 多组分反应流体守恒方程通用形式

连续方程 $$\partial \rho / \partial t + \nabla \cdot (\rho v) = 0 \qquad (G-43)$$

动量方程 $$\rho(\partial v / \partial t) + \rho v \cdot \nabla v = -\nabla \cdot P + \rho \sum Y_i f_i \qquad (G-44)$$

式中，$$P = [P + (2/3)(\mu - \kappa)(\nabla \cdot v)]\delta - \mu[\nabla v + (\nabla v)^T]$$

组分守恒方程 $$\partial(\rho Y_i) / \partial t + \nabla \cdot [\rho v Y_i - \rho D_{ij} \nabla Y_i] = RR_i \qquad (G-45)$$

能量方程 $$\partial(\rho h) / \partial t - \partial P / \partial t + \nabla \cdot \left[\rho v h + \sum_i \rho_i V_i h_i\right] + \nabla \cdot q = 0 \qquad (G-46)$$

状态方程 $$p = \rho R_u T \sum Y_i / M_i \qquad (G-47)$$

热力学及输运性质

$$c_{p,i}=c_{p,i}(p,T)$$
$$\lambda_i=\lambda_i(p,T,Y_i,\cdots)$$
$$D_i=D_i(p,T,Y_i,\cdots) \quad (G-48)$$
$$\mu_i=\mu_i(p,T,Y_i,\cdots)$$

反应动力学方程

$$RR_i = M_i\sum_{k}^{N_R}(\nu'_{i,k}-\nu_{i,k})A_kT^{BK}\exp(-E/RT)\prod_j[A_j]^{\nu j,k} \quad (G-49)$$

在常见的燃烧装置中,马赫数不高,体积力影响不大,且各组分比热相等的情况下,以上守恒方程可以简化为

$$\frac{\partial\rho}{\partial t}+\nabla\cdot(\rho v)=0 \quad (G-50)$$

$$\frac{\partial(\rho \boldsymbol{v})}{\partial t}+(\rho\boldsymbol{v}\cdot\nabla)\boldsymbol{v}=-\nabla p+\nabla(\mu\Delta\boldsymbol{v})-2/3\,\nabla(\mu\,\nabla\cdot\boldsymbol{v}) \quad (G-51)$$

$$\partial(\rho Y_i)/\partial t+\nabla\cdot[\rho\boldsymbol{v}Y_i-\rho D_{ij}\nabla Y_i]=RR_i \quad (G-52)$$

$$\frac{\partial(\rho c_pT)}{\partial t}+\nabla\cdot[\rho\boldsymbol{v}c_pT-\nabla(\lambda\,\nabla T)]=RR_i\Delta H_R \quad (G-53)$$

一、三维守恒方程

在笛卡儿坐标系(x,y,z)中,u,v,w分别表示x,y,z方向的速度分量,以上方程可以写成:

$$\frac{\partial\rho}{\partial t}+\frac{\partial}{\partial x}(\rho u)+\frac{\partial}{\partial y}(\rho v)+\frac{\partial}{\partial z}(\rho w)=0 \quad (G-54)$$

$$\frac{\partial(\rho u)}{\partial t}+\frac{\partial}{\partial x}(\rho uu)+\frac{\partial}{\partial y}(\rho uv)+\frac{\partial}{\partial z}(\rho uw)-\frac{\partial}{\partial x}\left(\mu\frac{\partial u}{\partial x}\right)-\frac{\partial}{\partial y}\left(\mu\frac{\partial u}{\partial y}\right)-\frac{\partial}{\partial z}\left(\mu\frac{\partial u}{\partial z}\right)=$$
$$-\frac{\partial p}{\partial x}-\frac{2}{3}\frac{\partial}{\partial x}\left[\mu\left(\frac{\partial u}{\partial x}+\frac{\partial v}{\partial y}+\frac{\partial w}{\partial z}\right)\right]+\frac{\partial}{\partial x}\left(\mu\frac{\partial u}{\partial x}\right)+\frac{\partial}{\partial y}\left(\mu\frac{\partial v}{\partial x}\right)+\frac{\partial}{\partial z}\left(\mu\frac{\partial w}{\partial x}\right) \quad (G-55)$$

$$\frac{\partial(\rho v)}{\partial t}+\frac{\partial}{\partial x}(\rho vu)+\frac{\partial}{\partial y}(\rho vv)+\frac{\partial}{\partial z}(\rho vw)-\frac{\partial}{\partial x}\left(\mu\frac{\partial v}{\partial x}\right)-\frac{\partial}{\partial y}\left(\mu\frac{\partial v}{\partial y}\right)-\frac{\partial}{\partial z}\left(\mu\frac{\partial v}{\partial z}\right)=$$
$$-\frac{\partial p}{\partial y}-\frac{2}{3}\frac{\partial}{\partial y}\left[\mu\left(\frac{\partial u}{\partial x}+\frac{\partial v}{\partial y}+\frac{\partial w}{\partial z}\right)\right]+\frac{\partial}{\partial x}\left(\mu\frac{\partial u}{\partial y}\right)+\frac{\partial}{\partial y}\left(\mu\frac{\partial v}{\partial y}\right)+\frac{\partial}{\partial z}\left(\mu\frac{\partial w}{\partial y}\right) \quad (G-56)$$

$$\frac{\partial(\rho w)}{\partial t}+\frac{\partial}{\partial x}(\rho wu)+\frac{\partial}{\partial y}(\rho wv)+\frac{\partial}{\partial z}(\rho ww)-\frac{\partial}{\partial x}\left(\mu\frac{\partial w}{\partial x}\right)-\frac{\partial}{\partial y}\left(\mu\frac{\partial w}{\partial y}\right)-\frac{\partial}{\partial z}\left(\mu\frac{\partial w}{\partial z}\right)=$$
$$-\frac{\partial p}{\partial z}-\frac{2}{3}\frac{\partial}{\partial z}\left[\mu\left(\frac{\partial u}{\partial x}+\frac{\partial v}{\partial y}+\frac{\partial w}{\partial z}\right)\right]+\frac{\partial}{\partial x}\left(\mu\frac{\partial u}{\partial z}\right)+\frac{\partial}{\partial y}\left(\mu\frac{\partial v}{\partial z}\right)+\frac{\partial}{\partial z}\left(\mu\frac{\partial w}{\partial z}\right) \quad (G-57)$$

$$\frac{\partial(\rho Y_i)}{\partial t}+\frac{\partial}{\partial x}(\rho uY_i)+\frac{\partial}{\partial y}(\rho vY_i)+\frac{\partial}{\partial z}(\rho wY_i)-\frac{\partial}{\partial x}\left(D\frac{\partial Y_i}{\partial x}\right)-\frac{\partial}{\partial y}\left(D\frac{\partial Y_i}{\partial y}\right)-\frac{\partial}{\partial z}\left(D\frac{\partial Y_i}{\partial z}\right)$$
$$=RR_i \quad (i=1,\cdots,N-1)$$

$$Y_N = 1-\sum_{i=1}^{N-1}Y_i \quad (G-58)$$

$$\frac{\partial(\rho c_p T}{\partial t}+\frac{\partial}{\partial x}(\rho u c_p T)+\frac{\partial}{\partial y}(\rho v c_p T_i)+\frac{\partial}{\partial z}(\rho w c_p T)-\frac{\partial}{\partial x}\left(\lambda\frac{\partial T}{\partial x}\right)-\frac{\partial}{\partial y}\left(\lambda\frac{\partial T}{\partial y}\right)-\frac{\partial}{\partial z}\left(\lambda\frac{\partial T}{\partial z}\right)$$

$$=RR_i\Delta H_R \tag{G-59}$$

在圆柱坐标系(r,θ,z)中,v,w,u分别表示r,θ,z方向的速度分量,以上方程可以写成:

$$\frac{\partial\rho}{\partial t}+\frac{\partial}{\partial z}(\rho u)+\frac{\partial}{r\,\partial r}(\rho r v)+\frac{\partial}{r\,\partial\theta}(\rho w)=0 \tag{G-60}$$

$$\frac{\partial(\rho u)}{\partial t}+\frac{\partial}{r\,\partial z}(\rho u u)+\frac{\partial}{r\,\partial r}(\rho u r v)+\frac{\partial}{r\,\partial\theta}(\rho u w)-\frac{\partial}{r\,\partial z}\left(r\mu\frac{\partial u}{\partial z}\right)-\frac{\partial}{r\,\partial r}\left(r\mu\frac{\partial u}{\partial r}\right)-$$

$$\frac{\partial}{r\,\partial\theta}\left(\mu\frac{\partial u}{r\,\partial\theta}\right)=-\frac{\partial p}{\partial z}-\frac{2}{3}\frac{\partial}{\partial z}\left[\mu\left(\frac{\partial u}{\partial z}+\frac{\partial(rv)}{r\,\partial r}+\frac{\partial w}{r\,\partial\theta}\right)\right]+\frac{\partial}{\partial z}\left(\mu\frac{\partial u}{\partial z}\right)+\frac{\partial}{r\,\partial r}\left(\mu r\frac{\partial v}{\partial z}\right)+$$

$$\frac{\partial}{r\,\partial\theta}\left(\mu\frac{\partial w}{\partial z}\right) \tag{G-61}$$

$$\frac{\partial(\rho v)}{\partial t}+\frac{\partial}{r\,\partial z}(\rho v u)+\frac{\partial}{r\,\partial r}(\rho v r v)+\frac{\partial}{r\,\partial\theta}(\rho v w)-\frac{\partial}{r\,\partial z}\left(r\mu\frac{\partial v}{\partial z}\right)-\frac{\partial}{r\,\partial r}\left(r\mu\frac{\partial v}{\partial r}\right)-$$

$$\frac{\partial}{r\,\partial\theta}\left(\mu\frac{\partial v}{r\,\partial\theta}\right)=-\frac{\partial p}{\partial r}-\frac{2}{3}\frac{\partial}{\partial r}\left[\mu\left(\frac{\partial u}{\partial z}+\frac{\partial(rv)}{r\,\partial r}+\frac{\partial w}{r\,\partial\theta}\right)\right]+\frac{\partial}{\partial z}\left(\mu\frac{\partial u}{\partial r}\right)+\frac{\partial}{r\,\partial r}\left(\mu r\frac{\partial v}{\partial r}\right)+$$

$$\frac{\partial}{r\,\partial\theta}\left[\mu\left(\frac{\partial w}{\partial r}-\frac{w}{r}\right)\right]-2\frac{\mu}{r}\left(\frac{1}{r}\frac{\partial w}{\partial\theta}+\frac{v}{r}\right)+\frac{\rho w^2}{r} \tag{G-62}$$

$$\frac{\partial(\rho w)}{\partial t}+\frac{\partial}{r\,\partial z}(\rho w u)+\frac{\partial}{r\,\partial r}(\rho w r v)+\frac{\partial}{r\,\partial\theta}(\rho w w)-\frac{\partial}{r\,\partial z}\left(r\mu\frac{\partial w}{\partial z}\right)-\frac{\partial}{r\,\partial r}\left(r\mu\frac{\partial w}{\partial r}\right)-$$

$$\frac{\partial}{r\,\partial\theta}\left(\mu\frac{\partial w}{r\,\partial\theta}\right)=-\frac{\partial p}{r\,\partial\theta}-\frac{2}{3}\frac{\partial}{r\,\partial\theta}\left[\mu\left(\frac{\partial u}{\partial z}+\frac{\partial(rv)}{r\,\partial r}+\frac{\partial w}{r\,\partial\theta}\right)\right]+\frac{\partial}{\partial z}\left(\frac{\mu}{r}\frac{\partial u}{\partial\theta}\right)+\frac{\partial}{r\,\partial r}\left[\mu r\left(\frac{\partial v}{r\,\partial\theta}-\frac{w}{r}\right)\right]+$$

$$\frac{\partial}{r\,\partial\theta}\left[\frac{\mu}{r}\left(\frac{\partial w}{\partial\theta}+2v\right)\right]-\frac{\rho v w}{r}+\frac{\mu}{r}\left(\frac{\partial w}{\partial r}+\frac{\partial v}{r\,\partial\theta}-\frac{w}{r}\right) \tag{G-63}$$

$$\frac{\partial(\rho Y_i)}{\partial t}+\frac{\partial}{r\,\partial z}(\rho u Y_i)+\frac{\partial}{r\,\partial r}(\rho r v Y_i)+\frac{\partial}{r\,\partial\theta}(\rho w Y_i)-\frac{\partial}{r\,\partial z}\left(rD\frac{\partial Y_i}{\partial z}\right)-\frac{\partial}{r\,\partial r}\left(rD\frac{\partial Y_i}{\partial r}\right)-$$

$$\frac{\partial}{r\,\partial\theta}\left(D\frac{\partial Y_i}{r\,\partial\theta}\right)=RR_i\quad(i=1,\cdots,N-1)$$

$$Y_N=1-\sum_{i=1}^{N-1}Y_i \tag{G-64}$$

$$\frac{\partial(\rho c_p T)}{\partial t}+\frac{\partial}{r\,\partial z}(\rho u c_p T)+\frac{\partial}{r\,\partial r}(\rho r v c_p T)+\frac{\partial}{r\,\partial\theta}(\rho w c_p T)-\frac{\partial}{r\,\partial z}\left(r\lambda\frac{\partial T}{\partial z}\right)-\frac{\partial}{r\,\partial r}\left(r\lambda\frac{\partial T}{\partial r}\right)-$$

$$\frac{\partial}{r\,\partial\theta}\left(\lambda\frac{\partial T}{r\,\partial\theta}\right)=RR_i\Delta H_R \tag{G-65}$$

以上方程可以写成以下通用的形式:

$$\frac{\partial(\rho\phi)}{\partial t}+\nabla\cdot(\rho\boldsymbol{v}\phi)-\nabla\cdot(\Gamma\,\nabla\phi)=S_\phi \tag{G-66}$$

方程中左端第一项是时间导数项,第二项是对流项,第三项是扩散项,右端是源项。ϕ是通用变量,当它应用于以上守恒方程时,分别对应于三个速度分量,组分质量分数和温度。

在笛卡儿坐标系(x,y,z)中,

$$\nabla \cdot (\rho \boldsymbol{v} \phi) = \frac{\partial}{\partial x}(\rho u \phi) + \frac{\partial}{\partial y}(\rho v \phi) + \frac{\partial}{\partial z}(\rho w \phi) \tag{G-67}$$

$$\nabla \cdot (\Gamma \nabla \phi) = \frac{\partial}{\partial x}\left(\Gamma \frac{\partial \phi}{\partial x}\right) + \frac{\partial}{\partial y}\left(\Gamma \frac{\partial \phi}{\partial y}\right) + \frac{\partial}{\partial z}\left(\Gamma \frac{\partial \phi}{\partial z}\right) \tag{G-68}$$

在圆柱坐标系(r,θ,z)中，

$$\nabla \cdot (\rho \boldsymbol{v} \phi) = \frac{\partial}{r\,\partial z}(\rho u \phi) + \frac{\partial}{r\,\partial r}(\rho r v \phi) + \frac{\partial}{r\,\partial \theta}(\rho w \phi) \tag{G-69}$$

$$\nabla \cdot (\Gamma \nabla \phi) = \frac{\partial}{r\,\partial z}\left(r\Gamma \frac{\partial \phi}{\partial z}\right) - \frac{\partial}{r\,\partial r}\left(r\Gamma \frac{\partial \phi}{\partial r}\right) - \frac{\partial}{r\,\partial \theta}\left(\Gamma \frac{\partial \phi}{r\,\partial \theta}\right) \tag{G-70}$$

表 $G-1$　三维笛卡儿坐标系中守恒方程

方程	变量 φ	Γ	S_ϕ
连续方程	1	0	
x 方向动量方程	u	μ	$-\frac{\partial p}{\partial x} - \frac{2}{3}\frac{\partial}{\partial x}\left[\mu\left(\frac{\partial u}{\partial x} + \frac{\partial v}{\partial y} + \frac{\partial w}{\partial z}\right)\right] + \frac{\partial}{\partial x}\left(\mu \frac{\partial u}{\partial x}\right) + \frac{\partial}{\partial y}\left(\mu \frac{\partial v}{\partial x}\right) + \frac{\partial}{\partial z}\left(\mu \frac{\partial w}{\partial x}\right)$
y 方向动量方程	v	μ	$-\frac{\partial p}{\partial y} - \frac{2}{3}\frac{\partial}{\partial y}\left[\mu\left(\frac{\partial u}{\partial x} + \frac{\partial v}{\partial y} + \frac{\partial w}{\partial z}\right)\right] + \frac{\partial}{\partial x}\left(\mu \frac{\partial u}{\partial y}\right) + \frac{\partial}{\partial y}\left(\mu \frac{\partial v}{\partial y}\right) + \frac{\partial}{\partial z}\left(\mu \frac{\partial w}{\partial y}\right)$
z 方向动量方程	w	μ	$-\frac{\partial p}{\partial z} - \frac{2}{3}\frac{\partial}{\partial z}\left[\mu\left(\frac{\partial u}{\partial x} + \frac{\partial v}{\partial y} + \frac{\partial w}{\partial z}\right)\right] + \frac{\partial}{\partial x}\left(\mu \frac{\partial u}{\partial z}\right) + \frac{\partial}{\partial y}\left(\mu \frac{\partial v}{\partial z}\right) + \frac{\partial}{\partial z}\left(\mu \frac{\partial w}{\partial z}\right)$
组分守恒方程	Y_i	D	RR_i
能量方程	T	λ	$RR\Delta H_R$

表 $G-2$　三维圆柱坐标系守恒方程

方程	变量 ϕ	Γ	S_ϕ
连续方程	1	0	
x 方向动量方程	u	μ	$-\frac{\partial p}{\partial z} - \frac{2}{3}\frac{\partial}{\partial z}\left[\mu\left(\frac{\partial u}{\partial z} + \frac{\partial (rv)}{r\,\partial r} + \frac{\partial w}{r\,\partial \theta}\right)\right] + \frac{\partial}{\partial z}\left(\mu \frac{\partial u}{\partial z}\right) + \frac{\partial}{r\,\partial r}\left(\mu r \frac{\partial v}{\partial z}\right) + \frac{\partial}{r\,\partial \theta}\left(\mu \frac{\partial w}{\partial z}\right)$
y 方向动量方程	v	μ	$-\frac{\partial p}{\partial r} - \frac{2}{3}\frac{\partial}{\partial r}\left[\mu\left(\frac{\partial u}{\partial z} + \frac{\partial (rv)}{r\,\partial r} + \frac{\partial w}{r\,\partial \theta}\right)\right] + \frac{\partial}{\partial z}\left(\mu \frac{\partial u}{\partial r}\right) + \frac{\partial}{r\,\partial r}\left(\mu r \frac{\partial v}{\partial r}\right) + \frac{\partial}{r\,\partial \theta}\left[\mu\left(\frac{\partial w}{\partial r} - \frac{w}{r}\right)\right] - 2\frac{\mu}{r}\left(\frac{1}{r}\frac{\partial w}{\partial \theta} + \frac{v}{r}\right) + \frac{\rho w^2}{r}$
z 方向动量方程	w	μ	$-\frac{\partial p}{r\,\partial \theta} - \frac{2}{3}\frac{\partial}{r\,\partial \theta}\left[\mu\left(\frac{\partial u}{\partial z} + \frac{\partial (rv)}{r\,\partial r} + \frac{\partial w}{r\,\partial \theta}\right)\right] + \frac{\partial}{\partial z}\left(\frac{\mu}{r}\frac{\partial u}{\partial \theta}\right) + \frac{\partial}{r\,\partial r}\left[\mu r\left(\frac{\partial v}{r\,\partial \theta} - \frac{w}{r}\right)\right] + \frac{\partial}{r\,\partial \theta}\left[\frac{\mu}{r}\left(\frac{\partial w}{\partial \theta} + 2v\right)\right] - \frac{\rho v w}{r} + \frac{\mu}{r}\left(\frac{\partial w}{\partial r} + \frac{\partial v}{r\,\partial \theta} - \frac{w}{r}\right)$
组分守恒方程	Y_i	D	RR_i
能量方程	T	λ	$RR\Delta H_R$

二、二维守恒方程

在二维笛卡儿坐标系(x,y)中，

$$\nabla\cdot(\rho\boldsymbol{v}\phi)=\frac{\partial}{\partial x}(\rho u\phi)+\frac{\partial}{\partial y}(\rho v\phi) \tag{G-71}$$

$$\nabla\cdot(\Gamma\nabla\phi)=\frac{\partial}{\partial x}\left(\Gamma\frac{\partial\phi}{\partial x}\right)+\frac{\partial}{\partial y}\left(\Gamma\frac{\partial\phi}{\partial y}\right) \tag{G-72}$$

在二维圆柱坐标系(r,z)中，

$$\nabla\cdot(\rho\boldsymbol{v}\phi)=\frac{\partial}{r\,\partial z}(\rho u\phi)+\frac{\partial}{r\,\partial r}(\rho rv\phi) \tag{G-73}$$

$$\nabla\cdot(\Gamma\nabla\phi)=\frac{\partial}{r\,\partial z}\left(r\Gamma\frac{\partial\phi}{\partial z}\right)+\frac{\partial}{r\,\partial r}\left(r\Gamma\frac{\partial\phi}{\partial r}\right) \tag{G-74}$$

表 $G-3$　二维笛卡儿坐标系中守恒方程

方程	变量 ϕ	Γ	S_ϕ
连续方程	1	0	
x 方向动量方程	u	μ	$-\frac{\partial p}{\partial x}+\frac{\partial}{\partial x}\left(\mu\frac{\partial u}{\partial x}\right)+\frac{\partial}{\partial y}\left(\mu\frac{\partial v}{\partial x}\right)$
y 方向动量方程	v	μ	$-\frac{\partial p}{\partial y}+\frac{\partial}{\partial x}\left(\mu\frac{\partial u}{\partial y}\right)+\frac{\partial}{\partial y}\left(\mu\frac{\partial v}{\partial y}\right)$
组分守恒方程	Y_i	D	RR_i
能量方程	T	λ	$RR\Delta H_R$

表 $G-4$　二维圆柱坐标系守恒方程

方程	变量 ϕ	Γ	S_ϕ
连续方程	1		0
x 方向动量方程	u	μ	$-\frac{\partial p}{\partial z}+\frac{\partial}{\partial z}\left(\mu\frac{\partial u}{\partial z}\right)+\frac{\partial}{r\,\partial r}\left(\mu r\frac{\partial v}{\partial z}\right)$
y 方向动量方程	v	μ	$-\frac{\partial p}{\partial r}+\frac{\partial}{\partial z}\left(\mu\frac{\partial u}{\partial r}\right)+\frac{\partial}{r\,\partial r}\left(\mu r\frac{\partial v}{\partial r}\right)-\frac{2\mu v}{r^2}$
组分守恒方程	Y_i	D	RR_i
能量方程	T	λ	$RR\Delta H_R$

三、一维守恒方程

在一维笛卡儿坐标系(x)中，

$$\nabla\cdot(\rho\boldsymbol{v}\phi)=\frac{\partial}{\partial x}(\rho u\phi) \tag{G-75}$$

$$\nabla\cdot(\Gamma\nabla\phi)=\frac{\partial}{\partial x}\left(\Gamma\frac{\partial\phi}{\partial x}\right) \tag{G-76}$$

在一维圆柱坐标系中，

$$\nabla\cdot(\rho\boldsymbol{v}\phi)=\frac{\partial}{r\,\partial z}(\rho u\phi) \tag{G-77}$$

$$\nabla\cdot(\Gamma\nabla\phi)=\frac{\partial}{r\,\partial z}\left(r\Gamma\frac{\partial\phi}{\partial z}\right) \tag{G-78}$$

在一维球坐标系中，

$$\nabla\cdot(\rho v\phi)=\frac{\partial}{r\,\partial r}(r\rho v\phi) \tag{G-79}$$

$$\nabla\cdot(\Gamma\nabla\phi)=\frac{\partial}{r\,\partial r}\left(r\Gamma\frac{\partial\phi}{\partial r}\right) \tag{G-80}$$

$$\frac{1}{r^2}\frac{\mathrm{d}}{\mathrm{d}r}(r^2\rho v)=0$$

表 G-5 一维笛卡儿坐标系中守恒方程

方程	变量 ϕ	Γ	S_ϕ
连续方程	1		0
x 方向动量方程	u	μ	$-\frac{\partial p}{\partial x}+\frac{\partial}{\partial x}\left(\mu\frac{\partial u}{\partial x}\right)$
组分守恒方程	Y_i	D	RR_i
能量方程	T	λ	$RR\Delta H_R$

表 G-6 一维圆柱坐标系守恒方程

方程	变量 ϕ	Γ	S_ϕ
连续方程	1		0
z 方向动量方程	u	μ	$-\frac{\partial p}{\partial z}+\frac{\partial}{\partial z}\left(\mu\frac{\partial u}{\partial z}\right)$
组分守恒方程	Y_i	D	RR_i
能量方程	T	λ	$RR\Delta H_R$

参考文献

[1] F A Williams. Combustion Theory[M]. Massachusetts :Addison - Wesley Publishing Company,1965.
[2] 周力行. 燃烧理论和化学流体力学[M]. 北京:科学出版社,1986.
[3] J Wannatz,U Maas,R W Dibble. Combustion[M]. Berlin:Springer,1999.

附录H 某些碳氢燃料总的化学反应和准总的化学反应机理

Westbrook 和 Dryer[1]提出并验证了多种碳氢化合物的单步、两步和多步总的化学反应机理。根据定义,总的化学反应机理是不能揭示实际反应过程中的细节;但是,在认识到其局限性的前提下,总的化学反应机理能够很好地满足当前工程应用的要求。下面是文献[1]推荐的碳氢化合物总的化学反应机理,

$$C_xH_y + (x + y/4)O_2 \xrightarrow{k_G} xCO_2 + (y/2)H_2O \tag{H-1}$$

$$\frac{d[C_xH_y]}{dt} = -A\exp(-E_a/R_uT)[C_xH_y]^m[O_2]^n \tag{H-2}$$

$$[\ =\ ]\mathrm{gmol/cm^3-s}$$

式中,参数 A、E_a/R_uT、m 和 n 的取值如表 H1。据此总的反应机理,数值计算的火焰速度和可燃极限和实验结果吻合的相当好。

文献[2]提出了丙烷氧化的一个四步总的化学反应机理,其四步反应方程式如下

$$C_nH_{2n+2} \longrightarrow (n/2)C_2H_4 + H_2 \tag{H-3}$$

$$C_2H_4 + O_2 \longrightarrow 2CO + 2H_2 \tag{H-4}$$

$$CO + 1/2O_2 \longrightarrow CO_2 \tag{H-5}$$

$$H_2 + 1/2O_2 \longrightarrow H_2O \tag{H-6}$$

其各个反应的反应速率表达式(单位为 gmol/cm^3 - s)如下:

$$\frac{\mathrm{d}[C_nH_{2n+2}]}{\mathrm{d}t} = -10^x\exp(-E_A/R_uT)[C_nH_{2n+1}]^a[O_2]^b[C_2H_4]^c \tag{H-7}$$

$$\frac{\mathrm{d}[C_2H_4]}{\mathrm{d}t} = -10^x\exp(-E_A/R_uT)[C_2H_4]^a[O_2]^b[C_nH_{2n+2}]^c \tag{H-8}$$

$$\frac{\mathrm{d}[CO]}{\mathrm{d}t} = -10^x\exp(-E_A/R_uT)[CO]^a[O_2]^b[H_2O]^c 7.93\exp(-2.48\Phi) \tag{H-9}$$

$$\frac{\mathrm{d}[CO]}{\mathrm{d}t} = -10^x\exp(-E_A/R_uT)[H_2]^a[O_2]^b C_2H_4^c \tag{H-10}$$

其中 Φ 是化学反应当量比,参数 x、a、b 和 c 的取值如表 H-1。

在上述反应机理中,我们需要注意三点:1. 假设乙烯(C_2H_4)只是中间产物;2. 在化学反应速率表达式中,C_3H_8 和 C_2H_4 的指数都是负数,因此 C_3H_8 和 C_2H_4 的浓度越大越不利于 C_2H_4 和 H_2 的氧化;3. 化学反应速率表达式不是严格按照化学反应方程式来推导的,这一点从表达式(H-7)-(H-10)和化学反应方程式(H-3)-(H-6)很容易看出来(H-7)-(H-10)中每一个表达式都涉及三种组分的浓度,这和方程式(H-3)-(H-6)是不一致的)。此外,其它最新的碳氢氧化反应的简化机理可参考文献[3]。

表 H-1　单步反应速率表达式(H-2)参数(摘自文献[1])

燃料	指前因子 A^a	活化温度 E_a/R_uT/K	m	n
CH_4	1.3×10^8	$24,358^b$	-0.3	1.3
CH_4	8.3×10^5	$15,098^c$	-0.3	1.3
C_2H_6	1.1×10^{12}	15,098	0.1	1.65
C_3H_8	8.6×10^{11}	15,098	0.1	1.65
C_4H_{10}	7.4×10^{11}	15,098	0.15	1.6
C_5H_{12}	6.4×10^{11}	15,098	0.25	1.5
C_6H_{14}	5.7×10^{11}	15,098	0.25	1.5
C_7H_{16}	5.1×10^{11}	15,098	0.25	1.5
C_8H_8	4.6×10^{11}	15,098	0.25	1.5
C_8H_{18}	7.2×10^{12}	$20,131^d$	0.25	1.5
C_9H_{20}	4.2×10^{11}	15,098	0.25	1.5
$C_{10}H_{22}$	3.8×10^{11}	$15,098^c$	0.25	1.5
CH_3OH	3.2×10^{12}	15,098	0.25	1.5
C_2H_5OH	1.5×10^{12}	15,098	0.15	1.6
C_6H_6	2.0×10^{11}	15,098	-0.1	1.85
C_7H_8	1.6×10^{11}	15,098	-0.1	1.85
C_2H_4	2.0×10^{12}	15,098	0.1	1.65
C_3H_6	4.2×10^{11}	15,098	-0.1	1.85
C_2H_2	6.5×10^{12}	15,098	0.5	1.25

A 的单位和方程 H.2 的组分浓度单位(gmol/cm³)相对应,如 $A[=](\mathrm{gmol/cm^3})^{1-m-n}/\mathrm{s}$;

$b_{E_a}=48.4$kcal/gmol;

$c_{E_a}=30$kcal/gmol;

$d_{E_a}=40$kcal/gmol

表 H-2　C_nH_{2n+2}氧化反应的多步总的化学反应常数(摘自文献[2])

丙烷 $n=3$				
反应速率表达式	5.3	5.4	5.5	5.6
x	17.32	14.7	14.6	13.52
$[E_a/R_uT]$(K)	24,962	25,164	20,131	20,634
a	0.50	0.90	1.0	0.85
b	1.07	1.18	0.25	1.42
c	0.40	-0.37	0.50	-0.56

初始条件:T(K):960-1145;$[C_3H_8]$(gmol/cm³):$1\times10^{-8}-1\times10^{-7}$;

$[O_2]$(gmol/cm³):$1\times10^{-7}-5\times10^{-6}$;$\Phi$:0.03-2.0

参考文献

[1] Charles K Westbrooka ,Frederick L Dryerb. Chemical kinetic modeling of hydrocarbon combustion[J]. Progress in Energy and Combustion Science,1984(1):1 -57.

[2] D J Hautman,F L Dryer,K P Schug,I Glassman. A Multiple - step Overall Kinetic Mechanism for the Oxidation of Hydrocarbons[J]. Combustion Science and Technology. 1981(25):5 -6.

[3] F Kauffman. Ckemical Kinetics and Combustion: Intricate Path and Simple Step. Nineteenth Symposium (International) on Combustion[J]. The Combustion Institute. 1982:1 -10.

附录Ⅰ　碳氢燃料与空气燃烧产物平衡成分计算机程序说明

一、基本原理

设已燃气体由12种成分组成，以 x_1-x_{12} 依次表示 $CO, CO_2, O_2, H_2, H_2O, OH, H, O, NO, N_2, N$ 和燃料等成分的摩尔分数，各组分之间可以发生7种化学反应，即11成分7反应法。

假定 x_{12} 摩尔的燃料 $C_\alpha H_\beta O_\gamma$ 在当量比为 Φ，压力为 p，温度为 T 的条件下燃烧，共生成1摩尔气相燃烧产物，则总的反应方程式为

$$x_{12}\left[C_\alpha H_\beta O_\gamma+\left(\alpha+\frac{\beta}{4}-\frac{\gamma}{2}\right)(O_2+3.76N_2)\frac{1}{\Phi}\right]$$
$$=x_1CO+x_2CO_2+x_3O_2+x_4H_2+x_5H_2O+x_6OH+x_7H+x_8O+x_9NO+x_{10}N_2+x_{11}N \tag{Ⅰ-1}$$

令 $r_0=\left(\alpha+\frac{\beta}{4}-\frac{\gamma}{2}\right)\frac{1}{\Phi}; r=\frac{\gamma}{2}+r_0; r=3.76r_0$，

式（Ⅰ-1）左端可改写为 $x_{12}(\alpha C+\beta H+rO_2+r'N_2)$

列出C、H、O、N 4元素的原子数守恒方程式

$$x_1+x_2=\alpha x_{12} \tag{Ⅰ-2}$$

$$2x_4+2x_5+x_6+x_7=\beta x_{12} \tag{Ⅰ-3}$$

$$x_1+2x_2+2x_3+x_5+x_6+x_8+x_9=2rx_{12} \tag{Ⅰ-4}$$

$$x_9+2x_{10}+x_{11}=r'x_{12} \tag{Ⅰ-5}$$

根据假设，有

$$\sum_{i=1}^{11}x_i-1=0 \tag{Ⅰ-6}$$

设燃烧过程中各组分之间发生下列7种化学反应，假定各组分浓度瞬时处于平衡态，列出化学平衡关系式：

$$\frac{1}{2}H_2\Leftrightarrow H,\ K_1=x_7\sqrt{p}/\sqrt{x_4} \tag{Ⅰ-7}$$

$$\frac{1}{2}O_2\Leftrightarrow O,\ K_2=x_8\sqrt{p}/\sqrt{x_3} \tag{Ⅰ-8}$$

$$\frac{1}{2}N_2\Leftrightarrow N, K_3=x_{11}\sqrt{p}/\sqrt{x_{10}} \tag{Ⅰ-9}$$

$$\frac{1}{2}H_2+\frac{1}{2}O_2\Leftrightarrow OH, K_4=x_7/(\sqrt{x_4}\sqrt{x_3}) \tag{Ⅰ-10}$$

$$\frac{1}{2}N_2+\frac{1}{2}O_2\Leftrightarrow NO, K_5=x_9/(\sqrt{x_{10}}\sqrt{x_3}) \tag{Ⅰ-11}$$

$$H_2 + \frac{1}{2}O_2 \Leftrightarrow H_2O, K_6 = x_5/(x_4\sqrt{x_3}\sqrt{p}) \tag{I-12}$$

$$CO + \frac{1}{2}O_2 \Leftrightarrow CO_2, K_7 = x_2/(x_1\sqrt{x_3}\sqrt{p}) \tag{I-13}$$

引入系数 C_i，将各式继续化简

$$x_2 = C_2x_1\sqrt{x_3}, \quad C_2 = K_7\sqrt{p} \tag{I-14}$$

$$x_5 = C_5x_4\sqrt{x_3}, \quad C_5 = K_6\sqrt{p} \tag{I-15}$$

$$x_6 = C_6\sqrt{x_4}\sqrt{x_3}, \quad C_6 = K_4 \tag{I-16}$$

$$x_7 = C_7\sqrt{x_4}, \quad C_7 = K_1/\sqrt{p} \tag{I-17}$$

$$x_8 = C_8\sqrt{x_3}, \quad C_8 = K_2/\sqrt{p} \tag{I-18}$$

$$x_9 = C_9\sqrt{x_{10}}\sqrt{x_3}, \quad C_9 = K_5 \tag{I-19}$$

$$x_{11} = C_{11}x\ \sqrt{x_{10}}, \quad C_{11} = K_2/\sqrt{p} \tag{I-20}$$

式(I-2)~式(I-6)及式(I-14)~式(I-20)共12个方程式构成了求解燃气组分摩尔分数 $x_i(i=1,2\cdots,12)$ 的封闭非线性齐次方程，可用牛顿迭代法求解。

由式(I-2)得 $x_{12} = (x_1 + x_2)/\alpha$

代入式(I-3)~式(I-5)，消去 x_{12}，可得

$$2x_4 + 2x_5 + x_6 + x_7 - (x_1 + x_2)d_1 = 0 \tag{I-21}$$

$$x_1 + 2x_2 + 2x_3 + x_5 + x_6 + x_7 + x_8 + x_9 - (x_1 + x_2)d_2 = 0 \tag{I-22}$$

$$x_9 + 2x_{10} + x_{11} - (x_1 + x_2)d_3 = 0 \tag{I-23}$$

$$\sum x_i - 1 = 0 \tag{I-24}$$

其中：$d_1 = \frac{\beta}{\alpha}, d_2 = \frac{r}{\alpha}, d_3 = \frac{2r'}{\alpha}$。

为简化求解，设定 x_1、x_3、x_4、x_{10} 为变量，其他 x_i 均用这4项的组合关系来表示：

$$x_2 = C_2x_1\sqrt{x_3} = f_2(x_1, x_3) \tag{I-25}$$

$$x_5 = C_5x_4\sqrt{x_3} = f_5(x_3, x_4) \tag{I-26}$$

$$x_6 = C_6\sqrt{x_4}\sqrt{x_3} = f_6(x_3, x_4) \tag{I-27}$$

$$x_7 = C_7\sqrt{x_4} = f_7(x_4) \tag{I-28}$$

$$x_8 = C_8\sqrt{x_3} = f_8(x_3) \tag{I-29}$$

$$x_9 = C_9\sqrt{x_{10}}\sqrt{x_3} = f_9(x_3, x_{10}) \tag{I-30}$$

$$x_{11} = C_{11}x\ \sqrt{x_{10}} = f_{11}(x_{10}) \tag{I-31}$$

代入方程式(I-21)~式(I-24)后，得到如下形式的4个非线性方程式：

$$g_i(x_1, x_2, x_3, \cdots, x_{10}) = 0 \quad j = 1-4 \tag{I-32}$$

设 $x_1^{\#}$、$x_3^{\#}$、$x_4^{\#}$、$x_{10}^{\#}$ 为上述方程组的真解，而 $x_1^{(k)}$、$x_3^{(k)}$、$x_4^{(k)}$、$x_{10}^{(k)}$ 为第 k 次迭代的近似解。令 $\Delta x_i^{(k)} = x_i^{\#} - x_1^{(k)}(i=1,3,4,10)$，将方程左端在近似解处用多元函数的泰勒展开式展开

并近似取其线性部分，得到方程组(Ⅰ-32)的近似表达式：

$$g_i + \partial g_i \Delta x_1^{(k)} / \partial x_1^{(k)} + \partial g_i \Delta x_3^{(k)} / \partial x_3^{(k)} + \cdots + \partial g_i \Delta x_{10}^{(k)} / \partial x_{10}^{(k)} = 0 \qquad (\text{I}-33)$$

方程组(Ⅰ-33)为关于 $\Delta x_1^{(k)}, \Delta x_3^{(k)}, \cdots, \Delta x_{10}^{(k)}$ 的线性方程组，可采用高斯消去法求解，从而得到 x_i 的改进值

$$x_1^{(k+1)} = x_1^{(k)} + \Delta x_1^{(k)} \quad i = 1,3,4,\cdots,10 \qquad (\text{I}-34)$$

重复进行迭代，直至 Δx_i 在一定的误差范围内。

为使上述迭代过程尽快收敛于真值，必须给出正确的初值。预估 x_i 初值时，假定燃烧产物中仅含 CO、CO_2、O_2、H_2、H_2O、$N_2$6 种成分，列出 C、H、O、N 原子数守恒方程

$$x_1 + 2x_2 + 2x_3 + x_5 = 2r\ x_{12} \qquad (\text{I}-35)$$

$$x_1 + x_2 = \alpha x_{12} \qquad (\text{I}-36)$$

$$2x_4 + 2x_5 = \beta x_{12} \qquad (\text{I}-37)$$

$$x_{10} = r' x_{12} \qquad (\text{I}-38)$$

解出

$$x_1 = \alpha x_{12} / (1 + C_2 \sqrt{x_3}) \qquad (\text{I}-39)$$

$$x_4 = \beta x_{12} / (1 + C_5 \sqrt{x_3}) \qquad (\text{I}-40)$$

$$x_{10} = r' x_{12} \qquad (\text{I}-41)$$

x_3 为以下方程之正根

$$2x_3 / x_{12} - \alpha / (1 + C_2 \sqrt{x_3}) - \beta / (1 + C_5 \sqrt{x_3}) = 2r - 2\alpha - \frac{\beta}{2} \qquad (\text{I}-42)$$

x_{12}可根据混合气的性质以及有关的假定由式(Ⅰ-35)至式(Ⅰ-38)求出

$$x_{12} = 1 \Big/ \left(\gamma + \frac{\beta}{4} + r' \right) \quad 当\ \Phi < 1 \qquad (\text{I}-43)$$

$$x_{12} = 1 \Big/ \left(\alpha + \frac{\beta}{4} + r' \right) \quad 当\ \Phi \geqslant 1 \qquad (\text{I}-44)$$

给出正确的初值以后，迭代求解过程可在 5 到 7 次左右完成。

计算所需之平衡常数 K_i 是温度的函数，其值可在有关文献中查得。

二、程序功能

1）当给定燃料、当量比、温度和压力，计算燃烧产物的平衡成分和热力学性质；

2）当给定燃料成分、反应物焓，当量比及压力，计算等压燃烧绝热火焰温度，燃烧产物的平衡成分和热力学性质；

3）当给定燃料成分、反应物焓，当量比、初始温度及压力，计算等容燃烧绝热火焰温度，燃烧产物的平衡成分和热力学性质。

三、程序结构

主程序：MAIN

子程序:TPEQUIL——计算燃烧产物的平衡成分和热力学性质

HPFLAME——计算等压燃烧绝热火焰温度,燃烧产物的平衡成分

UVFLAME——计算等容燃烧绝热火焰温度,燃烧产物的平衡成分

EQMD——用平衡常数法,计算燃烧产物的平衡成分

PER——计算摩尔分数及其导数

PROUT——输入计算结果

四、程序输入(算例)

1. 计算燃烧产物的平衡成分和热力学性质

1) 计算燃烧产物的平衡成分　　(计算题目名)
2) 08　　(燃料分子式中碳原子数)
3) 18　　(燃料分子式中氢原子数)
4) 00　　(燃料分子式中氧原子数)
5) 00　　(燃料分子式中氮原子数)
6) 1.2　　(当量比)
7) 3000.0　　(燃烧温度(K))
8) 101325　　(燃气压力(Pa))

2. 计算等压燃烧绝热火焰温度,燃烧产物的平衡成分

Adiabatic Flame Calculation for Specified Fuel, Phi, P, & Reactant

1) 计算等压燃烧绝热火焰温度　　(计算题目名)
2) 01　　(燃料分子式中碳原子数)
3) 04　　(燃料分子式中氢原子数)
4) 0.0　　(燃料分子式中氧原子数)
5) 0.0　　(燃料分子式中氮原子数)
6) 0.9　　(当量比)
7) 2000　　(混合物初始温度)(K)
8) 101325　　(混合物初始压力)(Pa)
9) 155037.0　　(每千摩尔燃料反应物的焓)(kJ/kmol - fuel)

3. 计算等容燃烧绝热火焰温度,燃烧产物的平衡成分

1) 计算等容燃烧绝热火焰温度　　(计算题目名)
2) 08　　(燃料分子式中碳原子数)
3) 18　　(燃料分子式中氢原子数)
4) 0.0　　(燃料分子式中氧原子数)
5) 0.0　　(燃料分子式中氮原子数)
6) 1.0　　(当量比)
7) 2000　　(产物温度)(K)(初步猜测)
8) 556.0　　(反应物温度)(K)
9) 755855.0　　(反应物压力)(Pa)
10) -614070.0　　(每千摩尔燃料反应物的焓)(kJ/kmol - fuel)

11) 72.6　　　　　　　　　　　(每千摩尔燃料的反应物千摩尔数)

12) 29.98　　　　　　　　　　(反应物分子量)(kmol/kmol - fuel)

参考文献

Olikara C, Borman G L. A Computer Program for Calculating Properties of Equilibrium Combustion Products with Some Applications to I. C. Engines [J]. Beijing: SAE, 1975.